21世纪高等学校计算机教育实用规划教材

计算机应用基础项目教程

张伟阳 主编

王鹏华 潘海波 副主编

清华大学出版社

北京

内 容 简 介

本书针对高等院校教育教学改革的新需求编写而成，内容围绕"计算机应用基础"课程教学目标，强调实用性和操作性，采用项目引导、任务驱动的编排方式，体现"教学做"一体化的教学理念，适合机房教学。

本书以 Windows 7 为操作系统平台，以 Office 2010 为办公软件安排内容，共分为 7 个项目，主要内容包括微机选购与组装、Windows 7 操作系统应用、文档处理、数据编辑与管理、幻灯片制作、多媒体应用以及因特网(Internet)应用。

为满足学生获得"双证"的需求，本书内容参考了计算机等级考试一级 MS Office 的考试大纲要求，既方便有关考试学校组织教学，又能够训练学生在计算机应用中的操作能力，对每个任务主要以"任务展示＋教学目标＋知识储备＋任务实现＋技能提升"的结构进行讲解，每个项目结尾安排了课后习题，帮助学生巩固所学知识。

本书适合作为高等院校学生的计算机应用基础教材或参考书，也可作为政府、企事业单位工作人员培训及自学参考书。

图书在版编目(CIP)数据

计算机应用基础项目教程/张伟阳主编. —北京：清华大学出版社，2018（2019.1重印）
（21 世纪高等学校计算机教育实用规划教材）
ISBN 978-7-302-50646-1

Ⅰ. ①计…　Ⅱ. ①张…　Ⅲ. ①电子计算机—高等学校—教材　Ⅳ. ①TP3

中国版本图书馆 CIP 数据核字(2018)第 156486 号

责任编辑：付弘宇　薛　阳
封面设计：常雪影
责任校对：焦丽丽
责任印制：丛怀宇

出版发行：清华大学出版社
网　　址：http://www.tup.com.cn，http://www.wqbook.com
地　　址：北京清华大学学研大厦 A 座　　**邮　　编**：100084
社 总 机：010-62770175　　**邮　　购**：010-62786544
投稿与读者服务：010-62776969，c-service@tup.tsinghua.edu.cn
质量反馈：010-62772015，zhiliang@tup.tsinghua.edu.cn
课件下载：http://www.tup.com.cn，010-62795954
印 装 者：三河市铭诚印务有限公司
经　　销：全国新华书店
开　　本：185mm×260mm　　**印　　张**：22　　**字　　数**：564 千字
版　　次：2018 年 9 月第 1 版　　**印　　次**：2019 年 1 月第 2 次印刷
印　　数：2001～4000
定　　价：49.80 元

产品编号：072265-01

前　言

"计算机应用基础"是一门公共基础必修课,具有十分重要的意义,对学生今后走向工作岗位有很大帮助。本书在策划和编写时采用项目任务式作为成书体例,以任务带动知识,改变以往的教学设计方法,改进课堂教学,提高教学效率和教学效果。在教学中,建议真正地将学生放在主体地位,让学生在每一节课的学习中,上课即上机,感受学习乐趣,激发兴趣,体验成功。

本门课程以帮助学生提高信息素养为主要目的,满足不同专业学生个体发展的基本需求,让学生保持对计算机这一信息工具的好奇及求知欲,乐于关注,在新的信息技术活动中有积极的态度和探索精神,能很好地将计算机应用于日常生活、社会实践中。

本书内容

本书在内容选取上尝试将学习任务与专业知识进行联系,以便学生逐步形成在本专业领域使用计算机收集、处理、交流信息的能力。全书分为7个项目,具体内容如下。

项目1　微机选购与组装,分为4个任务,包括认识微机部件、选购微机部件、组装微机部件、操作输入设备。

项目2　Windows 7操作系统应用,分为4个任务,包括操作图形界面、管理计算机资源、维护与优化系统、防治计算机病毒。

项目3　文档处理,分为5个任务,包括输入与编辑旅游局文件、编排科技文章、制作课程表及班级考核表、制作报刊、编排论文。

项目4　数据编辑与管理,分为5个任务,包括制作成绩表、计算成绩表、管理与分析成绩表中的数据、交互快速分析成绩表、基于成绩表创建数据图表。

项目5　幻灯片制作,分为3个任务,包括制作旅游体验分享幻灯片、制作年度总结报告、制作学院形象宣传片。

项目6　多媒体应用,分为3个任务,包括处理图像、处理音频与视频、转换多媒体格式。

项目7　Internet应用,分为3个任务,包括组建与管理局域网、获取网络信息、收发电子邮件。

本书特色

(1) 任务展示→教学目标→知识储备→任务实现→技能提升——任务驱动满足多样化教学。

任务展示提供样例,或具体要求,或软件典型界面;教学目标分为技能目标和知识目标;知识储备讲解要实现任务用到的新知识;任务实现提供了详细步骤;技能提升带领学生更上一层楼。

(2) 选取任务内容注重与专业联系——适应工作岗位需求。

采用任务模式组织教学,将一个项目分为几个任务实现,每个任务在选取时都尽可能结合专业和岗位需求，尤其体现在企事业单位常用的文档、表格等，贴近实际，接近工作岗位要求。

(3) 在成书体例上，采用任务活动的全过程——实现教师主导、学生主体的教学模式。

任务全程在教师指导下进行，教师布置或演示任务，学生动手实践、自主探索、合作交流，教师从现有经验出发调动学生积极性、引发问题促进思维，让学生通过经验建构认识，实现任务目标而感受成功，为实现任务过程进行情感调整，培养学生实践能力、创新能力、创业能力。

(4) 设置"技能提升"环节—— 提升实践能力、建立多元评价体系。

鼓励学生大胆创新，注重实践，以"能力本位"为宗旨，培养应用能力，对学生作品建立多元化、多样化评价体系，不但关注结果所反映的学生的能力水平，更关注学生在学习过程中所表现的情感与态度，以帮助学生认识自我，建立信息观念、信息意识、信息情感，促进学生素质全面提高。

学时建议

本教材学时安排建议表(仅供参考)

项目	任务	建议学时	总学时
项目 1　微机选购与组装	任务 1　认识微机部件	2	8
	任务 2　选购微机部件	2	
	任务 3　组装微机部件(*)	2	
	任务 4　操作输入设备	2	
项目 2　Windows 7 操作系统应用	任务 1　操作图形界面	2	8
	任务 2　管理计算机资源	2	
	任务 3　维护与优化系统	2	
	任务 4　防治计算机病毒	2	
项目 3　文档处理	任务 1　输入与编辑旅游局文件	4	18
	任务 2　编排科技文章	4	
	任务 3　制作课程表及班级考核表	2	
	任务 4　制作报刊(*)	4	
	任务 5　编排论文(**)	4	
项目 4　数据编辑与管理	任务 1　制作成绩表	4	14
	任务 2　计算成绩表	4	
	任务 3　管理与分析成绩表中的数据	2	
	任务 4　交互快速分析成绩表(*)	2	
	任务 5　基于成绩表创建数据图表	2	
项目 5　幻灯片制作	任务 1　制作旅游体验分享幻灯片	4	10
	任务 2　制作年度总结报告	4	
	任务 3　制作学院形象宣传片	2	
项目 6　多媒体应用	任务 1　处理图像	2	6
	任务 2　处理音频与视频	2	
	任务 3　转换多媒体格式	2	
项目 7　Internet 应用	任务 1　组建与管理局域网(**)	4	8
	任务 2　获取网络信息	2	
	任务 3　收发电子邮件	2	
合　计			72 学时
说明	建议总学时为 72 学时。若安排 64 学时，教师可适当删减标注 * 内容；若安排 56 学时，适当删减标注 * 和 ** 内容		

本书作者

本书由张伟阳(黑龙江旅游职业技术学院)主编,并负责全书统稿。编写分工如下:项目1、项目3、项目4、项目7由张伟阳编写,项目2的任务1、任务2、任务3由潘海波、穆辰迪编写,项目2的任务4由杨晓春、王寰宇编写,项目5由王鹏华、王淑芬编写,项目6由董锡臣、张宁、王策编写,项目1～项目7的课后习题由左慧玲编写,参加本书编写的教师还有吴健民、黄媛媛、邵晓光、张影、张琳琳等。

感谢阅读本书的读者!感谢选用本书作为教材的教师!尽管在编写过程中作者已竭尽全力,但书中难免会存在不足之处,敬请广大教师和读者在使用过程中提出意见,以便再版时进一步修改和完善,邮箱 zwy4518@sina.com。

本书配套课件等资源请从清华大学出版社网站 www.tup.com.cn 下载,如有问题请联系 404905510@qq.com。

编　者

2018年5月于哈尔滨

目　录

项目 1 微机选购与组装

本项目是全书的基础，让学生对计算机产生感性认识，以微机系统为中心线索，认识组成微机系统的主要部件，了解组成微机各部件的性能参数和选购技巧，能够组装微机并安装操作系统，能够熟练操作输入设备。

在本项目进展过程中，贯穿了计算机的发展历程及特点，计算机发展的 4 个阶段及各阶段的特点。计算机处理信息过程遵循冯·诺依曼的"存储程序"工作原理，通过典型微机产品，认识微机组成各部件名称和作用，通过实例让学生掌握各主要部件的性能参数以及组装微机，并学会安装操作系统，熟悉对键盘的使用和进行指法练习等。

本项目以认识微机部件→熟悉微机部件型号和参数→组装微机→熟练使用输入设备为主线，为后续操作与熟练使用计算机解决实际问题打下基础。

工作任务

任务 1　认识微机部件

任务 2　选购微机部件

任务 3　组装微机部件

任务 4　操作输入设备

学习目标

目标 1　能够说出计算机的主要特点，列举计算机分类及应用场合。

目标 2　认识微机系统的主要外设，描述微机主板上的主要器件及性能参数。

目标 3　能够根据不同的使用要求确定硬件的配置方案。

目标 4　能够制订组装方案，根据给定的部件快速地、正确地组装好微机。

目标 5　能够区别多种功能主板接口类型及作用。

目标 6　能够熟练使用鼠标和键盘，提高工作效率。

任务1 认识微机部件

A 任务展示

计算机是一种能够按照事先存储的程序，自动、高速地进行大量数值计算和各种信息处理的现代化智能电子设备。普通用户最常用的计算机是微机，微机经常与PC、台式计算机等名词混用，这里微机主要指台式计算机，如图1-1所示。

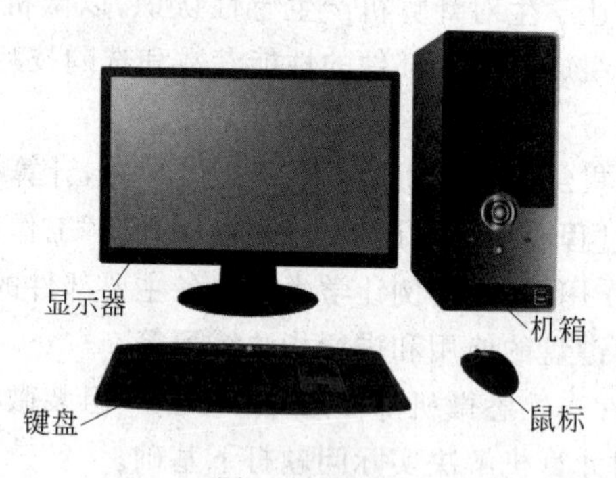

图1-1 微机

在这个任务中，以“认识微机部件”为主要学习内容，掌握微机系统的组成、主板系统组成、外存储器的种类及特点、主板的接口等，在知识储备上还将学习到信息、数据、计算机发展趋势、分类及特点，以及计算机处理信息遵循的工作原理等。

B 教学目标

（一）技能目标

（1）能够说出计算机的主要特点，列举计算机分类及应用场合。

（2）认识组成微机系统的主要外围设备的名称和作用。

（3）能够正确地描述微机主板上的主要器件名称和作用。

（4）能够区别具有多种功能的主板接口类型及作用。

（5）能够描述常用的外存储器设备的使用特点并正确选用。

（二）知识目标

（1）了解数据、信息与信息技术。

（2）了解计算机技术的发展过程及趋势。

（3）领会计算机的特点与分类。

（4）认识主板的接口。

（5）了解冯·诺依曼计算机体系结构。

（6）认识常用外存储器的种类和功能。

C 知识储备

（一）数据、信息与信息技术

（1）信息：世界上不同物质、事物和人都有不同特征，不同的特征会通过不同的形式（如声音、文字、图像、动画、颜色、符号等）发出不同的消息，这些消息中有意义的内容称为信息，计算机的应用就是对信息的收集、存储、处理、传输。

(2) 数据与信息的关系：数据是信息的载体，是信息的具体表现形式，计算机可以处理的信息有字符、数字和各种数学符号、图形、图像、音频、视频、动画等，这些可以识别的记号或符号都称为数据，它们的组合用来表达客观世界的各种信息。

(3) 信息技术：主要是应用计算机科学和通信技术来设计、开发、安装和实施信息系统及应用软件。主要包括 4 种：计算机技术，通信技术，传感技术与缩微技术。以机器人、大数据、3D 打印为代表的新一轮信息技术革命已成为全球关注的重点，大数据、物联网、人工智能等信息技术的融合发展使机器人革命有望成为"第三次工业革命"。

（二）计算机技术的发展过程及趋势

(1) 计算机是 20 世纪人类最伟大的发明之一。1946 年，在美国诞生了第一台计算机 ENIAC（埃尼阿克），按计算机所采用的电子器件不同，可将其发展历程划分为 4 个阶段，如表 1-1 所示。

表 1-1　计算机发展的 4 个阶段

发展阶段	电子器件名称	电子器件图示	软件	主要特点	应用领域
第一代 1946—1957 年	电子管		机器语言 汇编语言	主存储器采用磁鼓，内存小、体积大、耗电高、速度低、可靠性差	军事领域 科研领域
第二代 1958—1964 年	晶体管		高级语言 操作系统	主存储器采用磁芯，运算速度提高，体积减小，开始使用高级语言和操作系统	数据处理 事务处理
第三代 1965—1970 年	中、小规模集成电路		多种高级语言 完善的操作系统	主存储器采用半导体，集成度高，功能增强，价格下降	科学计算 数据处理 过程控制
第四代 1971 年至今	大规模、超大规模集成电路		数据库管理系统 网络操作系统等	微型化，性能大幅度提高，软件丰富，实现网络化，增强人工智能，广泛应用多媒体技术	人工智能 数据通信 各个领域

(2) 从计算机的历史发展来看，计算机向着高性能、低功耗、高速度、低价格、易操作、便携带的方向发展。当前计算机的发展表现为 4 种趋向：巨型化、微型化、网络化和智能化。

巨型化，是指发展高速度、大存储量和强功能的巨型计算机。这是应用于天文、气象、地质、核反应、生物仿真等尖端科学的需要，也是记忆巨量的知识信息，以及使计算机具有类似人脑的学习和复杂推理功能所必需的。巨型计算机的发展集中体现了计算机科学技术的发展水平。

微型化，指进一步提高集成度，利用高性能的超大规模集成电路研制质量更加可靠、性能更加优良、价格更加低廉、整机更加小巧的微型计算机。

网络化，指把独立的计算机通过线路连接起来，形成用户之间相互通信并能使用公共资源的网络系统。网络化能够充分利用计算机的宝贵资源并扩大计算机的使用范围，为用户提供方便、及时、可靠、广泛、灵活的信息服务。

智能化，是指让计算机具有模拟人的感觉和思维过程的能力，具有解决问题和逻辑推理的功能、知识处理和知识库管理的功能。目前，已研制出的各种机器人能够代替人的部分工作，未来的智能型计算机将会代替甚至超越人类某些方面的脑力劳动。

目前，世界上许多国家正在研究非晶体计算机，例如超导计算机、光子计算机、量子计算机、生物计算机等，这类计算机被称为第五类计算机或新一代计算机，可以在更大程度上仿真人的智能，是未来计算机发展的技术重点。

（三）计算机的特点与分类

1. 计算机的特点

计算机能够按照事先编制的程序，接收数据、处理数据、存储数据并产生输出结果，整个工作过程具有以下几个特点。

(1) 运算速度快。目前最快的巨型计算机每秒能进行亿亿次的运算。

(2) 计算精度高。运算精度取决于机器码字长，即 8 位、16 位、32 位和 64 位等，字长越长，位数就越多，精度也就越高，能获得几百亿分之一的精度。

(3) 具有记忆和逻辑判断功能。计算机的存储设备可以把原始数据、中间结果、计算结果、程序执行过程等信息存储起来计算机存储能力取决于存储设备的容量。

(4) 具有自动执行功能。数据和程序存储在计算机中，一旦向计算机发出运行指令，计算机就能在程序的控制下，自动按事先规定的步骤执行，直到完成指定的任务为止。

(5) 具有网络与通信功能。通过计算机网络技术可以将不同城市、不同国家的计算机连在一起形成一个网络，实现资源共享和信息交流，改变人们获取信息和交流的方式。

2. 计算机的分类

计算机及相关技术的迅速发展带动计算机类型不断分化，形成了各种不同种类的计算机。按照结构原理，计算机可分为模拟计算机、数字计算机和混合式计算机；按照用途，计算机可分为专用计算机和通用计算机；按照运算速度、字长、存储容量等综合性能指标，计算机可分为巨型计算机、大型计算机、中型计算机、小型计算机和微型计算机，如图 1-2 所示。

按结构原理分为：模拟计算机、数字计算机、混合式计算机

按用途分为：专用计算机、通用计算机

按综合性能指标分为：巨型计算机、大型计算机、中型计算机、小型计算机、微型计算机

图 1-2　计算机分类

专用计算机指专为解决某一特定问题而设计制造的电子计算机，忽略一些次要要求，所以有速度快、可靠性高、结构简单、效率高、价格便宜、专用性强等特点，例如控制轧钢过程的轧钢控制计算机，计算导弹弹道的专用计算机等。通用计算机广泛适用于一般科学运算、学术研究、工程设计和数据处理等领域，所以具有功能多、配置全、用途广等特点，目前市面上销售的计算机大多为通用计算机。

巨型计算机也称超级计算机，是速度最快、处理能力最强的计算机，是为少数部门的特殊需要而设计的。

大型计算机的特点为速度快、存储量大，针对银行、政府部门和大型企业等设计。

中型计算机性能低于大型计算机，处理能力强，常用于中小型企业或公司。

小型计算机是指采用精简指令集处理器，性能和价格介于大型计算机和微型计算机之间的一种高性能64位计算机，常用于中小型企业。

微型计算机简称微机，是应用最广泛的机型，其特点为价格便宜、功能齐全，常用于机关、学校、家庭等。微机按结构和性能可以划分为单片机、单板机、个人计算机(PC)、工作站和服务器等。其中，PC又分为台式计算机(也叫桌面计算机)、一体机、便携式计算机(例如笔记本电脑)、掌上电脑PDA和平板电脑等，如图1-3所示。

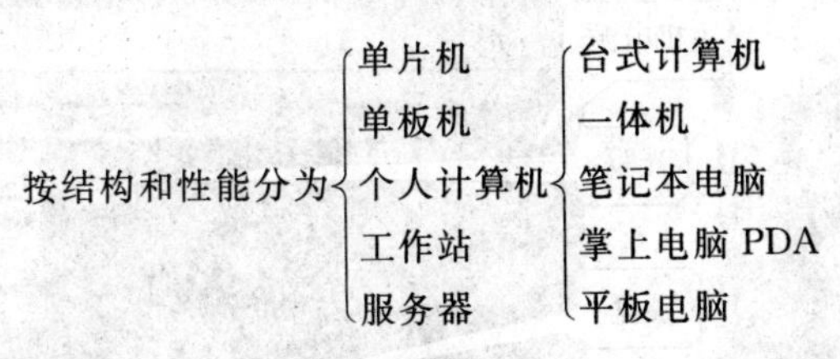

图1-3　微机分类

(四) 冯·诺依曼计算机体系结构

冯·诺依曼被公认为"计算机之父"，他设计的计算机系统结构称为"冯·诺依曼计算机体系结构"，由运算器、控制器、存储器、输入设备和输出设备5大部件组成，部件之间通过指令进行控制，并在不同部件之间进行数据的传递，如图1-4所示。

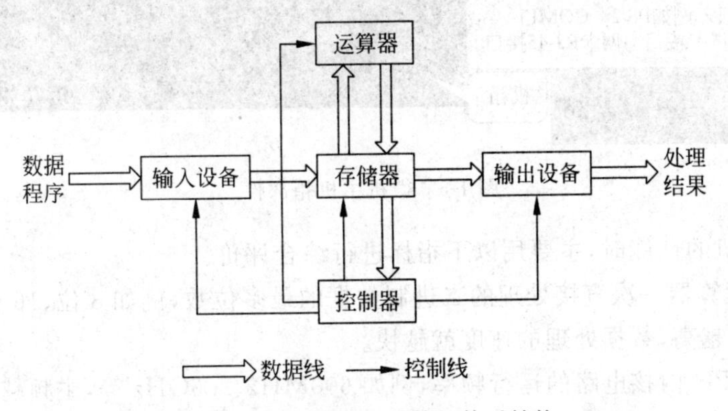

图1-4　冯·诺依曼计算机体系结构

(1) 运算器：又称算术逻辑单元(ALU)，对数据加工处理，进行算术运算(加、减、乘、除)和逻辑运算(与、或、非)。

(2) 控制器：负责从内存储器中取指令并翻译，再根据指令的要求向各个部件发出控制信号，保证各个部件协调工作。

(3) 存储器：存储计算机的程序和数据。存储器分为外存储器和内存储器(RAM、ROM、Cache)。

(4) I/O设备：输入设备负责接收用户输入的原始数据和程序，并转换为二进制存入计算机中；输出设备将计算机的处理结果或状态转换为人们能接受的形式。

(5) 总线：以总线作为公共通信线路，负责各部件之间的信息交换。总线分为数据总线、地址总线和控制总线。

D 任务实现

（一）了解微机的主要性能指标

微机是以微处理器作为 CPU 的计算机，微机使用的设备大多数都紧密地安装在一个单独的机箱里，称为主机或主机箱，占用很少的物理空间，有些设备连接在机箱外，例如显示器、键盘、鼠标，如图 1-5 所示。

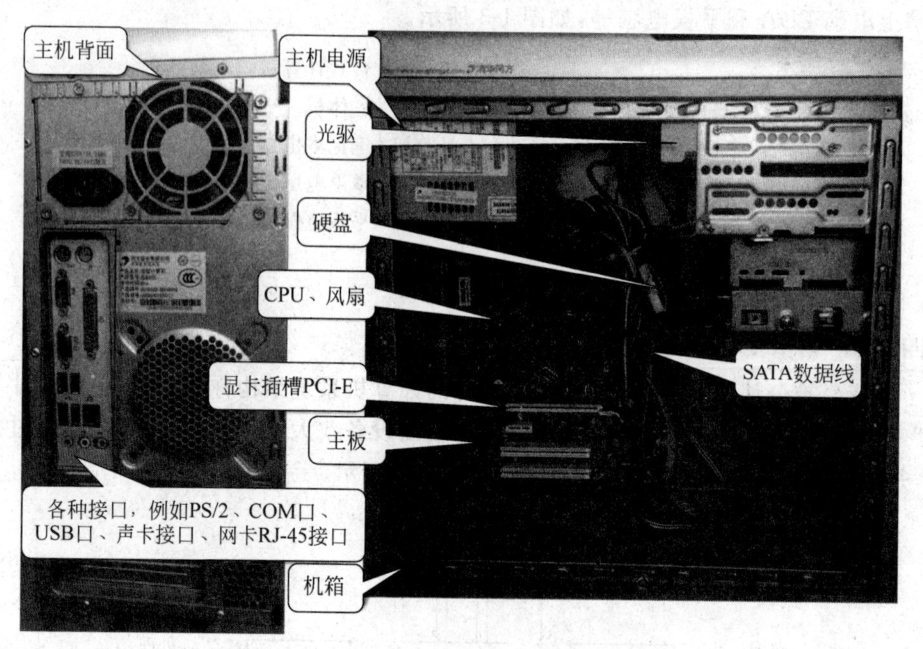

图 1-5　微机主机箱部件

评价一台微机的性能时，主要用以下指标进行综合评价。

(1) 字长：运算器一次直接处理的二进制数据的最多位数，例如 8 位、16 位、32 位、64 位，字长越大，精度就越高，数据处理的速度就越快。

(2) 主频：CPU 内核电路的运行频率，例如 600MHz、2.6GHz 等，主频越高，CPU 的运算速度就越快。

(3) 内存容量：内存储器的总字节数，表示单位有 B、KB、MB、GB、TB 等，例如 2GB、8GB、16GB 等。

(4) 存取周期：CPU 从内存储器存取一个数据所需的时间，反映了内存的读/写速度。

(5) 运算速度：计算机每秒执行的指令数目，通常以 MIPS(百万条指令/秒)为单位，与主频、字长、内存的容量和速度等因素有关。

（二）认识主板上的扩展槽及接口

主机是安装在主机箱内所有部件的统一体，主机中最主要的部件基本都集中在主板上。打开主机箱盖板，可以看到主机的内部结构。主板是各个部件工作的一个平台，它把各部件紧密连接在一起，各个部件通过主板进行数据传输，如图 1-6 所示。

主板与外部设备通过这些接口相连接，例如串口、并口、PS/2 接口、USB 接口、网络接口、音频接口、VGA 接口等，如图 1-7 所示。

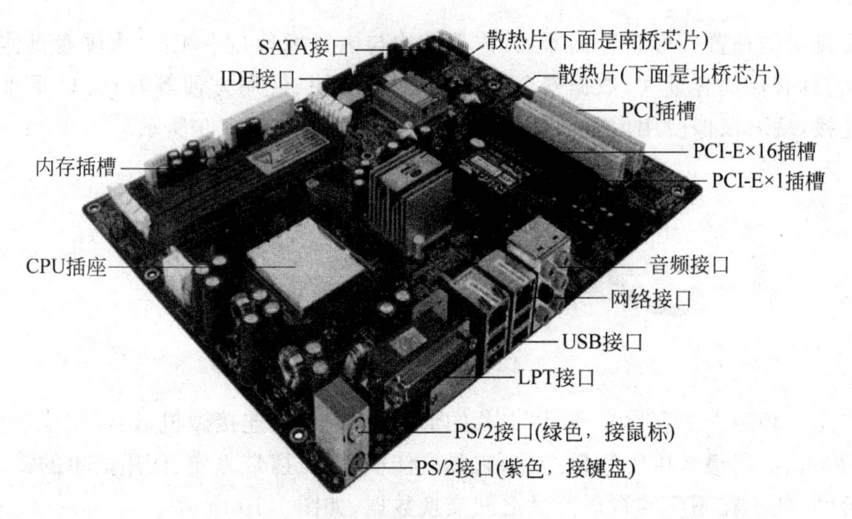

图 1-6　主板扩展槽

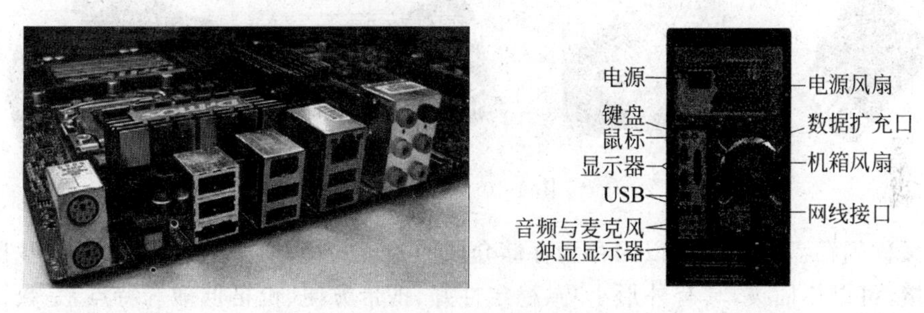

图 1-7　从机箱后面看主板的扩展槽

（三）认识外存储器

外存储器的种类较多，主要有硬盘、移动硬盘、存储卡、U 盘等，它们具有存储容量大、非易失性、经济实惠等特点，适于软件存储、数据备份，是微型计算机必不可少的设备。

硬盘是计算机的外部存储设备，它可以长期保存数据，具有容量大、存取速度快的优点，硬盘的盘片和驱动器是组合在一起的，其盘片被放置在几乎无尘的封闭容器中，从而保证盘片在高速旋转时不会因为尘埃磨擦导致盘片损坏，因此在使用硬盘时，最好不要拆卸硬盘，并做好防尘工作，如图 1-8 所示。

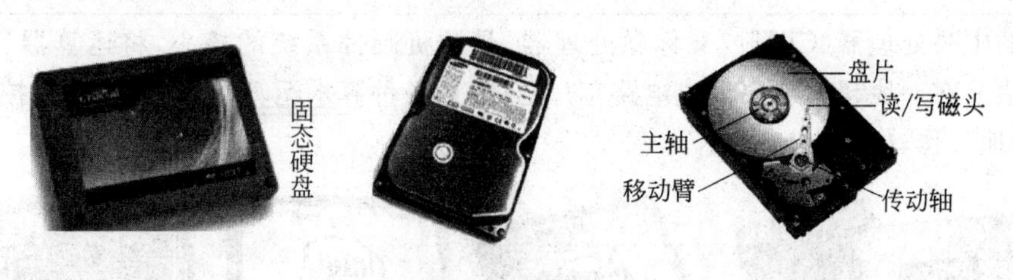

图 1-8　硬盘

提示：除了常见的 2.5 英寸、SATA 接口的固态硬盘以外，更快更大的固态硬盘已经出现。OCZ 公司在 CES2012 展示了一片 PCI-E 2.0×16 接口，配置了热管散热器，最高可支持总容量 16TB 的 NAND 闪存芯片的固态硬盘。

移动硬盘也是外置式移动存储器，其内部结构与内置硬盘几乎相同，由硬盘盘体和移动硬盘盒组成，它具有存储容量大、数据安全性好、传输速度快、使用方便等特点，只要通过专用线缆与主机连接，就可以像使用内置硬盘一样进行读写操作，如图1-9所示。

图1-9 移动硬盘

存储卡是一种独立的存储介质，以卡片的形态，不仅可以连接微机，还可用于手机、便携式电脑、数码相机、数码摄像机等数码产品，它具有体积小巧、携带方便、使用简单的特点，并具有良好的兼容性，便于在不同的数码产品之间交换数据，如图1-10所示。

图1-10 存储卡

U盘又称闪存盘、优盘，是以闪存为存储介质的外置式移动存储器，一般以USB接口标准与主机连接，可以热插拔，具有外形小巧、稳定性好、携带方便、价格低廉等特点，是数据传递和备份的最佳媒介，如图1-11所示。

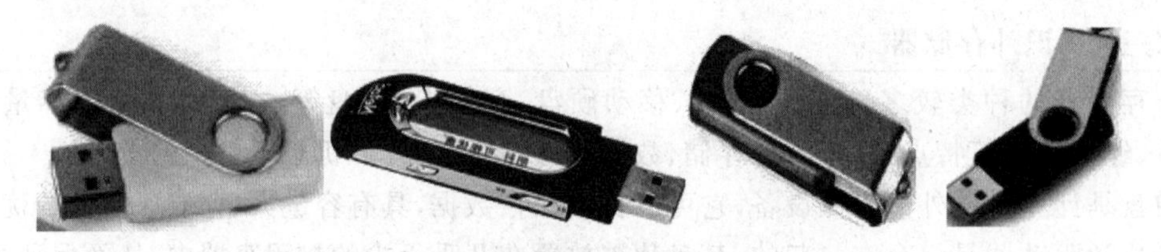

图1-11 U盘

（四）认识CPU

微机的中央处理器(CPU)，又称微处理器，是微机硬件系统的核心，将运算器、控制器及相关部件集成在一块超大规模集成电路芯片上，负责各种算术运算和逻辑运算，并控制各部件自动、协调地工作，如图1-12所示。

图1-12 CPU

（五）认识内存条

微机的内存储器以内存条的形式出现，在一块长方形的电路板上并列焊接了多个由存储器芯片构成的内存组，用于存放 CPU 正在使用或将要使用的程序和数据，如图 1-13 所示。

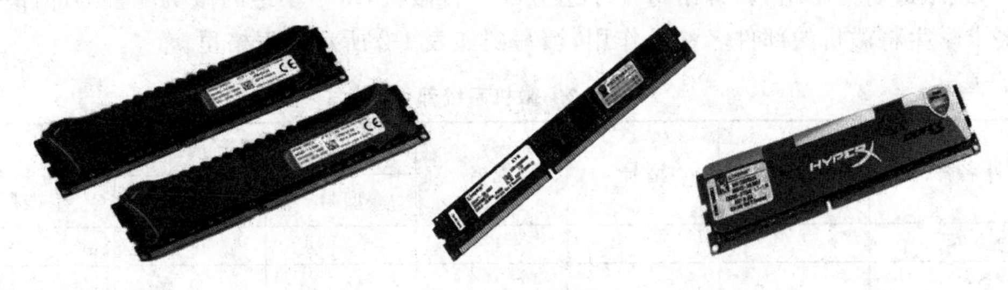

图 1-13　内存条

（六）认识主板

主板是微机中最大的印制电路板。印制电路无须使用单根电线来连接部件，由于省去了多数连接工作中的手工焊接，所以极大地降低了制造微机的时间和成本。主板不再使用电线，而是把金属轨迹，通常是铝或铜印刷到硬塑料板上，轨迹非常窄，1 英寸可以装配几十条并列的轨迹。扩展卡和内存芯片合在一起插接在主板上，在狭小的线路板上建立单列直插式内存模块。初看上去，部件似乎没有电路板，它们通常在外壳下隐藏起来。磁盘驱动器和一些微处理器（CPU）把内部部件与印制电路连在一起，如图 1-14 所示。

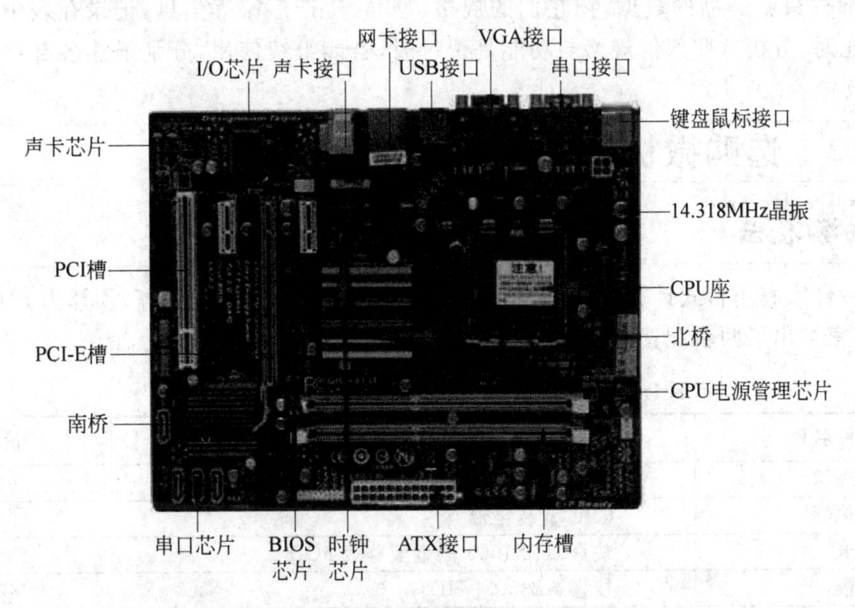

图 1-14　主板

> **提示：**扩展槽是主板上的一种插座，用来插各种扩展卡。扩展槽的种类和类型的多少决定了主板可升级和扩展设备的数量，是购买主板的一个重要指标，但是，过多的插槽也增加了购买成本。

E 技能提升

通过前面的学习读者已经掌握了计算机基本结构的5大部件，在这里继续探索。将学生按6或7人组成研究小组，教师给每个小组分配一台微机，每个小组的微机配置的部件尽可能不同，要求学生将微机的部件名称及作用，填写到如表1-2所示的表格里。

表1-2　微机系统部件

部件名称	功能与作用	型号	规格	最新产品的数据		
				型号	规格	生产厂家
主板						
CPU						
内存条						
硬盘						
机箱						
电源						
I/O部件						
扩展槽						
主板后面接口						
其他部件						

分析数据并按问题给出结论：请到市场或去图书馆从计算机文献、报纸、期刊、互联网上找到这些部件最新产品的数据，把它们的规格、型号、生产厂家等信息，记录在表中相应栏目里。经过比对，分析这些部件规格与功能是否过时，若能继续使用，分别描述各部件对计算机性能有何影响。

任务2　选购微机部件

A 任务展示

配置一台家庭用台式计算机，主要用于上网、学习、娱乐、开发程序等，预算为5000元。根据需要，商家给出了两套配置方案，如表1-3和表1-4所示。

表1-3　参考价格为4692元的台式计算机配置方案

配件名称	品牌型号	价格
处理器	AMD锐龙 Ryzen5 1400(盒)	919
散热器	CPU盒装自带	—
显卡	映众 GTX1060 黑金至尊版 6GB	1888
主板	技嘉 AB350M-HD3	499
内存	金士顿 DDR4-2400,8GB 台式计算机内存	609
硬盘	台电 极光系列 240GB SATA3 固态硬盘	429
机箱	鑫谷 halo 光韵机箱,黑色	139
电源	长城电源 HOPE-5500ZK,额定 450W	209
显示器	用户自选	—
键盘鼠标	用户自选	—

表 1-4　参考价格为 3191 元的台式计算机配置方案

配件名称	品牌型号	价格/元
处理器	i5-7500(散)	1128
散热器	冰凌 mini 旗舰	39
显卡	讯景 460 4GB 黑狼 ITX	749
主板	微星 h110mpro-vd	315
内存	宇瞻 8GB DDR4-2400	359
硬盘	宇瞻 黑豹 120GB(三年换新)	319
机箱	航嘉暗影猎手 2	102
电源	安钛克 VP 350P	180
显示器	用户自选	—
键盘鼠标	用户自选	—

通过上述两套配置的对比,要从中筛选出质量好、性能稳定、性价比高的配置方案,这就需要掌握各个硬件的品牌、参数与价格等。通过本任务的学习,可以重点掌握微机部件的组成结构及性能参数,为选购台式计算机部件提供理论依据,确定一套最优配置方案。

B 教学目标

(一) 技能目标

(1) 根据不同的使用要求确定硬件的配置方案。

(2) 能够掌握微机主要部件技术参数的含义,进一步掌握它们在计算机中的作用。

(二) 知识目标

(1) 了解微机系统的组成。

(2) 领会 CPU 的组成与性能参数。

(3) 理解基本存储单位、存储器分类、RAM 与 ROM 异同点以及存储器的性能指标。

(4) 理解硬盘及主要性能参数。

(5) 了解显示器及主要性能参数。

(6) 了解显卡、网卡、声卡及其性能参数。

(7) 了解 I/O 设备(如打印机、键盘、鼠标等)性能参数。

C 知识储备

(一) 微机硬件系统的组成

微机是由不可分割的硬件系统和软件系统组成的,通常把没有安装任何软件的微机称为裸机。硬件系统包括中央处理器、内存储器、外存储器、输入设备与输出设备,如图 1-15 所示。

(二) CPU 组成与性能参数

随着大规模集成电路技术的发展,运算器和控制器通常制作在一块半导体芯片上,称为中央处理器或微处理器,简称 CPU。CPU 是计算机的核心和关键,计算机的性能主要取决于 CPU。

运算器是计算机的运算部件,进行算术运算和逻辑运算并暂存中间结果。人们常把运算器称为算术与逻辑运算部件,即 ALU。运算器是计算机的核心部件,直接影响着计算机的运

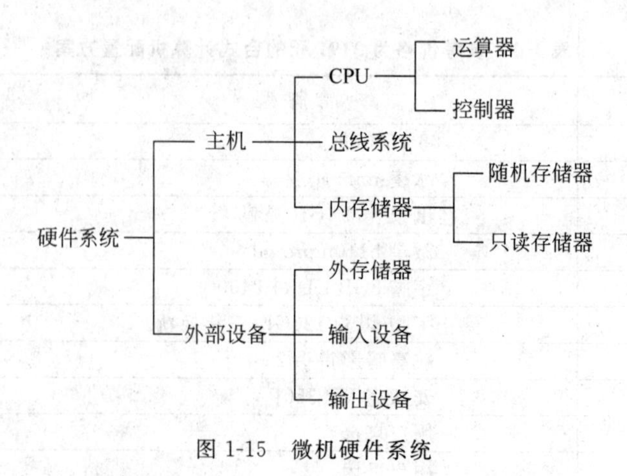

图 1-15　微机硬件系统

算速度和性能。

控制器是计算机的控制中心,按照人们事先给定的指令步骤统一指挥各部件有条不紊地协调动作。控制器的主要功能是从内存中取出一条条指令,并指出当前所取指令的下一条指令在内存中的地址,对所取指令进行译码和分析,并产生相应的电子控制信号,启动相应的部件执行当前指令规定的操作,周而复始地使计算机实现程序的自动执行。控制器的功能决定了计算机的自动化程度。

CPU(Central Processing Unit)即中央处理器,是一台计算机的运算核心和控制核心,常被称为计算机的大脑,主要是解释计算机指令以及处理计算机软件中的数据。

CPU 由运算器、控制器、寄存器、高速缓存及实现它们之间联系的数据、控制及状态的总线构成。作为整个系统的核心,CPU 也是整个系统最高的执行单元,因此 CPU 已成为决定计算机性能的核心部件,很多用户都以它为标准来判断计算机的档次。

计算机的性能在很大程度上由 CPU 的性能决定,而 CPU 的性能主要体现在其运行程序的速度上。影响运行速度的性能指标包括 CPU 的工作频率、Cache 容量、指令系统和逻辑结构等参数。

主频,也叫时钟频率,单位是兆赫(MHz)或吉赫(GHz),用来表示 CPU 的运算、处理数据的速度。通常主频越高,CPU 处理数据的速度就越快。

缓存,也是 CPU 的重要指标之一,而且缓存的结构和大小对 CPU 速度的影响非常大,CPU 内缓存的运行频率极高,一般是和处理器同频运作,工作效率远远大于系统内存和硬盘。实际工作时,CPU 往往需要重复读取同样的数据块,而缓存容量的增大,可以大幅度提升 CPU 内部读取数据的命中率,而不用再到内存或者硬盘上寻找,来提高系统性能。但是从 CPU 芯片面积和成本的因素来考虑,缓存都很小。多核心也是当今 CPU 发展的主流方向,多核处理器可以在处理器内部共享缓存,提高缓存利用率,同时简化多处理器系统设计的复杂度。但这并不说明,核心越多,性能越高,例如 16 核的 CPU 就没有 8 核的 CPU 运算速度快,因为核心太多,而不能合理进行分配,所以导致运算速度减慢。

(三) 内存组成与性能参数

基本存储单位有位、字节、字。位(bit)是计算机中数据存储的最小单位,指一个二进制位,可以是 0 或 1;字节(Byte)是计算机中数据存储的基本单位,一个字节等于 8 个二进制位;字(word)是计算机内部信息交换和处理的基本单位,一个字通常由一个或多个字节组成。存储单位换算关系,如图 1-16 所示。

$$1KB = 1024B = 2^{10}B$$

$$1MB = 1024KB = 2^{20}B$$

$$1GB = 1024MB = 2^{30}B$$

$$1TB = 1024GB = 2^{40}B$$

图 1-16　存储单位的换算

存储器是具有记忆功能的部件，计算机在运行过程中所需要的大量数据和计算程序，都以二进制编码形式存于存储器中。

存储器分为许多小的单元，称为存储单元。每个存储单元有一个编号，称为地址。存储器中的数据被读出以后，原存储器中的数据仍能保留，只有重新写入，才能改变存储器存储单元的存储状态。计算机的存储器分为内存储器和外存储器。

内存储器，简称内存，又称主存，是连接 CPU 和其他设备的通道，起到缓冲和数据交换作用。当 CPU 在工作时，需要从硬盘等外部存储器上读取数据，由于硬盘容量大且不直接和 CPU 连接，致使从硬盘传输数据到 CPU 速度慢。为了解决这一问题，在外部存储器和 CPU 之间建立了一个"小仓库"，即内存。内存包括随机存储器、只读存储器以及高速缓存，如图 1-17 所示。

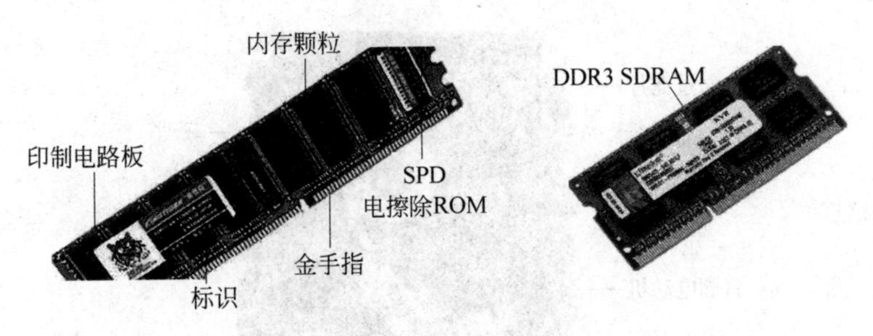

图 1-17　内存

随机存储器，简称 RAM(Random Access Memory)。RAM 在计算机工作时既可随时从中读出信息，也可随时写入信息，所以 RAM 是在计算机正常工作时可读/写的存储器。当机器掉电时 RAM 中的信息会丢失，因此用户在操作计算机过程中应养成随时存盘的习惯以防断电丢失数据。

只读存储器，简称 ROM(Read Only Memory)。计算机工作时只能从 ROM 中读出信息而不能向 ROM 写信息，当机器掉电时 ROM 中的信息不会丢失。利用这一特点常将操作的系统基本输入输出程序固化其中。机器加电后立刻执行其中的程序 ROM BIOS，就是指含有这种基本输入输出程序的 ROM 芯片。

内存的主要性能指标有内存类型、主频、接口类型等。

内存类型，是指不同类型的内存传输类型各有差异，在传输率、工作频率、工作方式、工作电压等方面都有不同的各种类型内存，市场中主要有的内存类型为 SDRAM、DDR SDRAM 和 RDRAM 三类。DDR SDRAM 是市场主流，SDRAM 处于淘汰行列，RDRAM 前景并不好。主频是内存所能达到的最高工作频率。接口类型是根据内存条金手指上导电触片的数量来划分的，每种接口类型所采用的引脚数各不相同。

(四) 硬盘及主要参数

外存储器，简称外存，作为一种辅助存储设备，它主要用来存放一些暂时不用而又需长期保存的程序或数据，当需要执行外存中的程序或处理外存中的数据时，必须通过 CPU 输入/输出指令将其调入 RAM 中才能被 CPU 执行处理。

硬盘是计算机主要的存储媒介之一，是程序和文档的主要存储设备，由一个或者多个铝制或者玻璃制的碟片组成。碟片外覆盖有铁磁性材料，在这些硬而薄的盘片上以电磁的方式录制信息。盘片数和涂层材料的精细度决定了硬盘的容量，如今盘片上由一种合金覆盖，厚度只有一英寸的百万分之一。

在微型计算机系统里，硬盘是工作最努力的一个部件，硬盘的盘片能以高达每分钟 10 000 转的速度旋转。硬盘每读或写一个文件时，读/写头都要有一阵繁忙的运动，并且这些运动要求有极高的微细的精确度。

在硬盘里，最精密的是读/写头与盘片之间的缝隙，它比头发丝还要细得多，所以硬盘也是计算机所有硬件设备当中最容易损坏的部件，如果硬盘在运行期间被碰撞，飞快旋转的盘片和与它仅有微小间距的其他部件就会发生碰撞，造成硬盘永久性的损坏。

硬盘被密封在一个金属外壳里，以保护内部的盘片与磁头，避免灰尘微粒进入读写头与盘片之间的微小缝隙，在盘片上的一点儿灰尘都可能在盘片的磁性涂层上刻下划痕，造成硬盘损坏，如图 1-18 所示。

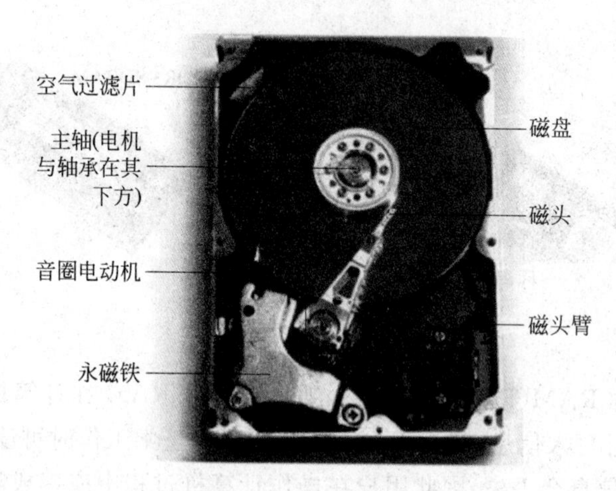

图 1-18　硬盘主要组成

硬盘的性能参数如下。

(1) 硬盘容量：以 MB(兆字节)和 GB(吉字节)及 TB(百万兆字节)为单位，影响硬盘容量的因素有单碟容量和碟片数。

(2) 转速：代表了硬盘主轴马达(带动磁盘)的转速，5400r/min 就代表该主轴转速为每分钟 5400 转；7200r/min 就代表该主轴转速为每分钟 7200 转。

(3) 平均寻道时间：指硬盘接到读/写指令后到磁头移到指定的磁道上方所需要的平均时间，单位为 ms。选购硬盘时应该选择平均寻道时间小于 9ms 的产品。

(4) 最大内部数据传输率：也称为持续数据传输率，单位是 Mb/s，它是指磁头到硬盘高速缓存之间的传输速度。

(5) 缓存：是硬盘内部存储和外界接口之间的缓冲器，由于硬盘的内部数据传输速度和外界传输速度不同，缓存在其中起到一个缓冲的作用。

作为计算机系统的数据存储器，容量是硬盘最主要的参数，硬盘的容量以兆字节(MB)、吉字节(GB)或太字节(TB)为单位。

提示：内存是程序存储的基本要素，存取速度快，但价格较贵，容量不可能配置的非常大；而外存响应速度相对较慢但容量可以做得很大（如一张光盘片容量为 640MB～25GB，硬盘容量可达 3TB）。外存价格比较便宜并且可以长期保存大量程序或数据，是计算机中必不可少的重要设备。外存储器用来放置需要长期保存的数据，它解决了内存不能保存数据的问题。

（五）显示器及分类

显示器(Display)通常也被称为监视器。显示器属于计算机的 I/O 设备，即输入/输出设备。根据制造材料的不同，可分为：阴极射线管显示器(CRT)，液晶显示器 LCD，等离子显示器 PDP，另外还有一类特殊的 3D 显示器，如图 1-19 所示。

图 1-19　显示器

(1) CRT 是一种使用阴极射线管的显示器，它是应用最广泛的显示器之一。CRT 纯平显示器具有可视角度大、无坏点、色彩还原度高、色度均匀、可调节的多分辨率模式、响应时间极短等 LCD 显示器难以超过的优点。

(2) LCD 显示器即液晶显示器，优点是机身薄，占地小，辐射小。液晶显示屏的缺点是色彩不够艳，可视角度不高等。

(3) PDP，等离子显示器是采用了近几年来高速发展的等离子平面屏幕技术的新一代显示设备。等离子显示器的优越性：厚度薄、分辨率高、占用空间少且可作为家中的壁挂电视使用，代表了未来计算机显示器的发展趋势。

(4) 3D 显示器一直被公认为显示技术发展的终极梦想，现已开发出需佩戴立体眼镜和不需佩戴立体眼镜的两大立体显示技术体系。传统的 3D 电影在荧幕上有两组图像，观众必须戴上偏光镜才能消除重影，形成视差，产生立体感。

（六）显卡

显卡全称显示接口卡(Video Card，Graphics Card)，是计算机最基本的配置之一。显卡作为计算机主机里的一个重要组成部分，承担输出显示图形的任务，对于从事专业图形设计的人来说显卡非常重要。

常用的显卡有集成显卡和独立显卡。集成显卡是集成在主板上，一般不带显存，使用主存作为显存，系统动态划分主存，性能较差，价格便宜；独立显卡，简称独显，是以独立的板卡存在，需要插在主板的扩展槽上，有单独的显存。台式计算机推荐独显，如图 1-20 所示。

（七）声卡

声卡，是多媒体的基本组成部分，通过麦克风或乐器将收录的模拟信号转换成数字信号，传输到计算机上，反过来再将计算机输出的数字信号转换成模拟信号，通过音箱、耳机、扬声器、扩音机等设备，或通过音乐设备数字接口(MIDI)使乐器发出声音。常见的声卡品牌有创

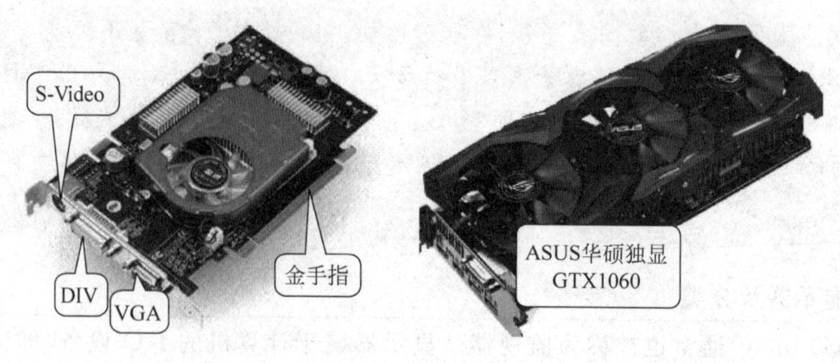

图 1-20　显卡

新(Creative)、坦克(Terratec)、华硕(ASUS)、雅马哈(Yamaha)等。声卡分为内置式和外置式两种,内置式又分为集成声卡和独立声卡,如图 1-21 所示。

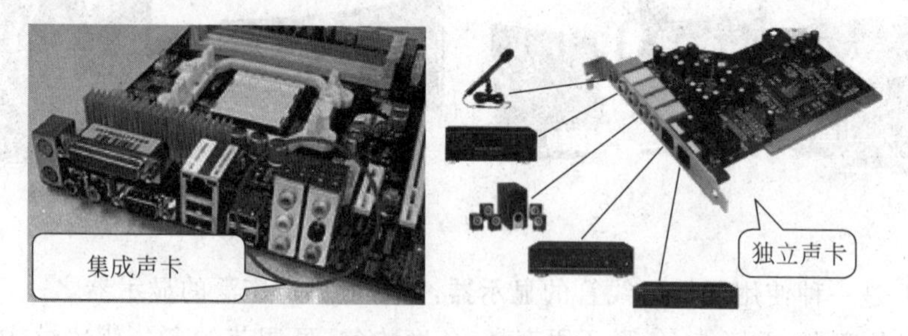

图 1-21　声卡

(八)网卡

网卡是局域网中连接计算机和传输介质的接口,不仅能实现与局域网传输介质之间的物理连接和电信号匹配,还涉及帧的发送与接收、帧的封装与拆封、介质访问控制、数据的编码与解码以及数据缓存的功能等,如图 1-22 所示。

图 1-22　网卡

网卡中还有一种无线网卡,其作用、功能跟普通网卡一样,是用来连接到局域网上的,它只是一个信号收发的设备,只有找到互联网的出口时才能实现与互联网的连接,所有无线网卡只能局限在已布有无线局域网的范围内。无线网卡就是不通过有线连接,采用无线信号进行连接的网卡。无线网卡可以根据不同的接口类型来区分,第一种是 USB 无线上网卡,是最常见的;第二种是台式计算机专用的 PCI 接口无线网卡;第三种是笔记本电脑专用的 PCMCIA 接口无线网卡;第四种是笔记本电脑内置的 MINI-PCI 无线网卡。

(九)打印机

打印机(Printer)是计算机的输出设备之一,用于将计算机处理结果打印在相关介质上。不论是哪种打印机,在本质上都是实现同一个任务,在纸上建立自由点组成的“图案”。所有的文本和图形构成的图案都是由点组成的，点的尺寸越小，打印出来的东西越精美。常用的有激光打印机与喷墨打印机，如图 1-23 所示。

图 1-23　激光打印机与喷墨打印机

当前还有一类新型的打印技术正在流行，那就是 3D 打印机。3D 打印机又称三维打印机，是一种累积制造技术，即快速成形技术的机器。它是一种以数字模型文件为基础，运用特殊蜡材、粉末状金属或塑料等可粘合材料，通过打印一层层的粘合材料来制造三维物体。使用 3D 打印机可以打印众多的产品，如图 1-24 所示。

图 1-24　3D 打印机与打印产品

（十）扫描仪

扫描仪是利用光电技术和数字处理技术，以扫描方式将图形或图像信息转换为数字信号的装置。

扫描仪通常被用于计算机外部仪器设备，是通过捕获图像并将之转换成计算机可以显示、编辑、存储和输出的数字化输入设备。照片、文本页面、图纸、美术图画、照相底片、菲林软片，甚至纺织品、标牌面板、印制板样品等三维对象都可作为扫描对象。扫描仪能够提取和将原始的线条、图形、文字、照片、平面实物转换成可以编辑及加入文件中的装置，如图 1-25 所示。

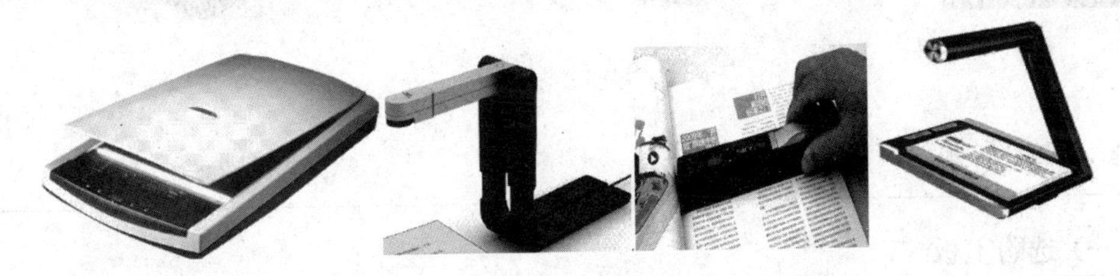

图 1-25　扫描仪

（十一）键盘

键盘是最常用也是最主要的输入设备，通过键盘可以将英文字母、数字、标点符号等输入到计算机中，从而向计算机发出命令、输入数据等。

从外观上来看,键盘分为打字键区、功能键区、编辑键区和数字键区等4个区。键盘也用来输入计算机命令。IBM PC最著名的例子莫过于Ctrl+Alt+Del组合。现在的Microsoft Windows的版本中,同时按下这三个键,将出现一个对话框,包括当前任务、关机等选项。而Linux,MS-DOS和Windows早期版本中,Ctrl+Alt+Del这个组合键对应的命令就是重新启动。键盘也是计算机游戏的主要控制方式之一。方向键或者重定义为方向键的一组键(如WASD这4个键)用来控制游戏角色的移动。

键盘按制作工艺可以分为薄膜键盘、机械键盘、静电容式键盘三大类。随着科技的不断进步与发展,也出现了硅胶软体键盘、激光镭射虚拟键盘、人体工学键盘等不同种类与功能的键盘设计,如图1-26所示。

图1-26　键盘

(十二) 鼠标

鼠标是一种很常见及常用的计算机输入设备,它可以对当前屏幕上的游标进行定位,并通过按键和滚轮装置对游标所经过位置的屏幕元素进行操作。

鼠标按工作原理分为滚球鼠标、光电鼠标和无线鼠标。滚球鼠标是橡胶球传动至光栅轮带发光二极管及光敏三极管晶元脉冲信号传感器;光电鼠标用红外线散射的光斑照射粒子带发光半导体及光电感应器的光源脉冲信号传感器;无线鼠标利用DRF技术把鼠标在X或Y轴上的移动、按键按下或抬起的信息转换成无线信号并发送给主机。现在越来越多的新功能鼠标也层出不穷,例如轨迹球鼠标、手指鼠标、人体工学鼠标、多点触控鼠标等,为使用者带来了丰富的操作体验,如图1-27所示。

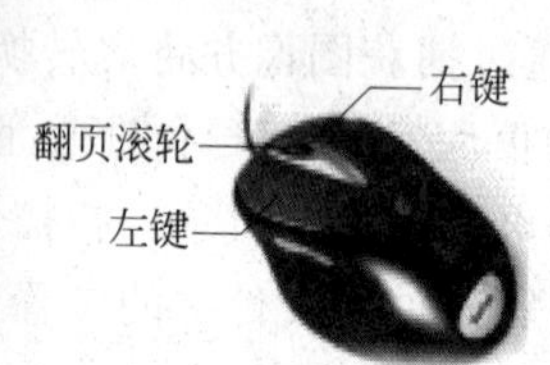

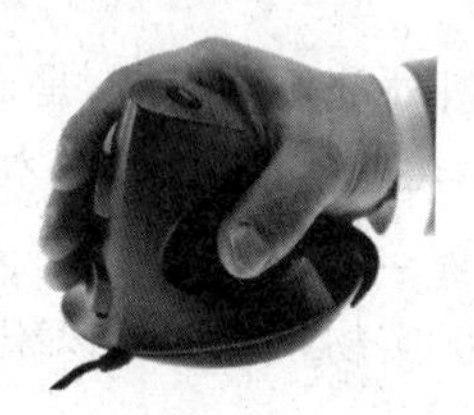

图1-27　鼠标

D 任务实现

(一) 选购主板

主板是影响台式计算机性能的重要部件之一,所以在选购时要注意以下几点问题。

(1) 关注品牌。品牌意味着产品的质量和良好的服务,主板的知名品牌如华硕、技嘉、微星等。

(2) 技术指标。例如,主板的前端总线频率是否与CPU相匹配,支持哪些规格内存,带有哪些接口等。

(3) 主板做工。一看主板是否有利于器件散热，例如，CPU 插座过于靠近主板边缘就不利于散热；二看是否妨碍其他器件安装；三看连接 CPU 插座、内存插槽、串口、并口、USB 接口做工优劣，会影响数据传输速度和稳定性以及系统性能、稳定性和寿命等；四看芯片组的散热。

(二) 选购 CPU

CPU 的选购很重要，CPU 是决定整台微机性能的重要部件之一，在选购时应注意以下几点。

(1) 市面上主要有 Intel 和 AMD 两家公司提供 CPU，选择时主要看架构，型号越新架构越优秀，例如，酷睿比奔腾好，奔腾比赛扬好。AMD 在三维制作、游戏应用和视频处理方面突出；Intel 处理器在商业应用、多媒体应用、平面设计方面有优势。性能方面，同档次的 Intel 比 AMD 有优势；价格方面，AMD 更便宜。

(2) 技术指标。主频越高处理速度越快，缓存越大越好。

(3) 先进的生产工艺。一般是 32nm 或 22nm，CPU 接口类型一定要和主板相兼容。Intel 主流是 LGA 775 接口，高端的是 i7 LGA 1366 接口，前几年是 Socket 478 接口。AMD 主流是 Socket AM2＋接口，高端的接口是 AM3。CPU 接口都是引脚式的，对应到主板相应插槽。CPU 类型不同，其插孔数、体积、形状都有所变化。

(4) 选择盒装还是散装。通常盒装比散装质量好一些。盒装 CPU 一般质保三年，带一个风扇；而散装 CPU 一般质保一年，不带风扇。应要求商家当着顾客面拆封盒装 CPU 包装。

(5) 注意鉴别 Intel 公司 CPU 的真假。①看封装线，正品盒装塑料封纸的封装线不可能在盒右侧条形码处，如果发现在条形码处就得注意；②看水印，薄膜上“Intel Corporation”的水印文字很牢固，用指甲是刮不下来的，能够用手搓下来的是假盒处理器；③看激光标签，正品有四重着色技术，层次丰富，字迹清晰，盒装标准上有一串编码，可以拨打 Intel 公司查询热线查询真伪。

提示：通过查看最新的 CPU 天梯图了解 CPU 性能，能查到各种型号 CPU 的性能排名，排名越靠前性能越强。

(三) 选购内存条

内存是计算机中最关键的部件之一，其质量和稳定性直接影响着计算机的工作，随着软件越来越大，需要内存容量也越来越大，如果经常进行 3D 游戏测试或开发，或多任务应用等高负荷运算，最好选购 1GB 以上双通道内存。内存不但会影响台式计算机的运行速度，可能还会导致台式计算机运行不稳定或兼容性不好，一定要注意选购内存的技巧。

(1) 内存品牌，例如金士顿(Kingston)、影驰(Galaxy)、威刚(ADATA)、海盗船(Corsair)、宇瞻(Apacer)、芝奇(G. SKILL)等，注意区分正品和山寨货。

(2) 看金手指做工，是电镀的还是化学镀，金手指是否有光泽，镀锡材料抗氧化性强、传导性好。

(3) 在购买现场不能测试的情况下，只能看 PCB 板材质的好坏，看电阻电容等元件的排列是否整齐，焊接工艺是否良好等。

(4) 当使用两条以上内存条时，要注意兼容性问题，不同品牌、不同规格的内存可能会存在不兼容，会出现系统不稳定的情况，所以要选相同品牌、相同规格的内存条。

(5) 售后服务。

提示：金手指是内存条上与内存插槽之间的连接部件，所有的信号都是通过金手指进行传送的，它由众多金黄色的导电触片组成，因其表面镀金而且导电触片排列如手指形状，故称为“金手指”。

（四）选购硬盘

市场上出售的硬盘，有固态硬盘（SSD）、机械硬盘（HDD）、混合硬盘（HHD）和液态硬盘。硬盘接口分为IDE接口、SATA接口、SCSI接口和光纤通道4种接口，目前SATA接口为主流接口，如图1-28所示。

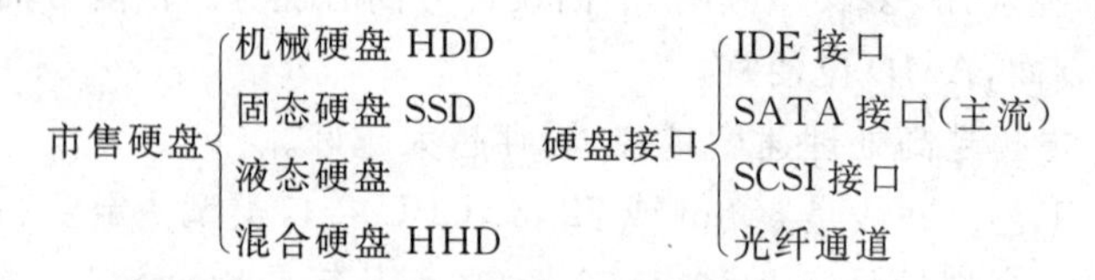

图1-28　硬盘及其接口分类

在选购硬盘时，要考虑硬盘的品牌、接口类型、硬盘尺寸、容量大小、转速、数据传输速度、缓存、单碟容量、发热问题和售后服务。

(1) 目前市场上常见的品牌硬盘有希捷、西部数据、日立、东芝、三星、金士顿、金胜、光威、宇瞻等。应尽量选购品牌硬盘产品，一般质保为三年。

(2) 按需求选择容量大小，最好从价格、性能和容量三方面综合考虑。例如，在购买硬盘时关注硬盘的容价比，即每吉字节容量的价格；转速影响整体性能，转速越高寻道时间越短，传输数据越快；缓存大小也影响传输速度，主流硬盘产品的缓存有16MB、32MB和64MB，选购时价格相差不多时应尽量选购大容量缓存硬盘；另外，接口类型不要选错，老式的接口多为IDE，目前主流的接口为SATA（SATA Ⅱ）。

(3) 单碟容量越大性能越高，目前主流硬盘单碟容量为250～500GB，单碟容量越大，硬盘可储存数据就越多，传输速率越高。

提示：应用于不同微型计算机的硬盘尺寸不同：3.5英寸台式计算机硬盘、2.5英寸笔记本硬盘，还有1.8英寸、1.3英寸、1.0英寸、0.85英寸的微型硬盘。

（五）选购显卡

早期的显卡只是单纯意义的显卡，只起到信号转换的作用，目前的显卡都带有3D画面运算和图形加速功能，所以也叫“图形加速卡”或“3D加速卡”。常见的显卡有七彩虹、影驰、技嘉、华硕、蓝宝石、MSI微星、索泰等，选购显卡时要注意以下几点。

(1) 根据实际需要确定显卡的性能和价格，如果是家庭用户或办公用户就采用中低端显卡，如果是游戏玩家或图形动画设计者就采用中高端显卡。

(2) 观察显卡外观，品质好的显卡用料足、做工精细、焊点饱满、布局规矩。

(3) 查看显存字迹，高品质的显存上的字迹即使磨损，依然能看到字的痕迹。

(4) 对显卡进行软件测试，降低购买伪劣显卡的风险，安装驱动程序后观察数值是否和标称的一致，如果一致说明是正规产品。

(5) 使用专门软件对显卡的稳定性进行测试，如果在玩游戏等复杂操作时画面非常流畅，没有停顿感表明此款显卡品质好。

提示： 显卡，除了集显和独显，还有核心显卡，即集成在核心中的显卡，是新一代的智能图形核心。低功耗是核心显卡的最主要优势，还有体积小，一般用于笔记本电脑。

（六）选购声卡

对音质要求不高的一般用户，主板上集成的声卡就够用了，但对网络直播或音乐爱好者来说，集成声卡会存在电磁和无线电干扰问题，抖动和延迟也会对音频信号的输入和输出带来影响，随着对音质要求越来越高，选购独立声卡或外置式声卡显得很有必要。

市场上声卡产品很多，在挑选时要注意声卡接口类型，目前市面上有 USB 接口、火线接口和 PCI-E 接口三种。USB 声卡传输速度一般在 480Mb/s 左右，同时录制 64 个声轨。火线声卡比 USB 声卡更稳定些，可同时录制多个声道。PCI-E 是在主板上的内部接口，可以减少延迟，提高带宽，有效提升录音品质，受专业人士青睐，但 PCI-E 接口声卡价格很高。另外，不同品牌声卡在性能和价格上差异也很大，所以在选购上要根据预算和各品牌的优点综合考虑，还要注意声卡与其他配件发生冲突的现象。

提示： 当确定要选购声卡范围后，一定要了解下产品所采用的音频处理芯片，它是决定一块声卡性能和功能的关键。

（七）选购显示器

显示器更新速度较快，新硬件往往采用了更先进的工艺与架构，带来性能提升的同时还降低了功耗，另外还有一些新特性加入，更为重要的是新硬件为了取代老平台，在定价方面相比上一代版本往往相差不大，因此也是更具性价比的选择。

常见显示器有戴尔(Dell)、明基(BenQ)、华硕(ASUS)、飞利浦(PHILIPS)、宏基(Acer)、三星(SAMSUNG)、惠普(Hp)、AOC 等。在选购显示器时要注意分辨率和刷新频率参数。

目前主流分辨率为 1080P，高端 4K(3840×2160)，目前液晶刷新率一般为 60Hz，响应时间越短越好，可视角度越大越好，功耗越小越好，还要看显示器外观、屏幕大小、品牌、售后服务等。

（八）选购机箱与电源

机箱的主要作用是放置和固定各计算机配件，计算机机箱具有屏蔽电磁辐射的重要作用。机箱选购指南如下。

(1) 选择机箱时要注意尺寸，能否放下主板、显卡、CPU 散热器等配件。

(2) 选购的机箱必须与电源兼容。

(3) 虽然机箱风扇越多，散热效果越好，但同时灰尘也越多，噪声也越大。

(4) 看品牌，例如，金河田、酷冷至尊、安钛克、美商海盗船等。

电源选购指南如下。

(1) 电源铭牌：了解电源的型号、额定功率、认证等基本的性能指标信息。

(2) 电源重量：好的电源一般比较重一些。

(3) 从外壳散热窗往里看，质量好的电源采用铝或铜散热片，而且较大、较厚。

E 技能提升

根据自己的实际需要，结合所学微机主要部件的参数以及选购注意事项，去计算机配件商场，收集配置报价单，从技术指标和价格两个方面来考虑部件选择，填写如表 1-5 所示的表格。

表 1-5　微机部件收集单

配件名称	常用参数指标	价格
主流 CPU	了解 Intel 和 AMD 两类，掌握 CPU 的厂家、型号、主频、缓存	
主板	注意不同芯片组主板的价格，掌握主板的型号、规格、接口等	
内存和硬盘	厂家、型号、容量	
显示器	比较不同品牌、规格显示器的技术指标和价格	
网卡	网卡的型号接口、速率	
其他部件		

根据表 1-5，对各个型号和类型进行筛选，制定出既能满足需求，价格又在 4500～5000 元之间的配置方案，整理出微机配置清单，如表 1-6 所示。

表 1-6　微机配置清单

配件名称	品牌型号	价格	总价比例
处理器			
散热器			
显卡			
主板			
内存			
硬盘			
机箱			
电源			
显示器			
键盘鼠标			

任务3　组装微机部件

A 任务展示

把选购完成的部件组装成一台式计算机，组装微机前做好准备工作，组装主机，再连接主机与外部设备。组装主机是重点任务，通常按照下面的顺序进行组装：

安装 CPU→安装内存→把主板装到机箱→安装硬盘→安装光驱（可选）→安装显卡→安装声卡→安装网卡及其他扩展卡（可选）→安装电源→连接电源线及数据线（跳线）

连接主机与外部设备通常的顺序为：

连接键盘→连接鼠标→连接网线→连接声卡→连接显示器→连接主机电源→连接显示器电源→通电自检

在安装前准备好工具：螺丝刀、尖嘴钳、镊子、螺丝钉和导热硅脂等。

B 教学目标

（一）技能目标

（1）制定详细的拆装方案，分析方案的合理性。

（2）掌握拆装的步骤和拆装方法，能够根据给定的部件快速地、正确地组装好计算机。

（3）能够对在拆装过程中可能出现的问题提出合理的解决办法。

（4）能够安装常用的操作系统 Windows。

（二）知识目标

（1）了解组装微机部件的注意事项。

（2）了解制定组装方案的原则与步骤。

（3）了解软件、软件系统与硬件的关系。

（4）了解系统软件和应用软件的特点与区别。

C 知识储备

（一）组装微机部件的注意事项

（1）检查组装所需的工具是否齐全，检查及准备好组装计算机的全部组件及连接各部件的各类电缆。

（2）准备好拆装计算机的工作空间，熟悉组装计算机的流程。

（3）实验前释放身体上的静电，避免在手接触板卡时，损坏集成电路芯片，实验过程中严禁带电安装部件。

（4）装机过程中，遵循硬件产品的安装规范，轻拿轻放所有部件，尽量只接触板卡边缘，部件对号入座，细心操作，安插到位。

（5）对需要螺钉紧固的部件，一次不可全拧紧，待所有螺钉上好后方可拧紧，切忌把螺丝拧得过紧，以免螺钉滑扣。

（6）插拔各种板卡时切忌盲目用力，以免损坏板卡。

（7）必须在全部部件组装完成、由教师检查完毕后才能通电试机。

（二）制订组装方案的原则与步骤

1. 制订组装方案的原则

（1）根据微机主机箱内各部件的安装位置及方向的要求。

（2）根据各功能部件的安装工艺、规范要求。

（3）根据先内后外的原则，前面的操作结果应不影响后续的操作。

（4）安装时应注意位置、方向，部件摆放平稳，连接线要牢固。

2. 计算机组装的基本步骤

（1）CPU 与 CPU 散热风扇的安装：在主板上的处理器插槽上装上 CPU，并且安装上散热风扇。

（2）内存的安装：将内存条插入到主板的内存插槽中。

（3）主板的安装：将主板安装在机箱主板上。

（4）硬盘的安装。

（5）显卡、声卡与网卡的安装：在主板上找到合适的插槽后，将显卡、声卡与网卡插入电源的安装，主要是将电源安装在机箱里。

（6）连接线缆和输入/输出设备的安装：主要进行机箱内部相关线缆的连接以及输入/输出设备与机箱之间的连接。

（7）电源的安装：主要是将电源安装在机箱里。

（8）连接键盘和鼠标等外部设备。

（9）通电测试。

（三）安装操作系统

只有硬件系统而没有软件系统的计算机称为裸机，是无法工作的，要想让计算机完成某项工作必须配备相应的软件系统。

软件是一系列按照特定顺序组织的计算机数据和指令的集合，是计算机中的非有形部分。计算机中的有形部分称为硬件，由计算机的外壳及各零件及电路所组成。

计算机软件需有硬件才能运作，反之亦然，软件和硬件都无法在不互相配合的情形下进行实际的运作。软件不分架构，有其共通的特性，在运行后可以让硬件运行在设计时要求的机型。

软件存储在存储器中，不是可以碰触到的实体，可以碰触到的都只是存储软件的零件（存储器）或是媒介（光盘或磁盘等）。计算机的软件系统分为系统软件和应用软件，如图 1-29 所示。

系统软件，主要指用来运行或控制硬件所开发的计算机软件，使得各种独立的硬件可以协调工作，提供基本功能，并为正在运行的应用软件提供平台。系统软件使得计算机用户和其他软件将计算机当作一个整体而不需要顾及底层每个硬件是如何工作的，而各个硬件工作的细节则由驱动程序处理。

狭义而言，系统程序指的是操作系统设计，以及与操作系统相关的程序，例如进程管理、存储器管理、进程通信、平行程序、驱动程序等；广义来说，系统程序泛指与计算机系统相关的程序设计，例如嵌入式系统、汇编语言程序设计、C 语言程序设计、Linux 核心程序设计等；而系统软件主要指的是辅佐系统程序能够在计算机上运行或运行特定工作（例如除错、进程管理）的工具程序，最为常见的系统软件是操作系统。

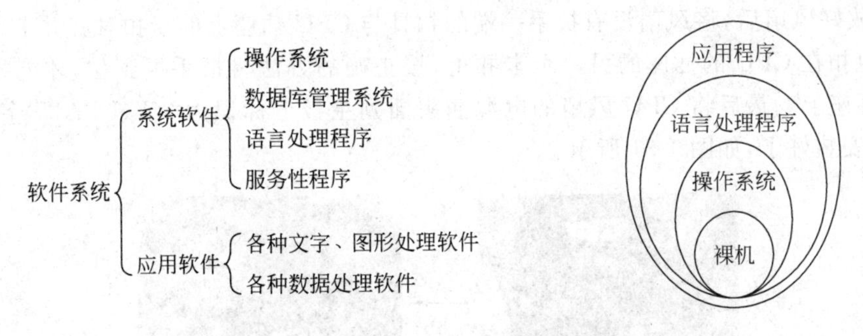

图 1-29　软件系统以及与硬件的关系

目前计算机上或手机上常用的操作系统有 Microsoft Windows、自由和开放源代码的 Linux、苹果 Macintosh 系列上的操作系统 Mac OS 和 iOS、Android 操作系统、Windows Phone 8.1 等。

（四）安装常用的应用软件

应用软件，是为了某种特定的用途而被开发的软件，它可以是一个特定的程序，例如一个图像浏览器；也可以是一组功能联系紧密，可以互相协作的程序的集合，例如微软的 Office 软件；也可以是一个由众多独立程序组成的庞大软件系统，例如数据库管理系统。

常见的应用软件有 Microsoft Office 办公软件、Adobe Photoshop 图形图像软件、Internet Explorer 网页浏览软件、微信与 MSN 通信软件、暴风影音、迅雷、快车、Outlook Express、Foxmail、360 安全卫士等。

D 任务实现

（一）安装 CPU 和散热器

在主板上找到 CPU 插槽，拿起 CPU，此时发现 CPU 两边各有一个缺口，对应插槽内有两个突出，这是防呆设计。对上口把 CPU 小心放入槽内，必须用力均匀，用力不当将有可能压坏 CPU 核心，导致 CPU 损坏而无法正常工作。把盖子压下来，扣上扣杆，黑色塑料保护盖自然跳出，CPU 就装好了，如图 1-30 所示。

图 1-30　安装 CPU 步骤

在安装散热器前，要在散热器底面上涂好硅脂。英特尔原装散热器有自带的硅脂。将白色突出的部分插进 CPU 插槽周围的 4 个圆孔，再把中间的钉子打进去，先右旋拧到底再下压，会有咔的一声，受黑色部分挤压，就把散热器牢牢固定在主板上了。

如果不是自带的硅脂，在安装 CPU 风扇前应在底部均匀地涂上一层导热硅脂，将风扇轻放在 CPU 上方，左右两边的扣具要与主板上的卡扣对好，方向正确才能将 CPU 风扇放在

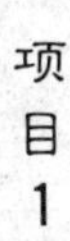

CPU上。放好风扇后，将风扇没有扳手一端的扣具与CPU插座上的卡扣对齐并卡好，将另一端的扣具也扣在CPU的插座的另一个卡扣上，按正确的方法将扳手扳到位，才能把CPU风扇固定在插座上。最后将CPU风扇的电源插头插到主板上标识为“CPU FAN”字样的插针上，风扇就安装好了，如图1-31所示。

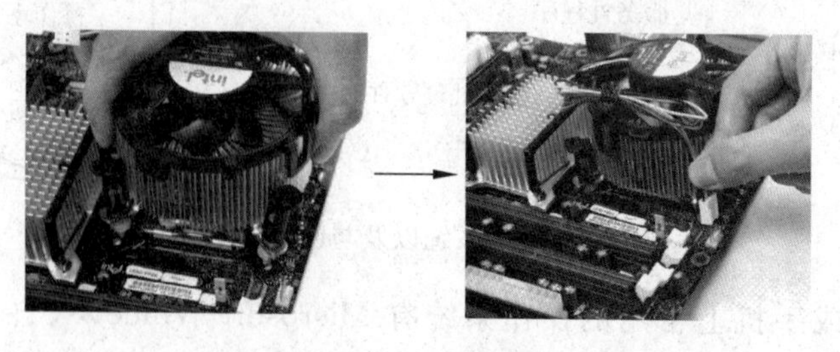

图1-31　安装散热器

提示：拿CPU的正确方法是边缘抓取，手上会有汗水、污垢或静电，尽量避免碰到CPU触点和针脚，必须在零插拔力杠杆抬起时才能安装CPU；CPU必须安装到位并按下杠杆到位；注意散热风扇的安装方向；注意连接风扇电源线。

（二）安装内存条

在安装内存时，先用手将插槽两端的卡扣打开，往主板方向按下，内存条按照防呆缺口设计的方向插，然后将内存条对准垂直放入插槽中，用两拇指按住内存条均匀用力向下压，压紧后卡扣会自然扣上，并伴有“咔”声，最后建议用手检查卡扣是否扣紧，如图1-32所示。

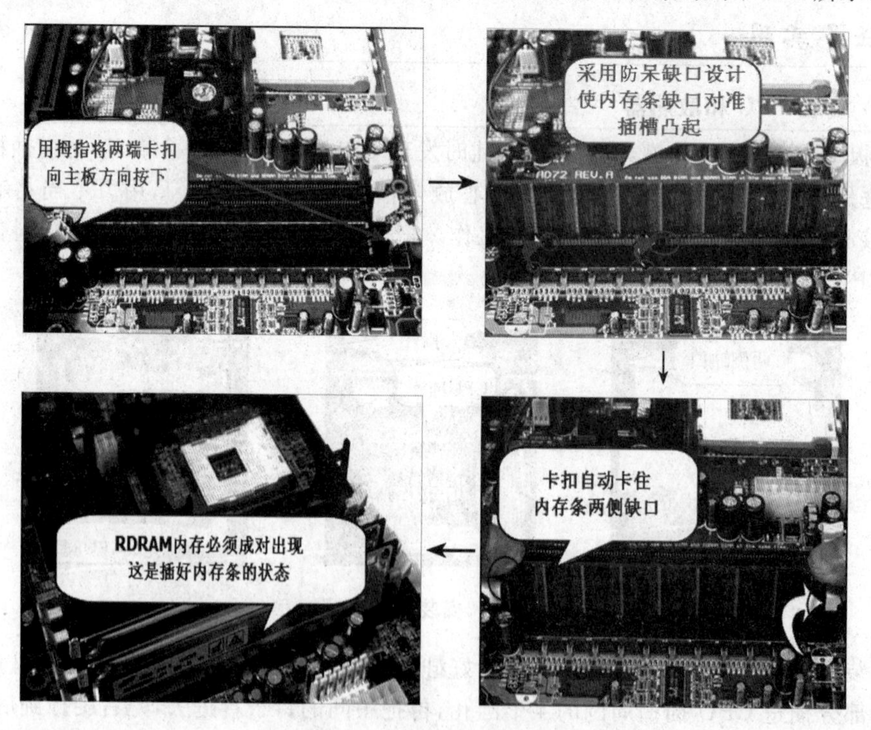

图1-32　安装内存条步骤

提示：拆内存条的时候把两端卡扣打开，内存条就会弹出。建议新手把主板放平了再弄，避免不注意弄掉摔坏。

（三）安装主板

在机箱底板上固定主板：把安装好CPU、内存条的主板安装到机箱里，首先检查铜柱，再固定主板。

安装主板前检查铜柱位置跟主板螺丝孔位是否对准，对号入座，拆掉多余的，在缺少铜柱的孔位装上铜柱。最好的情况是每个主板螺丝孔位都能有铜柱对应来上螺丝，可能有些主板和机箱匹配问题，靠近底下有个别螺丝孔位对不上，可以不装，但绝对不允许在主板覆盖面下出现多余的铜柱。铜柱配合螺丝起到固定主板的作用，铜柱本身是优良导体，错误的安装位置很可能会导致主板短路。安装主板步骤，如图1-33所示。

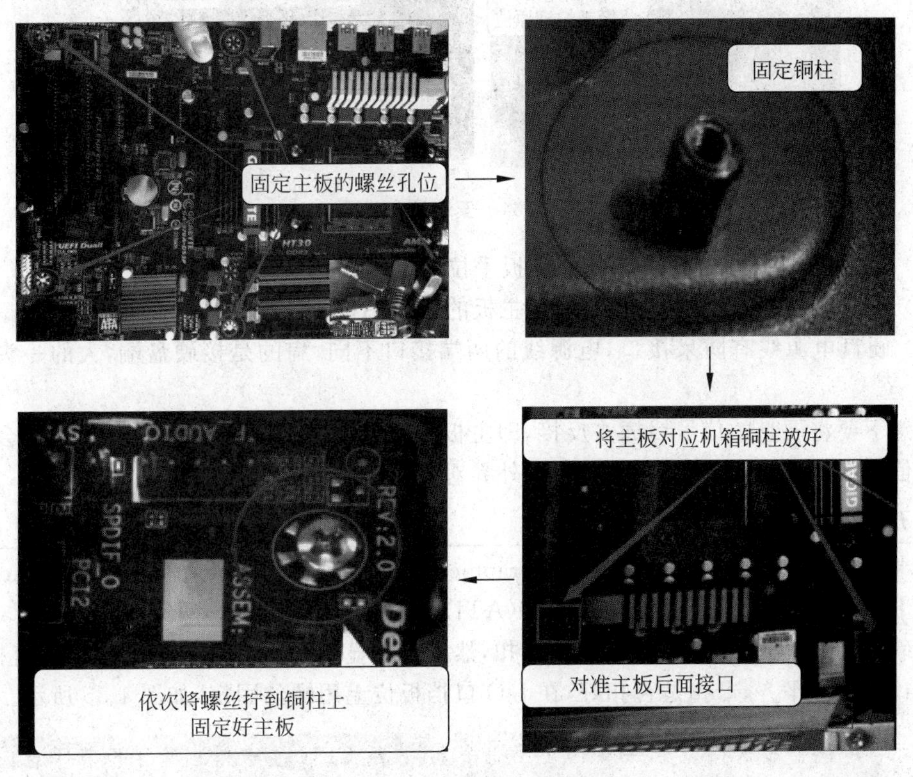

图1-33 安装主板步骤

提示：仔细观察主板及各功能部件上有关跳线的标志，根据主板说明书，对主板设置跳线。

（四）安装硬盘

安装硬盘就是将硬盘固定在机箱托架上，再连接好数据线和电源线。下面以3.5英寸SATA接口硬盘安装为例，说明连接步骤，如图1-34所示。

(1) 机箱中固定了3.5英寸托架的扳手，拉动扳手取下3.5英寸硬盘托架，将硬盘装入托架中，拧紧螺丝。

图 1-34　安装硬盘步骤

(2) 将托架重新装入机箱，并将固定扳手拉回原位，固定好硬盘托架。

(3) SATA 数据线两端一样，一端和主板的 SATA 接口相连，另一端和硬盘相连。

(4) 硬盘电源线有防呆接口，电源线的两端接口不同，扁的是接硬盘端，大的一头是接电源端。

注意不要将硬盘的信号线插头反接，即主板和硬盘数据接口的连接处接反，这样会造成硬盘连接信号线的屏蔽地线失去作用，增大外界对硬盘读写时的干扰。

(五) 安装显卡

显卡全称显示接口卡(Video Card，Graphics Card)，又称为显示适配器(Video Adapter)，民用显卡图形芯片供应商主要包括 AMD(ATI)和 nVIDIA(英伟达)两家。

安装显卡，首先打开 PCI-E 槽边的卡扣，然后对准显卡金手指和卡槽的缺口垂直插入，再检查接口处是否平齐，卡扣是否扣好，在 I/O 口挡板位上用螺丝固定，如图 1-35 所示。

提示：建议把显卡插在第一条 PCI-E 插槽上(靠近 CPU 显卡槽)，除了至尊平台或者顶级堆料的主板外，通常只有第一条 PCI-E 是×16 满速的带宽，第二条以后就是×8 或×4 了。

(六) 安装电源

电源提供计算机中所有部件所需要的电能，机箱中放置电源的位置通常是机箱尾部的顶端，电源末端 4 个角上各有一个螺钉孔，通常呈梯形排列。先将电源放置在电源托架上，并将 4 个螺钉孔对齐，然后拧上螺钉，拧螺钉时，不要将一个螺钉拧好后，再拧其他螺钉，应该将 4 个螺钉均匀拧紧。

(七) 连接电源线及数据线

连接硬盘数据线、主板供电线、CPU 供电线、开机跳线、风扇供电线、前置 USB 线、前置音

图 1-35　显示 PCI-E 插槽

频线、CF/SLI 主板加强供电线、硬盘供电线、蜂鸣器等电源线和数据线。通常在主板的右下角落,旁边有对应的标识,一个接头两根线,前面的"+"用来区分接头正负极,所有"+"都在左边,第二排最右边的针空着不接。PLED(POWER LED)是电源灯,只要是开机状态,灯就会一直亮。HDLED(HDD LED)是硬盘灯,在硬盘读/写的时候会亮,一般是闪烁,任务繁重时甚至一直亮。PWRBTN(Power Supply Button)是电源键,用来开机或关机。RESET 是复位键,用来重启。

在连接时,白色一端一律接在负极(右边),其他颜色(黄/紫/红/绿)的接正极(左边,看主板标识),控制键的原理是短触,所以可以正负接反,LED 不能接反,否则就不亮了。关于连接跳线,如图 1-36 所示。

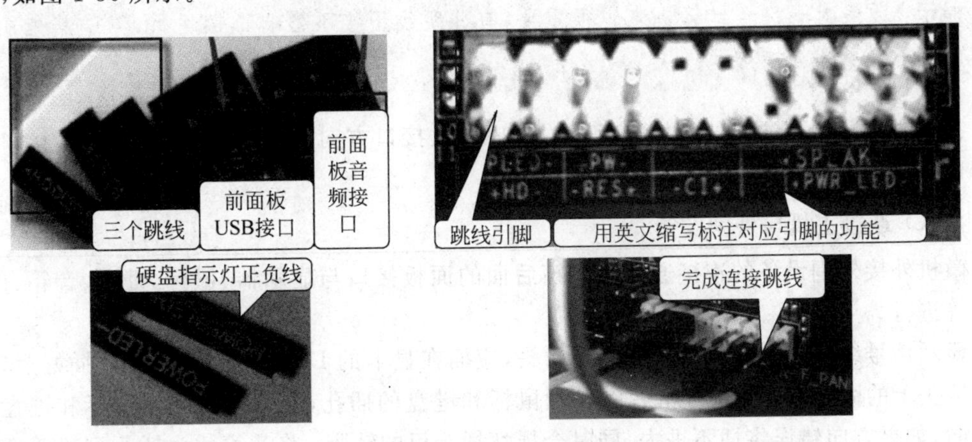

图 1-36　连接跳线

与主板 USB 接口连接,蓝色接头上有一个孔是实心的,这个一定要对准主板接口上没有线的那个引脚,否则会将 USB 3.0 主板接口压坏,如图 1-37 所示。

IDE/SATA 口提供光驱/机箱风扇供电,CPU 口接主板 4pin/8pin CPU 供电,Mainboard/Motherboard 接主板 24pin 口供电,PCI-E 接独立显卡辅助供电,如图 1-38 所示。

(1) 主板 24pin 口供电,必须接,是由 20pin+4pin 组合成,其中有个别口里面是空缺的,这是正常的。找准方向,对好卡扣,插到底,最好不要留有缝隙,扣子要扣好,连接技巧是双手食指垫在主板边缘往上提供支撑力,双手大拇指往两边下压扣紧,防止主板压坏。

(2) CPU 供电口必须连接,电源出来的双 4pin 可以合并成 8pin,主板上的 CPU 供电口一

图 1-37　与主板 USB 口连接

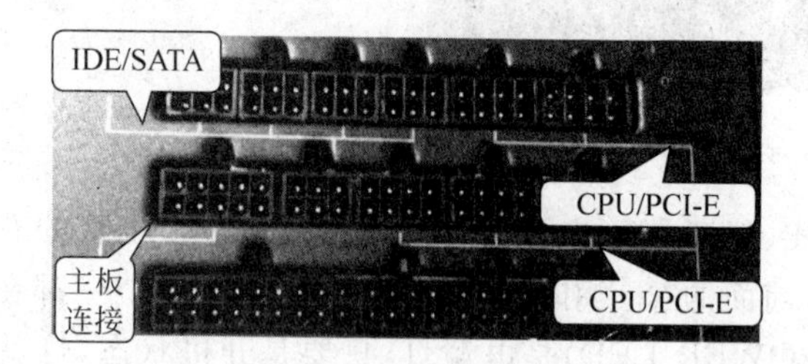

图 1-38　主板上的供电口

般都在 CPU 附近，有的是 8pin 供电口，有的主板只有 4pin 口，4pin 是基础，8pin 有利于供电稳定。

(3) PCI-E 供电口给独立显卡提供额外供电，6pin＋2pin 可以组合成 8pin，显卡上有多少就插多少，要插满，没有就不用管。

提示：跳线对于一台计算机来说很重要，有些跳线不接不影响正常运行，但是其中最主要的电源跳线一定要接。

在连线过程中要注意的是接口色标、接口形式、接口方向、接口标记、接口位置、接口大小与接口安装的方便性。

（八）连接主机与外围设备

微机外接外围设备的连接通过主机箱后面的面板接口与显示器、鼠标、键盘、音箱、网络、电源等进行。

显示信号线一端是一只 D 形 15 针插头，应插在显卡的 D 形 15 孔插座上。插好后，用手拧紧插头上的固定螺栓；在机箱后面找到鼠标和键盘的插孔，在插接时注意鼠标和键盘卡口的方向，如果方向错误将插不进去，同时会损坏插头里的针脚；将音箱插头插入到机箱后面的音箱插孔中，即可将音箱与主机连接起来。

E 技能提升

通过前面的组装操作，已经将微机各个部件连接完成，并通电测试成功了。没安装任何软件的机器被称为裸机，不能正常使用，下面开始安装 Windows 7 操作系统，学生按 6 或 7 人组成研究小组，教师为每个小组准备一张系统安装盘。

操作提示：

(1) 将计算机设置为从光盘启动。根据主板 BIOS 的不同，方法可能略有不同，一般是出现开机画面时按 Del 键进入主板 BIOS 进行相应设置，具体操作查阅主板说明书，设置完成后保存设置,重新启动计算机。

(2) 计算机自动从光盘启动,开始加载启动程序,准备开始安装 Windows 7,首先设置语言、时间格式和输入方式,设置完成后单击“下一步”按钮。

(3) 在正式安装 Windows 7 以前,需要先接受 Windows 7 许可条款,选择安装 Windows 7 操作系统并启动安装程序。

(4) 准备分区。为 C 盘指定大小,一般将硬盘划分为一个主分区(C 盘)和一个含有多个逻辑磁盘的扩展分区(D、E、F 等),其中操作系统所在的分区应至少划分 20GB 的空间,通常为硬盘大小的 1/4,小硬盘一般分为两个区,大硬盘可分为多个分区,但尽量不要超过 8 个。按照提示操作,分区结束后,选择 C 盘,准备复制 Windows 安装文件。

(5) 安装 Windows 功能并更新,在这个过程中计算机会重启多次,安装程序为首次使用计算机做准备。

(6) 为 Windows 7 设置用户名和计算机名,设置密码并输入产品序列号,设置计算机安全策略、时钟,选择计算机当前位置等。

(7) 进入到 Windows 7 的欢迎界面,系统准备桌面,打开 Windows 7 操作系统。首次安装的 Windows 7 操作系统桌面只会显示“回收站”图标。至此,Windows 7 操作系统安装完成,如图 1-39 所示。

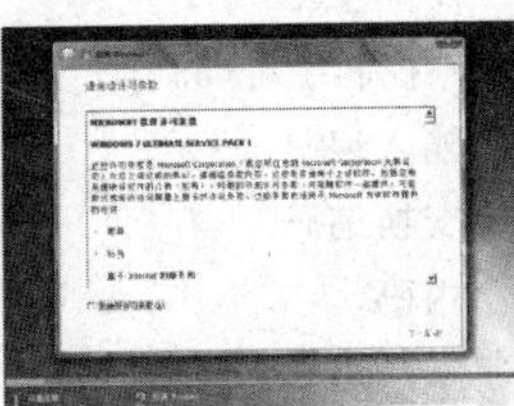

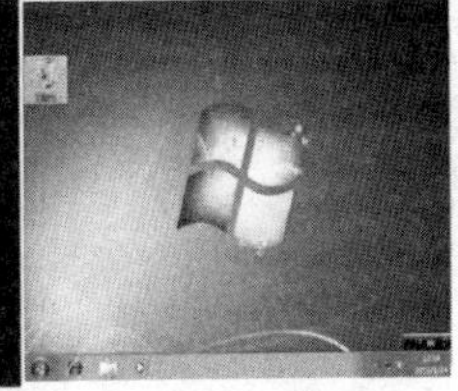

图 1-39　Windows 7 安装过程界面

任务 4　操作输入设备

A 任务展示

在日常办公中,经常会遇到录入大量资料的情况,能够使用输入设备快速录入这些信息很重要。常用的输入设备有鼠标、键盘、触摸屏、操纵杆、图像扫描仪、条形码阅读器、视频摄像头、数码相机等,鼠标和键盘是人与计算机交流必不可少的输入设备,要想提高录入速度及工作效率,就必须用好鼠标和键盘。

本任务要求熟练掌握鼠标的操作方法,熟悉键盘布局和指法,掌握正确的打字姿势,能够使用“金山打字通”软件,坚持不懈地进行键盘及其键符的训练,多加练习,实现“盲打”,循序渐进地提高中英文的录入速度。

B 教学目标

(一) 技能目标

(1) 熟练掌握鼠标的 6 种操作方法,知道产生的操作效果。

(2) 熟记键盘中键符的位置、键符的分类以及键符的含义。

(3) 掌握键符操作规则及正确的按键姿势。

(4) 熟练掌握键盘指法,能够坚持不懈地进行键盘及其键符的训练,循序渐进地提高中英文的录入速度。

(二) 知识目标

(1) 了解信息编码的两种标准。

(2) 了解鼠标的 6 种操作方法。

(3) 掌握键盘上各键的名称及功能。

(4) 掌握软键盘的使用。

C 知识储备

(一) 信息编码

数据输入计算机之前必须对数值数据和非数值的字符数据进行编码,颁发编码的国家标准有 ASCII 国际标准和汉字编码两种,是为了使全世界和我国的计算机用户在信息交换、处理、传输和存储等方面达成一致,如图 1-40 所示。

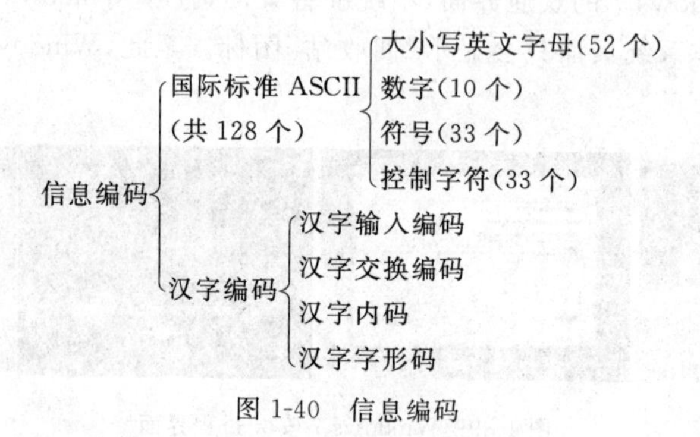

图 1-40　信息编码

ASCII 码(American Standard Code for Information Interchange,美国标准信息交换码)是计算机中最常用的字符编码,由 7 位二进制编码组成,共计 128(2^7)个,包括 26 个大写字母、26 个小写字母、10 个数字、1 个空格、32 个标点符号和运算符号(这些字符有确定的结构形状,在键盘上能找到相应的键位),还有 33 个控制字符(在通信、打印、显示输出时起控制作用)。

汉字编码,汉字从键盘输入到显示器显示或打印机输出的整个过程编码,分为汉字输入编码(输入码/机外码)、汉字交换编码(国标码)、汉字内码(机内码)与汉字字形码(字形码)4 种,如图 1-41 所示。

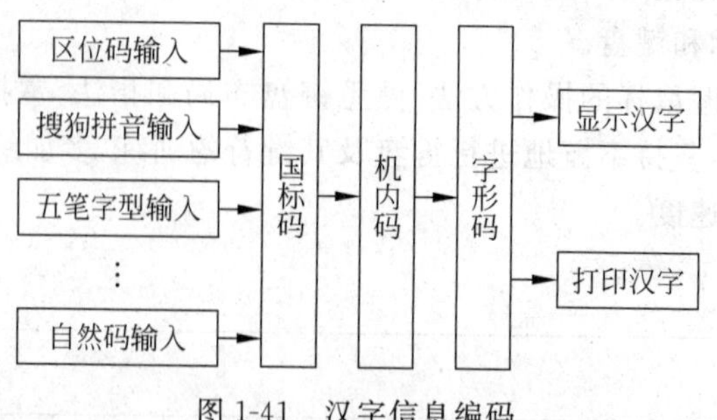

图 1-41　汉字信息编码

输入码也称机外码,分为数字码、音码、形码、音形码,好的汉字输入码应具有简单、易学、易记、编码短和重码少等特点,常用的有区位码输入、搜狗拼音、微软拼音、五笔字型等。

国标码也称交换码，国家汉字编码标准 GB 2312—1980，收录了 7445 个图形符号和常用汉字，其中，3755 个一级汉字，3008 个二级汉字。

机内码，是汉字信息在计算机系统内部存储、处理、传输的编码，机内码＝国标码＋8080H。

字形码，是表示汉字形状的编码，对字形数字化，存储于汉字字库中，用于汉字的显示和打印，例如，48×48 点阵汉字，占用 288(48×48÷8＝288)B 存储空间。

（二）常用的汉字输入法

五笔字型输入法，是以笔画的拆分和组合为基础的一种汉字输入法，需要记忆的拆分和组合原则很多，它的特点是重码率低，录入速度快，适合专业打字人员使用。

搜狗输入法，是第一款为互联网而生的输入法，它通过搜索引擎技术，在词库的广度、首选词准确度等方面远远领先于其他输入法。

微软拼音输入法，是一种基于语句的智能型的拼音输入法，用户不需要经过专门培训就可以方便录入汉字。用户可以连续输入整句话的拼音，不必人工分词或挑选候选词。它还具有自造词、支持手写输入的特点。

智能 ABC，是集全拼和双拼输入法优点于一身的一种输入法，具有智能记忆功能。

（三）切换汉字输入法

在输入汉字时，首先要切换到汉字输入法，其方法是：单击语言栏中的“输入法”按钮，再选择所需的汉字输入法。或者按住 Ctrl 键再依次按 Shift 键，可以在不同的输入法之间切换。当切换到某一种汉字输入法时，将弹出对应的汉字输入法状态条，例如，切换到微软拼音输入法时的状态条，如图 1-42 所示。

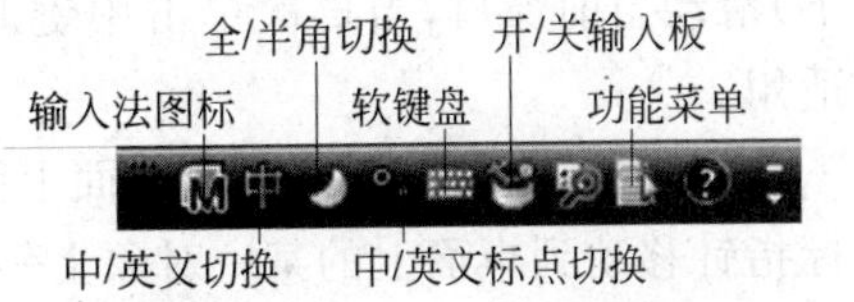

输入法图标用来显示当前的输入法，单击可以切换到其他输入法；单击“中/英文切换”可以快速在中文输入法与英文输入法之间进行切换；单击“全/半角切换”或使用快捷键 Shift＋Space 可切换全角与半角；单击“中/英文标点切换”可以用于中文或英文标点符号；软键盘用于输入特殊符号、标点符号和数学符号等多种字符；单击“开/关输入板”可以打开或关闭“输入板手写识别”对话框；单击“功能菜单”用于设置不同的输入选项和功能。

全/半角切换　开/关输入板
输入法图标　软键盘　功能菜单
中/英文切换　中/英文标点切换

图 1-42　微软拼音输入法状态条

提示： 字母、字符和数字在半角状态下占半个汉字(1B)宽度，在全角状态下占一个汉字(2B)宽度。

（四）软键盘的使用

软键盘，不是在键盘上而是在屏幕上，通过软件模拟键盘输入字符。在这种输入界面上，有个(键盘)按钮，右击这个按钮，将弹出软键盘快捷菜单。单击选择某个键盘布局，例如“特殊符号”，将打开特殊符号键盘，可以用鼠标录入相应的符号。使用结束后，再一次单击输入界面上的(键盘)按钮，具体操作步骤，如图 1-43 所示。

（五）鼠标的 6 种操作方法

鼠标左边的按键为鼠标左键，鼠标右边的按键为鼠标右键，鼠标中间可以滚动的按键为鼠

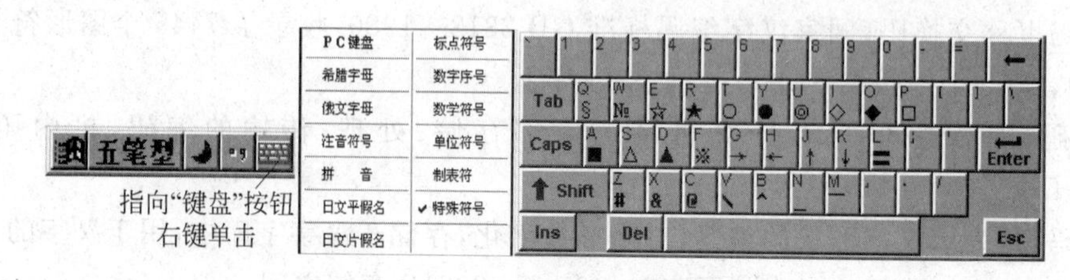

图 1-43　打开软键盘的步骤

标中键或鼠标滚轮。正确的手握方法为食指和中指自然放置在鼠标的左键和右键上，拇指横向放于鼠标左侧，无名指和小指放在鼠标的右侧，轻轻握住鼠标，手掌心轻轻贴在鼠标后部，手腕自然垂放在桌面上，食指控制鼠标左键，中指控制鼠标右键和滚轮，当需要使用鼠标滚动页面时，用中指滚动鼠标的滚轮即可。

鼠标的基本操作包括单击、双击、拖动、右击、单击中键、定位 6 种。

(1) 单击，俗称点击，先移动鼠标，指向某个对象，然后食指按下鼠标左键快速松开。单击常用于选择对象，被选择的对象呈高亮显示。

(2) 双击，是指食指快速、连续地按鼠标左键两次，常用于启动某个程序、执行任务或打开某个窗口、文件夹等。

(3) 拖动，俗称拖曳，是指将鼠标指向某个对象后按住鼠标左键，移动鼠标把对象从一个位置移到另一个位置，再释放鼠标左键，常用于移动对象。

(4) 右击，就是右击，用中指按一下右键，松开按键后自动弹起，常用于打开与对象相关的快捷菜单。

(5) 单击中键，中键是滑轮，单击后指针将变成⇕，向上(或向下)移动指针将向上(或向下)滑动当前窗口，当再次单击中键时停止滑动，常用于文档编辑、浏览文本或网页等，非常适用。

(6) 定位，是指在光滑的桌面上随意移动，在显示屏幕上的鼠标指针会同步移动，当将鼠标指针移动到桌面上的某一对象上停留片刻，会弹出与对象相关的提示信息，这就是定位。

提示：正确地握住并移动鼠标可避免手腕、手和胳膊酸痛或受到伤害，特别是长时间使用计算机时。

鼠标在不同的状态下，会变成不同的指针形状，对应的功能也不同，如表 1-7 所示。

表 1-7　鼠标指针形状对应的功能

鼠标功能	鼠标指针形状	鼠标功能	鼠标指针形状	鼠标功能	鼠标指针形状
正常选择	↖	选择文本	I	沿对角线调整 1	⤡
帮助选择	↖?	手写	✎	沿对角线调整 2	⤢
后台运行	↖⧗	不可用	⊘	移动	✥
忙	⧗	垂直调整	↕	候选	↑
精确定位	+	水平调整	↔	链接选择	☝

> **提示**：光电鼠标是利用光的反射来确定鼠标的移动，鼠标内部有红外光发射和接收装置，要让光电式鼠标发挥出强大的功能，一定要配备一块专用的感光板。光电鼠标的定位精度要比机械鼠标高出许多。

（六）主键盘区各键名称及功能

键盘是计算机必备的输入设备，是人与计算机进行交流必不可少的工具。键盘是输入汉字、符号、数字、字母等最常用、最经济的输入设备，所以熟练使用键盘显得尤为重要。

常用键盘有 104 键和 107 键。以 107 键为例，按照各键功能不同，分为主键盘区、功能键区、编辑键区、数字键区以及状态指示灯区 5 部分，如图 1-44 所示。

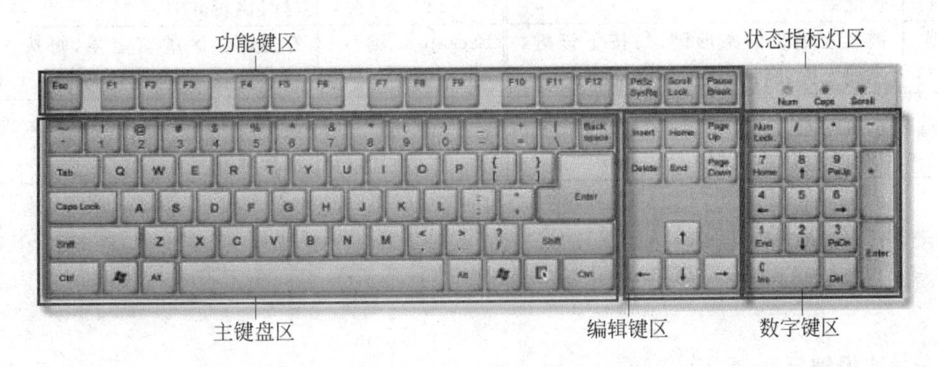

图 1-44　107 键键盘分区

主键盘区用于输入数字、字母、常用标点符号，还有控制键，共 5 排 61 个键，如图 1-45 所示。

图 1-45　主键盘区

该键区包括字母键、数字键、符号键、控制键。A～Z 键用于输入 26 个英文字母，0～9 键用于输入相应的数字和符号。每个数字键的键位由上下两种字符组成，为双字符键，单独按下这些键是输入数字，按住 Shift 键再按下该键，输入的是相应符号。该键区常用键的各功能，如表 1-8 所示。

表 1-8　主键盘区常用键功能

按键	功　能	按键	功　能
Tab 键（制表键）	每按一下该键，光标向右移动 8 个字符，常用于文字处理中的对齐操作	Caps Lock 键（大写字母锁定键）	默认状态下输入的英文字母为小写，按下该键后输入的字母为大写，再次按下取消大写
Ctrl 键（控制键）	在主键盘区的第 5 行，左右两边各一个，该键必须和其他键配合使用才能实现各项功能，在操作系统或应用软件中设置	Alt 键（转换键）	在主键盘区第 5 行，左右两边各一个，该键要与其他键配合使用，例如在 Windows 7 中按 Ctrl＋Alt＋Del 组合键可打开任务管理器
Enter 键（回车键）	有两个作用，一是在输入文本过程中，按此键可将光标后面的字符下移一行，新起一个段落；二是确认并执行此命令	Shift 键（上挡键）	有两个，分布在主键盘区左右，功能相同，用于输入上挡字符，以及用于大写字母输入，当输入少量大写字母时比较方便
Space 键（空格键）	键盘上最长的条形键，每按下该键，当前光标处将空出一个字符的位置	Backspace 键（退格键）	在主键盘区的右上角，每按一次该键，将删除光标位置的前一个字符
上下文键	相当于鼠标右键	Windows 键	“开始”菜单键，按该键会弹出相应快捷菜单

提示： 107 键有 Wake Up、Sleep、Power 三个键，具有唤醒睡眠状态、进入睡眠状态和控制电源的作用，104 键没有。

（七）编辑键区

编辑键区，主要用于编辑过程中的光标控制，共有 13 个键，各键的名称及功能，如表 1-9 所示。

表 1-9　控制键的名称及功能

按键	功　能	按键	功　能
PrtScn SysRq	将当前屏幕复制到剪贴板中，再在其他应用程序中“粘贴”或按 Ctrl＋V 快捷键都可以将图片粘贴到指定位置	Scroll Lock	使屏幕停止滚动，直到再次按下该键为止，例如单击鼠标中键，可向上或向下滑动浏览，当按下该键时停止滚动
Pause Break	暂停键，使屏幕显示暂停，按下 Enter 键时屏幕继续显示	↑ ↓ → ←	按下这个键，光标向箭头所指方向移动一个字符位置，只移动光标不移动文字
Insert	插入键，在插入与改写状态间进行切换	Del	删除键，每按下这个键都会删除光标后面的一个字符或删除选中的图形
Home	起始键，使光标快速移动到行首	PageUp	向上翻页键，快速向上翻一页
End	结尾键，使光标快速移动到行尾	PageDown	向下翻页键，快速向下翻一页

（八）小键盘与功能键区

小键盘区，也称辅助键盘区，主要用于快速输入数字及进行光标移动控制，适用于录入数据较多的银行、企事业单位等部门。当要使用小键盘区输入数字时，应先按下左上角的 Num Lock 键（数字锁定键），此时状态指示灯区第一个指示灯亮，表示此时为数字状态，然后进行输入即可。

功能键区位于键盘的顶端，其中，Esc 键(逃跑键)用于把已输入的命令或字符串取消，在一些应用软件中常起到退出的作用；F1～F12 键称为功能键，在不同的软件中，各个键的功能有所不同，一般在程序窗口中按 F1 键可以获取该程序的帮助信息；Power 键、Sleep 键和 Wake Up 键分别用来控制电源、进入睡眠状态和唤醒睡眠状态；状态指示灯区，主要用来提示小键盘工作状态、大小写状态及滚屏锁定键的状态。

D 任务实现

(一) 正确坐姿

打字开始前一定要端正坐姿，如果姿势不正确，不但会影响打字速度，还容易导致身体疲劳，时间长了还会对身体造成伤害。

正确坐姿：端坐在计算机前面，手肘贴身躯，手腕要平直，上身微前倾，双脚的脚尖和脚跟自然地放在地面上，大腿自然平直；座椅的高度与计算机键盘、显示器的放置高度要适中，一般以双手自然垂放在键盘上，十只手指稍微弯曲放在基本键上，如图 1-46 所示。

图 1-46　正确坐姿

(二) 基准键位

打字键盘分成左右两部分，按照习惯，打字键盘区域左手的 4 个手指分管的键位是打字键盘区域第一行到第四行的靠左边的 6 个键位，右手的 4 个手指分管的键位是打字键盘的右半部分的全部键位。

基准键为 ASDF 键和 JKL; 键。在输入时，调整好坐姿，身体保持平直，放松腰背、不要弯曲，手指置于基准键，手指自然弯曲，轻放在基准键上，大拇指置于空格键上，两臂轻轻抬起，不要使手掌接触到键盘托架或桌面，如图 1-47 所示。

图 1-47　准备打字时手指在键盘上的位置

按键时力量要平均，速度视熟练程度加以提高，在按其他键后双手必须重新放回基准键位再开始新的输入。

（三）手指分工

十指分工的左手负责的键位有，最上面的一行是顿号键、1、2、3、4、5键，下面一行是Tab、Q、W、E、R、T键，中间一行是大写字母锁定键、A、S、D、F、G键，第四行是Shift键、Z、X、C、V、B键，最下面一行是Ctrl键、菜单启动键和Alt键共有27个键由左手负责。

十指分工的右手负责的键位有，最上面一行是6、7、8、9、0、减号键、等号键和向左删除键，下面一行是Y、U、I、O、P以及左方括号键和右方括号键，中间一行是H、J、K、L以及分号键和单引号键，在第二行和中间一行的最右边是Enter键，第四行有N、M、逗号键、句号键、斜线键和反斜线键，右边还有一个Shift键，最下面一行是Alt键、菜单启动键、右击键以及Ctrl键共有33个键。

双手的大拇指共同掌管空格键，右手同时还要掌管编辑键区域和数字键盘区域的所有键位。

（四）指法练习

初学打字，掌握适当的练习方法，对于提高自己的打字速度，成为一名打字高手是非常必要的。一定要把手指按照分工放在正确的键位上，有意识地慢慢记忆键盘字符的位置，体会不同键位被敲击时手指的感觉，逐步养成不看键盘输入的习惯。

进行打字练习时必须集中精力，做到手、脑、眼协调一致，尽量避免边看原稿边看键盘，这样容易分散记忆力，初级阶段的练习即使速度很慢，也一定要保证输入的准确性。

打字指法训练要领：正确指法，键盘记忆，集中精力，刻苦训练。

E 技能提升

（一）安装输入法及设置属性

在使用计算机的时候如果没有自己习惯的输入法软件或者被删除了，就需要重新安装输入法，或者设置属性，便于自己使用。下面学习安装输入法的操作步骤和设置属性的方法。

操作提示：

（1）在任务栏上的语言输入法处右击，选择“设置”，打开“文本服务和输入语言”对话框，如图1-48所示。

（2）在“常规”选项卡中，单击“添加”按钮，打开“输入语言”对话框，选择要想添加的输入法，单击“确定”按钮。

（3）也可以设置输入法的属性，单击“属性”按钮，打开“输入法设置”对话框，如图1-49所示。

提示：要删除不需要的输入法，选定输入法，单击“删除”按钮，再单击“确定”按钮。

（二）金山打字通软件的安装与使用

正确的指法，是提高汉字录入速度的关键，金山打字通是一个很好的练习软件，下面学习金山打字通软件的下载、安装操作，并进行指法练习。

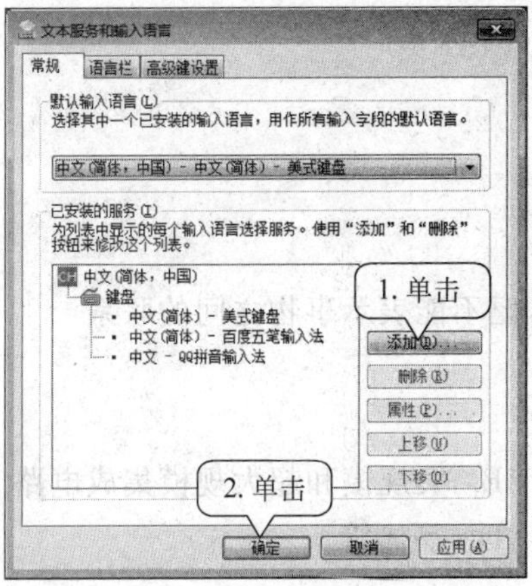

图 1-48　文本服务和输入语言

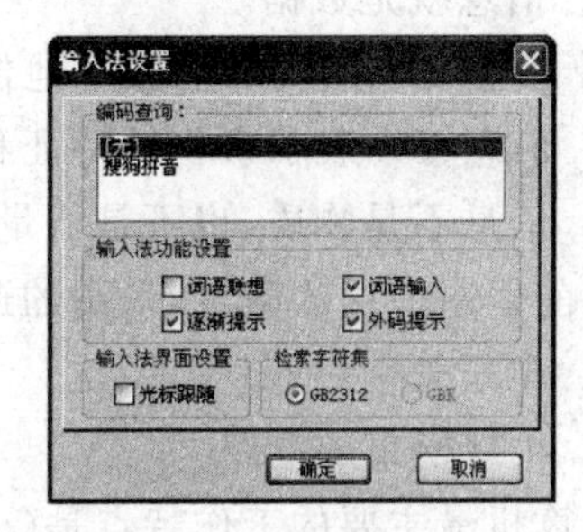

图 1-49　属性设置

操作提示：

(1) 在百度上搜索"金山打字通",单击金山打字通 2016,进行下载,在第一个下载界面单击"免费下载",弹出保存界面可以默认直接下载,也可以在"下载到"中单击右边的"浏览"按钮选择其他要保存的位置。

(2) 待下载完成后单击"打开"按钮,在安装界面单击"下一步""我接受"按钮,再选择安装文件的目标位置,单击"安装"按钮。

(3) 安装完成,双击桌面上的"金山打字通"图标,启动金山打字通软件。

(4) 先登录,新建一个昵称,保证自己练习的进度不会消失。

(5) 指法练习中关键是手指分工练习,使用"英文打字"→"课程选择"→"手指分工"练习。

(6) 当初步掌握手指分工练习后,设置"课程选择",从课程 1 至课程 11,分别练习,直到熟练为止。

(7) 练习"课程选择"中的"全盘练习"。

提示：在单击"安装"按钮前要仔细阅读安装界面,决定是否安装捆绑的其他软件,如果不需要,取消勾选相应复选框。去掉打开软件时弹出广告窗体的方法：右击→选择"属性"→在"属性"对话框的"快捷方式"选项卡中找到安装路径→打开安装目录→选择 10.2→删除 mnst.exe 和 adbbb1.exe 两个文件。

课后习题

一、填空题

1. 1946 年,世界上第一台电子计算机(ENIAC)在美国宾夕法尼亚大学研制成功,其采用的主要逻辑元件是________。

2. 冯·诺依曼计算机体系结构,由运算器、________、存储器、输入设备和输出设备 5 大部件组成。

3. 微机的主要性能指标是：字长、________、内存容量、存储周期、运算速度。

4. 1KB 的存储空间中能存储________个汉字机内码。

5. 微机键盘上的 Shift 键称为________。

二、选择题

1. 下面关于信息的叙述中正确的是(　　)。
   A. 信息就是数据
   B. 信息可以脱离载体独立地传输
   C. 信息可以表示事物的特征和运动变化,但不能表示事物之间的联系
   D. 信息不是物质,也不是能量
2. 目前普遍使用的微机,采用的逻辑元件是(　　)。
   A. 电子管　　B. 大规模和超大规模集成电路
   C. 小规模集成电路　　D. 晶体管
3. 计算机最主要的工作特点是(　　)。
   A. 存储程序与自动控制　　B. 有记忆能力
   C. 高速度和高精度　　D. 可靠性与可用性
4. 计算机的硬件系统主要包括运算器、控制器、存储器、输出设备和(　　)。
   A. 键盘　　B. 鼠标　　C. 显示器　　D. 输入设备
5. 下列叙述中,错误的是(　　)。
   A. CPU 可以直接存取硬盘中的数据
   B. 内存储器一般由 ROM、RAM 和高速缓存(Cache)组成
   C. 存储在 ROM 中的数据断电后也不会丢失
   D. RAM 中存储的数据一旦断电就全部丢失
6. CPU 主要是由运算器和(　　)组成的。
   A. 控制器　　B. 存储器　　C. 编辑器　　D. 寄存器
7. 能直接与 CPU 交换信息的存储器是(　　)。
   A. 硬盘存储器　　B. 内存储器
   C. 软盘存储器　　D. 光盘驱动器
8. ROM 存储器的含义是(　　)。
   A. 随机存储器　　B. 只读存储器
   C. 高速缓冲存储器　　D. 光盘驱动器
9. 存储器容量的基本单位是(　　)。
   A. 字位　　B. 字节　　C. 字　　D. 字长
10. 下列设备组中,全部属于外部设备的一组是(　　)。
    A. CPU、键盘、显示器　　B. 高速缓冲存储器、内存条、扫描仪
    C. U 盘、RAM、硬盘　　D. 打印机、移动硬盘、鼠标
11. 与外存储器相比,内部存储器的特点是(　　)。
    A. 容量大、速度快、成本低　　B. 容量大、速度慢、成本高
    C. 容量小、速度快、成本高　　D. 容量小、速度慢、成本低
12. 启动计算机的基本程序放在(　　)。
    A. 随机存储器　　B. 只读存储器
    C. 外存储器　　D. 控制器

13. 分辨率是显示器的主要参数之一，它是指(　　)。
A. 显示屏幕上的光栅的列数和行数
B. 显示屏幕上的水平和垂直扫描频率
C. 可显示不同颜色的总数
D. 同一画面允许显示不同颜色的最大数目

14. 通常所说的计算机速度，指的是(　　)。
A. 内存的存取速度　　B. 硬盘的存取速度
C. CPU 的运算速度　　D. 显示器的显示速度

15. 关于一个汉字从输入到输出处理过程正确的是(　　)。
A. 首先用汉字的外码将汉字输入，其次用汉字的字形码存储并处理汉字，最后用汉字的内码将汉字输出
B. 首先用汉字的外码将汉字输入，其次用汉字的内码存储并处理汉字，最后用汉字的字形码将汉字输出
C. 首先用汉字的内码将汉字输入，其次用汉字的外码存储并处理汉字，最后用汉字的字形码将汉字输出
D. 首先用汉字的字形码将汉字输入，其次用汉字的内码存储并处理汉字，最后用汉字的外码将汉字输出

16. 键盘上的 Caps Lock 键被称为(　　)。
A. Enter 键　　B. 大小写字母锁定键
C. 上挡键　　D. 退格键

17. 下列操作能在各种中文输入法之间切换的是(　　)。
A. Shift＋Ctrl 组合键　　B. Ctrl＋空格组合键
C. Alt＋F 组合键　　D. Shift＋空格组合键

18. 选用中文输入法后，可以实现全角和半角切换的是(　　)。
A. Ctrl＋圆点组合键　　B. Ctrl＋空格组合键
C. Caps Lock 键　　D. Shift＋空格组合键

三、简答题

1. 计算机系统由什么组成？计算机主机内有哪些部件？常用计算机外设有哪些？
2. 目前常用的操作系统有哪些？
3. 硬盘常用的性能参数有哪些？
4. 如何选购 CPU？
5. 简述开机跳线的连接过程。
6. 简述信息编码形式。
7. 一个 80MB 的文件，若将存储单位换成 KB，约为多少 KB？

项目 2　Windows 7 操作系统应用

操作系统是应用程序软件的支撑平台，所有其他软件都必须在操作系统的支持下才能运行，掌握操作系统的常用操作是使用计算机的基本技能。

Windows 7 是目前主流操作系统，它不仅继承了 Windows 家庭的传统优点，而且给用户带来了全新的体验，强化了人机交互操作的简易性、稳定性并完善了性能，是微软公司开发的具有革命性变化的操作系统，它具有功能强大、操作简单、界面亮丽、启动快等特点。

本项目通过 4 个任务来掌握 Windows 7 操作系统的使用。"操作图形界面"是掌握 Windows 7 操作系统的基本操作，包括桌面个性化、任务栏个性化、"开始"菜单个性化、字体个性化以及管理窗口等操作；"管理计算机资源"主要管理计算机软件资源，重点是对文件和文件夹的管理；"维护与优化系统"使用 Windows 7 自带的磁盘与系统维护工具来提高计算机性能，包括磁盘碎片整理、关闭未响应的程序、设置虚拟内存、硬盘分区与格式化、自动更新系统和关闭随系统自动启动的程序等；"防治计算机病毒"使用 Windows 7 防火墙以及第三方软件保护系统，包括计算机病毒的特征、分类、病毒防范方法以及数据备份等。

工作任务

任务 1　操作图形界面

任务 2　管理计算机资源

任务 3　维护与优化系统

任务 4　防治计算机病毒

学习目标

目标 1　能够对 Windows 7 操作系统进行基本操作和应用。

目标 2　能够有效管理文件与文件夹。

目标 3　会使用控制面板配置系统。

目标 4　会使用操作系统自带的工具软件备份和还原数据。

目标 5　能够使用防火墙和杀毒软件查杀以及防治病毒。

任务 1　操作图形界面

A 任务展示

Windows 为用户提供了一个图形操作界面，包括各种各样的窗口、对话框、消息框、控制按钮，是实现计算机与用户交互操作规则的实体对象。用户通过鼠标或键盘来激活对象，启动各项功能，例如可以在打开的对话框中填写参数，实现不同功能。本任务针对 Windows 7 图形界面进行操作，具体要求是能够对桌面、任务栏、“开始”菜单、字体进行个性化设置，同时能够对窗口进行移动、排列等管理操作，归纳整理对 Windows 7 进行的图形界面常用操作技能，如图 2-1 所示。

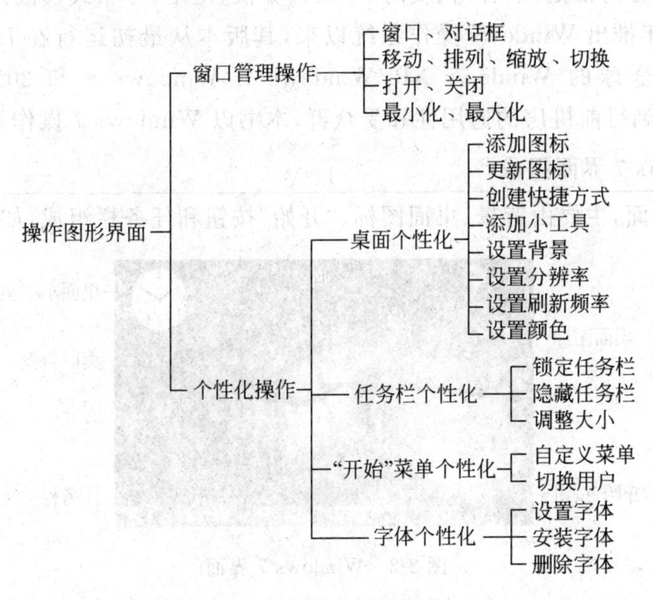

图 2-1　操作图形界面技能结构图

B 教学目标

（一）技能目标

（1）掌握 Windows 7 操作系统的启动与退出。

（2）掌握对窗口的打开、移动、排列、切换、关闭等常见操作。

（3）掌握鼠标与键盘配合使用对菜单、工具按钮、对话框等对象的操作，并掌握鼠标在不同对象上的快捷菜单的使用。

（4）能够设置个性化界面，例如，添加和更改桌面图标、创建桌面快捷方式、添加小工具、应用主题并设置背景、设置屏保、设置 Windows 7 用户以及自定义任务栏和“开始”菜单。

（二）知识目标

（1）了解操作系统基本概念、功能、种类以及 Windows 7 图形操作界面的功能和特点。

（2）具有初步认识和比较 Windows 7 操作系统图形界面的能力，了解窗口类型，能够指出图形界面特点。

（3）知道任务栏和“开始”菜单的功能和作用，使用 Windows 7 进行个性化设置。

C 知识储备

（一）操作系统

操作系统（简称 OS）用来管理计算机系统的硬件与软件资源，控制程序的运行，改善人机操作界面，为其他应用软件提供支持等，从而使计算机系统所有资源最大限度地得到发挥应用，并为用户提供了方便的、有效的、友善的服务界面。

OS 是一个庞大的管理控制程序，直接运行在硬件上，是最基本的系统软件，也是计算机系统软件的核心，是靠近计算机硬件的第一层软件，具体来说，具有 5 大管理功能：CPU 进程管理，I/O 设备管理，内存管理，文件管理以及图形界面等作业管理。

常用操作系统分为批处理、分时、实时、个人计算机、网络、分布式及嵌入式操作系统。

微软自 1985 年推出 Windows 操作系统以来，其版本从最初运行在 DOS 下的 Windows 3.0，到现在风靡全球的 Windows XP、Windows 7、Windows 8 和 2015 年微软发布的 Windows 10，考虑到目前机房的通用性和受众群，本书以 Windows 7 操作系统平台为例。

（二）Windows 7 界面组成

Windows 7 界面，主要由背景、桌面图标、“开始”按钮和任务栏组成，如图 2-2 所示。

图 2-2　Windows 7 界面

桌面图标，是位于工作桌面上的应用软件、文件、文件夹、程序、打印机和计算机信息的图形表示，分为普通图标和快捷方式图标两种。与以前 Windows 版本不同，Windows 7 安装结束之后，只在桌面上自动产生“回收站”图标，而将“计算机”“网上邻居”等程序图标放置在“开始”菜单中。

任务栏，是位于桌面最下方的一个长条，主要由“开始”按钮、程序按钮区和通知区三部分组成，如图 2-3 所示。

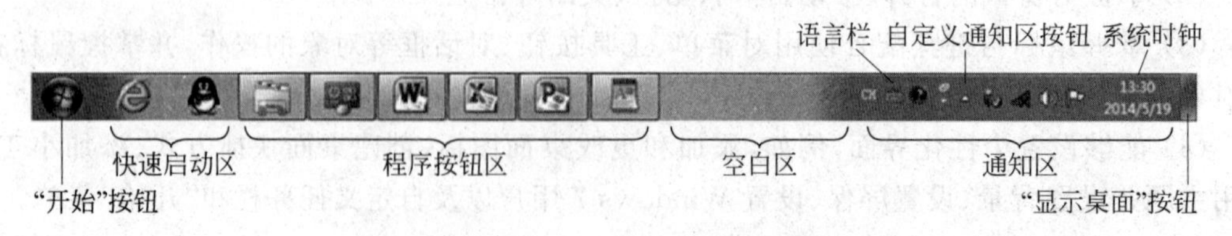

图 2-3　Windows 7 任务栏

Windows 是可同时启动多个程序的多任务操作系统，打开每个应用程序时，都会出现图标，表示正在运行的程序或已打开的窗口，活动程序只有一个，用户按 Alt＋Tab 组合键可以在不同的窗口间进行快速切换。单击“开始”按钮打开“开始”菜单，左边的大窗格显示计算机上程序的一个列表，底部是搜索框，通过输入搜索项可在计算机上查找程序和文件，单击“所有程序”显示程序的完整列表，“所有程序”上方是最近使用过的程序列表，右窗格提供对常用文件、文件夹、设置和功能的访问，注销 Windows 和关闭计算机。

（三）Windows 7 窗口与对话框

在 Windows 7 中，窗口是使用最多的图形界面，几乎所有的操作都要在窗口中通过鼠标和键盘来完成，例如，双击桌面上的“计算机”图标，将打开“计算机”窗口，这个典型的 Windows 7 窗口，由标题栏、地址栏、搜索栏、工具栏、导航窗格、工作区以及详细信息窗格组成，如图 2-4 所示。

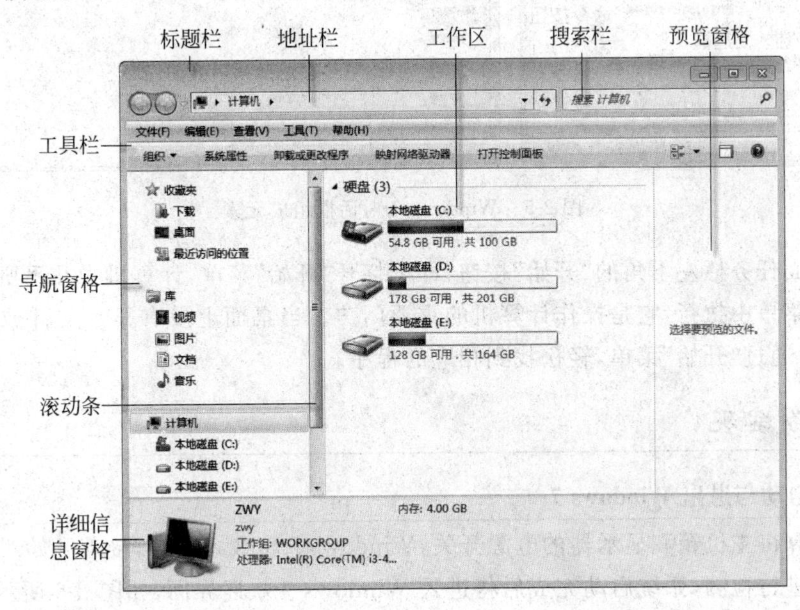

图 2-4　Windows 7 窗口组成元素

标题栏，通过它可以移动窗口、改变窗口的大小和关闭窗口，最右端显示窗口控制按钮，能够最小化、最大化和关闭窗口；地址栏，用于显示和输入当前浏览位置的详细路径信息；搜索栏，具有动态搜索功能，当输入关键字一部分的时候搜索就已经开始了；工具栏是菜单栏与工具栏的结合；导航窗格给用户提供了树状结构文件夹列表，从而方便用户快速定位所需的目标，其主要分成收藏夹、库、计算机、网络等 4 大类；工作区用于显示主要内容，如多个不同的文件夹、磁盘驱动等，它是窗口中最主要的组成部分；详细信息窗格（状态栏），用于显示当前操作的状态及提示信息，或当前用户选定对象的详细信息；若当前窗口不能显示所有的文件内容，可以将鼠标置于窗口的滚动条上，拖动鼠标以查看当前视图之外的窗口内容。

提示：Windows 7 的工具栏是将 Windows XP 里的菜单栏与工具栏结合在一起，统称工具栏。

对话框实际上是一种特殊的窗口，执行某些命令后将打开一个用于对该命令或操作对象进行下一步设置的对话框，用户可通过选择选项或输入数据来进行设置，选择不同的命令，所打开的对话框也不同，但包含的参数类似。Windows 7 对话框中各组成元素，如图 2-5 所示。

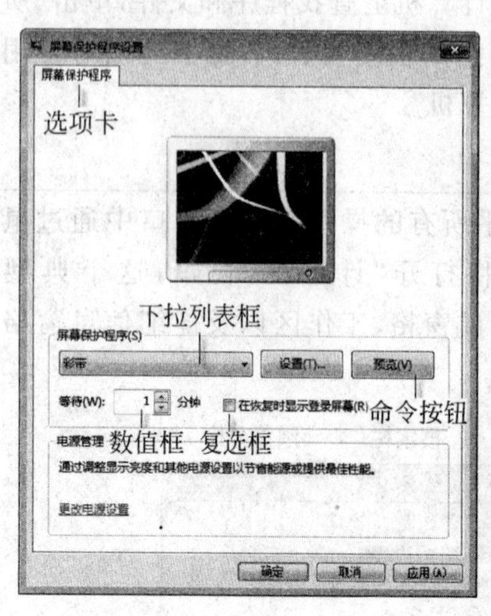

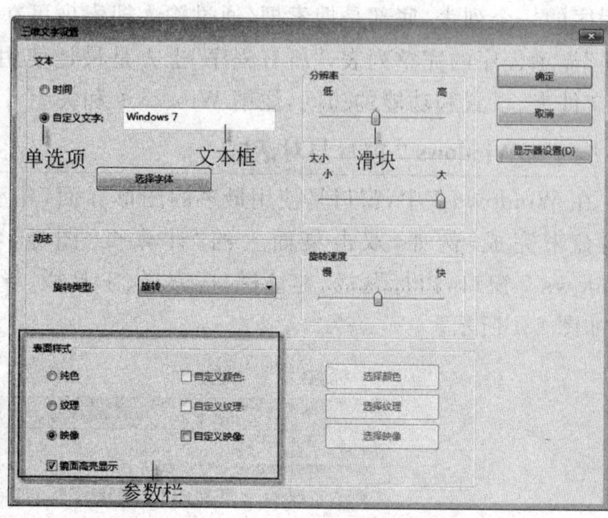

图 2-5　Windows 7 对话框组成元素

单击桌面任务栏左下角的“开始”按钮,即可打开“开始”菜单,计算机中几乎所有的应用都可在“开始”菜单中执行,它是操作计算机的重要门户。当桌面上没有显示文件或程序的快捷方式时,可以通过“开始”菜单,轻松找到相应的程序。

D 任务实现

(一) 启动与退出 Windows 7

开启计算机主机箱和显示器的电源开关,Windows 7 将载入内存,接着开始对计算机的主板和内存等进行检测,系统启动完成后将进入 Windows 7 欢迎界面,如图 2-6 所示。

图 2-6　Windows 7 欢迎界面

当操作结束时，需要退出 Windows 7，首先要保存文件或数据，关闭所有打开的应用程序，再单击“开始”按钮，在打开的“开始”菜单中单击“关机”按钮将关闭电源，如图 2-7 所示。

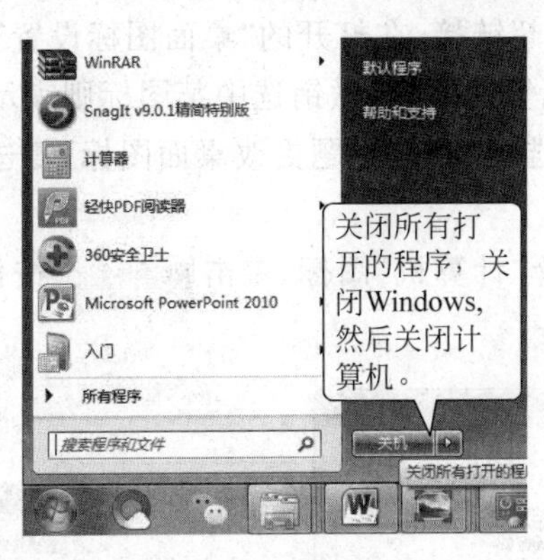

图 2-7　退出 Windows 7

提示：启动系统时，如果只有一个用户且没有设置用户密码，则直接进入系统桌面，如果系统有多个用户且设置了密码，则需要选择用户并输入正确的密码才能进入系统。

（二）管理窗口

管理窗口，包括打开、移动、排列、缩放、切换、最小化、最大化以及关闭窗口的操作。下面重点讲解移动和调整窗口、排列窗口。

打开桌面上“计算机”窗口并移动到桌面右侧位置，呈半屏显示，再调整窗口显示大小，操作步骤如下。

(1) 在桌面上双击“计算机”图标，打开窗口，再双击“本地磁盘(C：)”下的“Windows 目录”窗口。

(2) 将鼠标指针移到标题栏上，按住并拖动窗口，当拖动到目标位置后释放鼠标，将窗口向屏幕最上方拖动到顶部时，窗口会最大化显示；向屏幕最右侧拖动时，窗口会半屏显示在桌面右侧；向屏幕最左侧拖动时，窗口会半屏显示在桌面左侧。

(3) 将鼠标指针移动到窗口的外边框时，当鼠标指针变成上下箭头或左右箭头形状时，按住鼠标拖动边线，会出现一个虚线框，到合适位置放开鼠标。

(4) 将鼠标指针移到窗口的 4 个角上时，当变成斜对角线形状时，按住鼠标拖动边线，会出现一个虚线框，到合适位置放开鼠标。

将打开的所有窗口进行层叠排列显示，然后撤销层叠排列显示，操作步骤如下。

(1) 在任务栏空白处右击，在弹出的快捷菜单中选择“层叠窗口”命令，可以将窗口以层叠方式排列。

(2) 层叠窗口后拖动某一个窗口的标题栏可以将该窗口拖到其他位置，并切换为当前窗口。

(3) 在任务栏空白处，右击，在弹出的快捷菜单中选择“撤销层叠”命令，恢复到原来的显示状态。

（三）添加和更改桌面图标

首次启动系统时，桌面上只显示“回收站”图标，可通过设置来添加和更改桌面图标。下面以添加“控制面板”和“计算机”图标，并更改“计算机”图标为例，操作步骤如下。

(1) 在桌面上右击，在弹出的快捷菜单中选择“个性化”命令，打开“个性化”窗口。

(2) 单击“更改桌面图标”超链接，在打开的“桌面图标设置”对话框的“桌面图标”栏中，单击选中要在桌面上显示的图标复选框，若撤销选中某图标则表示取消显示，单击选中“计算机”和“控制面板”复选框，并撤销选中“允许主题更改桌面图标”复选框，应用其他主题后图标样式仍然不变，如图 2-8 所示。

(3) 在中间列表框中，选择“计算机”图标，单击 更改图标(H)... 按钮，在对话框中选择图标样式，如图 2-9 所示。

图 2-8 “桌面图标设置”对话框

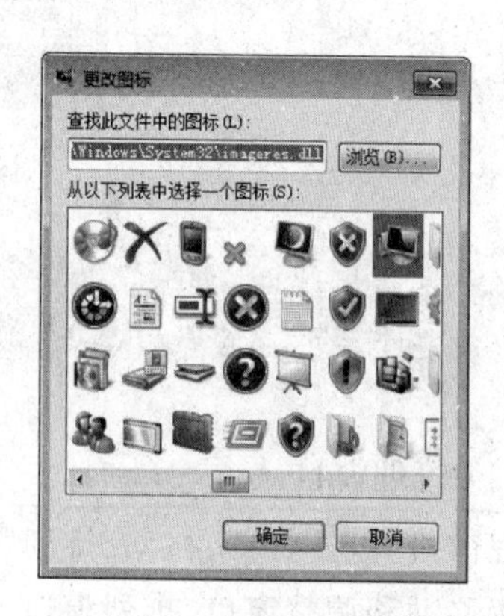

图 2-9 “更改图标”对话框

(4) 依次单击 确定 按钮，应用设置。

(5) 整理桌面上的图标，在桌面空白区域右击，在弹出的快捷菜单“排序方式”子菜单中，选择相应命令，可以按照名称、大小、项目类型或修改日期 4 种方式，自动排列桌面图标位置。

(四) 在桌面添加小工具并创建快捷方式

Windows 7 提供了一些桌面小工具，显示在桌面上既美观又实用，例如货币、时钟、日历、天气等，为了便于快速启动应用程序可以创建桌面快捷方式，本例在桌面上添加“时钟”，并为“收音机”创建桌面快捷方式，操作步骤如下。

(1) 在桌面上右击，在弹出的快捷菜单中选择“小工具”命令，打开“小工具库”窗口，如图 2-10 所示。

(2) 在列表框中选择需要的小工具“时钟”，双击，在桌面上显示出了添加的小工具。

(3) 使用鼠标可将小工具拖动到适当位置，光标放在小工具上，右侧出现控制框，单击控制框中相应按钮，可以设置或关闭小工具。

(4) 单击“开始”按钮，在“开始”菜单“所有程序”中单击“附件”。

(5) 在“收音机”程序中右击，在弹出的快捷菜单中，选择“发送到”→“桌面快捷方式”命令，如图 2-11 所示。

(五) 设置桌面背景与屏保

Aero 主题决定着整个桌面的显示风格，Windows 7 提供了多个供选择的主题，包括人物、

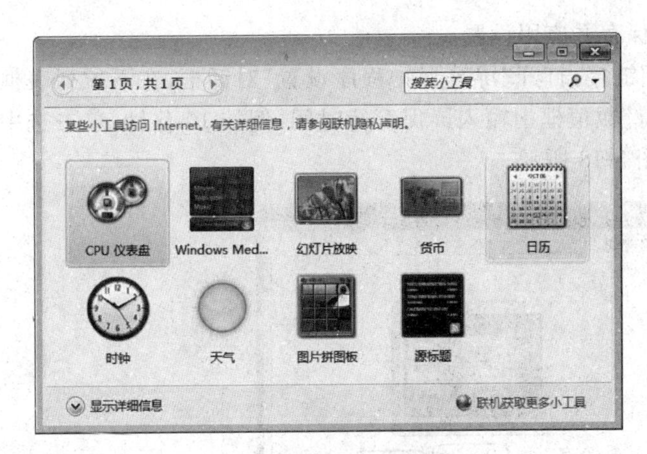

图 2-10　桌面小工具库

图 2-11　录音机快捷方式

风景、自然等，为了防止因无人操作而使显示器长时间显示同一画面，导致老化而缩短显示器寿命，为了防止别人偷窃存放在计算机中的隐私，都可以通过设置屏幕保护程序来实现保护显像管、保护隐私并节省电耗。下面将桌面背景设置为风景并将屏保设置为“气泡”，操作步骤如下。

(1) 在“个性化”窗口“Aero 主题”列表框中，单击并应用 Aero 主题，背景窗口颜色会发生相应改变。

(2) 在“个性化”窗口下方单击“桌面背景”超链接，打开“桌面背景”窗口，列表框中的图片即是“风景”系列图片，在“图片位置”区域，通过下拉列表选择“填充”选项。

(3) 在“更改图片时间间隔”区域下拉列表框，选择更改图片时间间隔，如果选中“无序播放”复选框，将按设置的时间间隔随机切换，如图 2-12 所示。

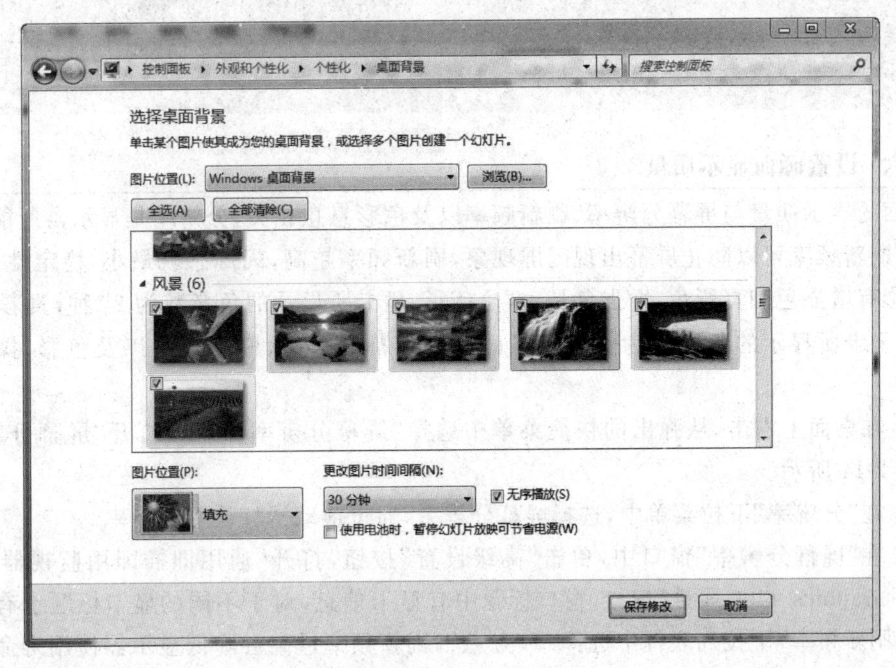

图 2-12　桌面背景设置

(4) 单击“保存修改”按钮,保存并应用设置。

(5) 单击“屏幕保护程序”超链接,打开“屏幕保护程序设置”对话框,在下拉列表框中,选择保护程序样式“气泡”,在“等待”数值框中输入屏保等待时间,例如10分钟,单击选中“在恢复时显示登录屏幕”复选框,如图2-13所示。

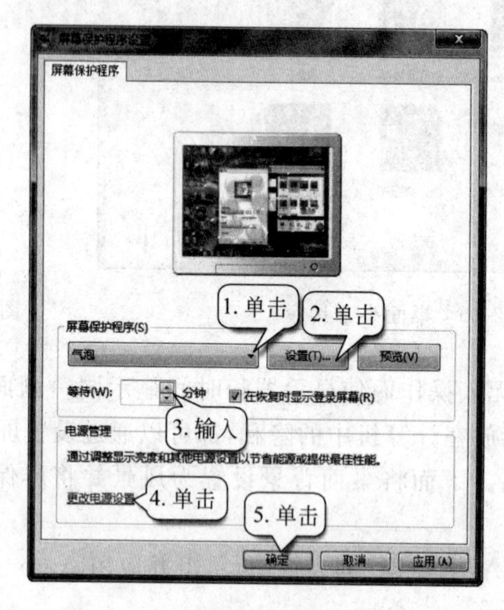

图2-13 屏幕保护程序设置

(6) 单击“确定”按钮,保存并应用设置。

提示:Aero为4个英文首字母:Authentic(真实)、Energetic(动感)、Reflective(反射)及Open(开阔),意为Aero界面是具有立体感、令人震撼、透视感和宽广的用户界面。除了透明的接口外,Windows Aero也包含实时缩略图、实时动画等窗口特效,吸引用户的目光。

(六) 设置画面显示质量

画面的显示质量与屏幕分辨率、刷新频率以及色彩息息相关,分辨率是显示器所能显示点的数量,刷新频率可以防止屏幕出现闪屏现象,刷新频率越高,闪烁感就最小,稳定性也越高,常用色彩有增强色和真彩色,增强色是16位色彩,显卡所显示的色彩数为2^{16}种,真彩色是32位色彩,显卡所显示的色彩数为2^{32}种,下面设置屏幕分辨率、刷新频率以及色彩,操作步骤如下。

(1) 在桌面上右击,从弹出的快捷菜单中选择“屏幕分辨率”选项,打开“屏幕分辨率”窗口,如图2-14所示。

(2) 在“分辨率”下拉菜单中,选择屏幕分辨率,通过拖动滑杆设置分辨率。

(3) 在“屏幕分辨率”窗口中,单击“高级设置”按钮,打开“通用即插即用监视器和Intel(R)HD Graphics 4400属性”窗口(窗口标题中有显卡信息,对于不同的显卡标题也有区别),在“屏幕刷新频率”下拉列表框中选择“60赫兹”,刷新频率过高会降低显示器使用寿命,在“颜色”下拉列表框中“真彩色(32位)”,显示颜色会更丰富,如图2-15所示。

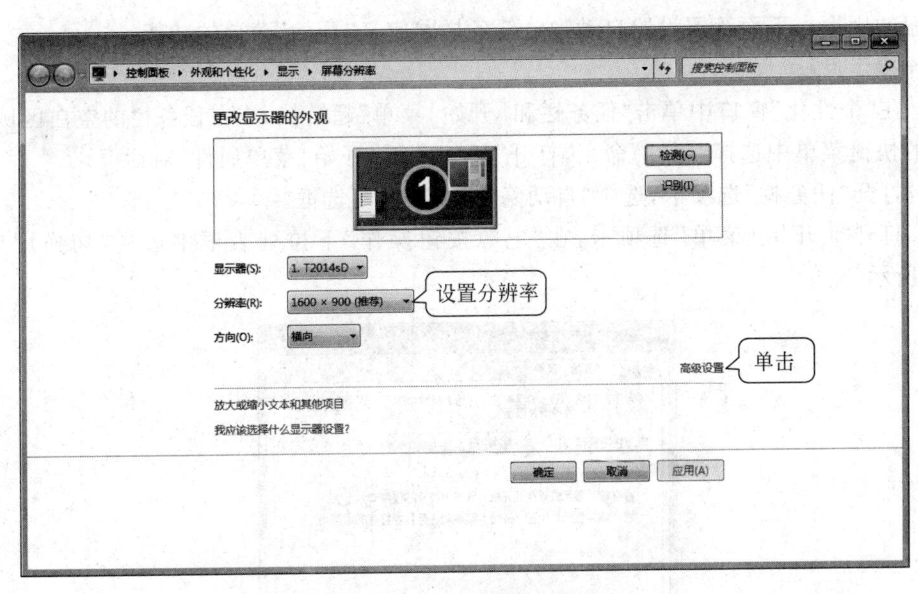

图 2-14 “屏幕分辨率”窗口

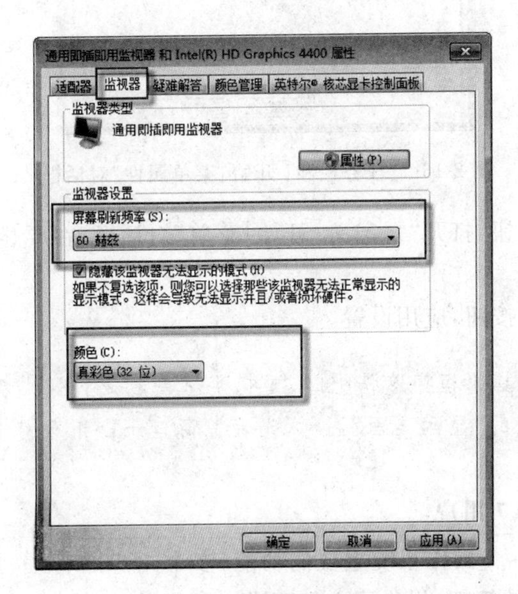

图 2-15 “监视器”选项卡

提示：如果将显示器设置为不支持的分辨率，屏幕会在几秒内变成黑色，然后还原到原来的分辨率，通常根据屏幕大小设置分辨率，例如，19 英寸为 1280×1024，20 英寸为 1280×1024，22 英寸为 1680×1050，24 英寸为 1900×1200。

E 技能提升

（一）自定义任务栏和“开始”菜单

在“个性化”窗口中，可以打开“任务栏和「开始」菜单属性”对话框，能设置锁定任务栏、自动隐藏任务栏、使用小图标、任务栏的位置和是否启用 Aero Peek 预览桌面功能，也可以设置电源按钮的用途。下面练习设置自动隐藏任务栏并定义“开始”菜单的功能。

操作提示：

(1) 在“个性化”窗口中单击“任务栏和「开始」菜单”超链接，或在任务栏的空白区域右击，在弹出的快捷菜单中选择“属性”命令，打开“任务栏和「开始」菜单属性”对话框。

(2) 打开“任务栏”选项卡，选中“自动隐藏任务栏”复选框。

(3) 打开“「开始」菜单”选项卡，在“电源按钮操作”下拉列表框中选择“切换用户”，如图 2-16 所示。

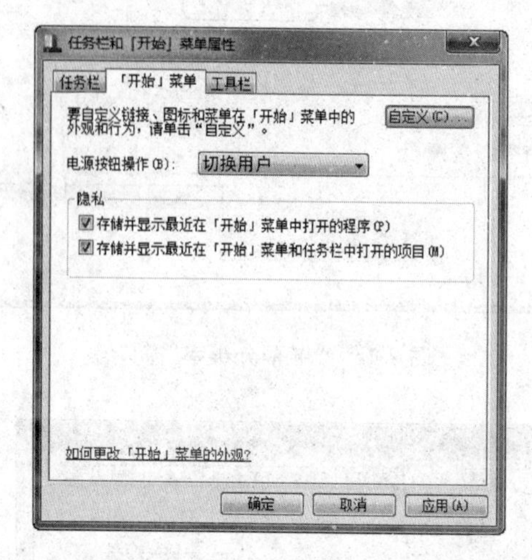

图 2-16 “任务栏和「开始」菜单属性”对话框

(4) 单击“自定义”按钮，打开“自定义「开始」菜单”对话框，在要显示的最近打开过的程序的数目中输入“10”。

(5) 依次单击“确定”按钮，应用设置。

提示： 当桌图图标被其他程序遮挡上时，要想快速查看或打开桌面上的其他程序，可以单击任务栏通知区域上的“显示桌面”图标，或者按窗口+D组合键。

(二) 设置 Windows 7 用户

用户管理是 Windows 7 操作系统重要的功能，多个用户的管理、用户密码的设置及其权限分配，对用户有条不紊的管理，提供了方便而满意的操作环境。多用户使用同一台计算机，只需要为每个用户建立一个独立的账户，使用账号登录系统，多用户间的设置是相对独立的，互不影响。下面练习创建新账户并设置头像。

操作提示：

(1) 在“个性化”窗口中，单击“更改账户图片”超链接，在打开窗口中选择“足球”图片样式，单击“更改图片”按钮，如图 2-17 所示。

(2) 返回“个性化”窗口单击“控制面板主页”超链接，在打开的窗口中，单击“添加或删除用户账户”超链接。

(3) 在打开的“管理账户”窗口中单击“创建一个新账户”超链接。

(4) 在打开窗口中输入账户名称“新用户”，单击“创建账户”按钮，完成账户创建。

图 2-17　设置用户账户头像

提示：“更改用户”窗口中单击相应的超链接，可以更改账户的头像、账户名称，创建或修改密码。

（三）设置 Windows 7 字体

字体是数字、符号和字符集合，字体描述了特定的字样和其他特性，如大小、间距和跨度，Windows 7 中有些字体是系统自带的，例如 TrueType 字体和 OpenType 字样，适用于各种计算机、打印机和程序，有些字体是跟随其他应用程序一起安装的，字体的种类越多，可以选择的余地越大。下面练习设置字体、安装字体、删除字体的操作步骤。

操作提示：

(1) 设置字体。在控制面板大图标视图中，双击“字体”图标，即可进入“字体”窗口，单击左窗格“字体设置”，进入“字体设置”窗口，设置字体。

(2) 安装字体。Windows 7 系统提供了多种字体，可以满足大部分用户要求，但有时需要一些特殊字体，需要用户添加字体，在“添加字体”对话框，找到需要安装的字体后右击要安装的字体，单击“安装”按钮，或将字体拖动到“字体”控制面板安装字体。

(3) 删除字体。单击打开“字体”对话框，单击要删除的字体，若要一次选择多种字体，在单击每种字体时可按住 Ctrl 键，在工具栏中单击“删除”按钮。

提示：跳转列表是 Windows 7 的新增功能，使用户可以更加容易地找到自己想要执行的应用程序。在“开始”菜单中，选择程序图标右击，在快捷菜单中单击“锁定到任务栏”，即可实现跳转的功能，或直接将任务栏中的图标拖曳到跳转列表中即可实现。

任务 2　管理计算机资源

A 任务展示

文件是计算机的重要资源之一，计算机系统一般要存储成千上万的文件。为了高效管理所有的文件,计算机要建立文件系统,操作系统完成对它的维护与管理。操作系统维护一个称为“目录”的文件列表,目录包含每个文件的文件名、扩展名、日期、创建时间以及文件大小等信息。目录由根目录和子目录组成,根目录即盘符,子目录即文件夹,为了方便文件查找、更好地组织文件,根目录和子目录都允许创建下一层或下下层子目录,形成一个树状的目录存储结构。树干是根目录,树枝是子目录(文件夹),树叶是文件。

资源管理器是 Windows 提供的资源管理工具,使用它查看计算机的所有资源,特别是树状文件系统结构,能够让用户更清楚、更直观地认识文件和文件夹。Windows 7 资源管理器以新界面、新功能带来新体验。

本任务要求掌握文件的新建、重命名、移动、复制、删除、搜索和设置文件属性等操作,还要学会在资源管理器中管理文件和文件夹,掌握管理文件和文件夹的操作方法,具体要求如下。

(1) 在 D 盘上创建文件夹,名称为“用户文件”,在这个文件夹里,再按树状结构创建文件和子文件夹,在“娱乐”子文件夹下面再创建一个子文件夹,名为“歌曲”,以备删除文件或文件夹使用,如图 2-18 所示。

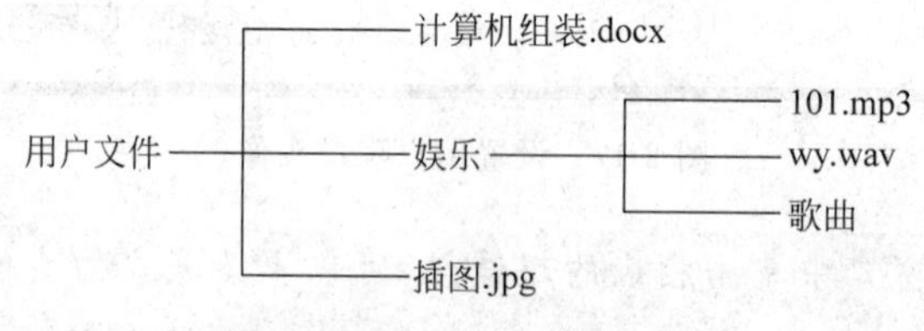

图 2-18 新建文件夹与文件

(2) 将“D:\用户文件\计算机组装. docx”文件复制到“D:\用户文件\娱乐\歌曲”文件夹中,并将“D:\用户文件\娱乐\101. mp3”文件移动到“D:\用户文件\娱乐\歌曲”文件夹中,如图 2-19 所示。

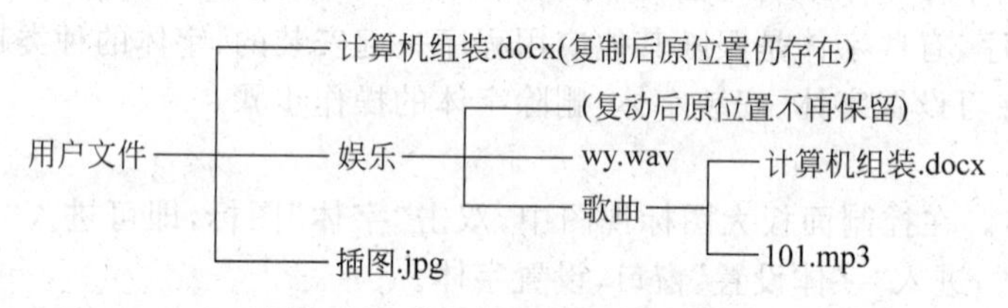

图 2-19 移动与复制后的文件夹

(3) 删除“D:\用户文件\娱乐\歌曲”文件夹,并恢复文件“101. mp3”。

(4) 将“D:\用户文件\娱乐\wy. wav”文件设置为“只读”属性,隐藏“D:\用户文件\娱乐\歌曲”文件夹并将隐藏的文件夹显示出来。

(5) 在 D 盘中,查找扩展名为 jpg 的所有图片文件,为找到的“插图. jpg”文件创建桌面快捷方式“插图”。

(6) 新建一个库,库名为“学习资料”,将“用户文件”文件夹添加到“学习资料”库中。

B 教学目标

(一) 技能目标

(1) 掌握文件及文件夹的新建、复制、移动和删除。

(2) 掌握文件属性和显示隐藏文件的设置。

(3) 掌握快速搜索、预览文件以及使用库来管理文件。

(4) 能够在资源管理器中进行文件和文件夹操作：浏览、选择、创建、删除、恢复、重命名、移动或复制、剪切或粘贴、查找等。

（二）知识目标

(1) 了解文件和文件夹的概念与作用、命名规则、常用文件类型。

(2) 知道标识文件或文件夹存储位置的路径、文件属性。

(3) 掌握 Windows 7 资源管理器的各界面元素的含义及功能。

C 知识储备

（一）文件和文件夹

在计算机中，文件是指存储在存储介质上的相关信息的集合，文件名由主文件名及扩展名所组成，主文件名与扩展名之间用一个圆点"."隔开，其语法格式为：主文件名[.扩展名]。

在 Windows 7 操作系统中，对文件进行命名时最多可以使用 255 个字符，其中包含驱动器和完整路径信息，组成文件名的字符可以是汉字、英文字母、数字以及空格，允许使用多个分隔符同时不区分大小写，但不允许使用?、\、*、|、<、>、:、/、。这 9 个字符，扩展名即类型名，表示文件的类型，例如，扩展名.exe 表示可执行类型文件，扩展名.sys 表示系统文件或设备驱动程序文件，扩展名.txt 表示文本文件。

文件夹是一组文件的集合，文件夹本身不含有文本、声音、图像和程序等信息，它里面包含的是子文件夹和文件，文件夹名的命名与文件名的命名规则相同。

（二）常用文件扩展名

常用文件扩展名及其含义，如表 2-1 所示。

表 2-1　文件扩展名及其含义

扩展名	图标	类　型	扩展名	图标	类　型
.sys		系统文件	.doc/.docx		Word 文档文件
.ini		配置文件	.xls/.xlsx		Excel 文档文件
.tmp		临时文件	.com		命令程序文件
.txt		文本文件	.exe		可执行文件
.rar 或.zip		压缩文件	.htm/.html		网页文档文件
.dll		动态链接库文件	.bmp		一种常用的图像文件
.hlp		帮助文件	.wav		一种常用的声音文件

（三）文件存储位置

计算机中一般会将硬盘划分为几个独立的区域，用标识符来识别，即盘符，通常使用 26 个英文字母加上冒号":"表示。由于历史原因，早期的 PC 一般装有两个软盘驱动器，"A:"和"B:"盘符用来表示软驱，硬盘设备从"C:"开始，一直到"Z:"。在表示文件或文件夹所在位置的时候，除了指定盘符外，还要指定文件路径，即文件在计算机中的存储位置，包括相对路径和绝对路径，相对路径以"."表示当前文件夹、".."表示上级文件夹，绝对路径是指目录下的绝对位置，直接到达目标位置，通常是从盘符开始的路径。

（四）资源管理器

资源管理器是 Windows 提供的管理工具，用它查看计算机中的所有资源，它提供的树状文件系统结构，将计算机资源分为收藏夹、桌面、库、家庭组、计算机、网络、控制面板、回收站等，便于用户更清楚、更直观地管理文件和文件夹。打开资源管理器的方法如下。

(1) 双击桌面上的“计算机”图标或单击任务栏上的“Windows 资源管理器”按钮。

(2) 右击任务栏上的“开始”按钮，从快捷菜单中选择“资源管理器”命令。

(3) 单击“开始”按钮，在“开始”菜单中选择“所有程序”，在弹出的菜单中选择“附件”，在“附件”菜单中单击“Windows 资源管理器”。

(4) 在任意时候，按下快捷键 ⊞ +E，可以随时打开资源管理器。

打开“资源管理器”窗口，分为左、中、右三部分，左窗格为文件树状目录区，中间窗格为文件或文件夹区，右窗格为预览区，它可以用右边的按钮隐藏。在左窗格中，若驱动器或文件夹前面有▷符号，表明该驱动器或文件夹有下一级子文件夹，单击符号可展开所包含的子文件夹，当展开驱动器或文件夹后，▷符号会变成◢符号，表明该驱动器或文件夹已展开，单击◢符号，可折叠已展开的内容。

资源管理器提供了“文件”“编辑”“查看”“工具”和“帮助”5 个菜单。通过“查看”菜单可以更改文件查看方式，有超大图标、大图标、中等图标和小图标，列表，详细信息，平铺和内容 5 组 8 种显示模式；通过“查看”菜单中的“排列图标”可以按名称、类型、大小、修改时间、按钮、自动等方式改变文件排列的先后次序。

(五) 库

使用资源管理器来管理文件或文件夹，已经能够满足用户要求，为什么要引入库呢？Windows 7 的“库”改变了文件的管理方式，虽然库也包含各种文件、文件夹、子文件夹等，但本质区别在于库中存储的文件可以链接到各个驱动器中的文件，库并不存储文件本身，只是存储文件链接的快捷方式，这种更加便捷的文件管理方式，方便用户在计算机中快速查找到所需文件。

简单地讲，就如同网页收藏夹一样，只要单击库中的链接，就能快速打开添加到库中的文件夹，而不管它们原来存储在本地计算机或局域网中的任何位置。另外，它们都会随着原始文件夹的变化而自动更新，并且以同名的形式存在于文件库中。

添加文件到库的方法是，右击需要添加的目标文件，在弹出的快捷菜单中选择“包含到库中”命令，并在子菜单中选择某一项库。

系统提供了视频、图片、文档、音乐 4 种类型库，当无法满足要求时，可以在库根目录下右击空白区域，在快捷键中选择“新建”→“库”命令，输入库名增加库类型。

(六) 选择文件和文件夹的方法

对文件或文件夹进行复制、移动、删除等操作时，要先选择文件或文件夹，才能进行相应的操作，这里介绍选择文件和文件夹的几种方法。

(1) 选择单个文件或文件夹：使用鼠标直接单击文件或文件夹图标即可将其选择，被选择的文件或文件夹的周围将变成蓝色透明状态。

(2) 选择多个相邻的文件和文件夹：可在窗口空白处按住鼠标左键，并拖动鼠标框选中需要的多个对象，再释放鼠标即可。

(3) 选择多个连续文件或文件夹：使用鼠标选择第一个文件或文件夹，按住 Shift 键，再单击最后一个文件或文件夹，可选中连续的所有文件和文件夹。

(4) 选择多个不连续的文件或文件夹：按住 Ctrl 键，依次单击要选择的文件或文件夹，即可选择多个不连续的文件或文件夹。

(5) 选择当前窗口中所有的文件或文件夹：按住 Ctrl＋A 组合键，或使用“编辑”→“全选”命令，即可选择当前窗口中所有文件或文件夹。

(6) 要选择大部分文件或文件夹而少数不选时，可以先选定少数不用的文件或文件夹，再在菜单栏上选择“编辑”→“反向选择”命令，就可以选中大部分文件或文件夹了。

提示：对文件或文件夹的操作有三种方式：工具栏下拉菜单命令或组织下拉列表命令，快捷菜单与鼠标拖曳方式。

D 任务实现

(一) 新建文件夹和文件

在 D 盘根目录下，创建一个新文件夹，文件夹名为“用户文件”，再在这个文件夹下创建名为“娱乐”的子文件夹，在“娱乐”子文件夹下再创建“歌曲”子文件夹，操作步骤如下。

(1) 双击桌面“计算机”图标，打开“计算机”窗口，双击“D 盘”图标，打开“D 盘目录”窗口。

(2) 选择“文件”→“新建”→“文件夹”命令，创建文件夹，处于编辑状态，直接输入文件名“用户文件”，按 Enter 键完成创建，或不按 Enter 键，在文件夹以外的地方单击完成创建。

(3) 双击“用户文件”文件夹，在打开的目录窗口中，选择“文件”→“新建”→“文件夹”命令，创建文件夹，处于编辑状态，输入子文件夹名“娱乐”。

(4) 双击“娱乐”子文件夹，打开“娱乐”目录窗口，在右侧显示区的空白处右击，在弹出的快捷菜单中选择“新建”→“文件夹”命令，创建文件夹，处于编辑状态，输入“歌曲”作为子文件夹名。

(5) 如果创建完文件后没有及时输入文件名，可以双击文件夹或子文件夹使其处于编辑状态，可以更名；或者选择要更名的文件或文件夹，右击，在弹出的快捷菜单中选择“重命名”命令(或按 F2 键)，此时要命名的文件夹处于可编辑状态。

提示：使用快捷菜单创建文件夹的方法：在目录窗口中右侧显示区的空白处右击，在弹出的快捷菜单中选择“新建”→“文件夹”命令。

在 D 盘根目录下的“用户文件”文件夹中，创建一个新的空文件，名为“计算机组装. docx”，再在“D:\用户文件”下，使用画图软件创建一个新的空文件，名为“插图. jpg”，操作步骤如下。

(1) 双击桌面上的“计算机”图标，打开“计算机”窗口，双击“D 盘”图标，打开“D 盘目录”窗口，再双击“用户文件”文件夹。

(2) 选择“文件”→“新建”命令，选择文件类型为“Microsoft Word 文档”，处于可编辑状态，直接输入文件名“计算机组装. docx”，或者选中扩展名前“新建 Microsoft Word 文档”再输入“计算机组装”来替换文件名，而扩展名不变。

提示：当重命名时，如果删除了类型名会导致系统无法识别文件，如果类型名被隐藏起来了，可以选择“组织”工具栏下的“文件夹和搜索选项”，单击“文件夹选项”对话框中的“查看”，将“高级设置”中的“隐藏已知文件类型的扩展名”中的√去掉，就看到类型名了。

(3) 在打开的“D:\用户文件”目录窗口中，在右侧文件显示区的空白处右击，在弹出的快捷菜单中选择“新建”→“BMP 图像”命令，输入文件名“插图”，并输入扩展名“. jpg”，此时会弹出提示信息，确认是否更改，单击“是”按钮，图标由变成表明新建一个文件“插图.jpg”。

提示：在使用快捷方式新建文件时，右击所弹出的快捷菜单，可供选择的文件类型，与操作系统中安装的应用程序有关，安装的应用程序越多，可供选择的文件类型就越多。

（二）移动、复制与粘贴文件或文件夹

如果要改变文件与文件夹的存储位置，需要对其进行移动、复制和粘贴操作。移动是将当前位置的文件或文件夹移动到其他位置，执行操作后，原来位置的文件或文件夹将不再保留；而执行复制、粘贴操作后，将在其他位置产生同名文件或文件夹，原来位置的文件或文件夹仍然存在。移动、复制与粘贴文件夹的操作与对文件的操作相同。本例以文件为例，下面将“D:\用户文件\计算机组装.docx”文件复制到“D:\用户文件\娱乐\歌曲”文件夹，操作步骤如下。

(1) 双击桌面上的“计算机”图标，打开“计算机”窗口，双击“D盘”图标，打开“D盘目录”窗口，再双击“用户文件”图标，打开“用户文件”窗口。

(2) 选择“计算机组装.docx”文件，在其上右击，在弹出的快捷菜单中选择“复制”命令，或选择“编辑”→“复制”命令(或按快捷键Ctrl+C)，此时文件被复制到了剪贴板上，从窗口来看没发生变化。

(3) 在导航窗格中单击“用户文件”，单击“娱乐”，再单击“歌曲”，在右侧打开的窗口中右击，在弹出的快捷菜单中选择“粘贴”命令，或选择“编辑”→“粘贴”命令(或按快捷键Ctrl+V)，将剪贴板中的文件粘贴到了该窗口中，完成文件的复制。

下面将“D:\用户文件\娱乐\101.mp3”文件移动到“D:\用户文件\娱乐\歌曲”文件夹，操作步骤如下。

(1) 双击桌面上的“计算机”图标，打开“计算机”窗口，在资源管理器的地址栏中直接输入“D:\用户文件\娱乐”，可以直接打开“娱乐”目录窗口。

(2) 选择“101.mp3”图标，在其上右击，从弹出的快捷菜单中选择“剪切”命令，或单击“组织”选项，从弹出的下拉列表中选择“剪切”命令(或按快捷键Ctrl+X)，此时将选择的文件剪切到剪贴板中，文件呈灰色透明显示效果。

提示：剪贴板是内存中的一块区域，用来临时存放交换信息，剪贴或复制一次，可以粘贴多次。

(3) 在导航窗格中单击“歌曲”展开文件夹，在右侧文件显示区的空白处按Ctrl+V快捷键，或选择“编辑”→“粘贴”命令，或在“歌曲”文件夹上右击，在弹出的快捷菜单中选择“粘贴”命令。

(4) 单击地址栏左侧的按钮，返回到上一级窗口，查看原来的位置，“101.mp3”这个文件不存在了。

提示：在一个磁盘分区中拖动是移动操作，在不同磁盘分区中拖动是复制操作，先选中文件或文件夹再按住鼠标左键，将其拖放到目标区域释放鼠标即可，在一个磁盘分区中想要进行复制操作，需要按住Ctrl键实现。

（三）删除和恢复文件或文件夹

如果某些文件或文件夹不再需要，可以将其删除，减少磁盘上的垃圾文件，释放磁盘空间，也有利于文件的管理，删除的文件或文件夹并没有真正删除，而是移动到了“回收站”，如果要恢复被删除的文件或文件夹，可以打开“回收站”还原回来，防止误操作删除重要的文件。下面删除“D:\用户文件\娱乐\歌曲”文件夹，并恢复文件“101. mp3”，操作步骤如下。

(1) 按⊞+E组合键打开资源管理器，在地址栏中输入“D:\用户文件\娱乐”，在右侧文件显示区中选择“歌曲”文件夹。

(2) 单击“组织”选项，从弹出的下拉列表中选择“删除”命令，或将光标移动到文件夹上，右击，从弹出的快捷菜单中选择“删除”命令(或按Del键)，弹出“删除文件夹”对话框。

(3) 单击“是”按钮，删除该文件夹，此时该文件夹发送到回收站中。

(4) 双击“回收站”图标，显示回收站内容，选定“101. mp3”文件，右击，选择“还原”命令，或将鼠标指针移动到要删除的文件或文件夹上，按住左键移到回收站图标上，释放左键，都可以完成还原。

提示：回收站是硬盘中的一块区域，放在回收站中的文件不会自动清除，仍然占用磁盘空间，用户要定期清理回收站，将不需要的文件永久性地删除，可单击某文件后按Del键。要想一次性清理所有文件，可直接单击“清空回收站”。

（四）设置文件或文件夹的属性

文件是操作对象，对象是有属性的，用来表示对象的特征和特性。通过“常规”选项卡来显示、标识以及改变属性。文件的只读属性是指该文件可以打开与编辑，但修改后的内容不能存储在该文件上。文件的隐藏属性是指打开该文件所在的文件夹时，隐藏该文件，不能存取该文件，如果知道文件名或改变文件夹选项，显示隐藏的文件才能修改该文件。下面将“D:\用户文件\娱乐\wy. wav”文件设置为“只读”属性，隐藏“D:\用户文件\娱乐\歌曲”文件夹并再显示出来，操作步骤如下。

(1) 按下⊞+E组合键打开资源管理器，在地址栏中输入“D:\用户文件\娱乐”，在右侧文件显示区中选择wy. wav文件。

(2) 在文件上右击，在弹出的快捷菜单中选择“属性”命令，打开对应的属性对话框，在“常规”选项卡下，勾选“只读”复选框，单击“应用”按钮，完成文件属性设置，如图2-20所示。

(3) 打开“D:\用户文件\娱乐\歌曲”文件夹属性对话框，勾选“隐藏”复选框，单击“应用”按钮，此时弹出“确认属性更改”对话框。有两种选择方式，本处选择“将更改应用于此文件夹、子文件夹和文件”，单击“确定”按钮，如图2-21所示。

(4) 返回“文件夹属性”对话框，单击“确定”按钮即可完成设置，此时文件夹为浅灰色，在工具栏中单击“工具”，在弹出的列表中选择“文件夹选项”，打开“文件夹选项”对话框，如图2-22所示。

(5) 在“文件夹选项”对话框中，选择“查看”选项卡，在“高级设置”栏中选择“不显示隐藏的文件、文件夹或驱动器”，单击“应用”按钮，再单击“确定”按钮，“歌曲”文件夹就隐藏了，如图2-23所示。

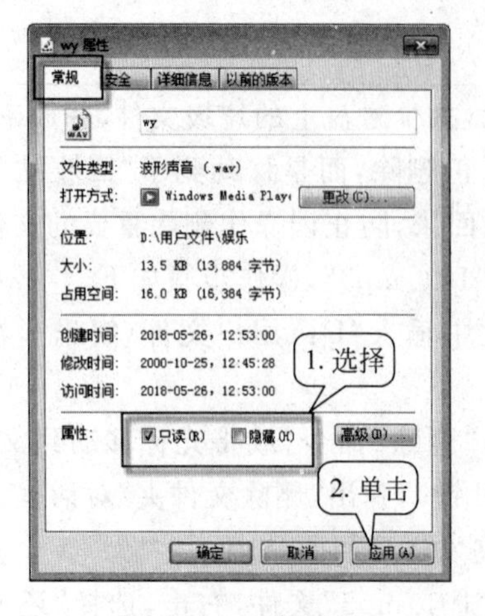

图 2-20　文件属性

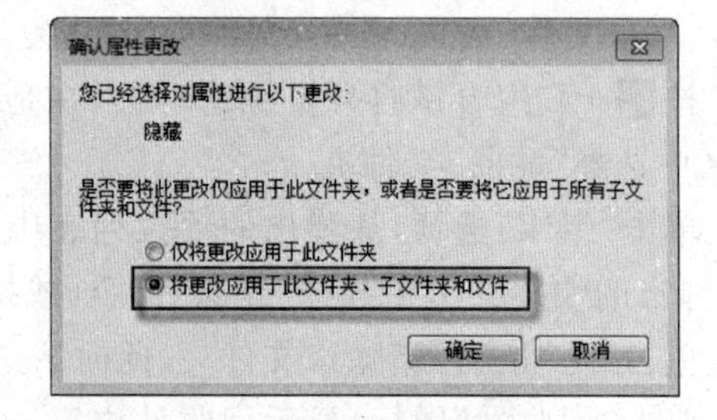

图 2-21　确认文件夹属性更改

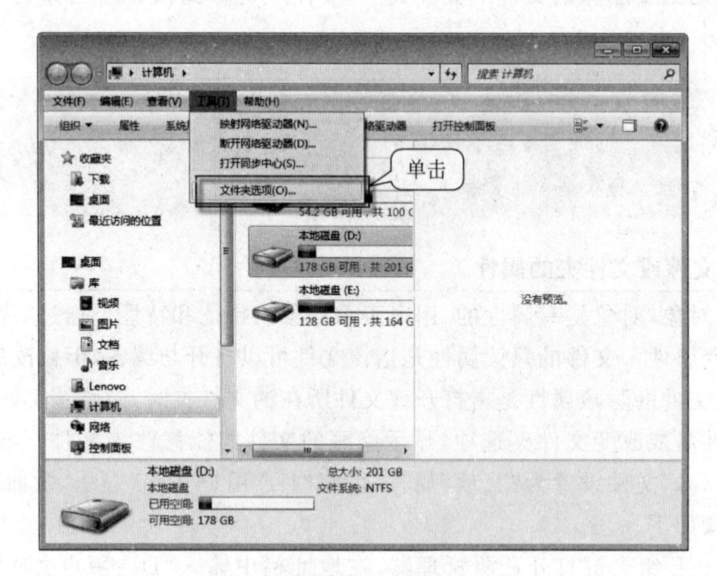

图 2-22　资源管理器的工具

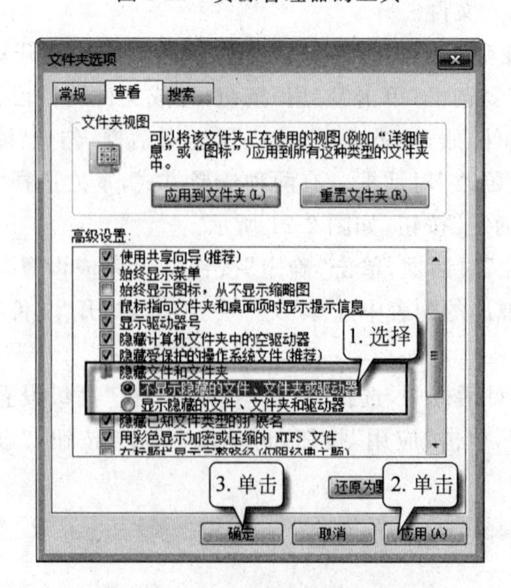

图 2-23　“文件夹选项”对话框

(6) 显示隐藏的文件夹。在工具栏中，单击“工具”→“文件夹选项”→“查看”，在“高级设置”栏中，勾选“显示隐藏的文件、文件夹和驱动器”，单击“应用”按钮，再单击“确定”按钮，文件夹显示出来，但仍然是透明色。

(7) 右击“歌曲”文件夹，在“属性”对话框中取消勾选“隐藏”，单击“应用”按钮，弹出“确认属性更改”对话框，选择“将更改应用于此文件夹、子文件夹和文件”，单击“确定”按钮，文件夹就正常显示了。

提示：在“文件夹选项”对话框中，在“查看”→“高级设置”栏，可以设置文件或文件夹的存档和加密属性。

(五) 查找文件或文件夹

查找文件或文件夹有两种方法：一是使用“开始”菜单的搜索框进行查找，二是使用计算机窗口进行查找。一般是先定位检索的范围，然后直接在检索栏中输入检索的关键字或设置条件，检索完成后系统以高亮度显示与检索关键词相匹配的记录。可以为某个找到的文件创建桌面快捷方式，好处是可以省去反复打开文件夹的操作。下面在D盘中查找扩展名为jpg格式的所有图片文件，为找到的“插图.jpg”文件创建桌面快捷方式，名为“插图”，操作步骤如下。

(1) 双击桌面上的“计算机”图标，打开“计算机”窗口，双击“D盘”图标，打开D盘目录窗口，在窗口右上角的搜索框中，输入关键字“*.jpg”进行搜索，“*”代表任意数量字符，“?”代表一个字符，如图2-24所示。

图 2-24 搜索框

(2) 单击搜索框，启动“添加搜索筛选器”选项，设置修改日期、大小等条件，来缩小搜索范围，加快搜索速度，如图2-25所示。

(3) 创建快捷方式，选中找到的文件“插图.jpg”，右击，在弹出来的快捷菜单中，单击“发送到”→“桌面快捷方式”命令，在桌面上生成快捷方式。

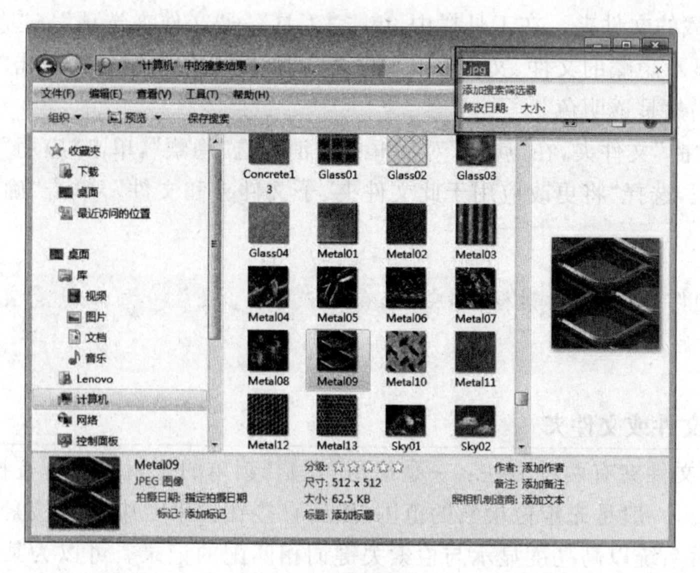

图 2-25 搜索筛选器

提示：搜索的另一种方法是：单击“开始”按钮，打开“开始”菜单，在最底部的框中输入关键字，搜索结果在输入关键字后会立即显示在“开始”菜单中，如果没找到文件，可以单击“查看更多结果”选项，如果还没找到文件，缩小范围再搜索。

（六）使用库

新建一个库，库名为“学习资料”，将“用户文件”文件夹添加到“学习资料”库中，操作步骤如下。

(1) 打开“计算机”窗口，在“导航”窗格中单击“库”图标，打开“库”文件夹，在右侧窗口中将显示所有“库”，双击各个“库”文件夹查看。

(2) 单击“文件”→“新建”→“库”命令，输入库的名称“学习资料”，按 Enter 键，创建新库。

(3) 进入“学习资料”库，单击“包含一个文件夹”按钮，选择“D:\用户文件”添加到“学习资料”库。

E 技能提升

（一）批量删除文件夹里的文件

如果在一个文件夹里，存在一种或几种格式的文件，而这种文件是不需要的，想要删除它们而留下其他文件，当此种格式文件特别多，不方便一个一个找出来删除时，可以使用搜索法批量删除。

操作提示：

(1) 进入要删除文件夹的目录中，单击搜索框，填入要删除文件格式的扩展名，例如，删除文件夹里的 MP3 文件，填入“*.mp3”，按搜索条件将归属于本文件夹下的所有子文件夹中的 MP3 文件都搜索出来了。

(2) 单击工具栏上的“编辑”→“全选”命令，选中搜索出来的所有文件，按 Del 键或在选中文件上右击，在弹出的菜单中选择“删除”命令。

(3) 要同时删除几种格式的文件，在搜索框中设置搜索条件时，可使用 OR 命令，例如“*.mp3 OR *.wav”，就可以搜索出本位置下所有子文件夹里的这两类文件，需要注意的是 OR 要大写，且与文件名间用空格分隔。

提示：学有余力的同学，还可以练习一下“批量、快速删除文件夹而留下其中的文件”的操作方法，好处是不必逐个文件夹进行删除，大大提高工作效率。

(二) 设置回收站最大的存储容量

回收站是 Windows 操作系统中一个特殊的文件夹，默认在每个硬盘分区根目录下的 RECYCLER 文件夹中，是隐藏的。当文件被删除并移到回收站后，就放到了这个文件夹中，如果想让这个文件夹保留更多的要删除文件，可以增加回收站的最大存储容量。

操作提示：

(1) 在桌面上，右击“回收站”图标，在打开的快捷菜单中，单击“属性”命令。

(2) 在“回收站位置”中，单击想要更改回收站的位置，例如 C 盘。

(3) 单击“自定义大小”，在“最大大小(MB)”文本框中，输入以 MB 为单位的最大存储容量。

(4) 单击“确定”按钮。

提示：可以不经过回收站，一次性永久删除文件，选择好文件后，按 Shift+Del 组合键即可。

(三) 操作文件或文件夹

本任务的重点是掌握文件或文件夹的建立、选定、复制、移动、重命名、删除、搜索等常用操作，为了进一步提升技能，按要求完成下列上机操作。

(1) 在 D 盘根目录下建立一个名为 user 的文件夹，将 Windows 7 的 Command 文件夹下的以字母 d 开头的.exe 文件复制到 user 文件夹中，并搜索 word.exe 文件。

(2) 在 D:\user 文件夹下，建立一个子文件夹 word，将搜索到的 word.exe 文件复制到此文件夹，更名为 myword.exe。

(3) 将 D:\user\word 下的 myword.exe 移动到 C:\Program Files\Microsoft Office\office 下，并在桌面上创建一个快捷方式，为 myword。

(4) 将 C:\Program Files\Microsoft Office\office\myword.exe 文件改为只读属性。

(5) 在资源管理器“库”中，建立“应用软件”，包括画图程序、计算器、录音机等。

任务 3 维护与优化系统

A 任务展示

维护与优化系统，是一项十分必要的日常工作，主要根据需求变化或硬件环境变化，对应用程序进行全面体检，优化系统配置，来提高开关机以及运行速度、提高文件的存取速度、整理磁盘空间、延长磁盘使用寿命等，保持计算机良好运行状态，使系统更安全、更稳定、更高效。

Windows 7 自身提供了多种系统维护与优化工具，例如控制面板，它是计算机控制中心，可以访问资源、控制系统、配置系统。Windows 7 还提供了 msconfig 命令配置系统，关闭自动启动的应用程序，以节省系统资源，提高整个系统稳定性。另外，很多软件也可以帮助用户快速优化系统，例如 360 安全卫士。

本任务要完成清理磁盘、整理磁盘碎片、卸载不常用的程序或插件、关闭不需要的系统服务、加快开关机速度、使用系统还原撤销系统更改、使用 360 安全卫士全面加速等操作。

B 教学目标

（一）技能目标

（1）学会显示控制面板，使用控制面板清理磁盘、整理磁盘碎片的技能。

（2）熟练使用控制面板卸载或更改程序。

（3）熟练使用 msconfig 命令配置系统，优化启动项，加快开关机速度。

（4）熟练使用 360 安全卫士清理磁盘、优化加速系统。

（二）知识目标

（1）了解控制面板及其各超链接的不同功能。

（2）理解磁盘碎片、碎片清理、磁盘整理的含义。

（3）掌握使用磁盘属性查看磁盘状况、使用任务管理器查看运行状况。

C 知识储备

（一）控制面板

控制面板是对系统环境进行查看和调整的工具，打开“控制面板”窗口的方法是，单击“开始”→“控制面板”命令，打开“控制面板”窗口，如图 2-26 所示。

图 2-26 “控制面板”窗口

默认查看方式为“类别”，例如，单击“系统和安全”等超级链接，打开对话框进行相应的参数设置，单击“查看方式”旁的按钮，选择“大图标”，显示效果如图 2-27 所示。

图 2-27　控制面板的大图标查看方式

提示： 控制面板的查看方式分为“类别”“大图标”“小图标”三种。

（二）什么是磁盘碎片

当有多个文件被修改后，磁盘里就会有很多不连续的文件，一旦文件被删除，所占用的不连续空间就会空着，并不会被自动填满，而且新保存的文件也不会放在这些地方，这些空着的磁盘空间就是磁盘碎片。

Windows 7 提供了磁盘碎片整理程序，它可以重新安排文件在磁盘中的存储位置，将同一文件的存储位置整理到连续的存储位置，同时将可用的存储空间合并为连续位置，提高系统存取文件效率，从而实现提高系统运行速度的目的。

磁盘碎片整理程序，可以分析本地卷、合并碎片文件或文件夹，以便每个文件或文件夹都可以占用卷上单独而连续的磁盘空间，通过合并文件或文件夹，合并卷上的可用空间以减少新文件出现碎片的可能性。

合并文件或文件夹碎片的过程称为碎片整理，分为手动选择、分析和整理。单击“配置计划”，设定磁盘碎片整理的频率、日期、时间、具体磁盘分区等，设置好后系统会按照配置计划，按时自动运行磁盘碎片整理。

磁盘碎片整理与磁盘清理的区别在于，磁盘清理是彻底删除一些临时文件、长期不使用的各种文件，清空回收站，释放磁盘空间，保持系统的稳定和干净。

提示： 如果磁盘由其他程序独占使用，或使用 NTFS、FAT 或 FAT32 以外的文件系统，将无法进行碎片整理。

（三）查看磁盘

通过磁盘属性来查看磁盘使用状况，包括磁盘类型、文件系统、空间大小、卷标等常规信息，以及磁盘查错、碎片整理、备份磁盘、启用缓存等处理程序和磁盘的硬件信息。

打开磁盘属性对话框的方法是，双击“计算机”图标，打开“计算机”对话框，在磁盘图标上右击，弹出快捷菜单，选择“属性”命令，弹出“磁盘属性”对话框，有“常规”“工具”“硬件”“共享”“安全”“以前的版本”和“配额”选项卡。

(1) 磁盘的常规属性包括磁盘的类型、文件系统、空间大小、卷标信息等。

(2) 查错，可以修复系统文件，检查回收磁盘上的坏扇区。

(3) 备份，将系统一些用户文件备份到其他存储位置，便于需要时进行还原。

(4) 查看磁盘的驱动器厂家名，启用其磁盘缓存功能来提高磁盘的性能。

(四) 任务管理器

通过任务管理器，不仅可以查看系统的运行情况，还能进行系统的关机、强制结束系统长时间不响应用户的请求、用户切换、重启等操作。

在任务栏空白处右击，在弹出菜单中选择“任务管理器”(或按 Ctrl+Alt+Del 或按 Shift+Ctrl+Esc 组合键)打开“Windows 任务管理器”窗口，可以查看应用程序的运行状态，可以选中状态为无响应的某一项，单击“结束任务”按钮，强行结束应用程序，单击“新任务”按钮来启动某一应用程序。

在“进程”选项卡中，可以查看进程的运行情况，通过观察对比，能够发现一些异常，例如一些木马程序、感染病毒的程序，对于异常的进程也可像结束应用程序一样关闭。

> **提示：**系统自带的核心是不能关闭的，否则会导致系统崩溃或重启，还有一些进程是无法关闭的。

D 任务实现

(一) 清理磁盘

使用 Windows 7 自带的一个实用工具软件，磁盘清理工具可以帮助用户找出并清理磁盘中的垃圾文件，增加磁盘的可用空间，提高计算机的运行速度，操作步骤如下。

(1) 单击“开始”→“所有程序”→“附件”→“系统工具”→“磁盘清理”命令，打开“磁盘清理：驱动器选择”对话框，如图 2-28 所示。

(2) 在对话框中，单击“驱动器”下拉列表框按钮，选择要清理的磁盘，单击“确定”按钮，

(3) 在打开的“磁盘清理”对话框中，选择“磁盘清理”选项卡，选中要删除的文件，如图 2-29 所示。

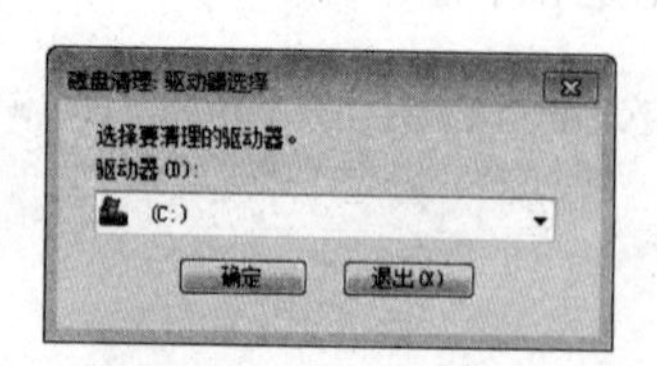

图 2-28　清理磁盘

图 2-29　“磁盘清理”选项卡

(4) 单击“确定”按钮，弹出永久删除提示信息，单击“删除文件”按钮，彻底删除文件，释放磁盘空间，达到清理的目的。

（二）整理磁盘碎片

使用磁盘碎片整理工具，整理碎片，操作步骤如下。

(1) 单击“开始”→“所有程序”，选择“附件”→“系统工具”→“磁盘碎片整理程序”命令，打开“磁盘碎片整理程序”对话框，如图 2-30 所示。

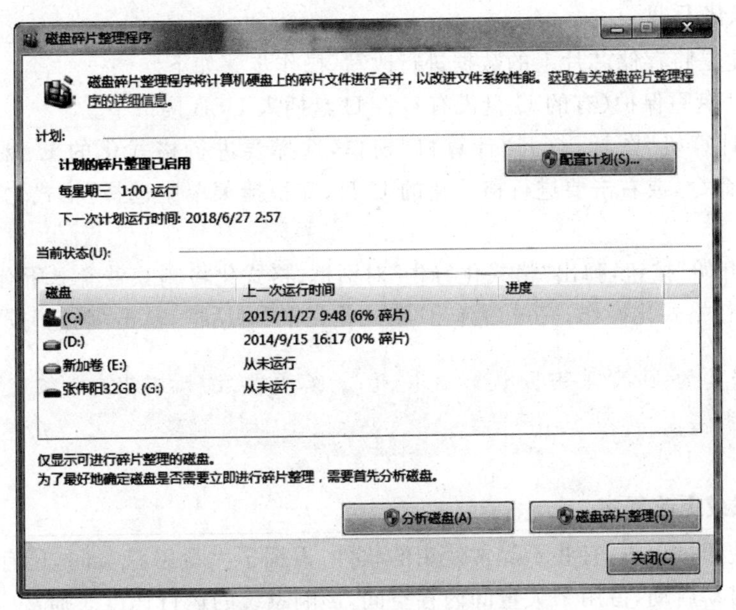

图 2-30 “磁盘碎片整理程序”对话框

(2) 在弹出的对话框中，选择要整理碎片的驱动器，单击“分析磁盘”按钮，分析磁盘是否需要碎片整理。

(3) 磁盘分析后，在“上一次运行时间”列中看到磁盘上碎片的百分比，如果数字高于 10%，则应该对磁盘进行碎片整理，单击“磁盘碎片整理”按钮，进行磁盘碎片整理，如图 2-31 所示。

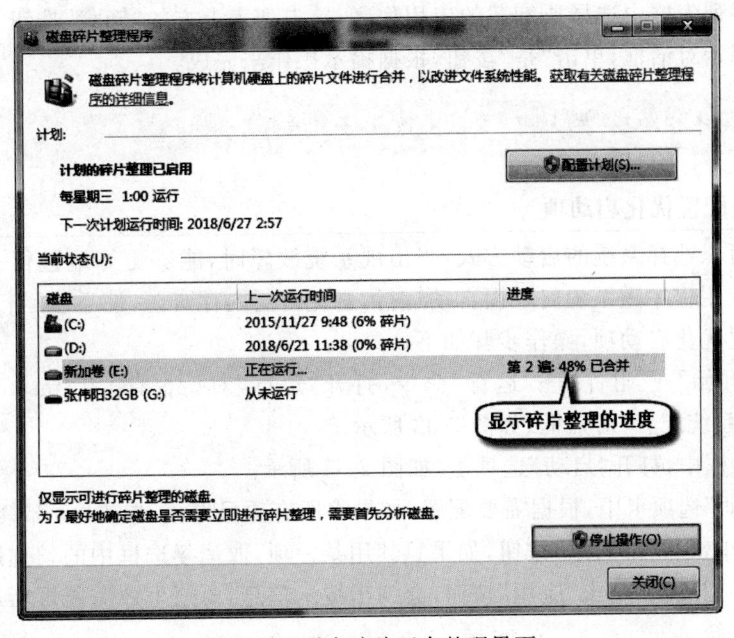

图 2-31 磁盘碎片正在整理界面

提示：Windows 7 系统还支持多个分区同时进行碎片检查和整理，只需选择多个分区，单击“分析磁盘”或“磁盘碎片整理”按钮，可以清楚地看到进度百分比显示，磁盘整理过程中可以使用计算机处理其他程序。

（三）格式化 U 盘

U 盘格式化是将存储芯片上的数据进行改写，操作步骤如下。

（1）打开 U 盘写保护(有的 U 盘没有)，将 U 盘插入 USB 接口中。

（2）单击“计算机”图标，打开“计算机”窗口，选择要进行格式化的 U 盘盘符，单击“文件”→“格式化”命令，或右击要进行格式化的 U 盘，在快捷菜单中选择“格式化”命令，打开“U 盘格式”对话框。

（3）单击“开始”按钮，弹出“格式化警告”对话框，格式化将删除磁盘上所有信息，单击“确定”按钮开始进行格式化操作，完成后弹出“格式化完毕”对话框，单击“确定”按钮。

提示：小容量的 U 盘采用默认参数设置，大容量的 U 盘在“文件系统”中为 FAT 或 FAT32 格式。

（四）卸载或更改程序

在计算机使用过程中，有些不经常使用的软件，占据了大量磁盘空间，还有些程序或者插件会随着开机自动启动，占用了大量的内存空间，影响系统的运行速度。通常应用程序自带卸载程序，当卸载程序发生故障或者没有设计卸载程序时，就不能使用自带程序卸载了。为了解决软件在安装与卸载中遇到的各种问题，Windows 系统设计了“卸载与更改程序”功能。下面使用系统提供的功能来卸载程序，操作步骤如下。

（1）单击“控制面板”→“程序”→“程序和功能”→“卸载程序”命令，弹出“程序和功能”界面。

（2）在程序列表框中选择要卸载的应用程序，单击列表上方的“卸载”按钮。

（3）弹出提示对话框，单击“是”按钮，根据提示操作来完成。

提示：在“程序和功能”界面中，可以更改或修复程序。

（五）系统配置优化启动项

系统配置可以选择系统的启动方式，当出现系统故障时，能够更好地进行系统的恢复，还可以停止某些应用程序随系统启动而自动运行，避免占用内存资源，使系统运行速度变慢。下面使用系统配置优化启动项，操作步骤如下。

（1）单击“开始”→“附件”→“运行”命令，打开“运行”对话框，输入“msconfig”，单击“确定”按钮，弹出“系统配置”对话框，如图 2-32 所示。

（2）在对话框中，打开“启动”选项卡，如图 2-33 所示。

（3）在“启动”选项卡中，根据需要配置，如果将所有项目停止，单击“全部禁用”按钮，如果开启所有项目，单击“全部启用”按钮，如果只禁用某一项，取消复选框中的勾选即可。例如，停用“爱奇艺”作为启动项，单击“应用”按钮，会弹出提示信息，要想生效需要重新启动系统，也可以暂时不重启系统。

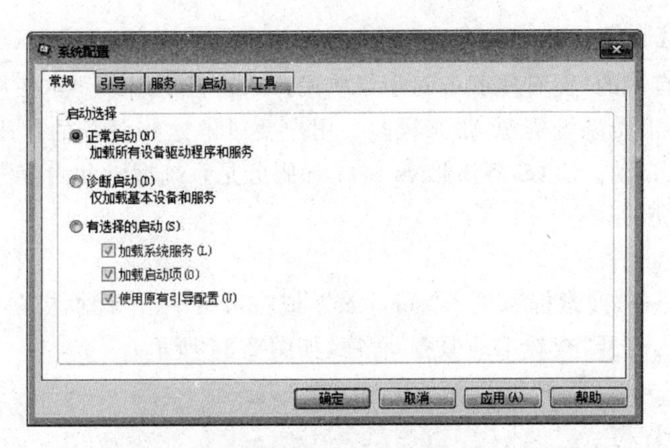

图 2-32 “系统配置”对话框

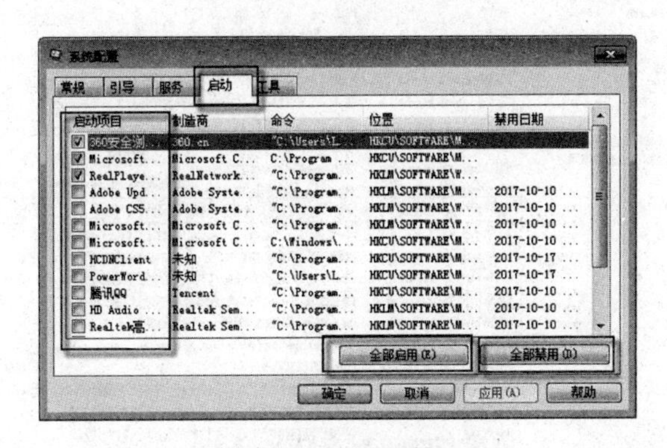

图 2-33 “启动”选项卡

提示：勾选“启动项目”选项中的程序，单击“确定”按钮，可重新开启此项目。

E 技能提升

（一）使用系统还原

系统还原，是系统中的一个组件，可在计算机发生故障时将计算机恢复到以前的状态，而不会选择用户的个人数据文件，可以监视系统及某些应用程序文件的改变，并自动创建易于识别的还原点，也可以命名自己的还原点，系统还原可以撤销对计算机系统进行的更改。

操作提示：

(1) 在“系统还原”的操作前，首先在“系统属性”中开启系统还原功能。

(2) 单击“开始”→“所有程序”→“附件”→“系统工具”→“系统还原”命令，打开“系统还原”向导。

(3) 根据自己的需要，选择相应的任务，按向导的提示完成系统还原点的创建、还原、撤销还原操作。

(4) 在“计算机”图标上右击，选择“属性”→“系统保护”→“系统还原”命令，选择想要的还原点，单击“扫描受影响的应用程序”，系统会提示哪些程序受到影响，通过选择还原点进行删除或修复。

（二）关闭系统服务

系统服务都是有用的，但有些服务对于某些用户来讲是不用或偶尔使用的，可手动选择关闭这些服务，否则会浪费系统资源，带来风险。用户要了解这些服务的作用，根据需要有选择地开启、禁用、手动、自动。例如，Windows Search 服务是系统搜索和内容索引服务，如果用户不需要，可以关闭此服务。

操作提示：

（1）单击“开始”→“搜索框”，输入“services”，或右击后单击“计算机”→“管理”→“服务和应用程序”→“服务”，打开“查看本地服务”程序，如图 2-34 所示。

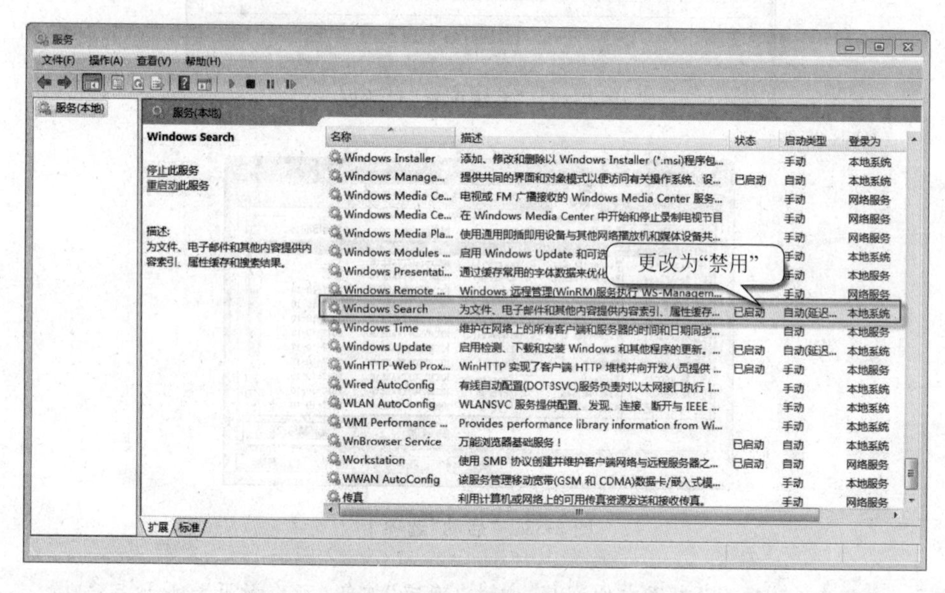

图 2-34　服务界面

（2）在本地服务中，选择 Windows Search 项，双击，弹出“Windows Search 的属性”对话框，如图 2-35 所示。

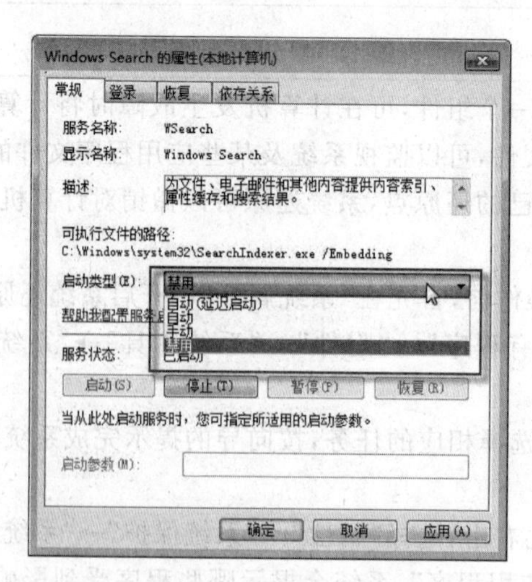

图 2-35　“Windows Search 的属性”对话框

（3）在“启动类型”区域中，选择“禁用”后，单击“确定”按钮。

（三）加快开关机速度

如果在 Windows 7 操作系统下使用多核 CPU，开关机速度很慢的话，主要原因很可能是使用了系统默认的单核开关机，通过系统配置调整为多核开关机的模式。

操作提示：

（1）单击“开始”→“附件”→“运行”命令，打开“运行”对话框，输入“msconfig”，单击“确定”按钮，弹出“系统配置”对话框，在对话框中，打开“引导”选项卡，如图 2-36 所示。

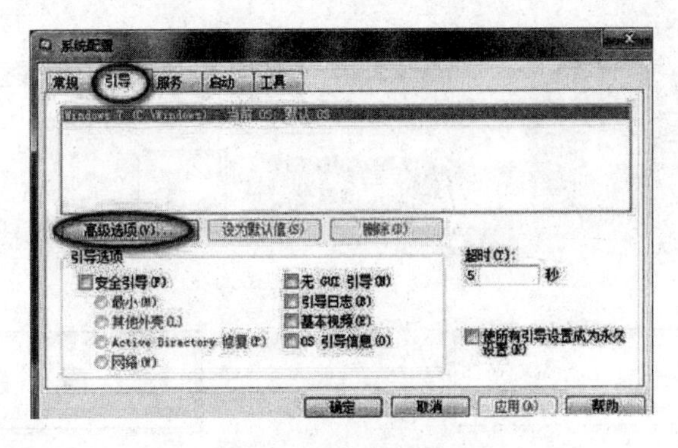

图 2-36 “引导”选项卡

（2）单击“高级选项”按钮，打开“引导高级选项”对话框，如图 2-37 所示。

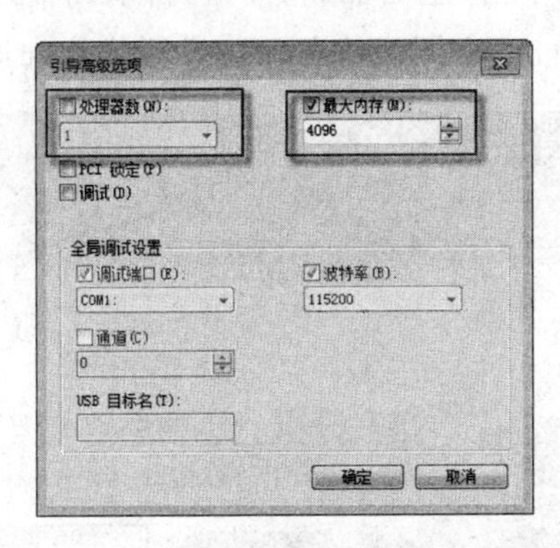

图 2-37 “引导高级选项”对话框

（3）查看处理器数量，勾选“处理器数量”下方的下拉框调整处理器的个数，勾选“最大内存”并输入最大物理内存，单击“确定”按钮，弹出提示信息，可以重新启动系统、使调整立即生效，也可以暂时不重启系统。

（四）使用 360 一键优化系统

360 安全卫士内置“电脑清理”模块，用于执行垃圾清理服务，清理垃圾、插件、痕迹、注册表等，还提供了一键清理服务，一键单击可执行所有清理任务，内置的“优化加速”模块，提供一键优化、开机时间管理、启动项管理等服务。“一键优化”服务，可智能扫描系统内存在的可优化项目。“启动项管理”服务，可帮助管理系统开机自启动项目，有效加快系统开机效率。下面进行计算机磁盘清理和优化加速系统。

操作提示：

（1）单击“开始”→“所有程序”→“360 安全中心”→“360 安全卫士”，启动 360 安全卫士。

（2）选择“电脑清理”模块，单击“全面清理”按钮，自动扫描系统垃圾、常用软件垃圾、痕迹信息、Cookies 信息、计算机中插件、注册表信息等。

(3) 扫描完成后，单击“一键清理”按钮，清理扫描到的垃圾，如图 2-38 所示。

图 2-38　电脑清理

(4) 选择“优化加速”模块，单击“全面加速”按钮，自动扫描可优化项，如开机提速、系统提速、硬盘提速等，扫描完成后，单击“立即优化”按钮，进行优化加速，如图 2-39 所示。

图 2-39　优化加速

任务 4　防治计算机病毒

A 任务展示

通过前面的学习，读者对磁盘和系统的维护已经有了一定的认识，遇到简单的问题可以自行解决了。在办公和生活中，使用电子邮件、上网获取资源等面临着被攻击和感染病毒等风险，通过网络可以有多种形式攻击计算机系统，如图 2-40 所示。

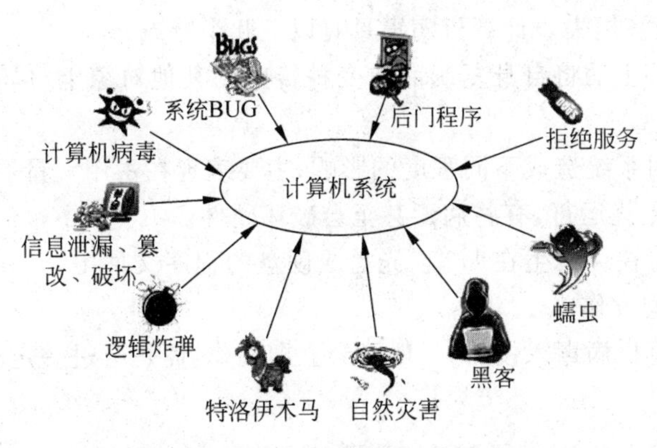

图 2-40 攻击计算机系统形式

本任务要求认识计算机病毒的特征、种类、攻击形式以及防治方法，通过实际操作，掌握Windows 7 防火墙的开启与关闭、系统的备份与还原、360 杀毒软件的使用、Ghost 系统备份等。

通过防火墙的设置，可以让系统知道什么样的信息包可以进入、什么样的应该放弃，这样当黑客发送有攻击性的信息包的时候，经过防火墙时，信息就会被丢弃掉，从而防止了黑客的进攻。

如果数据备份及时，即便系统遭到黑客进攻，也可以在短时间内修复，挽回不必要的经济损失。数据的备份最好放在其他计算机或者驱动器上，这样黑客进入计算机系统后，破坏的数据只是一部分，因为无法找到数据的备份，对于计算机系统的损失也不会太严重。

B 教学目标

（一）技能目标

(1) 能够熟练设置 Windows 7 防火墙，并能够根据需要开启与关闭服务。

(2) 能够下载、安装 360 杀毒软件，扫描计算机文件、清除威胁。

(3) 能够使用 Ghost 备份软件对系统进行手工还原。

（二）知识目标

(1) 理解计算机病毒及其特点、种类。

(2) 了解计算机病毒表现特征。

(3) 了解计算机病毒攻击形式。

(4) 了解 Windows 7 防火墙技术。

C 知识储备

（一）计算机病毒

计算机病毒是人为制造、可自我复制、能对计算机的信息资源和正常运行造成危害的一种程序。被计算机病毒感染的文件可以通过清除病毒后恢复正常，也有部分被感染的文件无法进行病毒清除，此时只能删除该文件，重新安装应用程序。

随着互联网的普及，计算机病毒对人们的工作和生活的影响越来越大，破坏用户的程序和数据，使工作成果、重要数据资料毁于一旦，木马病毒造成用户网上银行账号、股票账号、游戏账号被盗,带来重大经济损失。计算机病毒具有以下几个特点。

(1) 传染性。能够主动将自身复制品或变种传染到其他对象上,以达到传染其他设备和程序的目的。

(2) 破坏性。会对系统造成不同程度的影响,主要表现在占用大量系统资源、删除文件或破坏数据、摧毁系统、干扰运行,有些病毒甚至会破坏硬件。

(3) 隐蔽性。病毒往往寄生在U盘、光盘或硬盘的程序文件中,当外界条件触动时发作,有的病毒在固定的时间发作。

(4) 潜伏性。计算机病毒入侵后,一般不会立即发作,而是经过一定时间满足一定条件后才发作。

提示:计算机病毒实质上是一种具有传染能力和破坏能力的程序,绝大部分的计算机病毒出自软件专家和"超级计算机迷"之手,即通常说的"黑客"。

(二) 常见计算机病毒的种类

(1) 蠕虫病毒。这种病毒具有自我复制、主动传播的能力,主要通过网络或者系统漏洞进行传播,病毒在传播过程中占用大量网络带宽,造成网络阻塞和网络服务器不可用,例如,冲击波病毒和小邮差病毒,前缀名为Worm。

(2) 木马病毒、黑客病毒。是一段特定程序(木马程序),通过它来控制另一台计算机,其目的是偷窃别人隐私、盗窃别人密码和数据而获得经济利益。这类病毒一般分为控制端和服务端,不会主动传播,而是通过电子邮件或捆绑在其他软件中进行传播。木马病毒前缀名为Trojan,黑客病毒前缀名为Hack。

提示:木马病毒会修改注册表,驻留内存,在系统中安装后门程序,发作时设置后门,定时地发送用户的信息到木马程序指定的地址,任意进行文件删除、复制、修改密码等非法操作。

(3) 脚本病毒。是指使用VB、Java等高级脚本语言编写的,通过网页进行传播的病毒,它危害和破坏系统功能,如修改IE首页、修改注册表、强行弹出广告等,造成用户使用计算机不方便。脚本病毒的前缀名一般为Script,如红色代码Script. Redlof,有时还会有表明何种脚本编写的前缀名,如VBS、JS等。

(4) 宏病毒。是利用Office系统文档提供的宏功能而设计的病毒,通过Office模板进行传播,如美丽莎Macro. Melissa。宏病毒也属于脚本病毒的一种,前缀名为Macro、Word、Word97、Excel、Excel97等。

(5) 系统病毒。是指可以感染Windows操作系统的后缀名为*. exe和*. dll的文件,并通过这些文件进行传播,如CIH病毒,前缀名一般为Win32、PE等。

(6) 恶意程序。其他不宜归类为以上类别的病毒,称为"恶意程序"。

(三) 计算机感染病毒时表现出来的特征

计算机感染病毒后,根据感染病毒的不同,症状也有很大不同,当计算机出现以下状况时,可以考虑是否感染了病毒。

(1) 计算机系统运行速度明显减慢,或系统无故频繁弹出错误,屏幕上出现异常显示或花屏等。

(2) 经常无缘无故地死机或重新启动。

(3) 文件丢失或文件损坏,文件的长度无故发生变化。

(4) 文件创建的日期、时间和属性等发生改变,文件无法正确读取、复制或打开。

(5) 以前能正常运行的软件经常发生内存不足的错误,甚至死机。

(6) 在一些不需要密码的情况下,出现异常对话框,要求用户输入密码。

(7) 打开某网页后弹出大量对话框,或浏览器自动链接到一些陌生网站。

(8) 鼠标或键盘不受控制等。

(四) 网络攻击的各种形式

网络攻击可分为主动攻击和被动攻击两类。

(1) 主动攻击。包含攻击者访问它所需信息的故意行为。例如,远程登录到指定机器的25端口找出公司运行的邮件服务器的信息;伪造无效IP地址去连接服务器,使接收到错误IP地址的系统浪费时间去连接那个非法地址。主动攻击包括拒绝服务攻击、信息篡改、资源使用、欺骗等攻击方式。

(2) 被动攻击。主要是收集信息而不是进行访问,数据的合法用户对这种活动一点儿也不会觉察到。被动攻击包括嗅探、信息收集等攻击方法。

多数情况下,这两种类型被联合用于入侵一个站点。但是,大多数被动攻击不一定包括可被跟踪的行为,因此更难被发现。实际上,黑客实施一次入侵行为,为达到攻击目的会结合采用多种攻击手段,在不同的入侵阶段使用不同的方法。

(五) 计算机病毒防治方法

有效地避免计算机病毒危害,需要注意以下几点。

(1) 安装杀毒软件,开启软件提供的实时监控功能,并定期更新升级杀毒软件。

(2) 不下载或运行来历不明的程序,对于来历不明的电子邮件及附件都不要随意打开。

(3) 及时安装系统漏洞补丁程序。

(4) 上网时不浏览不安全的陌生网站。

(5) 定时体检计算机,定时扫描计算机中的文件并清除威胁,定期备份重要数据。

(六) 防火墙技术

(1) 防火墙是一种位于内部网络与外部网络之间的网络安全系统,实际上是一种隔离技术。

(2) 防火墙通常具有下列功能。

① 通过对流经它的网络通信进行扫描,过滤掉外部攻击,以免其在目标计算机上被执行。

② 可以关闭不使用的端口。

③ 能禁止特定端口的流出通信,封锁特洛伊木马,防止内部信息外泄。

④ 可以禁止来自特殊站点的访问,从而禁止来自不明入侵者的所有通信。

⑤ 能记录下经过它的所有访问并做出日志记录,当发现可疑动作时,防火墙能及时报警。

(3) Windows 7 系统集成了防火墙,是一项协助确保信息安全的管理工具,会按照特定的规则,允许或限制传输的数据通过。

例如,可以帮助阻止计算机病毒和蠕虫进入计算机,询问是否允许或阻止某些连接请求,创建用来记录成功或失败连接的安全日志,便于故障诊断,阻止未授权用户通过网络或Internet获得对计算机的访问,有助于保护计算机,更加便于用户使用。在移动设备的防火墙方面也有明显的改善，并且能够支持多重防火墙策略，Windows 7 防火墙不仅对由外向内的入站通信进行限制，还可以过滤出站信息。

D 任务实现

（一）启用 Windows 7 防火墙

（1）单击任务栏左下角的“开始”按钮，如图 2-41 所示，选择“控制面板”项，打开“控制面板”窗口，如图 2-42 所示。

图 2-41　选择“控制面板”

图 2-42　“控制面板”窗口

（2）在“控制面板”窗口中，看到“调整计算机的设置”，单击“系统和安全”项，打开“系统和安全”窗口，如图 2-43 所示。单击“Windows 防火墙”项，打开“Windows 防火墙”窗口，如图 2-44 所示。

图 2-43　“系统和安全”窗口

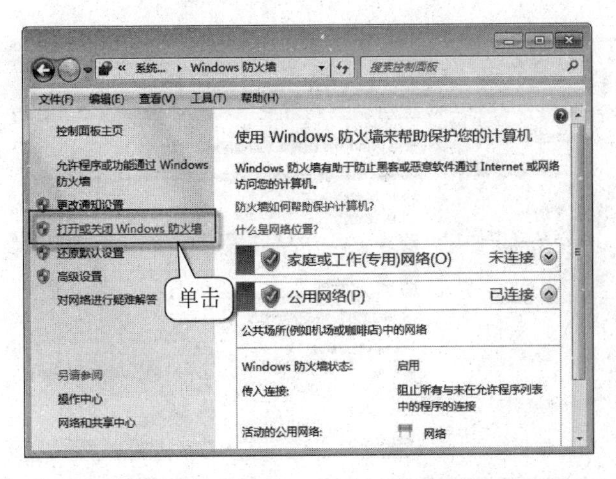

图 2-44 “Windows 防火墙”窗口

(3) 在“Windows 防火墙”窗口中,在左窗格中单击“打开或关闭 Windows 防火墙”,再在右窗格中单击“家庭或工作(专用)网络”位置或“公用网络”位置,进入“自定义设置”窗口,定义这两种类型的网络设置,选中“启用 Windows 防火墙”,如图 2-45 所示。

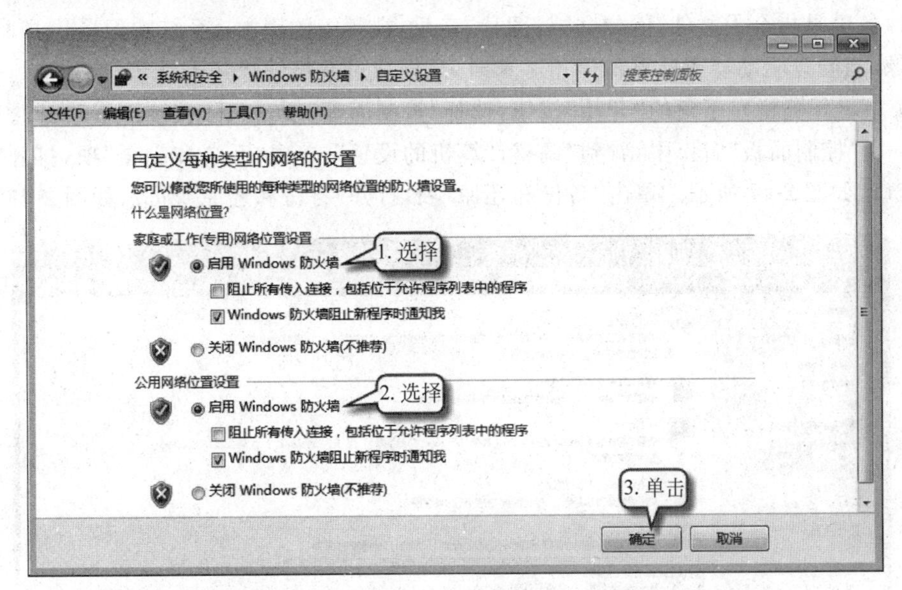

图 2-45 Windows 防火墙“自定义设置”窗口

提示: Windows 7 防火墙可以选择家庭网络、工作网络和公用网络,家庭网络和工作网络属于私有网络,又叫专用网络。Windows 防火墙支持对不同网络类型独立配置,而互不影响。

(4) 当用户对防火墙设置不当时,可能会造成无法访问网络的状况。单击“Windows 防火墙”窗口左窗格中的“还原默认设置”项,如图 2-46 所示。会弹出一个警告窗口,单击“是”按钮,将防火墙配置恢复到 Windows 7 的初始状态。

提示: 为了节省系统运行压力,使用同样的方法可以关闭 Windows 7 系统防火墙提高计算机的运行速度,对于一些局域网中的游戏也是需要关闭防火墙的,从而实现多人联机模式。

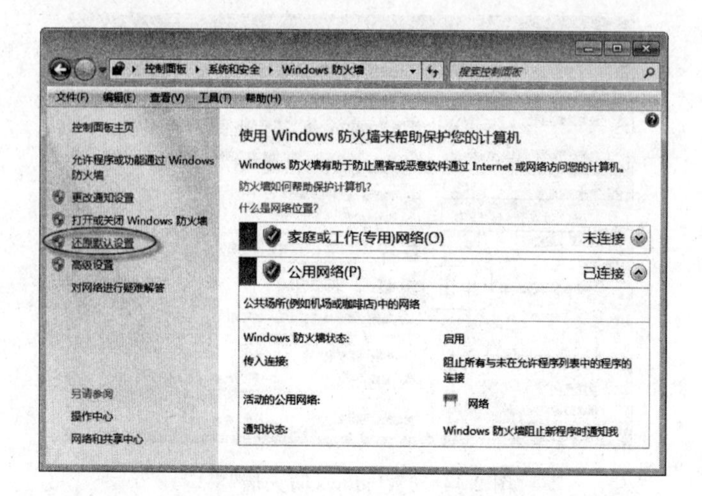

图 2-46　Windows 防火墙还原默认设置

（二）备份与还原数据

进行数据备份可以有效地防止重要数据的丢失。Windows 7 支持文件备份和系统映像备份。文件备份是指个人文件，例如文档、图片、音乐、视频等的副本；系统映像备份是驱动器的准确映像，当硬盘驱动器或计算机停止工作时，可以通过系统映像还原计算机系统。

(1) 单击任务栏左下角的"开始"按钮，选择"控制面板"项，打开"控制面板"窗口。

(2) 在"控制面板"窗口中，看到"调整计算机的设置"，单击"系统和安全"项，打开"系统和安全"窗口，如图 2-47 所示。单击"备份和还原"项，打开"备份和还原"窗口，如图 2-48 所示。

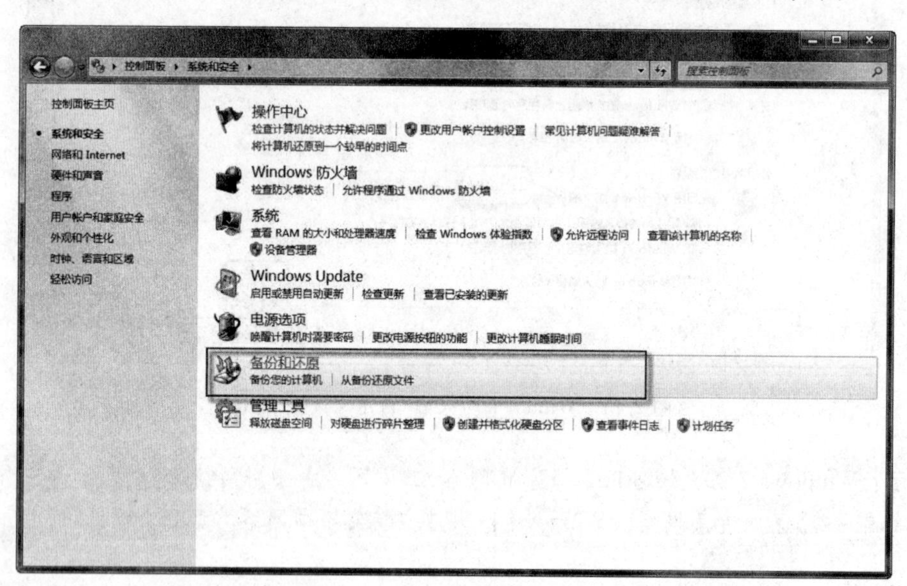

图 2-47　"系统和安全"窗口

(3) 在"备份和还原"窗口中，单击"设置备份"，选择保存备份位置，如图 2-49 所示。

(4) 单击"下一步"按钮，打开"查看备份设置"对话框，如图 2-50 所示。

(5) 单击"保存设置并运行备份"按钮，显示正在进行备份的界面，如图 2-51 所示。

(6) 备份完成后，再指定备份的位置，生成了一个和计算机名相同的备份文件。

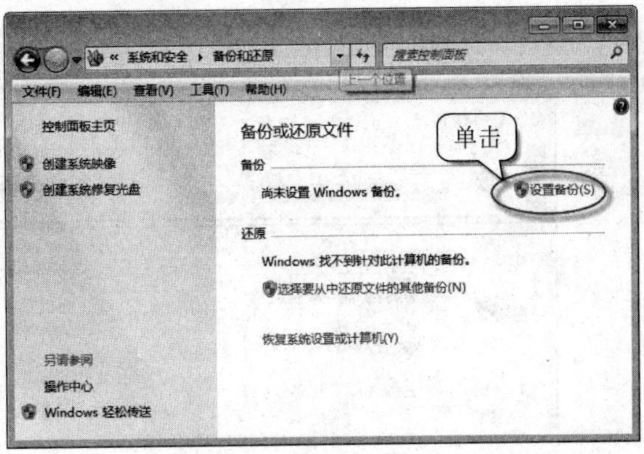

图 2-48 “备份和还原”窗口

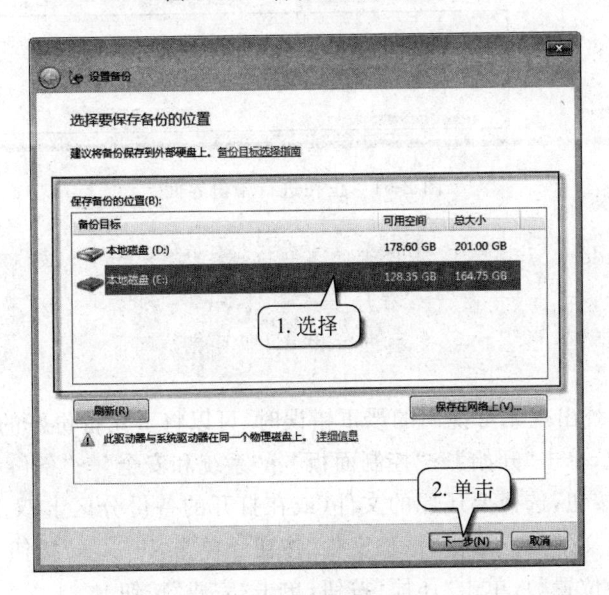

图 2-49 保存备份位置

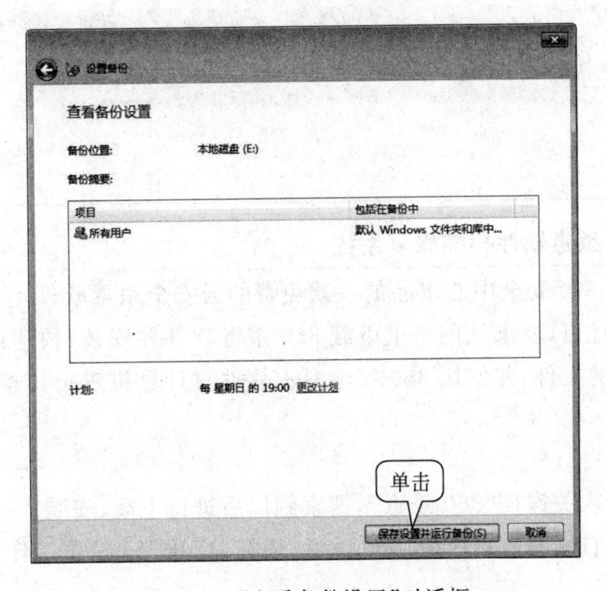

图 2-50 “查看备份设置”对话框

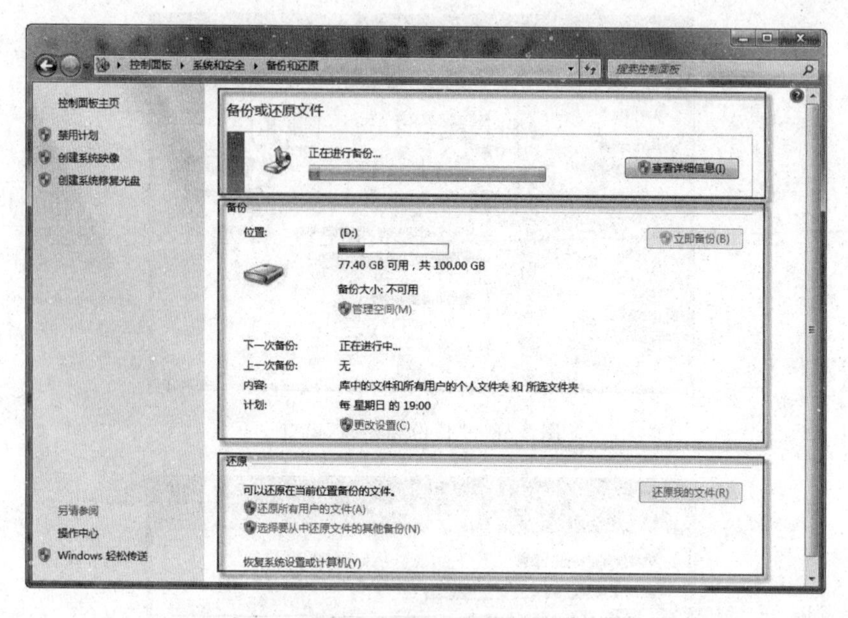

图 2-51　正在进行备份界面

提示：使用 Windows 7 操作系统自带的备份工具，将"我的文档和设置"备份到指定移动设备中的方法是：单击"开始"→"程序"→"附件"→"系统工具"→"备份"命令，打开"备份或还原向导"对话框，根据向导提示进行操作，即可完成备份。

(7) 在数据或系统出现无可挽回的严重错误时，可以将事先备份好的备份文件还原，具体操作步骤与备份相似，单击"开始"→"控制面板"→"系统和安全"→"备份和还原"→"还原我的文件"→"浏览文件"按钮，选择要还原的文件(或在打开的备份分区上双击打开备份文件夹→选择要还原的文件或文件夹→单击"添加文件"按钮→单击"下一步"按钮→选择还原文件存放位置，默认为"在原始位置")，单击"还原"按钮，单击"完成"按钮。

提示：如果硬盘上的原始数据被意外删除或覆盖，或由于硬盘故障而无法访问，可以使用备份的数据文件恢复丢失或损坏的数据。

E 技能提升

(一) 使用 360 杀毒软件扫描修复系统

360 杀毒软件是 360 安全中心出品的一款免费的云安全杀毒软件，它具有查杀率高、资源占用少、升级迅速等优点，要求从网络上下载 360 杀毒软件并安装，快速或全盘扫描计算机中的文件，清理有威胁的文件，并使用 360 安全卫士软件对计算机进行体检，修复后扫描计算机中是否存在木马病毒。

操作提示：

(1) 在百度上输入关键词"360 杀毒"，搜索到以后进行下载、安装。

(2) 双击状态栏右侧的通知栏中"360 杀毒"图标，打开 360 杀毒工作界面，选择扫描方式，选择"快速扫描"项。

提示：4种病毒扫描方式：①快速扫描，扫描 Windows 系统目录及 Progam Files 目录；②全盘扫描，扫描所有磁盘；③指定扫描，扫描指定的目录；④右键扫描，鼠标指向文件或在文件夹上右击，选择“使用360杀毒扫描”。

(3) 扫描完成后，单击选中要清理的文件前的“立即处理”复选框，单击“立即重启”按钮，然后在打开的提示对话框中单击“确认”按钮清理文件。清理完成后，打开对话框提示本次扫描和清理文件的结果，并提示需要重新启动计算机，单击“立即重启”按钮。

(4) 单击状态栏中的“360安全卫士”图标，启动360安全卫士并打开其工作界面，单击中间的“立即体验”按钮。

(5) 360安全卫士将检测到的不安全的选项列在窗口中显示，单击“一键修复”按钮，对其进行清理。

(6) 返回360工作界面，单击左下角的“查杀修复”按钮，在打开的界面中单击“快速扫描”按钮。

提示：快速扫描通常需要一两分钟就能完成，全盘扫描则是彻底检查系统，对系统中的每一个文件进行一次检查，花费的时间由硬盘容量和文件多少决定，硬盘越大、文件越多，扫描时间越长，因此，经常性的扫描可选择“快速扫描”，偶尔进行选择“全盘扫描”。

(二) 使用 Ghost 手动还原系统

当怀疑或确定系统中有病毒或木马程序时，或系统运行时间在两个月以上或出现无故死机变慢，可以使用系统备份 Ghost 软件手动还原系统，来保证系统的安全与良好运行。试将存放在D盘根目录下的原C盘镜像文件 Cwin7. GHO(由教师提供、学生从网络下载或自制镜像文件)恢复到C盘。

操作提示：

(1) 进入DOS状态下，进入 Ghost 所在的目录，运行 Ghost. exe 启动进入主程序界面。

(2) 依次选择 Local(本地)→Partition(分区)→From Image(恢复镜像)。

(3) 按 Enter 键，弹出“镜像文件还原位置”窗口，在 File name 处输入镜像文件的完整路径及文件名，例如“D：\Cwin7. GHO”，按 Enter 键确认。

提示：也可以使用 Tab 键分别选择镜像文件所在的路径、文件名，但这样做比较麻烦。

(4) 弹出“从镜像文件中选择源分区”窗口，显示硬盘信息，如果是一个硬盘，只显示一条信息，直接按 Enter 键确认即可。

提示：如果是双盘操作，必须要选择好硬盘，通常选择第二个硬盘。

(5) 弹出“选择本地硬盘”窗口，再按 Enter 键。

(6) 弹出“从硬盘选择目标分区”窗口，用光标键选择目标分区，即要还原到哪个分区，按 Enter 键。

提示：选择目标分区时一定要注意选择正确，否则目标分区中的数据将全部丢失。

(7) 提示即将恢复,会覆盖选中分区,破坏现有数据,单击 Yes 按钮后开始恢复。

(8) 正在恢复备份的镜像文件,完成后按 Enter 键,计算机将重新启动,启动后见到效果,恢复后和原备份时的系统一样,而且磁盘碎片也整理完成了。具体操作步骤如图 2-52 所示。

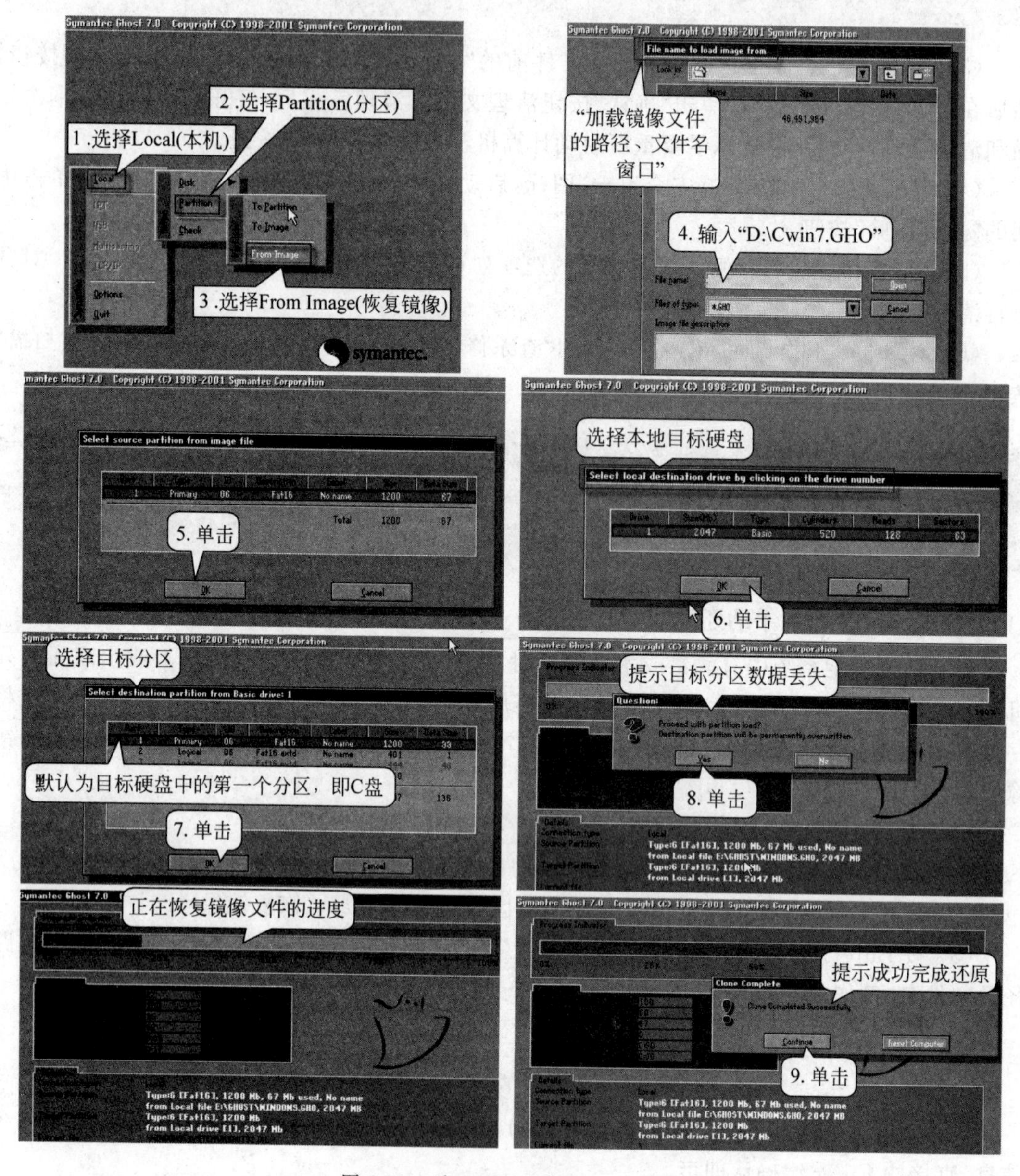

图 2-52　手工还原系统的操作步骤

课后习题

一、填空题

1. 在 Windows 7 的桌面上右击,打开________菜单。
2. 按 Atl+Tab 组合键能够切换运行在桌面上已经打开的不同的________。
3. Windows 7 支持长文件名,文件名最多可由________个字符组成。

4. 在 Windows 7 中，管理文件或文件夹可使用________和________。

5. 动态链接库文件的扩展名是________。

6. 在 Windows 7 的窗口中，地址栏是用于显示和输入当前浏览位置的详细________信息。

7. ________是彻底删除一些临时文件、长期不使用的各种文件，清空回收站，释放磁盘空间。

8. 网络攻击可分为主动攻击和被动攻击两类，信息篡改属于________攻击，信息收集属于________攻击。

9. ________病毒，是利用 Office 系统文档提供的宏功能而设计的病毒，通过 Office 模板进行传播的。

二、选择题

1. Windows 7 操作系统的桌面是指(　　)。

A. 整个屏幕　　B. 全部窗口　　C. 某个窗口　　D. 活动窗口

2. Windows 7 中任务栏上的内容是(　　)。

A. 当前窗口的图标

B. 已启动并正在执行的程序名

C. 所有已打开的窗口图标

D. 已经打开的文件名

3. 删除 Windows 桌面上某个应用程序的图标，意味着(　　)。

A. 该应用程序连同其图标一起被删除

B. 只删除了该应用程序，对应的图标被隐藏

C. 只删除了图标，对应的应用程序被保留

D. 该应用程序连同其图标一起被隐藏

4. 在 Windows 操作系统中，关于窗口和对话框，下列说法正确的是(　　)。

A. 窗口、对话框都可以改变大小

B. 窗口可以改变大小，而对话框不可以改变大小

C. 窗口、对话框都不可以改变大小

D. 对话框可以改变大小，而窗口不可以改变大小

5. 当一个应用程序窗口被最小化后，该应用程序将(　　)。

A. 终止执行　　B. 继续在前台执行

C. 被暂停执行　　D. 被转入后台执行

6. 在 Windows 7 环境下，文件夹指的是(　　)。

A. 程序　　B. 文档　　C. 目录　　D. 磁盘

7. 当已选定文件夹后，下列操作中不能删除该文件夹的是(　　)。

A. 在键盘上按 Del 键

B. 在“文件”菜单中选择删除命令

C. 双击该文件夹

D. 右击该文件夹，打开菜单，选择“删除”

8. 在 Windows 7 中，使用“文件”菜单在桌面新建文件夹的错误操作是(　　)。

A. “开始”→打开 Windows 资源管理器→桌面→文件→新建→文件夹

B. “开始”→打开 Windows 资源管理器→D 盘→文件→新建→文件夹

C. 计算机→D 盘→文件→新建→文件夹

D. “开始”→打开 Windows 资源管理器→文件→新建→文件夹

9. 在 Windows 7 中,文件夹名不能是(　　)。

A. 12%+5　　B. 12＄－8　　C. 12*3!　　D. 1&9=2

10. 一个完整的文件名由(　　)组成。

A. 路径、文件名、文件属性

B. 驱动器号、文件名和文件属性

C. 驱动器号、路径、文件名和文件的扩展名

D. 文件名、文件属性和文件的扩展名

11. 关于文件说法正确的是(　　)。

A. 不同文件夹下的文件可以同名

B. 每个磁盘文件占用一个连续的存储区域

C. 用户不能修改文件的属性

D. 应用程序文件扩展名可由用户修改,不影响其运行

12. 在 Windows 7 中,通过(　　)来判断文件是不是一个可执行文件。

A. 文件属性　　B. 文件扩展名

C. 文件名　　D. 文件名及其扩展名

13. 在 Windows 7 中,剪贴板是(　　)。

A. 硬盘上的一块区域　　B. 内存中的一块区域

C. U 盘上的一块区域　　D. 高速缓存中的一块区域

14. 在 Windows 7 中,为结束死循环的程序,应启动任务管理器,按下(　　)组合键。

A. Ctrl+Alt+Del　　B. Ctrl+Del　　C. Ctrl+Alt　　D. Alt+Del

15. 含有(　　)属性的文件不能修改。

A. 系统　　B. 存档　　C. 隐藏　　D. 只读

16. 在 Windows 7 中,关于“库”的描述不正确的是(　　)。

A. “库”并不保存文件本身,而仅保存文件的快捷方式(文件快照)

B. 放置“库”中的 D 盘文件,使用时不需要再定位到 D 盘文件目录下,打开库即可

C. “库”中可以包含很多子文件夹和子库

D. 删除文件夹 ZWY 在“库”中的位置,同时也删除了保存在其他位置的文件夹 ZWY

17. Windows 7 中搜索文件时不能按(　　)。

A. 文件修改日期搜索　　B. 文件大小搜索

C. 文件属性搜索　　D. 文件中所包含的文字搜索

18. 彻底删除一些临时文件、长期不使用的各种文件,清空回收站,释放磁盘空间的操作称为(　　)。

A. 磁盘碎片整理　　B. 磁盘格式化

C. 磁盘清理　　D. 磁盘病毒防治

19. 用户在经常进行文件的移动、复制、删除及安装/删除程序等操作后,可能会出现坏的磁盘扇区,这时用户可执行(　　),以修复文件系统的错误,恢复坏扇区。

A. 格式化　　　　　　　　　　　　B. 整理磁盘碎片

C. 磁盘清理程序　　　　　　　　　D. 磁盘查错

20. 以下叙述中,正确的是(　　)。

A. 系统运行时,操作全部常驻内存

B. 删除了某个应用所在目录的全部文件就完全卸载了该应用程序

C. 整理磁盘碎片可提高系统的运行效率

D. 应用程序一般通过运行 setup.ini 来启动安装

21. 计算机病毒是指(　　)。

A. 编制有错误的计算机程序　　　　B. 计算机程序已被破坏

C. 设计不完善的计算机程序　　　　D. 以危害系统为目的的特殊计算机程序

22. 文件外壳型病毒(　　)。

A. 利用 Word 提供的宏功能将病毒程序插入带有宏的 docx 文件或 dot 文件中

B. 通过装入相关文件运行系统,不改变该文件,只改变该文件的目录项

C. 寄生于程序文件,当执行程序文件时,病毒程序将被执行

D. 寄生于磁盘介质的引导区,借助系统引导过程进入系统

23. 下列不属于 360 安全卫士功能的是(　　)。

A. 修复系统漏洞　B. 防范木马　　C. 清理计算机　　D. 即时通信

24. 下列不属于 360 杀毒软件扫描方式的是(　　)。

A. 全盘扫描　　B. 快速扫描　　C. 自定义扫描　　D. Internet 扫描

三、判断题

1. 在使用 Windows 7 时,要改变显示的分辨率,只能使用控制面板中的“调整屏幕分辨率”选项。(　　)

2. 在为了某个应用程序创建了快捷方式图标后,再将该应用程序移动到另一个文件夹中,该快捷方式仍能启动该应用程序。(　　)

3. 选定需要操作的对象,右击,屏幕上就会弹出快捷菜单。(　　)

4. 在资源管理器导航窗格中选中文档,右边预览窗格中可以浏览文档内容。(　　)

5. “回收站”中的文件在内存中,关机后会丢失。(　　)

6. 要复制文件夹,可按住 Ctrl 键,拖动文件夹到目标位置。(　　)

7. 当屏幕的指针为沙漏加箭头时,表示 Windows 7 正在执行一个程序,不可以执行其他任务。(　　)

8. 经常运行磁盘碎片整理程序有助于提高计算机的性能。(　　)

9. 计算机病毒也是一种程序,它在某些条件下激活,起干扰破坏作用,并能传染其他程序。(　　)

10. 计算机病毒的特点有传染性、潜伏性、破坏性和隐蔽性。(　　)

四、简答题

1. Windows 7 中关闭程序的方法有几种?

2. 在桌面上创建快捷方式的方法有几种?如何恢复删除的快捷方式?

3. 什么是 Windows 7 的文件夹?

4. 打开任务管理器有几种方法?

5. 简述使用 msconfig 命令优化系统启动项的步骤。

6. 写出启用和禁用 Windows 7 自带防火墙的步骤。

五、上机操作题

1. 在 Windows 7 系统下,将显示的属性设置为分辨率 1024×768,并指定屏幕保护口令。

2. 在 D 盘根目录下建立一个名为 test 的子目录,将 Windows 7 的 Command 子目录下的以字母 S 开头的文件,复制到 test 文件夹下,新建文件 LX2. TXT,改名为 KS2. WPS,将 KS2. WPS 文件属性改为只读。

项目 3 文档处理

Word 2010 是 Microsoft 公司办公软件 Office 的核心组件之一，它是一款功能强大的文字处理软件，不仅可以制作通知、合同、协议、报告、总结、计划、广告、信件等，还能制作出图文并茂的文档，以及长文档排版和特殊编排。

Word 2010 基本应用：文档建立、编辑、排版、文档格式设置、打印等，高级应用：图、文、表混排，添加艺术字及文档页面设置等。

为了全面掌握 Word 软件的使用，让学习者学会创建图文表混排文档，培养文字处理能力，本项目在选取工作任务时，既考虑到工作任务的通用性，又考虑到专业性，尽可能贴近职业需求，令读者能够在实际工作环境中开展具体应用。

工作任务

任务 1 输入与编辑旅游局文件

任务 2 编排科技文章

任务 3 制作课程表及班级考核表

任务 4 制作报刊

任务 5 编排论文

学习目标

目标 1 熟练制作通知、合同、协议、报告、总结、计划、广告、信件等。

目标 2 能够创建规则或不规则流程图、层次结构图、列表等图形对象，并将这些图形对象、艺术字、公式、来自文件的图片与文本混排。

目标 3 熟练制作各类表格并能进行计算、统计、排序。

目标 4 制作主题报刊、班报、科技小报、报纸杂志等，强化综合应用能力。

目标 5 独立完成长文档处理，熟练编排毕业论文、学术论文、产品说明书。

任务1　输入与编辑旅游局文件

A 任务展示

使用 Word 2010 输入编辑应用文,制作一个通知性××省旅游局文件,如图 3-1 所示。

××省旅游局文件

×旅办[2004]258号

关于召开2005年全省旅游工作会议的通知

各市、县(市、区)旅游局(委),各有关单位:

2004年,在省委、省政府正确领导及各级党委政府、各相关部门的支持配合下,经过全行业辛勤工作,我省旅游业三大市场全面振兴,实现了接待入境旅游者250万人次、国内旅游者1亿人次的"双突破"。为认真总结2004年工作,精心抓好2005年的工作,进一步开创我省旅游工作的新局面,经省政府同意,决定召开2005年全省旅游工作会议。现将有关事项通知如下:

一、　会议时间

12月28日下午至29日上午。28日上午12时前报到。

二、　会议地点

××市星都宾馆(××市文晖路448号,电话:8838688)。

三、　会议内容

1. 进一步贯彻落实全省旅游发展工作会议精神。
2. 总结2004年全省旅游工作。
3. 部署2005年全省旅游工作。

四、　参加人员

各市分管旅游工作的副市长、省级有关单位领导(省府办发通知)、各市、县(市、区)旅游局(委)局长(主任),杭州之江国家旅游度假区管理委员会、宁波东钱湖旅游度假区管理委员会(筹)、各省级旅游度假区管理委员会、温州市雁荡山风景管理局、舟山市普陀山管理局、省政府办公厅莫干山管理局、浙江旅游职业学院、杭州市旅游集团公司、绍兴文化旅游集团公司、宋城集团、横店集团、开元集团、广厦集团、南都集团主要负责人。

五、　其他事项

1. 请各单位(以市为单位〈含度假区〉汇总、其他单位单独)于12月20日下午下班前将与会人员的姓名、性别、单位、职务以电子邮件或传真形式上报省旅游局(联系人:赵海江,联系电话:87054463,E-mail: hjzhao@tourzj.gov.cn,传真:8516429))。
2. 每单位可带司机一名,请注明姓名、性别;因住房紧张,请不要带其他人员。
3. 在××市单位的与会人员不安排住宿。
4. 29日下午××省电台旅游之声将举行"开播两周年暨2005年旅游行业高峰论坛"活动,届时邀请全体与会代表参加。

(××省旅游局印章)

二〇〇四年十二月十七日

主题词:旅游　会议　通知

抄送:钟山副省长、楼小东副秘书长,省府办涉外处,有关新闻单位。

××省旅游局办公室　　　　2004年12月18日印发

图 3-1　通知

公文的文面由眉首、主体、版记三部分16个要素组成，即秘密等级和保密期限、紧急程度、发文机关标识、发文字号、签发人、标题、主送机关、正文、附件说明、成文日期、印章、附注、附件、主题词、抄送机关、印发机关和印发日期。

B 教学目标

（一）技能目标

（1）起草并编辑决定、通知、通告、通报、公告、请示、批复、会议纪要等行政性公文。

（2）编辑计划、总结、简报等事务性公文。

（3）制作合同、广告、海报、求职信、应聘信、广播稿、通讯等日常应用文书。

（4）制作慰问信、感谢信、贺信、表扬信等礼仪文书。

（5）熟练处理批量信函。

（二）知识目标

（1）了解Word 2010窗口界面的名称和功能，认识Word 2010文件扩展名及作用。

（2）熟悉创建、编辑、保存文档方法。

（3）掌握各种符号输入和选取操作对象的方法。

（4）掌握设置文档的字符格式与段落格式的方法。

（5）掌握设置项目符号或编号的方法。

（6）了解格式刷的使用以及设置边框和底纹的方法。

C 知识储备

Word是Office中的文字处理应用软件，具有文字编辑、图片及图形编辑、图片和文字混合排版、表格制作等功能。

（一）启动和退出Word 2010

（1）启动Word 2010主要有三种方法。在桌面上双击快捷图标；在“开始”→“所有程序”→Microsoft Office中，单击Microsoft Office 2010；在任务栏的“快速启动区”中，单击Word 2010图标。

（2）退出Word 2010主要有三种方法：单击窗口右上角的“关闭”按钮；在“文件”中单击“退出”或“关闭”命令；按Alt＋F4组合键。

（二）Word 2010窗口界面

（1）Word启动后，认识工作窗口界面、元素的名称和功能，如表3-1所示。

表3-1 Word窗口元素名称和功能

对象名称	对象图标	功能
自定义快速访问工具栏		用于放置常用操作按钮，通过“文件”→“选项”命令，用户可以自行设置“快速访问工具栏”
标题栏	文档1 - Microsoft Word	显示文档名称，控制窗口最大化、最小化、还原及关闭

续表

对象名称	对象图标	功能
选项卡		默认的选项卡有文件、开始、插入、页面布局、引用、邮件、审阅、视图7个，输入文字时显示这7个选项卡，处理形状或艺术字显示绘图工具格式选项卡，制作表格时显示表格工具设计和布局选项卡，编辑图片时显示图片工具格式选项卡
功能区		每个选项卡对应着一个选项卡面板，根据功能不同又分为若干个命令组。单击命令组的命令按钮执行相关操作
编辑区		编辑区即工作区，是供用户录入文字、编辑、排版等各种文档处理的工作窗口，可以打开多个文档，通过任务栏快速切换或“视图”→“切换窗口”命令来实现
状态栏		位于窗口底端左侧，用来显示当前文档编辑状态。中文(中国)是默认语言，输入英文时显示英语(美国)
视图切换按钮		查看文档的5种方式：页面、阅读版式、Web版式、大纲和草稿视图
显示比例控制条		显示比例控制条由缩放级别按钮和缩放滑块组成，用于更改正在编辑文档的显示比例，不影响打印时的文档比例
标尺		在页面视图下显示水平和垂直标尺，在草稿视图下只显示水平标尺，通过滚动条的滑块或按钮查看工作区的内容

提示：将光标放到功能区某一命令上，光标下部将显示该命令的快捷键和作用。命令组右下角的 称为对话框启动器，单击后可以启动相应的对话框。

(2) 自定义工作界面。自定义快速访问工具栏，在“文件”→“选项”中，单击“快速访问工具栏”，展开对话框，如图3-2所示。

为了操作方便，用户可以在快速访问工具栏中添加常用命令按钮或删除不需要的命令按钮，改变快速访问工具栏位置。

在“Word选项”对话框中，单击“自定义功能区”，在展开的对话框中，可以显示或隐藏功能选项卡、新建选项卡、在选项卡中新建组或命令等。

(3) 设置文本编辑区。

Word文本编辑区中的标尺、网格线、导航窗格和滚动条等，可在编辑过程中根据需要显示或隐藏这些元素。在“视图”→“显示”中，勾选标尺、网格线、导航窗格复选框，这些元素将显示在编辑区中，在“文件”→“选项”中，单击“显示”，在显示组中勾选“显示水平滚动条”“显示垂直滚动条”或“在页面视图中显示垂直标尺”。

(4) 用快速定位按钮定位。在垂直滚动条底部有三个用于快速浏览对象的按钮：前一页，下一页和选择浏览对象。单击 按钮，打开选项表，可将光标迅速移到当前光标后的最近一个“对象”处，这是在编辑长文档时常用的浏览工具，例如编辑毕业论文、写长篇小说、编书等，如图3-3所示。

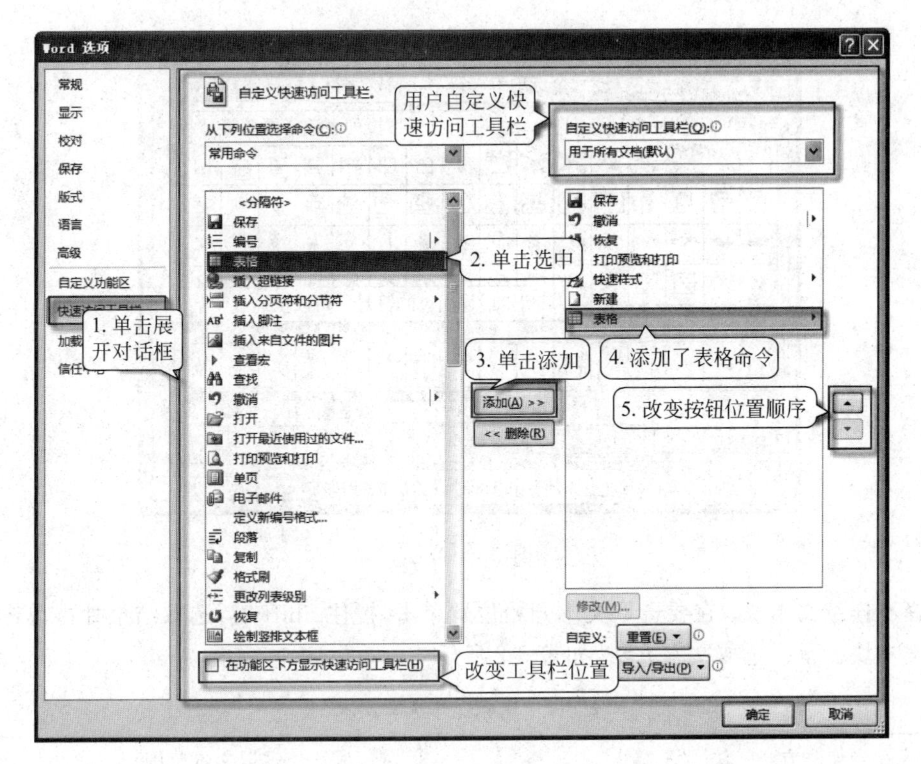

图 3-2 “Word 选项”对话框

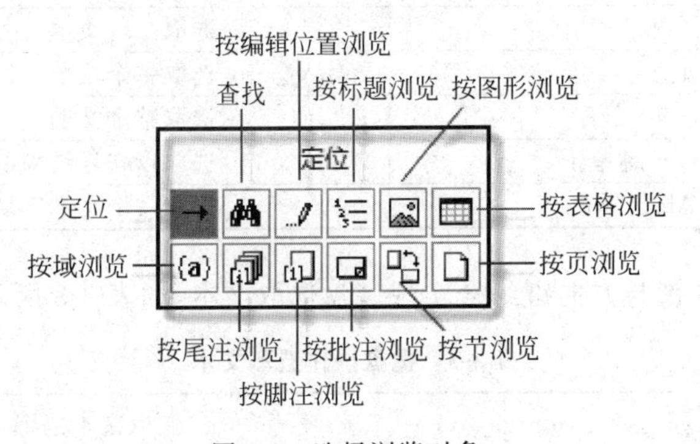

图 3-3 选择浏览对象

（三）插入特殊符号与文本选取

(1) 插入符号和特殊符号。在输入或编辑文档时，可能会遇到不能直接从键盘输入的符号，可使用插入符号或特殊符号。在“插入”→“符号”中，单击“符号”，打开符号列表。要选择更多符号，则单击“其他符号”，打开“符号”对话框，选中需要的符号，单击“插入”按钮，如图 3-4 所示。

提示： 将鼠标指针移到输入法软键盘 上，右击，在打开列表中选择 标点符号，数字序号，数学符号，单位符号，制表符，特殊符号，单击想要插入的特殊符号，完成后再次单击 。

(2) 用鼠标和键盘选取文本。对文档内容进行编辑和格式化时，需要先选定文本再进行操作设置，被选定文本呈反白显示。使用鼠标定位插入点，按住左键拖曳选取文本；按住 Ctrl

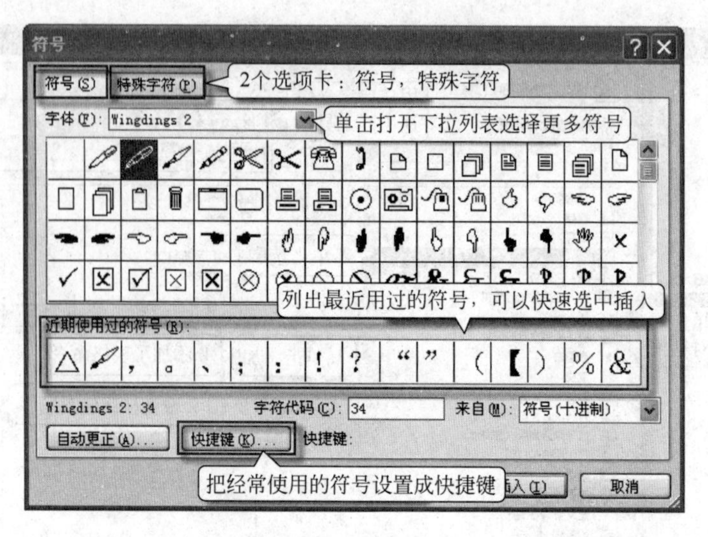

图 3-4　符号

键可选择不连续文本块；在要选取文本开始位置单击，按住 Shift 键，选取结束处再单击，可选择连续文本块。鼠标选取文本方法，如表 3-2 所示。

表 3-2　鼠标操作选取文本

方　法	选取文本范围
在文档中双击	选取两个标点之间的文本
单击一行左侧页边	选取一行文本
双击段落左侧页边	选取一个段落
三击左侧页边	选取整个文档
在文档中按住 Ctrl 键单击	选取以句号结束的一句话
在文档中按住 Alt 键单击	选取一个文本区域

使用 Shift 键、Ctrl 键与方向键组合实现键盘选取文本，如表 3-3 所示。

表 3-3　键盘操作选取文本

方　法	选取文本范围
Shift + ↑	光标所在位置向上选取一行
Shift + ↓	光标所在位置向下选取一行
Shift +←	光标所在位置向左选取一个字符
Shift +→	光标所在位置向右选取一个字符
Shift + Ctrl + ↑	从光标所在位置选取文本到该段落首
Shift + Ctrl + ↓	从光标所在位置选取文本到该段落尾
Shift + Ctrl +←	光标所在位置向左选取文本到单词结尾
Shift + Ctrl +→	光标所在位置向右选取文本到单词开始
Shift + Home	光标所在位置选取文本到该行首
Shift + End	光标所在位置选取文本到该行尾
Shift + Ctrl + Home	光标所在位置选取文本到文档首
Shift + Ctrl + End	光标所在位置选取文本到文档尾

(3) 删除文本。在输入与编辑文档时,要删除单字符,可用 Backspace 键删除光标前面字符,用 Del 键删除光标后面字符。要删除文本,先选取要删除的文本区,再按 Backspace 键或 Del 键。

(四) 文本操作

(1) 移动文本:选定将要移动的文本,按 Ctrl+X 组合键,在目标位置按 Ctrl+V 组合键。如果移动的距离在一页内,在选定的文本上按住鼠标左键拖动到目标位置即可。

(2) 复制文本:选定将要复制的文本,按 Ctrl+C 组合键,在目标位置按 Ctrl+V 组合键。如果复制的距离在一页内,选定文本,按住 Ctrl 键并拖动鼠标左键到目标位置即可。

(3) 剪贴板的应用:剪切或复制的内容都放到剪贴板上,在粘贴时调用。默认的剪贴板只能容纳一项内容,再次复制内容将自动替换剪贴板中原有内容。打开剪贴板能够保存 24 项内容,用户进行第二次复制或剪切操作时,会自动打开剪贴板任务窗格,也可以单击"开始"→"剪贴板",打开任务窗格。当剪贴板内容超过 24 项,继续进行剪切或复制操作时,第一项内容被删除,依次前移后容纳最后一项内容,单击"全部粘贴"可将剪贴板中所有内容粘贴到当前光标所在位置上,单击"全部清空",将一次清空剪贴板的全部内容。当不需要剪贴板时,单击"关闭"按钮。

(4) 删除文本:按 Backspace 键删除光标前面的文本,按 Del 键删除光标后面的文本,按 Del 键或使用剪切功能可以删除选定的文本。

(五) 字符格式

(1) 快速设置字符格式。在"开始"→"字体"中,直接单击命令,能快速设置字体、字号、字形(粗体、斜体、下画线)、字体颜色、字符边框和底纹等。字体功能区每个按钮的作用如图 3-5 所示。

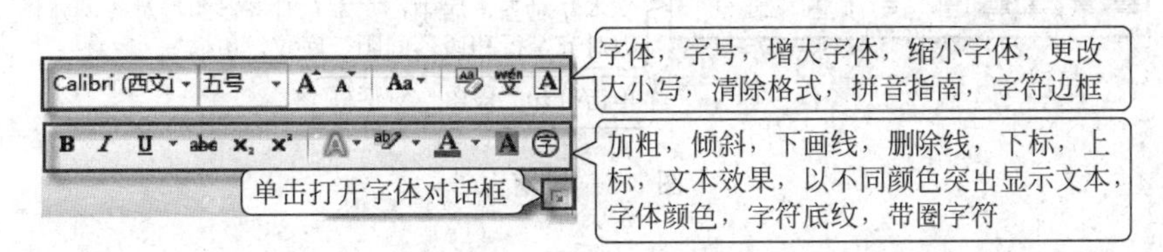

图 3-5　字体

"字号"下拉列表框中提供的中文字号为八号到初号,英文字号为 5 磅到 72 磅,需要更大字号时,在下拉列表框中直接输入数值可以快速改变字号。

(2) 对字符设置高级格式。在"开始"→"字体"中,单击"字体"对话框启动器,打开"字体"对话框,有两个选项卡:字体、高级。例如,在对话框中设置不同的中英文字体、格式等,如图 3-6 所示。

提示:①选中文本,右击打开快捷菜单,单击"字体"能快速打开"字体"对话框。②当打印海报或宣传标语需要更大字号时,可以通过"字号"下拉列表框直接输入数值实现。

(六) 段落格式

以段落标记↵结束的一段内容为一个段落,按 Enter 键产生的新段落有与上一段落相同的格式。段落格式包括对齐方式、行距、段前段后间距、缩进、项目符号与编号、多级列表、边框

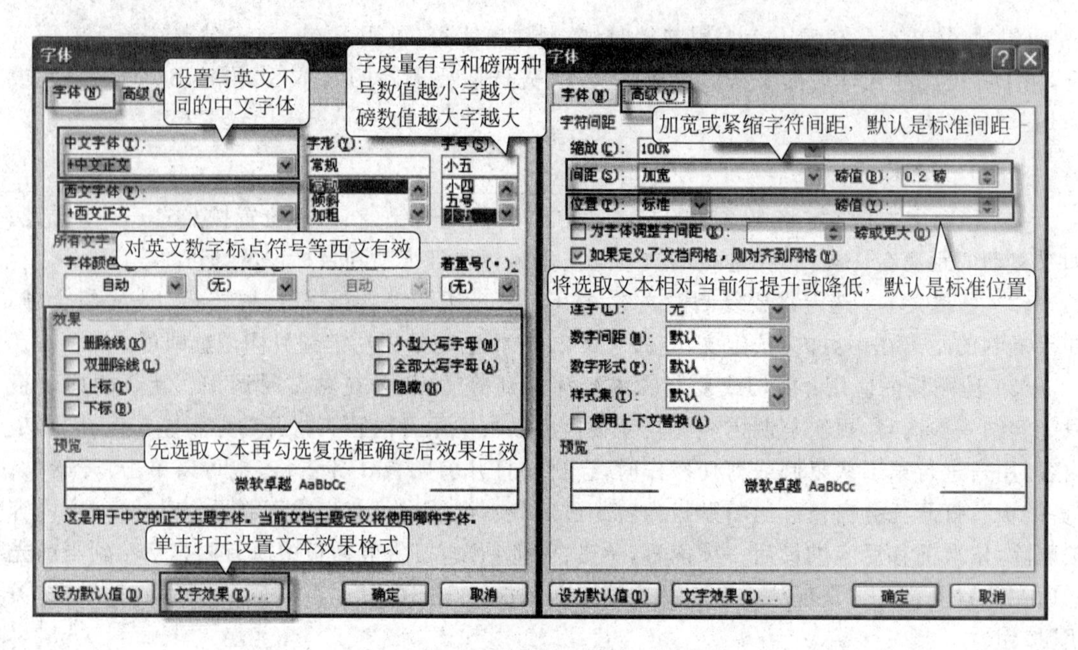

图 3-6　使用字体选项设置字符格式

和底纹、中文版式、排序。

(1) 快速设置段落格式。在“开始”→“段落”中，直接单击命令，能快速设置段落对齐、段落边框和底纹、中文版式等，段落功能区中每个命令的作用如图 3-7 所示。

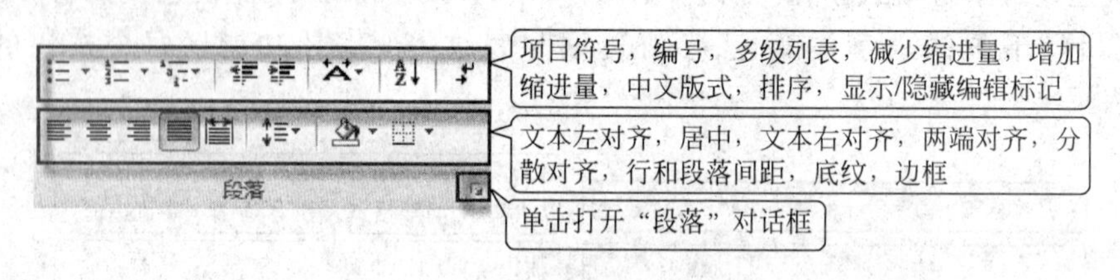

图 3-7　段落

(2) 为段落设置高级格式。在“开始”→“段落”中，单击“段落”对话框启动器，打开“段落”对话框，有三个选项卡：缩进和间距、换行和分页、中文版式，如图 3-8 所示。

提示：格式刷能快速设置多处相同格式，先把一处字符或一个段落设置好，单击可以复制一次格式，双击可以复制多次格式，双击结束时需要再次单击或按 Esc 键。

(七) 设置边框和底纹

在 Word 2010 中，为了使内容更加醒目突出，可以为字符、段落、表格设置边框和底纹。

(1) 快速为字符设置边框和底纹。选中文本后，在“字体”命令组中单击“字符边框”按钮 A 或“字符底纹”按钮 A 即可。

(2) 为文字、段落、表格、单元格设置边框和底纹。在“开始”→“段落”中，单击或旁边的，打开“边框和底纹”对话框，有三个选项卡：边框、页面边框、底纹。边框选择设置为无、方框、阴影、三维和自定义，当设置为“自定义”时，可以设置四周各不相同的边框线。先设置线条样式、线条颜色、线条宽度并应用于段落，再在预览区单击四周边框线一下即完成。要取消边

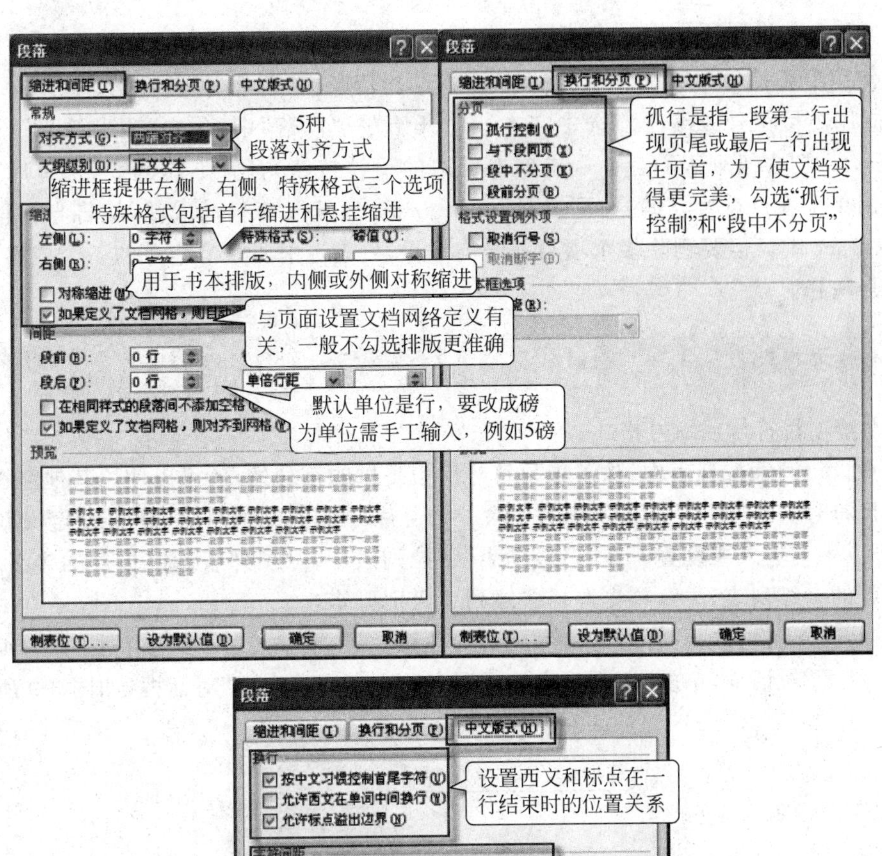

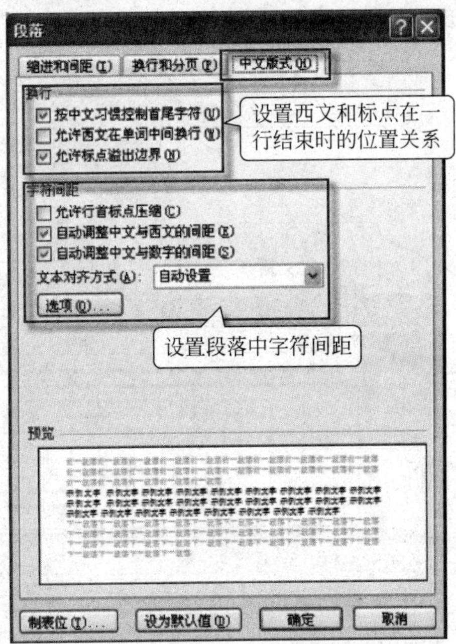

图 3-8　段落设置

框线可再次单击相应框线。页面边框为整个文档页面添加边框，可以选择艺术型边框，在可选项中能设置度量基准为文字或页边，设置边距值。底纹可以选择主题颜色、标准色、无颜色或其他颜色，各种样式图案。

提示：为段落添加下框线的快捷方法是，在要添加下框线的段落的下一行首，输入连续的三个减号后按 Enter 键，即"---↵"。实现任务 1 使用这个技巧很方便。

（八）插入并设置项目符号或编号

合理使用项目符号与编号，可以使文档层次结构清晰、有条理、重点突出。

(1) 应用项目符号或编号。选中文本，在“开始”→“段落”中，单击“项目符号”( )或“编号”( )或“多级列表”( )，或单击旁边的下拉按钮，打开下拉列表，选择库中样式。删除或取消单个项目符号与编号，可按两下 Enter 键，后续段落自动取消，或将光标移到编号后按 Backspace 键。但要删除多个项目符号与编号，可先选中要取消编号的一个或多个段落，再单击编号按钮。

提示：将光标移到包含编号的段落结尾处按 Enter 键，可插入一个项目符号或编号。

(2) 设置项目符号或编号格式。

在“项目符号”下拉列表中，除了项目符号库中提供的符号外，还可以使用其他字符或图片定义新项目符号。在“编号”下拉列表中，除了编号库中提供的编号外，还可以定义新编号格式，用户可以手动输入或设置。在“多级列表”下拉列表中，除了列表库中提供的多级列表，还可以定义新的多级列表，注意首先选择多级列表级别再修改。

将光标定位到设置项目符号与编号段落的任意位置，右击打开菜单，单击“设置编号值”，打开“起始编号”对话框，单击“调整列表缩进”打开“定义多级列表”对话框，如图 3-9 所示。

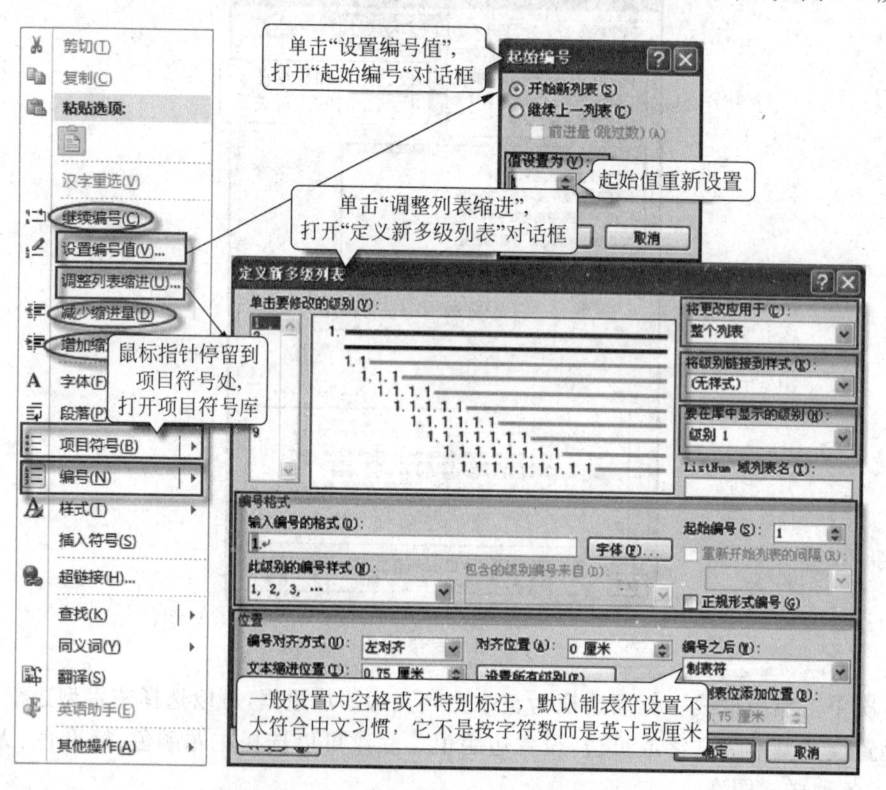

图 3-9 设置项目符号或编号格式

编号对齐方式是编号本身左对齐还是右对齐、居中等，一般选择左对齐。作用对象只是编号本身，不包括编号后面文本。对齐位置是编号自身位置，文本缩进位置是第二行到最后一行文本从第几厘米开始。

当出现编号错乱时，按 Ctrl+Z 组合键快速取消自动编号，当再次输入数字时，该功能已经被禁止了。

提示：输入“*”后按空格键可以创建项目符号，输入带有句点或顿号的数字可以创建编号。如果不能创建，可以在“文件”→“选项”→“校对”中，单击“自动更正选项”，打开“自动更正”对话框，在“键入自动套用格式”→“键入时自动应用”中，勾选自动项目符号列表和自动编号列表，默认是选中的。

D 任务实现

（一）新建文档输入编辑文本与符号

（1）新建文件。启动 Word 程序，窗口会自动建立一个新空白文档。

（2）保存文件。单击快速访问工具栏中的按钮，在打开的“另存为”对话框中设置保存位置到桌面，文件名为“通知”，保存类型为 Word 文档（*.docx），单击“保存”按钮。

（3）输入普通文本。在插入点处，依次输入通知内容，保持默认格式，另起一段时使用 Enter 键。

（4）插入符号和特殊符号。输入@、顿号、×、[ ]、○等特殊符号。

（5）编辑文本。输入完文本，要对文本内容进行编辑，编辑文本遵循的基本规则是“先选定，后操作”，例如，删除、插入、移动、复制、撤销、恢复等操作，使文本内容完整。

提示：文件名最多可由 255 个字符（一个汉字算两个字符）组成；文件名中不可出现西文状态下的*/\?<>:|”这 9 个字符。第一次保存文件时，文件名会根据文档内容默认，用户可以修改。

（二）设置标题字符和段落格式

（1）设置公文眉首第一行文本格式。选中第一行文本，在“开始”→“字体”中，将字体设置为华文新魏，字号设置为小二，字形设置为加粗，在“开始”→“段落”中，将文字对齐方式设置为居中，单击“行和段落间距”按钮，在下拉列表中单击“行距”选项，将段后间距设置为 0.8 行。

（2）设置公文眉首第二行文本格式。字体、字号、字形采用默认，在“开始”→“段落”中，将文字对齐方式设置为居中，按下 Enter 键换行，在行首输入三个减号并按 Enter 键，为第二行文本添加段落下框线。

（3）设置主体标题格式。在“开始”→“字体”中，将字体设置为华文仿宋，字号设置为小四，字形设置为加粗，在“开始”→“段落”中，将文字对齐方式设置为居中。

提示：在制作红头文件时，一般要调整下框线线宽，通过“开始”→“段落”→“边框和底纹”，单击“边框和底纹”，在“边框”选项卡中设置宽度。另外一种方法是，在“插入”→“插图”→“形状”中，使用直线工具绘制横线。

（三）设置正文与抄送文本格式

（1）设置主体正文格式。选中正文文本，在“开始”→“字体”中，将字体设置为华文仿宋，字号设置为五号。在“开始”→“段落”中，单击“段落”对话框启动器，打开“段落”对话框，在缩进和间距中设置特殊格式为首行缩进，度量值为两个字符。

(2) 为5个事项设置格式与编号。选中“会议时间”文本，在“开始”→“字体”中，将字体设置为华文仿宋，字号为默认五号。在“开始”→“段落”中，单击编号旁边的下拉按钮，在下拉列表中，单击“定义新编号格式”，编号样式选择“一，二，三(简)…”，在“编号格式”框中数字后面从键盘输入顿号。单击“字体”，在“字体”对话框中，将中文字体设置为华文仿宋，字形为加粗，字号为默认五号。再次选中“会议时间”文本右击，在打开菜单中单击“增加缩进量”，调整合适位置，其他4个事项使用格式刷，先选中“会议时间”文本，双击格式刷，用带有格式刷的光标依次选中其他4个事项文本，使之与“会议时间”文本格式与编号相同。

(3) 为会议内容文本设置格式与编号。选中“进一步……”等三段文本，在“开始”→“段落”中，单击编号旁边的下拉按钮，在下拉列表中，单击“定义新编号格式”，编号样式选择“1,2,3…”，在“编号格式”框中数字后面从键盘输入英文句号，再次选中三段文本右击，在下拉列表中单击“调整列表缩进”，在“调整列表缩进”对话框中，将编号之后设置为空格。

(4) 为其他事项文本设置格式与编号。“请各单位……”等4段内容与会议内容格式与编号相同，可以使用格式刷，显示的是从4开始，再一次选中4段内容右击，在打开菜单中单击“重新开始于1”。

(5) 为落款印章和成文日期设置格式。选中落款印章和成文日期两行，在“开始”→“段落”中，单击“文本右对齐”按钮，使文本靠纸张右侧对齐。

(6) 为主题词、抄送机关、印发机关和印发日期设置格式。字体、字形、字号与正文相同，不必单独设置，为主题词加下框线，按下Enter键换行，在首行输入三个减号按Enter键即显示下框线，其他两行操作方法相同。选中“主题词”文本右击，在打开的菜单中单击“段落”，打开“段落”对话框，设置左侧缩进两个字符，再选中“抄送机关、印发机关和印发日期”文本右击，在打开的菜单中单击“段落”，打开“段落”对话框，设置左侧缩进两个字符，设置特殊格式为首行缩进两个字符。

(四) 为页面添加边框和底纹

(1) 为页面添加边框。在“开始”→“段落”中，单击边框线旁边下拉按钮，单击“边框和底纹”按钮，在打开的“边框和底纹”对话框中，打开“页面边框”选项卡，选择样式为第二个线条样式，应用于选择“整篇文档”，单击“选项”按钮，设置距正文间距，将测量基准设置为文字。

(2) 为页面添加底纹。在“开始”→“段落”中，单击边框线旁边下拉按钮，单击“边框和底纹”按钮，在打开的“边框和底纹”对话框中，打开“底纹”选项卡，填充设置主题颜色中的“茶色，背景2”，图案默认样式为“清除”，应用于选择“段落”。

E 技能提升

(一) 输入与编辑旅游合同

旅游合同是指旅游企业和旅游者为了实现一定的旅游目的、明确双方权利和义务关系而订立的协议。旅游合同格式为：标题＋当事人＋正文(引言＋主体＋附则)＋落款。标题下一行顶格起写当事人(立合同者)，要写明单位全称或个人真实姓名。合同效果，如图3-10所示。

操作提示：

(1) 先输入整篇文本内容，切换到下一段落按Enter键结束，在输入过程中“第一条，…”，

合同编号：×××

右对齐

国内旅游组团标准合同

华文细黑、四号、加粗、居中、字间距1磅

甲方：________________（旅游者或旅游团体）

乙方：________________（组团旅游社）

甲方自愿参加乙方旅游团旅游，为保证旅游服务质量，明确双方的权利、义务，本着平等协商的原则，现就有关事宜达成如下协议。

第一条　报名与成团

定义编号格式：华文仿宋、五号、加粗

1. 甲方拟参加乙方组织的国内旅游团，应事先向乙方详细了解咨询，乙方有义务全面介绍其服务项目的质量，并按规定在报名时签订本合同。

应用多级列表

2. 甲方在报名时应交纳一定数额的预付款。

3. 如乙方取消组团计划（不可抗拒的意外事故除外），甲方有权提出以下要求：

(1) 要求乙方退还全部预付款，赔偿相应的损失；

(2) 要求乙方另行安排出游。

按Tab键切换到多级列表第2级别

4. 如甲方无故退团，乙方可从甲方预付款中扣除业务损失费（机、车、船退票费、投保费、退房损失费等）。

第二条　内容与标准

应用格式刷设置和第一条相同格式

1. 主要事项如下。（略）

2. 甲乙双方应恪守上述约定。甲方在旅游活动中应服从乙方的统一安排和要求，乙方所提供的各项服务应符合有关国家标准和行业标准的规定。

3. 乙方在业务宣传手册、店堂公告及公开广告所刊载或规定的内容视为本合同的一部分，对乙方具有约束力。

4. 为保证甲方的安全，乙方应为甲方投保旅游意外保险，旅游团报价中含此保险费。

第三条　违约责任

1. 乙方在下列情形下须负赔偿责任。

(1) 因故意或过失未达到与甲方合同规定的内容和标准，而造成直接经济损失的。

(2) 乙方的服务未达到国家或行业的标准。

2. 甲方无故违反合同规定，对其自身的损失应责任自负，给乙方造成损失，应承担赔偿责任。

3. 不承担违约责任的情形。

(1) 甲、乙双方因不可抗拒的因素不能履行合同的，不承担赔偿责任，但应及时通知对方，并提供事故详情及不能履约的有效证明材料。

(2) 乙方在旅游质量问题发生之前已采取以下措施的，应减轻或免除责任。

A. 对旅游质量和安全状况已给予充分说明、提醒、劝戒、警告或事先说明；

B. 对所发生的违约问题是非故意，非过失或无法预知或已采取了预防性措施的。

(3) 质量问题的发生是全部或部分由于甲方自身的过错。

(4) 质量问题的发生，乙方及时采取了善后处理措施。

按Tab键切换到多级列表中的第3级别

第四条　争议的解决方法

本合同在履行中如发生争议，双方应协商解决，协商不成，甲方可向有管辖权的旅游质检所提出赔偿请求，甲乙双方均可向法院起诉。

第五条　本合同一式两份，合同双方各执一份，具有同等法律效力。

页面边框：松树艺术型，测量基准：文字

第六条　本合同从签订之日起生效。

甲方签字：　　　　　　乙方签字：

（签章）　　　　　　（签章）

电　　话：　　　　　　电　　话：

地　　址：　　　　　　地　　址：

行空白处按几下Tab制表键，保证对齐

字符间距加宽1磅

×年×月×日

图 3-10　国内旅游组团标准合同

“1，2…”，“(1)，(2)…”，“A.，B. …”不用手工输入，整篇文档输完后，在排版时使用编号或多级列表设置即可。在输入落款时为了保证对齐，输入“甲方签字：”后多按几次 Tab 键，调整合适位置后再输入“乙方签字：”，其他三行操作方法相同。

(2) 设置除标题外文本格式，将光标定位于"甲…"，再移动到"地址："，按住 Shift 键单击，选中段落区域，设置字体为华文仿宋、五号，设置段落特殊格式为首行缩进两个字符，行距手工输入 1.1，其他默认。

(3) "第一条，…"制作使用编号，通过"定义新编号格式"对话框进行设置，从键盘输入"第条"，将光标置于"第条"两个字之间，单击编号样式"一，二，三(简)…"插入到编号格式中。这里必须使用编号样式进行编号，如果从键盘输入"一"，在文档中编号将全是一样，不能动态改变。完成"第一条"格式设置后，其他条项使用格式刷完成。

(4) 制作关键点在于使用多级列表设置，本例中使用了三级列表，设置完后如果不满足要求，可以将光标定位到编号后面右击，在打开菜单中，单击"调整列表缩进"，设置编号格式和位置。在级别 1 中，应用编号样式"1，2…"，对齐方式为默认的左对齐，对齐位置为 2 字符(从键盘输入字符，替换厘米)，文本缩进位置 0 字符，单击"更多"按钮，将编号之后设置为空格。在级别 2 中，设置"(1)，(2)…"，对齐位置为 3 字符；在级别 3 中，设置"A.，B.…"，对齐位置为 4 字符。使用设置好的三级列表时，按 Tab 键切换到下一级别，按 Backspace 键切换到上一级别，或者单击"增加缩进量"切换到下一级别，单击"减少缩进量"切换到上一级别。

(5) 为页面加水印"原件"，为页面边框设置艺术型，宽度 5 磅，在选项中设置测量基准为文字，为页面添加底纹，应用主题颜色中的第 2 行第 10 列，即"橙色，强调文字颜色 6，淡色 80%"。

(6) 保存及加密文件。在"另存为"对话框中，单击"工具"按钮，在"常规"选项中设置打开和修改密码。

(二) 制作饭店招聘广告

招聘是饭店吸纳人才、合理使用人才、实施人才培养战略的基础，有效实施招聘不仅对人力资源管理本身，而且对整个企业具有重要意义，广告效果如图 3-11 所示。

操作提示：

(1) 输入文本，设置字符格式，设置段落格式，插入并设置编号。

(2) 页面设置。在"页面布局"→"主题"中，应用图钉，在"页面布局"→"页面设置"中，设置纸张大小为 B5，页边距上下左右均为 2 厘米，在"页面布局"→"页面背景"中，单击"页面颜色"，在填充效果中，使用渐变的单色、中心辐射，颜色深浅适当调整。

(3) 绘制的印章，使用"艺术字"设置，先尝试制作一下，待本项目的任务 2 学习完成后再完善。

提示：页面颜色只是页面背景色，在视图状态显示，在打印预览和打印时不显示。

(三) 处理批量信函

Word 2010 提供的邮件功能，能够批量处理信函、信封、请柬、工资条、工作证、学生证、录取通知书等，提高办公效率。这类文档的特点是由共有内容与变化信息组成，共有内容为主文档，变化信息为数据源。实现批量信函的步骤是：建立主文档，准备数据源，将数据源合并到主文档。

操作提示：

(1) 建立主文档。编辑主文档邀请函共有内容，格式化字符和段落。使用页面布局"暗香扑面"主题，利用 Ctrl 键将文本中所有×选中，设置字体为 Book Antiqua，其他格式按图提示设置，如图 3-12 所示。

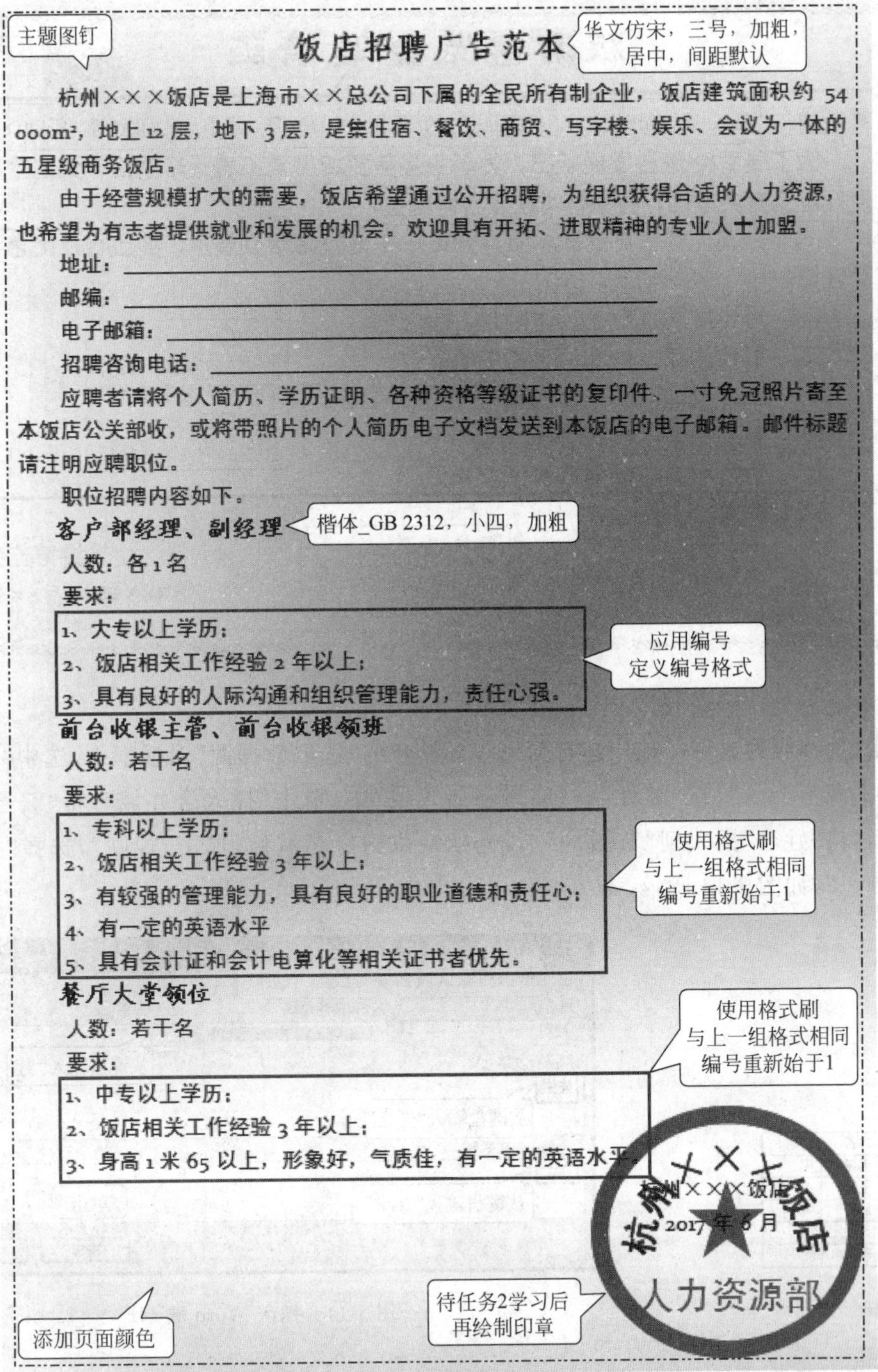

主题图钉

饭店招聘广告范本

华文仿宋，三号，加粗，居中，间距默认

杭州×××饭店是上海市××总公司下属的全民所有制企业，饭店建筑面积约 54 000m²，地上 12 层，地下 3 层，是集住宿、餐饮、商贸、写字楼、娱乐、会议为一体的五星级商务饭店。

由于经营规模扩大的需要，饭店希望通过公开招聘，为组织获得合适的人力资源，也希望为有志者提供就业和发展的机会。欢迎具有开拓、进取精神的专业人士加盟。

地址：________________

邮编：________________

电子邮箱：________________

招聘咨询电话：________________

应聘者请将个人简历、学历证明、各种资格等级证书的复印件、一寸免冠照片寄至本饭店公关部收，或将带照片的个人简历电子文档发送到本饭店的电子邮箱。邮件标题请注明应聘职位。

职位招聘内容如下。

客户部经理、副经理

楷体_GB 2312，小四，加粗

人数：各 1 名

要求：

1、大专以上学历；
2、饭店相关工作经验 2 年以上；
3、具有良好的人际沟通和组织管理能力，责任心强。

应用编号
定义编号格式

前台收银主管、前台收银领班

人数：若干名

要求：

1、专科以上学历；
2、饭店相关工作经验 3 年以上；
3、有较强的管理能力，具有良好的职业道德和责任心；
4、有一定的英语水平
5、具有会计证和会计电算化等相关证书者优先。

使用格式刷
与上一组格式相同
编号重新始于1

餐厅大堂领位

人数：若干名

要求：

使用格式刷
与上一组格式相同
编号重新始于1

1、中专以上学历；
2、饭店相关工作经验 3 年以上；
3、身高 1 米 65 以上，形象好，气质佳，有一定的英语水平。

杭州×××饭店
×××饭店
2017 年 6 月
人力资源部

添加页面颜色

待任务2学习后
再绘制印章

图 3-11　饭店招聘广告

(2) 准备数据源。数据源可以是 txt 文档、Word 文档、Excel 表格或 Access 数据表。根据主文档内容，在 Word 中设计一个有编号、姓名、性别的表格，作为数据源，保存为“邀请名单(邮件数据源).docx”，如图 3-13 所示。

(3) 将数据源合并到主文档。返回到主文档，在“邮件”→“开始邮件合并”中，单击“信

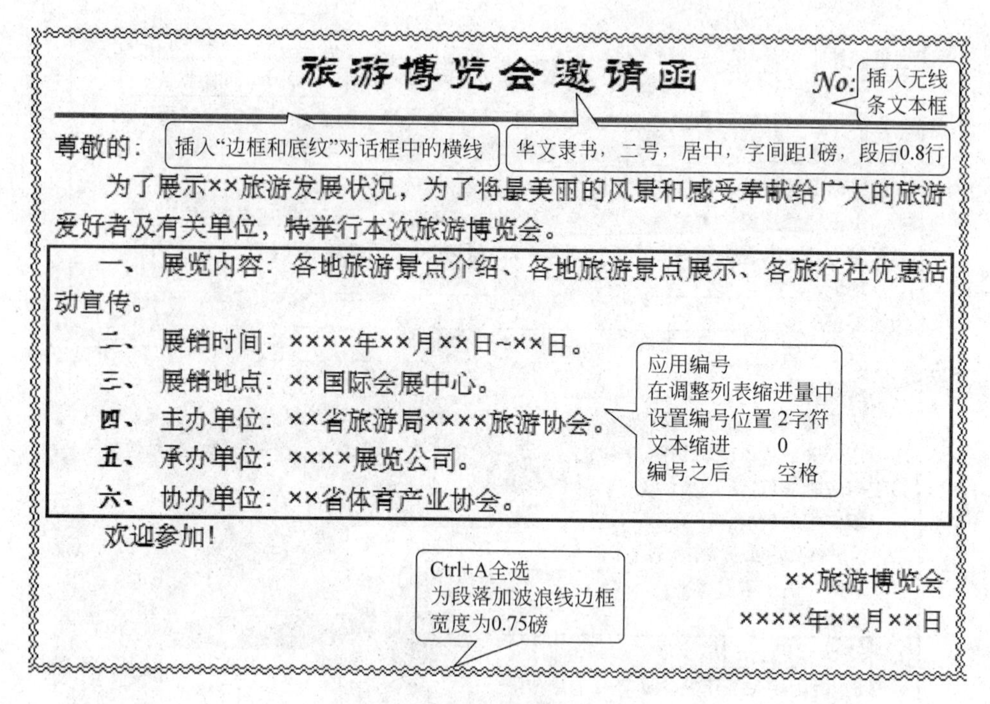

图 3-12　主文档

函"，单击"选择收件人"→"使用现有列表"，在打开的"选取数据源"对话框中，选中"邀请名单(邮件数据源).docx"，在"邮件"→"编写和插入域"中，单击"插入合并域"，将"编号"插入到"NO:"后，将"姓名"插入到"尊敬的"后，光标定位到姓名域后，单击"规则"，选择"如果…那么…否则…"，如图 3-14 所示。

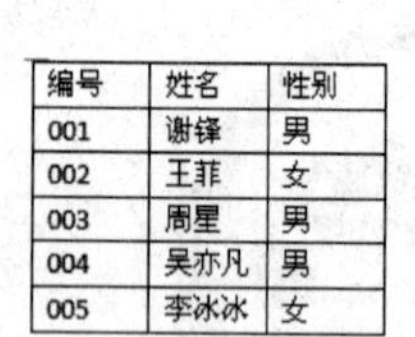

编号	姓名	性别
001	谢锋	男
002	王菲	女
003	周星	男
004	吴亦凡	男
005	李冰冰	女

图 3-13　数据源

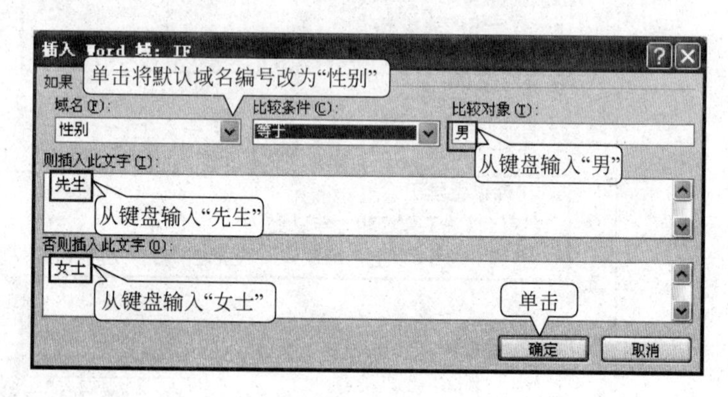

图 3-14　插入 Word 域：IF

(4) 单击预览结果，看到合并结果，通过单击 ⏮ ◀ 1 ▶ ⏭ 可以查看下一记录、上一记录、尾记录、首记录，若对效果不满意，可以设置格式。例如，选中姓名和称谓域，设置字体为"华文楷体"，字号为"小三"，如图 3-15 所示。

(5) 完成邮件合并。预览满意后，单击"完成并合并"，可以为每份信函单独创建文档，并将所有文档直接发送至打印机，或通过电子邮件进行发送。

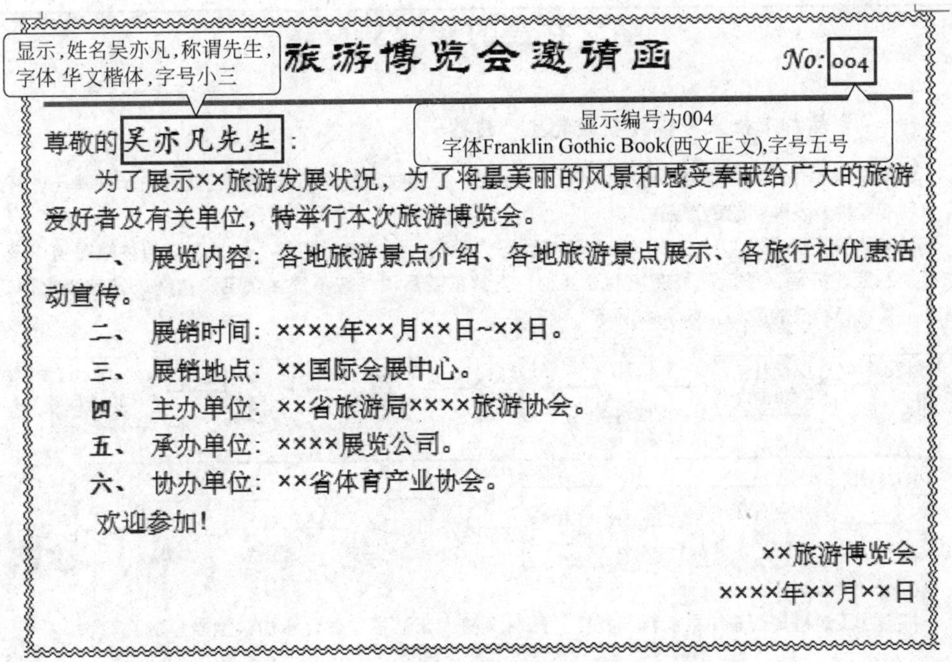

显示,姓名吴亦凡,称谓先生,
字体 华文楷体,字号小三

旅游博览会邀请函 No: 004

显示编号为004
字体Franklin Gothic Book(西文正文),字号五号

尊敬的吴亦凡先生:

为了展示××旅游发展状况，为了将最美丽的风景和感受奉献给广大的旅游爱好者及有关单位，特举行本次旅游博览会。

一、 展览内容：各地旅游景点介绍、各地旅游景点展示、各旅行社优惠活动宣传。

二、 展销时间：××××年××月××日~××日。

三、 展销地点：××国际会展中心。

四、 主办单位：××省旅游局××××旅游协会。

五、 承办单位：××××展览公司。

六、 协办单位：××省体育产业协会。

欢迎参加!

××旅游博览会

××××年××月××日

图 3-15 合并邮件

提示：插入"字段域"可以和文本一样设置字体格式，也可以进行移动、复制、删除、剪切、粘贴等操作。

任务 2 编排科技文章

A 任务展示

创建流程图、组织结构图、薪酬体系图、招聘程序、文本框、公式、艺术字等，将这些图形对象与文字混排，达到图文并茂效果，如图 3-16 和图 3-17 所示。

B 教学目标

(一) 技能目标

(1) 能够选取合适的流程图，经过编辑处理制作出满足要求的各种流程图。

(2) 能够选取合适的形状，绘制出满足要求的不规则流程图。

(3) 熟练制作各种组织结构图。

(4) 利用公式制作出数学试卷或化学试卷，利用拼音指南制作出语文试卷，利用拼写检查制作出英语试卷。

(5) 熟练设置艺术字并应用于文档，将流程图、组织结构图插入文档，制作出图文并茂的文章。

(二) 知识目标

(1) 合理选取 SmartArt 类别图形，创建能够准确表达意图的各类流程图。

图文并茂的专业文章

一、食品加工技术中搅拌型酸乳生产过程

酸乳是以生牛（羊）乳或乳粉为原料，经杀菌、接种嗜热链球菌和保加利亚乳杆菌（德氏乳杆保加利亚亚种）发酵制成的产品。

风味酸乳：以80%以上生牛（羊）乳或乳粉为原料，添加其他原料，经杀菌、接种嗜热链球菌和保加利亚乳杆菌（德氏乳杆保加利亚亚种）发酵前或后添加或不添加食品添加剂、营养强化剂、果蔬、谷物等制成的产品，如下图所示。

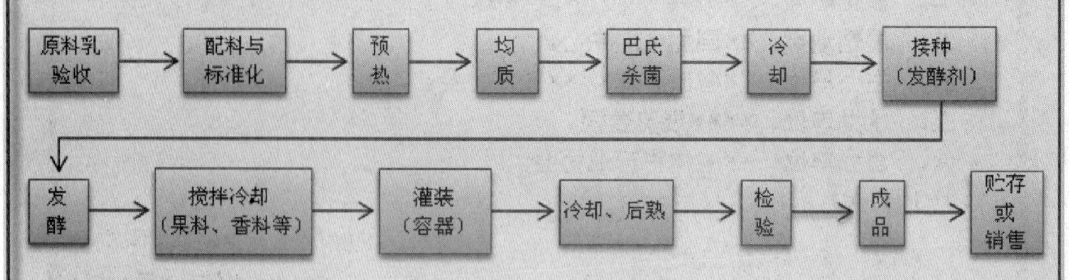

根据加工过程是否添加果蔬料，搅拌型酸乳又分为天然搅拌酸乳和加料搅拌型酸乳两种。

二、饭店人力资源部的组织结构与主要职业

人力资源部是负责人事管理、劳动工资管理和员工职业规划与培训三大任务的综合主管机构，是对饭店的人事制度、人事关系、招工用人、劳动组织和分配制度、员工培训管理等进行一系列组织活动的管理职能部门。没有人力资源部门的存在、参与和合作，饭店的组织目标将无法实现。

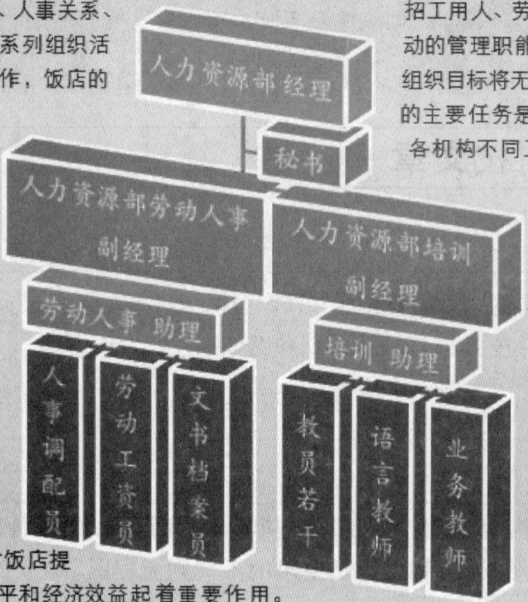

人力资源部的主要任务是根据饭店的经营目标，合理设置机构，对各机构不同工作岗位进行工作分析、评价，设计不同的岗位责任和工作标准，并依此对员工进行招聘、选拔、定岗和调配，使各级各类员工能适合于他们所担任的不同工作，做到人事相宜，从而保证饭店经营的正常运转。人力资源部还承担着协调饭店内部人事关系、创造良好的工作环境、激励员工、提高士气、增强饭店内部的凝聚力充分发挥人力资源的作用等重要的管理职能。同时，人力资源部积极为饭店开发人力资源，通过员工培训，不断提高员工的素质，建立一支稳定而高质量的员工队伍，对饭店提高劳动效率和服务质量，从而提高管理水平和经济效益起着重要作用。

三、饭店薪酬与薪酬管理

在饭店人力资源管理中，薪酬管理为最敏感的环节，对饭店的竞争力有着巨大的影响。如何客观、公正、公平、合理地分配员工薪酬，从而既有利于饭店的可持续发展，又保证各级员工能从薪

-1-

图 3-16　图文并茂的专业文章第 1 页

焦点。

在饭店人力资源管理中，薪酬管理为最敏感的环节，对饭店的竞争力有着巨大的影响。如何客观、公正、公平、合理地分配员工薪酬，从而既有利于饭店的可持续发展，又保证各级员工能从薪酬中获得经济上、心理上的满足，从而激励员工为饭店做出更大的贡献，已成为饭店管理者的关注焦点。

在饭店人力资源管理中，薪酬管理为最敏感的环节，对饭店的竞争力有着巨大的影响。如何客观、公正、公平、合理地分配员工薪酬，从而既有利于饭店的可持续发展，又保证各级员工能从薪酬中获得经济上、心理上的满足，从而激励员工为饭店做出更大的贡献，已成为饭店管理者的关注焦点。

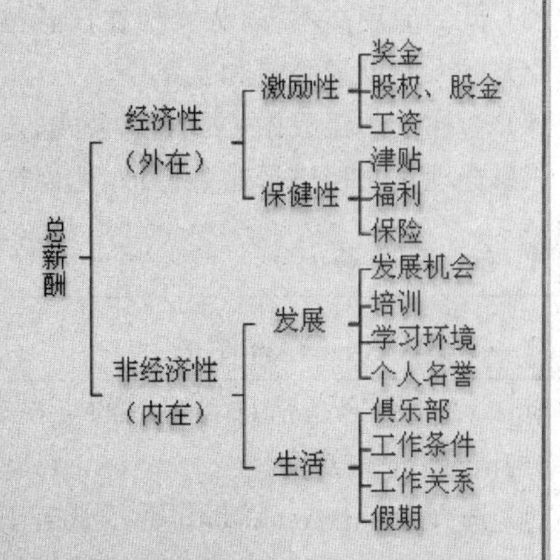

四、饭店招聘程序

人员招聘程序从确定组织职位空缺、制定招聘计划开始、发布招聘信息，然后进行招聘测试和筛选、录用、试用期考察，再到正式录用、签订劳动合同，最后是对招聘工作进行评估。这个过程包括招募、甄选录用和评估三个环节、六个步骤，如图所示。

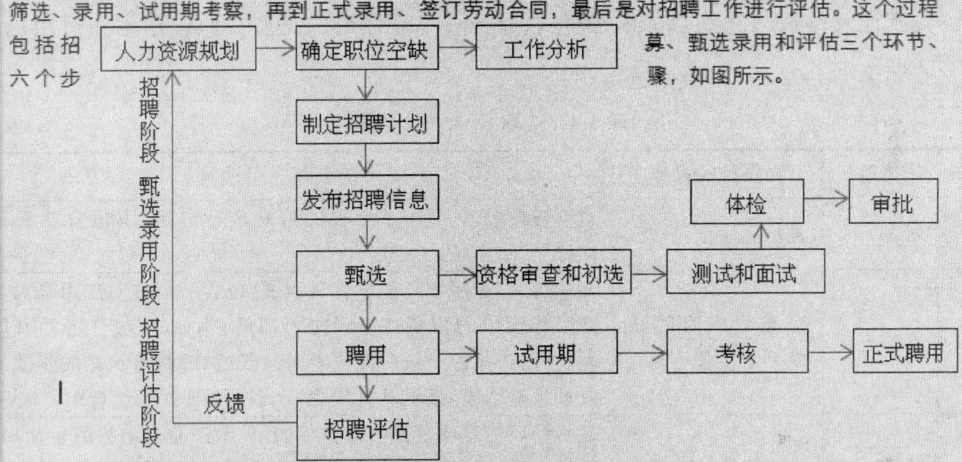

五、流水施工的组织方式

[例题]某 2 层建筑的现浇钢混凝土工程施工，施工过程分为支设模板、绑扎钢筋和浇筑混凝土三个施工过程，流水节拍均为 2 天，支设模板与绑扎钢筋可以搭接 1 天进行，绑扎钢筋后需要 1 天的验收和施工准备，之后才能浇筑混凝土，层间技术间歇为 2 天。试确定施工段数，计算总工期。

解：由题意知:j = 2，$\sum t_d = 1$天，$\sum t_{j1} = 1$天，$\sum t_{j2} = 2$天，t = 2天，n = 3。

（1）根据等节拍流水施工流水步距与流水节拍相等的特点，确定流水步距 K=t=2 天。

（2）计算施工段数，由式（2-8）得

$$m \geq n + \frac{\sum t_{j1} + \sum t_{j2} - \sum t_d}{K} = 3 + \frac{1+2-1}{2} = 4$$

取 m=4。

（3）计算总工期，由式（2-7）得

$$T = (mj + n - 1)K + \sum t_{j1} - \sum t_d = (4 \times 2 + 3 - 1) \times 2 + 1 - 1 = 20\text{天}。$$

-2-

图 3-17　图文并茂的专业文章第 2 页

(2) 插入形状并使用文本框，绘制 SmartArt 不能实现的不规则流程图，使对象进行组合。

(3) 灵活应用文本框，为文档在任意位置添加文本。

(4) 插入并设置公式和艺术字。

(5) 为插入的流程图、文本框、公式、艺术字、图片等对象设置文字环绕、位置与层叠次序。

(6) 合理对文档进行排版修饰，达到视觉协调统一效果。

C 知识储备

(一) 插入 SmartArt 图形

SmartArt 图形是信息和观点的可视表示形式，一般来说，SmartArt 图形是为文本设计的，结构清晰，样式美观。

(1) 选择 SmartArt 图形。为了从若干个 SmartArt 图形中选择最适合的布局，读者应该知道自己想传达什么信息、是否希望信息以某种特定方式显示、需要的文字量以及形状个数等，据此进行选择。当选中一种类型时，可以单击本类型的其他样式，进行切换，通过不断尝试，最终找到能够准确表达观点的图形样式。SmartArt 图形的类型、特点、作用和适用场合如表 3-4 所示。

表 3-4　选取 SmartArt 图形

序号	类型	要执行的操作	特点及应用举例
1	列表	显示无序信息	对不遵循分步或有序流程的信息进行分组，不包含箭头或方向流
2	流程	在流程或时间线中显示步骤	显示过程、程序或其他事件流程图，包含一个方向流用来对流程或工作流中的步骤或阶段进行图解，例如，完成任务的有序步骤、开发产品的一般阶段或者时间线或计划，显示完成步骤或阶段产生的结果，显示垂直步骤、水平步骤或蛇形组合中的流程
3	循环	显示连续的流程	显示循环信息或重复信息。例如，显示产品或动物的生命周期、教学周期、重复性或正在进行的流程(网站连续编写和发布周期)或某个员工年度目标制定和业绩审查周期
4	层次结构	创建组织结构图或显示决策树	最常用的布局就是公司组织结构图，例如，显示决策树或产品系列
5	关系	对连接进行图解	显示各部分之间关系，如连锁或重叠概念，非渐进的、非层次关系，说明两组或更多组事物间的概念关系或联系，例如，维恩图显示区域或概念如何重叠以及如何集中在一个中心交点处，目标布局显示包含关系，射线布局显示与核心或概念之间的关系
6	矩阵	显示各部分如何与整体关联	以二维布局对信息进行分类，显示各部分与整体或与中心概念之间的关系，例如，要传达 4 个或更少的要点以及大量文字，首选矩阵布局
7	棱锥图	显示与顶部或底部最大一部分之间的比例关系	显示棱锥图中向上发展的比例关系或层次关系，最适合需要自上而下或自下而上显示的信息。例如，要显示水平层次结构，应选择层次结构布局或使用棱锥图布局传达概念性信息，棱锥型列表布局允许在棱锥外形状中输入文字
8	图片	图片主要用来传达或强调内容	如果希望通过图片来传递消息或希望使用图片作为某个列表或过程的补充，可以使用图片类型布局

如果选取不到所需的准确布局，可以在图形中添加和删除形状以调整布局结构。例如，虽然流程类型中的“基本流程”布局显示有三个形状，但是可能只需两个形状，也可能需要五个形状，当添加或删除形状以及编辑文字时，形状排列及其文字量会自动更新，从而保持布局原始设计和边框。

提示：在形状个数和文字量仅限于表示要点时，SmartArt 图形最有效，如果文字量较大，则会分散 SmartArt 图形的视觉吸引力，使这种图形难以直观地传达信息。但某些布局例如“列表”类型中的“梯形列表”适用于文字量较大的文章。

(2) 创建 SmartArt 图形。在“插入”→“插图”中，单击 SmartArt，在“选择 SmartArt 图形”对话框中，单击所需的类型和布局，如图 3-18 所示。

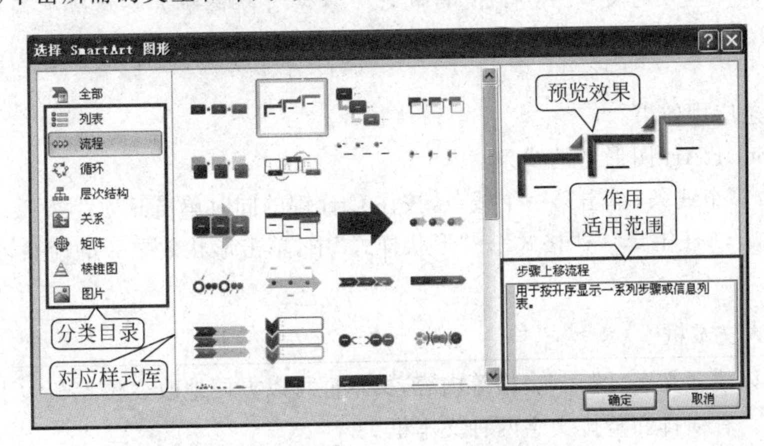

图 3-18 “选择 SmartArt 图形”对话框

创建的 SmartArt 图形默认版式为嵌入型，与图片默认一致。单击“文本”窗格中的“[文本]”输入文本；或者从其他位置或文件复制文本，单击“文本”窗格中的“[文本]”粘贴文本。要在靠近 SmartArt 图形或该图形顶部的任意位置添加文本，可以插入文本框，在一页上放置多个文字块，或使文字与文档中其他文字以不同的方向排列。在 SmartArt 图形中，将光标放置在要旋转或叠放的文本上，右击文本，选择“设置文本效果格式”，在对话框中的“文本框”下，选择文本方向。选中对象，按 Del 键可以删除。

提示：①为了获得最佳结果，在输入文本前添加需要的所有框。②如果看不到文本窗格，单击 ⁝ 控件。③如果只希望显示文本框中的文本，右击文本框，单击设置形状格式或设置文本框格式，将文本框设置为没有背景色和边框。

(3) 更改图形颜色。利用颜色突出 SmartArt 图形信息，例如，要显示流程的每个步骤不同，可以采用下列方法之一：①应用“彩色-强调文字颜色”；②使用“渐变范围一强调文字颜色 1”为线性流程的信息说明添加下画线；③应用不同颜色组合更改整个图形颜色；④使用文档主题颜色(主题颜色是文件中使用的颜色的集合，主题颜色、主题字体和主题效果三者构成一个主题)应用到图形，颜色主题会自动与文档中使用颜色相匹配，若更改文档主题，会反映新主题颜色；⑤通过为对象应用渐变来创建逐渐变化的颜色效果，以使其颜色由深到浅平滑变化，使用渐变使图形中的形状呈现彩虹效果。

(4) 更改线条样式和宽度。在包含连接线的 SmartArt 布局中,例如组织结构图或射线列表,更改连接形状的线条颜色、样式和宽度,或为线条添加效果,如阴影和发光。

(1) 更改线条颜色或样式。

① 选择 SmartArt 图形中的线条。

② 更改多个线条,单击第一个线条,再按住 Ctrl 键的同时单击其他线条。

③ 在"SmartArt 工具"→"格式"→"形状样式"中,单击"形状轮廓"旁边的箭头,从"主题颜色"或"标准颜色"中选择一种颜色,单击"粗细"选择线条宽度,或者单击"其他线条"指定宽度,单击"短画线"从列表中选择线条样式,或者单击"其他线条"创建样式,单击"箭头"从列表中选择箭头,或者单击"其他箭头"自定义箭头。

提示:要进一步自定义线条,单击"其他轮廓颜色",再根据需要选择准确的底纹和透明度。在层次结构图或射线图中使用虚线以显示不同类型的关系。

(2) 对线条应用效果。

① 选择 SmartArt 图形中的线条。

② 要更改多个线条,单击第一个线条,按住 Ctrl 键的同时单击其他线条。

③ 在"SmartArt 工具"→"格式"→"形状样式"中,单击形状效果旁的箭头,从列表中选择一种效果。

(二) 插入文本框

文本框可以放置文字、图片、表格等内容,文本框可以方便地改变位置和大小,也可以设置一些特殊格式。有横排和竖排文字两种文本框。

(1) 横排文本框。在"插入"→"文本"→"文本框"中,单击"绘制文本框",鼠标指针变成十字形,按下左键拖曳绘制出文本框,编辑文本框选中右击,在打开的菜单中,单击"设置形状格式…",可以设置文本框填充、线条颜色、线型、阴影、艺术效果、文本框与文本间距等。

(2) 竖排文本框。在"插入"→"文本"→"文本框"中,单击"绘制竖排文本框",与创建设置横排文本框操作方法类似。

提示:通过设置文本文字方向,可以将横排文本框与竖排文本框进行切换。文本框中的字符不能设置首字下沉效果。

(三) 插入其他插图

用于增强文档效果的图形对象,除了 SmartArt,还有形状、屏幕截图、图表、图片和剪贴画,下面依次介绍它们的功能和使用方法,如图 3-19 所示。

1. 插入形状

形状是指具有某种规则形状的图形,如线条、矩形、基本形状、箭头总汇、公式形状、流程图、星与旗帜、标注。当需要在文档中绘制图形或为图片等添加注释时都要使用,并可编辑与设置文本框填充、线条颜色、线型、阴影、艺术效果、文本框与文本间距等。

(1) 绘制基本形状。在"插入"→"插图"→"形状"中,在打开的下拉列表中选择形状,鼠标指针变成十字形,按下左键拖曳绘制出形状。在"绘图工具"→"格式"中,为绘制形状应用主题样式,或修改填充、轮廓、效果等。要应用形状样式组中未提供的颜色和渐变效果,先选择颜色再应用渐变效果。选中绘制对象右击，打开菜单选择“添加文字”为图形添加注释。

(2) 更改形状。单击要更改的形状。在“绘图工具”→“格式”→“插入形状”中，单击“编辑形状”，指向“更改形状”，然后选择其他形状。

(3) 添加带有连接符的流程图。在创建流程图前，在“插入”→“插图”→“形状”中，单击“新建绘图画布”，来添加绘图画布。在“绘图工具”→“格式”→“插入形状”中，单击某一种流程图形状，在线条下选择一种连接符线条，如“曲线箭头连接符”。

(4) 使用阴影和三维(3-D)效果增加绘图中形状的吸引力。在“绘图工具”→“格式”→“形状样式”中，单击“形状效果”，选择一种效果。

(5) 对齐或组合画布上的对象。勾选画布上要对齐的对象，在“绘图工具”→“格式”→“排列”中，单击“对齐”，从各种对齐命令中选择。单击“组合”，将所有形状作为单个对象来处理。

(6) 删除整个或部分绘图对象，先选中要删除的对象再按 Del 键。

提示：①绘制形状时使用新建绘图画布，好处是可以一次性勾选画布上多个对象，在“开始”→“编辑”→“选择”中，单击“选择对象”，勾选矩形区域，把要选择的对象包含进去，或者在画布上直接勾选。②双击可停止绘制任意多边形或自由曲线。

2. 插入与编辑图片

平时收藏的图片一般以文件形式存储在磁盘中，在“插入”→“插图”中，单击“图片”，在“插入图片”对话框中选择图片所在位置，单击右上角视图向下三角按钮，以缩略图显示方式查看，单击选择图片。

利用图片工具可以对图片大小、位置和颜色等重新进行编辑。位置：用鼠标拖动图片到调整的新位置；裁剪：选中图片右击打开菜单，单击“设置图片格式”，打开对话框，选择裁剪，输入宽度、高度数据对图片进行精确裁剪，在“图片工具”→“格式”→“大小”中，单击“裁剪”，拖动周围的控制点对图片进行粗略裁剪；大小：单击图片出现尺寸控制点，拖动控制点左右调整或上下调整，拖动拐角控制点保持图片比例不变，若要保持对象比例并保持其中心位置不变，在拖动控制点的同时按住 Ctrl 和 Shift 键。尺寸控制点和调整块，如图 3-20 所示。

图 3-19 插图命令组

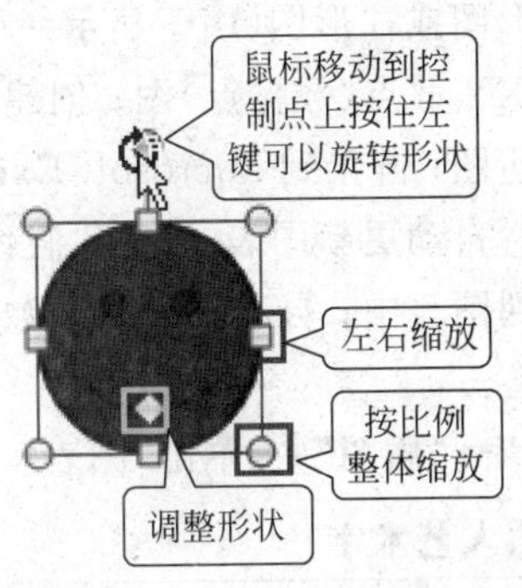

图 3-20 调整绘制形状

要从扫描仪或照相机插入图片，使用扫描仪或照相机随附的软件将图片传送到计算机，保存图片，再按照来自文件的图片将其插入即可。在“图片工具”→“格式”→“调整”中，单击“删除背景”自动消除图片背景。

提示：图片常用格式有bmp、jpg、pic、png等。调整图片大小时，应尽量使用4个顶角控制点拖曳，以免图片变形。撤销变形按Ctrl＋Z组合键恢复，形状、图片、文本框、艺术字、公式等选取、位置、格式设置操作都很类似。

3. 插入与设置剪贴画

Word中有大量剪贴画图片。在"插入"→"插图"中，单击"剪贴画"，在"剪贴画"任务窗格搜索文本框中，输入描述所需剪贴画的单词或词组，或输入剪贴画文件的全部或部分文件名，单击"搜索"，在结果列表中单击剪贴画将其插入。要调整剪贴画大小，选择插入的剪贴画，按住Ctrl键将控制点拖离或拖向中心保持对象比例不变，在一个或多个方向上增加或减小，按住Shift键将控制点拖离或拖向中心保持对象中心位置不变，在一个或多个方向上增加或减小，同时按住Ctrl和Shift键可以保持对象比例和中心位置都不变。

提示：修改搜索范围：扩展包括Web上的剪贴画，单击"包括Office.com内容"复选框，搜索结果限制于特定媒体类型，单击"结果类型"框中箭头，并选中"插图""照片""视频""音频"复选框。如果剪贴画不可用，使用Office安装软件添加或删除功能将Office共享功能中的剪辑管理器从本机运行。

4. 插入屏幕截图

使用屏幕截图能够捕获在计算机上打开的全部或部分窗口图片，适用于捕获可能更改或过期信息的快照，例如重大新闻报道或旅行网站上提供时效的可用航班和费率列表。此外，屏幕截图可以帮助用户从网页和其他来源复制内容时将格式传输到文件，例如创建了网页内容的屏幕截图，而原有的信息发生了变化，也不会更新屏幕截图。

在"插入"→"插图"中，单击"屏幕截图"，可以插入整个程序窗口，也可以使用"屏幕剪辑"工具选择窗口的一部分，只能捕获没有最小化到任务栏的窗口。

5. 插入图表

创建条形图或柱形图(用于显示一段时间内的数据变化或说明各项之间的比较情况)；创建折线图或XY散点(数据点)图；创建股价图(用于描绘波动的股价)；创建曲面图、圆环图、气泡图或雷达图；链接到Microsoft Excel工作簿中的实时数据；当更新Microsoft Excel工作簿中的数字时自动更新图表；使用"假设"计算，同时希望能够更改数字并看到所做的更改立即自动反映到图表中；自动添加基于数据的图例和网格线；使用特定于图表的功能，如误差线或数据标签。

在"插入"→"插图"中，单击"图表"，选择某一种图表类型。

(四) 插入艺术字

艺术字是使用现成效果创建的文本对象，可以对其应用格式效果，作为图形对象插入到文档中，增强文档的视觉效果。

(1) 插入艺术字。在"插入"→"文本"中，单击"艺术字"，打开5列6行的艺术字样式库，单击选择一种，在艺术字输入框中输入文字内容。

(2) 设置艺术字样式。选中艺术字，在"绘图工具"→"格式"→"艺术字样式"中，快速设置文本外观样式、文本填充、文本轮廓、文本效果。单击对话框启动器，打开"设置文本效果格式"

对话框，如图 3-21 所示。

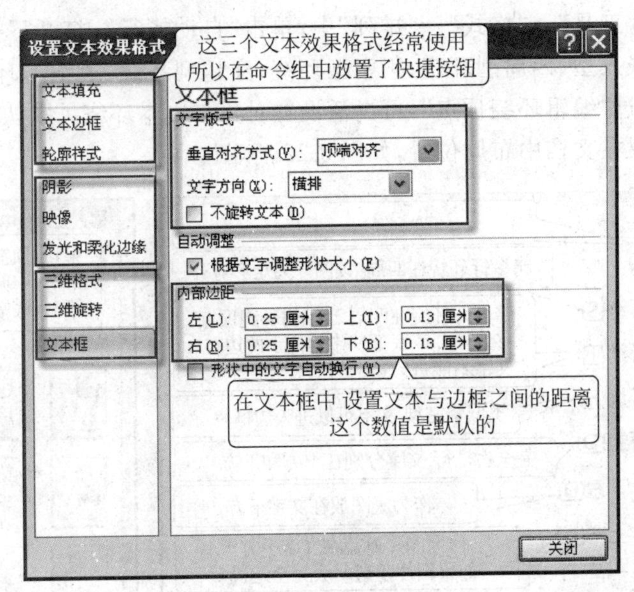

图 3-21　设置艺术字文本效果

文本填充设置艺术字填充颜色，文本边框为文本设置无线条、实线、渐变线，轮廓样式设置宽度和线型，文本效果特别有用，设置艺术字阴影、映像、三维旋转、转换等，转换可设置弯曲和跟随路径等。

(3) 删除艺术字。选择要删除的艺术字，然后按 Del 键。

(五) 插入公式

Word 2010 包括编写和编辑公式的内置支持。

(1) 编写与编辑公式。在“插入”→“符号”→“公式”中，单击旁边箭头，单击所需公式，再输入公式。单击要编辑的公式，进行更改。

(2) 将公式添加到常用公式列表中。在文档中选择要添加的公式，在“公式工具”→“设计”→“工具”中，单击“公式”，单击“将所选内容保存到公式库”，在“新建构建基块”对话框中，输入公式名称，在库列表中选择所需的选项，默认为公式。

(3) 插入常用数学结构。在“公式工具”→“设计”→“结构”中，单击所需结构类型，例如分数或根式，再单击所需结构，如果结构包含占位符，则在占位符内单击，然后输入所需的数字或符号，公式占位符是公式中的小虚框。

提示： 编辑 Word 2007 之前版本中的公式，一般先转换并保存为.docx 文件，在“文件”→“信息”中，单击“转换”，再单击“文件”→“另存为”，在“保存类型”列表中，单击“Word 文档”以将文档保存为.docx 文件。

(六) 图文混排

在 Word 2010 中，图片、绘制流程图、形状、SmartArt 图形、屏幕截图、艺术字、文本框、公式与文本之间有多种环绕方式，改变环绕方式，可以创建各种不同效果的图文混排。

(1) 设置自动换行和位置。通过使用“位置”和“自动换行”命令，可以更改文档中图片或剪贴画等对象与文本的位置关系。在页面视图中，选定对象右击，在打开菜单中选择“自动换行”，也可以在“图片工具”→“格式”→“排列”中，单击“自动换行”，打开下拉列表，设置文字与对象环绕关系，有嵌入型、四周型环绕、紧密型环绕、穿越型环绕、上下型环绕、衬于文字下方、浮于文字上方。通过“编辑环绕顶点”，可灵活设置对象与文本环绕。默认的环绕为嵌入型，单击“位置”，设置对象在文档中布局位置，如图 3-22 所示。

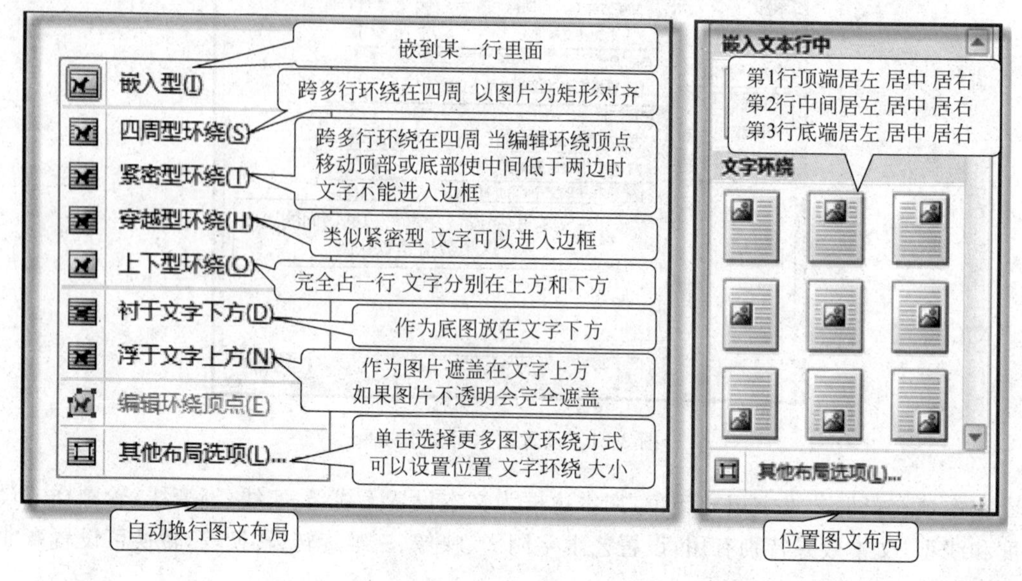

图 3-22 图片与文本布局

单击“其他布局选项”，打开“布局”对话框，可以设置对象位置、对象是否随文字移动、文字环绕方式、对象大小等布局选项。

(2) 对象叠放次序。在页面上绘制或插入各类对象，每个对象都存在于不同“层”上，这种层是透明的，是以一定顺序叠放在一起，对象间顺序以及对象与文本间次序是可以改变的。选中对象右击，在打开菜单中可以选择“置于顶层”或“置于底层”，如图 3-23 所示。

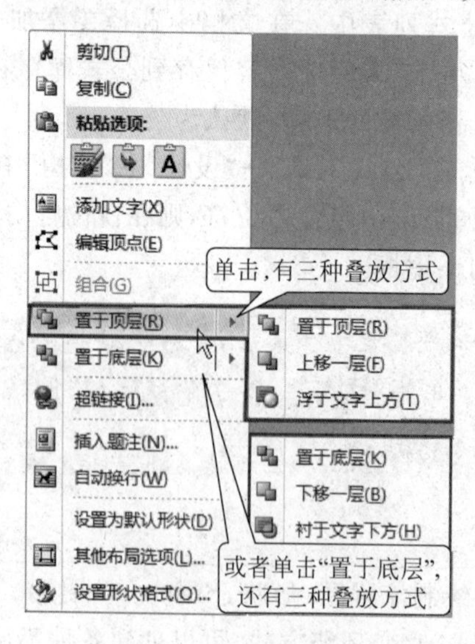

图 3-23 对象叠放次序

(3) 对象排列或组合。在画布上创建的对象可以一次性勾选，但在文档编辑中要选择多个对象，就得使用选择窗格来完成。在“绘图工具”→“格式”→“排列”中，单击“选择窗格”，打开“选择和可见性”对话框，在文档中可以设置哪些对象可见或全部隐藏，也可以调整对象顺序，按 Ctrl 键能够选取多个对象，选中的对象可以进行对齐排列、组合、旋转操作，如图 3-24 所示。

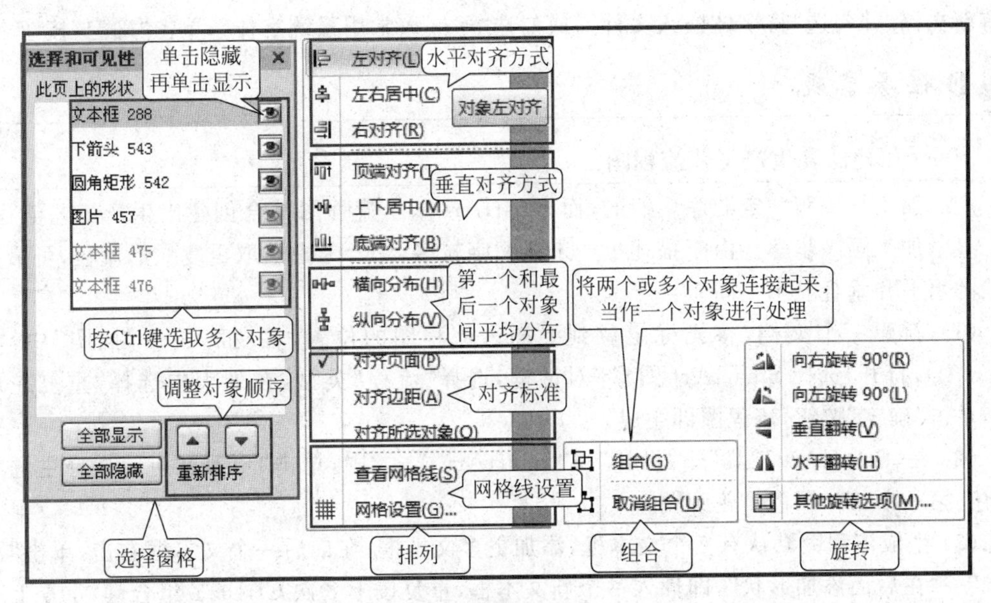

图 3-24　为选中对象排列、组合、旋转

提示：Word 中可以将绘制的多个图形组合成一个整体，组合后的图形可整体改变属性。

（七）高效合并文档

在日常办公中，如果文档比较大或者复杂，可以多个人同时编辑，最后再将几个或者几十个文档合并成一个文档，如果使用常规的“复制”与“粘贴”效率实在太低，使用插入对象方法可以快速高效地将多个文档合并成一个文档，方法是，在“插入”→“文本”→“对象”中，单击“文件中的文字”，选择要合并的文档，合并到文档的顺序与选择文档顺序相同，当选择多个不连续的文档时使用 Ctrl 键，选择多个连续文档时使用 Shift 键。

（八）文档保存

建立的文档是保存于内存的临时文件，只有对文档进行了保存，才能把文档永久保存下来。在“文件”中，单击“保存”命令，如果是第一次保存文档，那么打开的是“另存为”对话框，如果文档不是第一次保存，那么不会打开“另存为”对话框，而是以当前文件替换原有文件，从而实现文件的更新。在“另存为”对话框中，选择“保存类型”，默认情况为“Word 文档”，选择保存位置及文件名，单击“保存”按钮。

如果用户经常与 Word 2003 交换，在未安装文件格式兼容包时无法直接打开 docx 文档，可以将默认格式保存为 doc 文档，在“另存为”对话框中，单击“工具”→“保存选项”，打开“Word 选项”，在“将文件保存为此格式”下拉列表中选择“Word 97-2003 文档(*.doc)”选项，单击“确定”按钮。

如果用户想间隔固定时间自动保存文档，可以设置“保存自动恢复信息时间间隔”的分钟数，默认为10分钟，一般设置为5～15分钟为宜，如果时间过长发生意外将损失重大，如果时间过短频繁自动保存将影响计算机性能及稳定性，干扰正常工作。

为了避免编辑好的文档拿到其他计算机中打开时有一些字体不能正常显示，可以使用Word中的字体嵌入功能，将文档中所用的字体嵌入到文档中，这样其他未安装这些字体的系统也能正常显示和打印。在“共享该文档时保留保真度”右侧的下拉列表中，选择某个文档或所有新文档，并勾选“将字体嵌入文件”，或勾选“不嵌入常用系统字体”，单击“确定”按钮。

D 任务实现

（一）创建酸乳生产工艺流程图

产品加工是按照一定顺序生产的，而SmartArt基本流程图符合创建出生产工艺流程图，用于显示加工顺序步骤。由于描述生产工艺文字较多，综合考虑选取重复蛇形流程，可最大化形状的水平和垂直显示空间。

(1) 新建一个文档，将光标定位到要插入流程图的位置，在“插入”→“插图”中，单击SmartArt，打开“选择SmartArt图形”对话框，选择“流程”类型，在列表中选择“重复蛇形流程”，单击“确定”按钮，流程图即生成。

(2) 在“SmartArt工具”→“设计”→“SmartArt样式”中，单击“更改颜色”，选择主题颜色（主色）第一个，即“深色1轮廓”。

(3) 生成流程图默认有5个文本框，添加更多文本框，在最后一个文本框右击，单击“添加形状”→“在后面添加形状”，即插入一个新文本框，重复按下8次Ctrl＋Y组合键（重复上一次添加文本框操作），得到一个有14个文本框的流程图。

(4) 单击文本窗格控件，打开文本窗格，选中所有文本框（勾选所有文本框或在绘制流程图区域内按Ctrl＋A组合键），设置字体为宋体、字号为12，在文本框中输入文字。

(5) 在“SmartArt工具”→“格式”→“形状样式”中，选择“细微效果-红色，强调颜色2”。

(6) 调整流程图到合适大小。可以对单个或部分文本框调整，也可以同时对所有文本框调整。

（二）绘制饭店人力资源组织结构图

(1) 新建一个文档，定位光标，在“插入”→“插图”中，单击SmartArt，打开“选择SmartArt图形”对话框，选择“层次结构”类型，在列表中选择“组织结构图”，单击“确定”按钮，组织结构图即生成。

(2) 在“SmartArt工具”→“设计”→“SmartArt样式”中，单击“更改颜色”，选择“强调文字颜色3”中的第5个，即“透明渐变范围-强调文字颜色3”。

(3) 将第二行“助理”文本框拖到竖线右侧，选中第三行的最后一个文本框按Del键删除。

(4) 选中第三行第一个文本框，在“SmartArt工具”→“设计”→“创建图形”中，单击“布局”，选择“标准”，再右击，在打开菜单中选择“添加形状”→“在下方添加形状”。同样操作为第三行第二个文本框下方再添加一个文本框。

(5) 选中第四行第一个文本框，右击，在打开菜单中选择“添加形状”→“在下方添加形状”，重复三次，同样为第四行的第二个文本框添加两个文本框。

(6) 按住Shift键选中6个文本框，调整其中一个文本框左右控制点使6个文本框变窄，拖动上下控制点加高，右击打开“设置形状格式”对话框，在“文本框”→“文字版式”中，选择文字方向竖排，如图 3-25 所示。

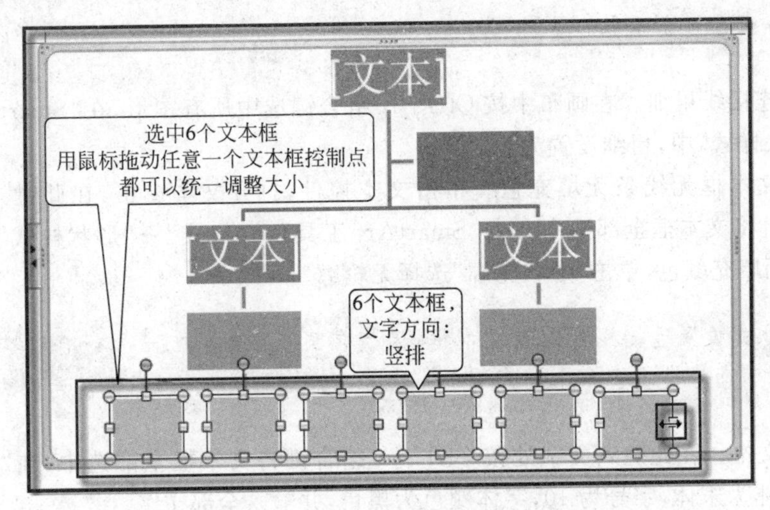

图 3-25 调整文本框并设置文字方向

(7) 单击文本窗格控件，打开文本窗格，选中所有文本框，设置字体为华文楷体，字号为12，字体颜色黑色，输入文字，在输入过程中调整文本框大小，借助 Alt 键可以微调位置。

(8) 为了获得更加丰富的视觉效果，可以更改第(2)步，在“SmartArt 工具”→“设计”→“SmartArt 样式”中，单击“更改颜色”，选择彩色中第 4 个，即“彩色范围-强调文字颜色 4 至 5”，设置三维为砖块场景。

(三) 绘制薪酬构成体系图

由于薪酬构成体系用来显示分层信息和上下级关系，选取水平组织结构图布局，通过辅助形状和布局设置出满足要求的图形。

(1) 新建一个文档，定位光标，在“插入”→“插图”中，单击 SmartArt，打开“选择 SmartArt 图形”对话框，选择“层次结构”类型，在列表中选择“水平组织结构图”，单击“确定”按钮生成空白图形。

(2) 编辑空白图形，按图示要求删除或添加形状，不需要的形状选中后按 Del 键删除，需要的形状重新添加，选中某个形状右击，在打开菜单中选择“添加形状”，单击某一添加方式，如图 3-26 所示。

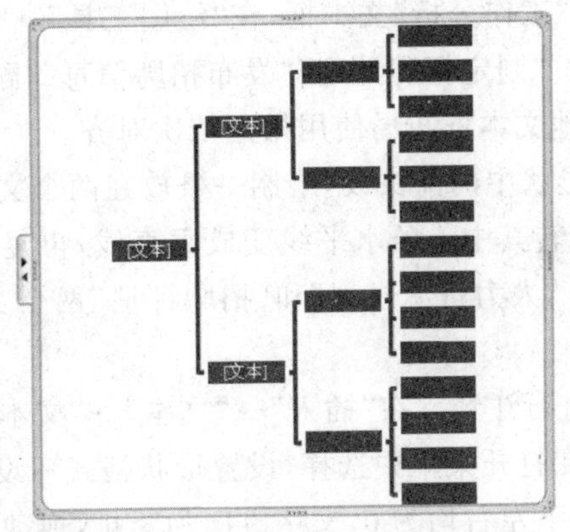

图 3-26 薪酬体系构成添加形状后

提示：对于水平组织结构图添加形状时，在下方添加的是下一级别，在上方添加的是上一级别，在后面或前面添加的是同一级别。

(3) 设置连接线粗细。在画布中按 Ctrl＋A 组合键选中所有图形，在“SmartArt 工具”→“格式”→“形状样式”中，粗细设置为 1.5 磅。

(4) 设置文本框无线条无填充色。单击文本控件，打开文本窗格，在此键入文字处，按 Ctrl＋A 组合键将文本框全部选中。在“SmartArt 工具”→“格式”→“形状样式”中，单击“形状填充”选择无填充颜色，单击“形状轮廓”选择无轮廓。

提示：注意先设置连接线再设置文本框，因为在画布中按 Ctrl＋A 组合键选中的是连接线与文本框，而在文本窗格中按 Ctrl＋A 组合键只选中文本框，不包括连接线。

(5) 输入文本。在此键入文字处按 Ctrl＋A 组合键将文本框全部选中，在“开始”→“字体”中，设置字体为宋体，字号为 10，字体颜色为黑色，并输入全部文字。

(6) 为“总薪酬”文本框设置文字方向为竖排。选中文本框右击，单击“设置形状格式”，在打开的“设置形状格式”对话框中，将“文字版式”→“文字方向”设置为竖排。

(7) 调整薪酬体系图。可以通过控制点调整画布或通过文本框调整结构图到合适大小。

(四) 创建招聘程序图

使用 SmartArt 创建规则图形很方便，但有些不规则的图形，SmartArt 很难实现时，可考虑使用形状手动绘制图形。本例招聘程序图形就是一个手动绘制的图形。

(1) 新建一个文档，在“插入”→“插图”→“形状”中，单击文本框或矩形，按住左键再拖动出一个矩形框，为矩形框进行设置，在“绘图工具”→“格式”→“形状样式”中，单击“形状填充”，选择“无填充颜色”，单击“形状轮廓”，选择主题颜色为“黑色，文字 1”，粗细为 0.5 磅。

(2) 选中设置完成的矩形框右击，选择“添加文字”或“编辑文字”，设置字体为宋体，字号为五号，居中，字体颜色为黑色，并输入“确定职位空缺”，调整矩形框大小，使文字能在一行内放下。

(3) 选中文本框右击，选择“复制”，进行粘贴(或按 Ctrl＋V 组合键)，粘贴 13 次，并依次更改文本框中的文字内容。

(4) 对文本框进行排列。拖动文本框移动进行大致布局，选中“人力资源规划”文本框，按 Shift 键选中“确定职业空缺”“工作分析”文本框，在“绘图工具”→“格式”→“排列”中，选择“顶端对齐”，选中“确定职位空缺”“制定招聘计划”“发布招聘信息”“甄选”“聘用”“招聘评估”6 个文本框，选择“左右居中”，其他文本框布局使用排列依次对齐。

(5) 绘制连接线。单击形状中的箭头线，绘制一条放在两个文本框中间，复制箭头线放在其他文本框处并调整大小，旋转其中一条水平线变成垂直线，再复制并移动到合适位置，按住 Alt 键拖动箭头线可以微调。“人力资源规划”和“招聘评估”两个文本框的连接线是由一个箭头线和一个直线组合成的。

(6) 添加无线条文本框进行注释。在“插入”→“文本”→“文本框”中，单击“绘制文本框”，拖动绘制文本框，选中右击，在打开菜单中选择“设置形状格式”，设置填充为无填充，线条颜色为无线条，文本框内部边距上下左右均为 0，文字方向为竖排，拖动到图形的合适位置。

(7) 组合对象。在“绘图工具”→“格式”→“排列”中，单击“选择窗格”，在“选择和可见性”

窗格中，按住 Ctrl 键单击所有对象，单击“组合”。

提示：在新建画布中绘制形状的优点是可以快速选择，但不能使用排列功能进行对齐。

（五）创建公式和艺术字

（1）新建一个文档，在“插入”→“符号”→“公式”中，单击下拉按钮，在打开的下拉列表中选择“插入新公式”，出现 在此处键入公式。，设置字形为倾斜。

（2）在公式编辑框中，输入“j=2”，在“公式工具”→“设计”→“结构”中，单击“大型运算符”，选择“求和”，单击公式占位符，选择上下标中的下标，显示$\sum_{\square}\square$，在上面占位符中输入 t，下面占位符中输入 d，显示$\sum t_d$，接着输入“=1 天”，即完成$\sum t_d = 1$天，相同格式通过复制、粘贴实现，如图 3-27 所示。

$$j = 2, \sum t_d = 1天, \sum t_{j1} = 1天, \sum t_{dj2} = 2天, t = 2天, n = 3$$

图 3-27 大型运算符、上下标实现公式

（3）插入新公式或复制上面的公式进行修改，设置字号为三号，输入“m”，在“公式工具”→“设计”→“符号”中，单击≥，接着输入“n+”，在“公式工具”→“设计”→“结构”中，单击分数，选择分数（竖式），按步骤（2）的方法在分子占位符处输入$\sum t_{j1}+\sum t_{j2}-\sum t_d$，分母占位符输入 K，完成后的公式如图 3-28 所示。

$$m \geq n + \frac{\sum t_{j1} + \sum t_{j2} - \sum t_d}{K} = 3 + \frac{1+2-1}{2} = 4$$

图 3-28 分数、大型运算符、上下标实现公式

（4）类似操作，完成下一个公式，设置字号为五号，注意×号输入是在“公式工具”→“设计”→“符号”→“基础数学”中，单击×输入，如图 3-29 所示。

$$T = (mj + n - 1)K + \sum t_{j1} + \sum t_{j2} - \sum t_d = (4 \times 2 + 3 - 1) \times 2 + 1 - 1 = 20天$$

图 3-29 设置不同字号的公式

（5）插入艺术字。在“插入”→“文本”→“艺术字”中，选择任意一种样式，输入“施工”，在“开始”→“字体”中，设置字体为华文隶书，字号初号，取消字形加粗和倾斜，在两个字中间增加两个空格，使文本在形状框中居中。

（6）设置艺术字文本及效果。在“绘图工具”→“格式”→“艺术字样式”中，单击“文本填充”**A**下拉按钮，在列表中选择“渐变”→“变体”→“中心辐射”，单击“文本轮廓”下拉按钮，在列表中选择标准色橙色，单击“文本效果”下拉按钮，在列表中选择“阴影”→“向右偏移”，“映像”→“映像变体”→“紧密映像，接触”，“发光变体”→“深红，8pt 发光，强调文字颜色 1”。

（7）设置艺术字形状。在“绘图工具”→“格式”→“形状样式”中，单击 形状填充 下拉按钮，在列表中选择“渐变”→“变体”→“线性向上”，单击 形状轮廓 下拉按钮，在列表中选择“虚线”→“圆点”，单击 形状效果 下拉按钮，在列表中选择“阴影”→“内部”→“内部居中”，“映像”→“映像变体”→“半映像，接触”，“发光变体”→“深红，5pt 发光，强调文字颜色 1”。单

击形状样式启动器，设置填充透明度为70%，如图3-30所示。

图3-30　设置艺术字文本及形状效果

提示：艺术字样式的快速样式库中提供的样式是动态的，会随使用环境变化而变化，要想使粘贴的艺术字保持原有风格，应在粘贴时选择保留源格式或图片粘贴。

（六）设置对象与文字间关系

(1) 将以上5个文档合并成一个新文档，在"插入"→"文本"→"对象"中，单击"文件中的文字"，注意选择文件的顺序，再输入文本、设置酸乳生产工艺流程图位置、自动换行。选中流程图，在"页面布局"→"排列"→"位置"中，选择"默认-嵌入文本行中"，在"自动换行"中，选择"默认-嵌入型"。

(2) 输入文本并设置人力资源组织结构图自动换行。选中组织结构图，在"页面布局"→"排列"→"自动换行"中，选择"紧密型环绕"。

(3) 输入文本并设置薪酬体系图位置、自动换行。选中薪酬体系图，在"页面布局"→"排列"→"位置"中，选择"顶端居右，四周型文字环绕"，在"自动换行"中，选择"四周型环绕"。

(4) 输入文本并设置招聘程序图自动换行。选中招聘程序图，在"页面布局"→"排列"→"自动换行"中，选择"穿越型环绕"。

(5) 输入文本并设置艺术字自动换行。将制作好的艺术字插入，选中艺术字，在"页面布局"→"排列"→"自动换行"中，选择"衬于文字下方"。

(6) 将在其他文档完成的公式插入到文本适当位置，并适当调整版面，让整个视觉效果更美观。

E 技能提升

（一）编制平衡计分卡

本任务主要应用图文混排，首先录入文本，再对文本进行字体格化式、段落格式化、多级列表编号，最后绘制平衡计分卡图形，并与文本以默认的嵌入型插入，完成任务的关键在于平衡卡图形绘制，如图3-31所示。

操作提示：

(1) 在"插入"→"插图"→"形状"中，选择"新建绘图画布"，再选择"矩形"，在画布上绘制矩形添加文字。

(2) 将添加文字并设置的矩形通过复制与粘贴，再粘贴出4个矩形，修改里面的文字内容。

(3) 将5个矩形移动到合适位置，绘制双箭头连接线进行连接，在绘制连接线时，可以绘制每根连接线，也可以对复制的连接线进行旋转、拉长等编辑来满足要求。

(4) 在画布上，勾选所有图形进行组合。组合对象与文本之间的关系是自动换行，默认为嵌入型。

(5) 为文本添加页面边框和页面颜色，注意页面颜色对打印或打印预览是无效的。

平衡计分卡 华文细黑 小四 首行缩进2字符

平衡计分卡是美国管理学家诺顿和卡普兰于1990年提出的。作为一种具有前瞻性的组织绩效管理工具，平衡计分卡受到了全世界企业界管理者的推崇，现已成为当今最先进、最热门的绩效管理方法。《哈佛商业评论》所推出的“80年以来最具影响力的十大管理理念”中，平衡计分卡列第二位。据说，世界500强企业中有近80%的企业在使用平衡计分卡。

页面颜色 白色，背景1，深色15%

一、 **什么是平衡计分卡** 多级编号

平衡计分卡为一种衡量组织绩效的系统方法，其功能在于识别监控企业各个层级上的关键衡量标准，其目的是将管理层制定的策略运用层的活动整合起来。

平衡计分卡由四个方面组成，可以帮助企业从四个角度审视其组织绩效，这四个方面包括财务、顾客、内部经营过程和学习成长，充分兼顾了企业长期目标和短期目标、财务与非财务指标、滞后指标与先行指标，以及企业内外部的衔接等。

平衡计分卡可以帮助饭店达到以下绩效管理的目的：

1、 将饭店远景、战略目标转化为绩效行动指标；

2、 根据已定的绩效指标对组织、部门或个人进行绩效追踪管理；

3、 计分卡有助于将饭店各种不同类型的绩效指标，包括绩效管理指标、驱动指标、个人能力、个人素质等纳入同一个系统；

4、 计分卡有助于饭店管理者同时从财务与非财务角度来审视企业；

5、 计分卡有助于饭店管理者开展前瞻性管理，将绩效结果指标与驱动指标有机结合在一起。

二、 **平衡计分卡的内容**

平衡计划卡的主要内容包括四个：财务、顾客、内部经营过程和学习成长，四个方面相互关联、相互作用、缺一不可，但又各有侧重，如下图所示。

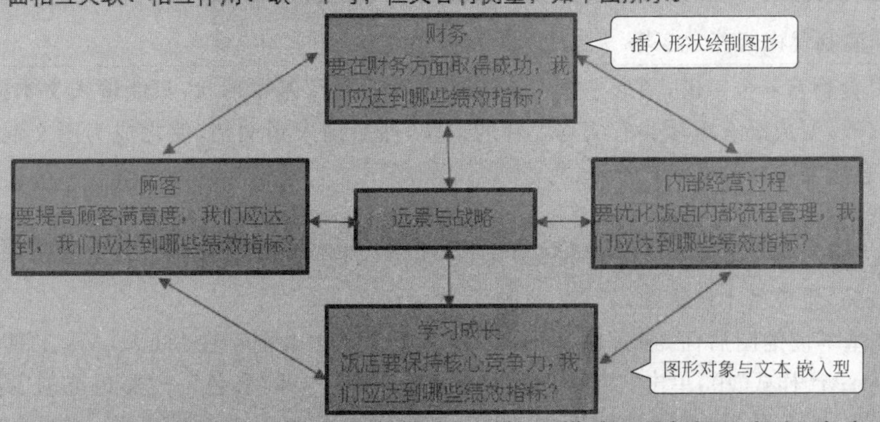

1、 财务绩效指标，包括经营总收入、毛利润、利润率、现金流量、投资回报率、销售增长率、市场占有率、新产品或服务开发周期、资金周转率等。

2、 顾客满意绩效指标，包括顾客投诉率、顾客回头率、市场占有率、顾客满意度、新顾客数量、顾客盈利能力等。

3、 内部经营绩效指标，包括服务流程设计、存货周转率、客房成本率、食品成本率、新产品开发与设计、安全事故率等。

4、 学习成长绩效指标，包括员工满意度、员工流失率、员工工作积极性、员工操作技能、内部培训、员工职业规划、饭店信息系统建设等。

页面边框0.5磅虚线 选项设置测量基准-文字

图 3-31 平衡计分卡

（二）制作某药品批发企业组织机构图

高效、适宜的组织体系是企业质量管理体系能够有效运行和质量管理目标顺利实现的重要保障，药品经营企业的行业特征、企业性质、经营模式、规模大小等因素决定了企业组织机构的设置，如图 3-32 所示。

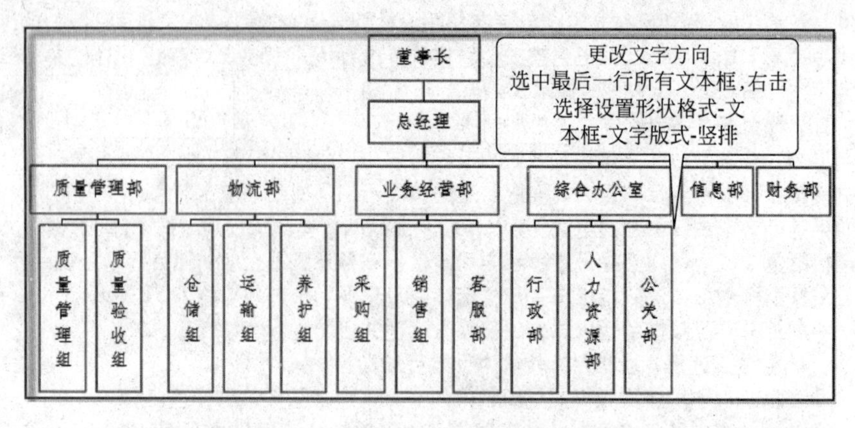

图 3-32　药品批发企业组织机构图

操作提示：

(1) 在“插入”→“插图”→SmartArt 中，选择“层次结构”→“组织结构图”。

(2) 在布局中选择“标准”，添加或删除文本框，完成文本框结构布局。

(3) 设置文本框中文本字体为华文仿宋，字号为 11，居中。

(4) 适当设置文本框大小、线条粗细、线条颜色，设置连接线粗细等。

（三）编制食物营养金字塔

要编辑食物营养金字塔，图形是重点。SmartArt 提供了基本形状，只能输入文本或图片。现在通过修改，变成既有图片又有文本注释的形状，然后插入到文档，使之成为图文混排的实用文档，注意版面布局。

操作提示：

(1) 在“插入”→“插图”中，单击 SmartArt 打开对话框，选择“棱锥图”→“基本棱锥图”，单击“确定”按钮，生成基本棱锥图。

(2) 在基本棱锥图后面，通过添加形状，再添加 5 个文本框。在“SmartArt 工具”→“设计”→“SmartArt 样式”中，单击“更改颜色”打开下拉列表，选择“彩色”→“彩色范围-强调文字颜色 5 至 6”。选中第 2、4、6、8 文本框，如图 3-33 所示。

(3) 在“SmartArt 工具”→“设计”→“创建图形”中，单击“降级”，生成新的形状，如图 3-34 所示。

(4) 从网络上下载食物营养相关的图片，在“绘图工具”→“格式”→“调整”中，对图片进行处理后粘贴到适当位置，并在侧面添加文字。使用控制点调整注释文本框到合适大小，必要时可以使用排列进行对齐。

(5) 选中左侧包括食物营养图片的 4 个文本框，在“SmartArt 工具”→“格式”→“形状样式”中，单击 形状效果 下拉按钮，选择“发光-发光变体”→“橙色，8pt 发光，强调文字颜色 6”。

(6) 在“插入”→“文本”中，单击“首字下沉”打开下拉列表，在“首字下沉”选项中，设置字体为华文新魏，下沉行数 3，距正文 0.1 厘米。

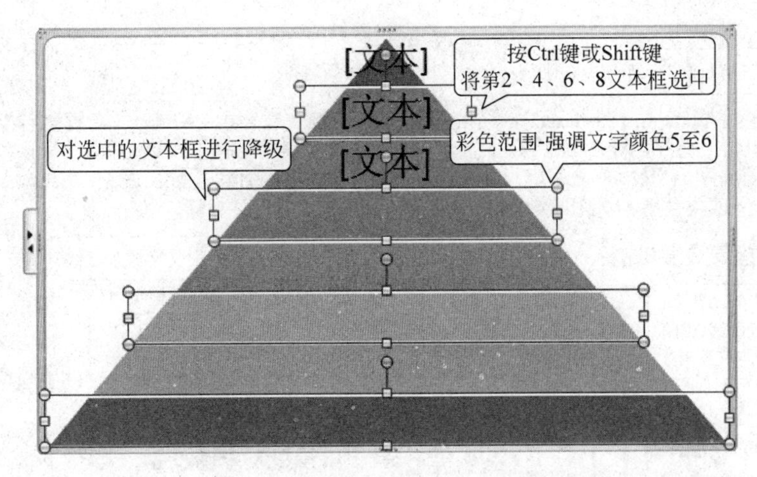

图 3-33　选中第 2、4、6、8 文本框

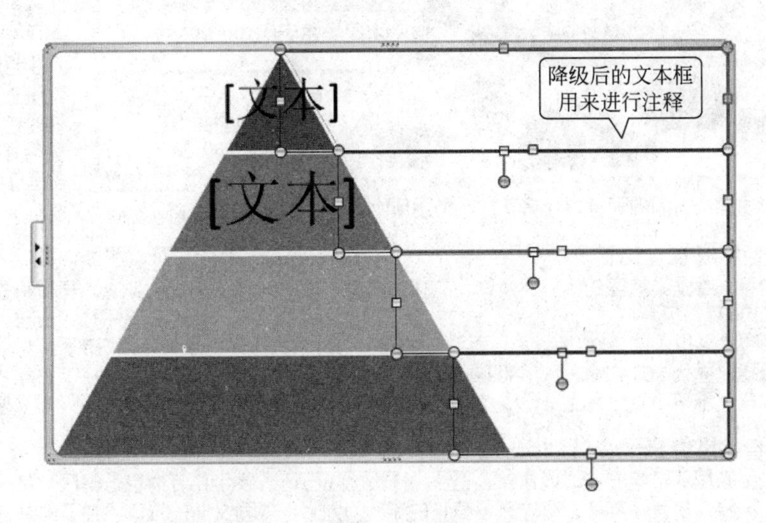

图 3-34　将选中的文本框降级

(7) 选中文本"很多人服用减肥药……",在"页面布局"→"页面设置"中,单击"分栏"打开下拉列表,在更多分栏中选择"2 栏",并选中分隔线复选框。

(8) 对"4.营养金字塔饮食指南……"内容进行排版时创建水平文本框进行布局,可以在任意空白位置放置文字,节约版面,并将插入的艺术字衬于文字下方。

(9) 对"营养金字塔相关应用……"内容使用自动编号,选中后分栏。制作完成后整体效果如图 3-35 所示。

(四) 制作各学科例题

下面将应用公式、英文自动更正、拼音指南、字体着重号、分栏、页面设置、纸张方向等知识点制作各学科例题。

操作提示:

(1) 新建空白文档,在"页面布局"→"页面设置"中,单击"纸张方向"下拉按钮选择"横向"。

(2) 输入文本"综合试卷",按 Enter 键,选中文本,设置字体为宋体,字号二号,字形加粗,对齐方式居中,设置段落后空 0.5 行。

华文新魏,下沉行数3行,距正文0.1厘米

食物营养金字塔

宋体,四号,居中,段后0.5行

食物金字塔（Food Pyramid），又叫食物指南金字塔、营养学金字塔、平衡膳食宝塔、食品金字塔、饮食金字塔等，为指导人们合理营养，中国营养学会提出了食物指南，并形象地称为 4+1 营养金字塔（即营养金字塔）。4+1 指每日膳食中应当包括粮、豆类，蔬菜、水果，奶和奶制品，禽、肉、鱼、蛋四类食物，以这四类食物作为基础，适当增加盐、油、糖。

1. 最初营养金字塔图

编号位置2字符,编号之后空格,段前0.5行,为文字添加底纹

页面颜色-茶色，背景2
页面边框-点画线0.5磅
测量基准-文字

·糖类、油脂类每天不超过25克，少吃红肉、奶油、甜饮料、糕点

·奶类及豆类：
·奶制品每天100克、豆制品每天50克
·鱼、禽、肉、蛋每天125-200克

·蔬菜类每天约400-500克
·水果类每天约100-200克

·五谷类：大米、面包、谷类及粉面类食物每天300-500克

1992 年美国农业部公布了食物指南金字塔(即营养金字塔)图表，并称这一图表是指导美国人从均衡饮食中摄取营养的最佳图形。为了绘制这一图表，美国农业部前后花了近三年时间，耗资近百万美元，并经过多次测试，最后才得到包括美国卫生部和福利部部长在内的各个方面的同意，付诸实施，如图所示。

自动换行-四周型环绕

2. 营养金字塔饮食结构

金字塔的第一层是最重要的粮谷类食物，它构成塔基，应占饮食中的很大比重。每日粮豆类食物摄取量为 300－500 克，粮食与豆类之比为 10：1；第二层是蔬菜和水果，因此在金字塔中占据了相当的地位。每日蔬菜和水果摄入量 300－400 克，蔬菜与水果之比为 8：1；第三层是奶和奶制品，以补充优质蛋白和钙，每日摄取量为 200－300 克；第四层为动物性食品，主要提供蛋白质、脂肪、B 族维生素和无机盐。禽、肉、鱼、蛋等动物性食品每日摄入量为 100－200 克，金字塔塔尖为适量的油、盐、糖。

3. 营养金字塔健康饮食计划

为了节省版面，
分两栏,加分隔线

很多人服用减肥药，吃一些时尚饮食，坚决不吃某种食物，吃特定的食物等等。有这么多疯狂的饮食建议，你怎么还会记得健康饮食的基础呢？说到营养健康饮食，美国农业部的食物金字塔可以给你提供健康饮食框架和良好的营养准则。

食物金字塔多年来没有大的改变，但已经出现了一些调整。新的食物金字塔给出了食品组的概念和健康营养的食品搭配：变化之一是，水果和蔬菜的建议食用数量略有增加。女性每天至少要吃 7 份水果和蔬菜，而男性则需要至少吃掉 9 份。美国的营养师桑德拉迈耶罗维茨说：我们只知道水果和蔬菜中含有很多好东西，像必需的营养素和纤维素。但是在当下流行的许多时尚饮食的影响下，人们似乎已经忘记了碳水化合物也是健康饮食的必备组分。

为此，美国农业部推荐了如下的营养指南，遵循这些建议便可以找到适合的自己健康饮食计划：

△ 多吃水果和蔬菜：每天要吃足 7~9 份的水果和蔬菜。

△ 低脂肪奶制品：奶酪，酸奶或其他富含钙质的食物，每天至少要食用 3 杯低脂或无脂牛奶。

△ 选择粗粮：每天至少获得 6~8 份的五谷杂粮。尽量避免食用反式及饱和脂肪、钠(盐)、糖和胆固醇，而且要限制每天摄入的脂肪大约只占摄入的总热量的 20%~35%。

△ 选择优质的蛋白质：保证你每天获得的热量约 15%来自去皮的鸡肉、鱼肉和豆类。

4. 营养金字塔饮食指南

插入艺术字
自动换行-衬于文字下方

文本框布局

△ 糖盐油 10%　　△ 水果蔬菜 30%

△ 鱼肉蛋奶 20%　　△ 面食米饭 40%

要养成习惯长期坚持

5. 营养金字塔相关应用

① 确定适合自己的能量水平

自动编号

② 根据自己的能量水平确定食物需要

③ 要因地制宜充分利用当地资源。

④ 食物同类互换，调配丰富多彩的膳食

图 3-35　食物营养金字塔

(3) 选中第二行，在“页面布局”→“页面设置”中，单击“分栏”选择更多分栏，选中两栏，并选中分隔线。

(4) 录入文本并插入各种公式。在“插入”→“符号”中，单击“公式”插入新公式，在“公式工具”→“设计”→“结构”中，选择合适的结构，在出现“在此处键入公式。”单击后书写公式。

(5) 在“公式工具”→“设计”→“符号”中，单击“其他符号”按钮，打开列表，提供了各种符号，例如基础数学、希腊字母、字母类符号、运算符、求反关系运算符、手写体、几何学等，如图 3-36 所示。

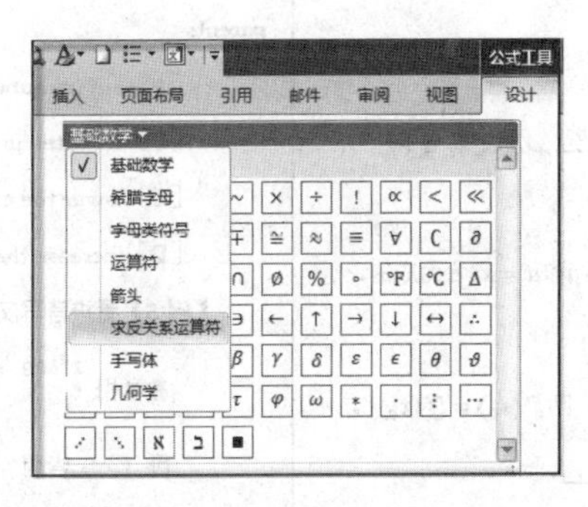

图 3-36　公式中其他符号

(6) 编辑例 2 中第 1 题时插入了三次公式，或者将第一个公式复制然后修改，编辑第 5 题时，在“结构”→“括号”中，单击“常用方括号”$f(x)=\begin{cases}-x, & x<0\\ x, & x\geq 0\end{cases}$，直接编辑即可。

(7) 化学公式录入也采用插入公式方法。插入符号 ≜ 的方法是在“运算符”→“高级关系运算符”中找到后单击，插入符号 $\xrightarrow{点燃}$ 的方法是在“结构”→“运算符”中，单击“常用运算符结构”中的 $\xrightarrow{yields}$，通过编辑获得 $\xrightarrow{点燃}$。

(8) 编辑例 5 时，输入文本“教学相长”，选中“长”字，单击“拼音指南”，当汉字是多音字时，默认读音可能需要修正，使用输入法中的软键盘拼音更正，并为拼音设置对齐方式、字体、偏移量、字号等，将原有汉字“长”更正为一个带空格的圆括号，单击“确定”按钮，如图 3-37 所示。

图 3-37　“拼音指南”对话框

(9) 为了对齐文本，在编辑例 5 和例 6 时，使用制表 Tab 键。

(10) 在录入例 4 英语题时，注意句首自动大写、自动检查语法、自动提示拼写错误及自动更正等。例如，在输入 the 时误输入 teh 后按空格键会自动更正。

（11）编辑例 6 时，在"开始"→"字体"中，单击启动器，在打开的"字体"对话框中，选择"着重号"，其他文字使用格式刷完成，如图 3-38 所示。

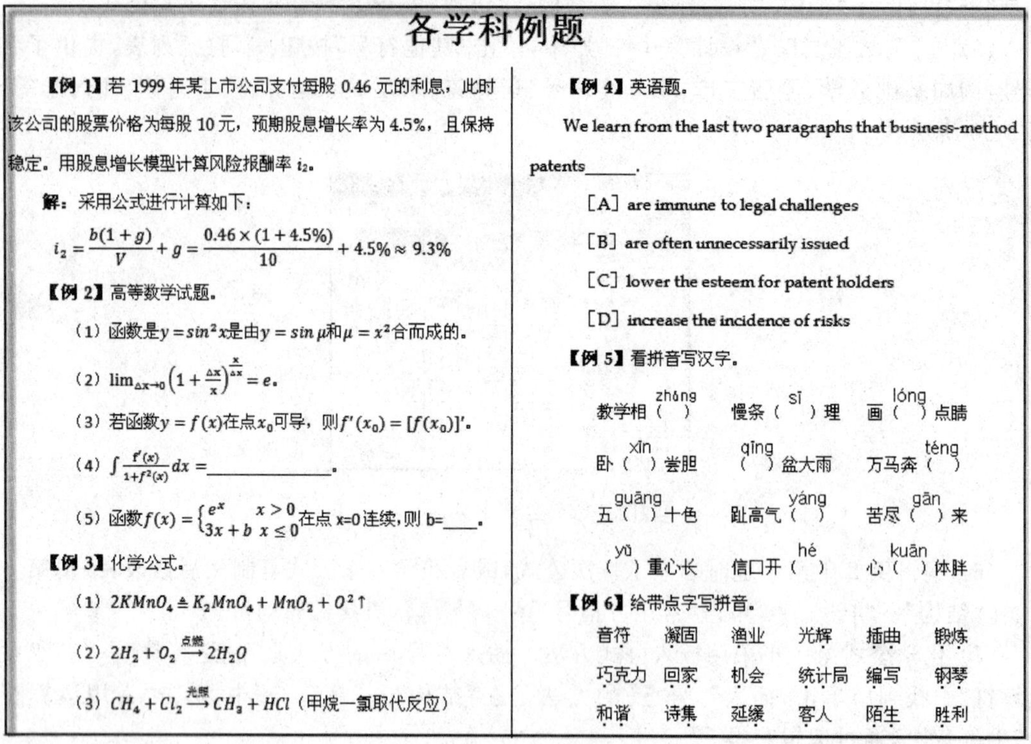

各学科例题

【例 1】 若 1999 年某上市公司支付每股 0.46 元的利息，此时该公司的股票价格为每股 10 元，预期股息增长率为 4.5%，且保持稳定。用股息增长模型计算风险报酬率 i_2。

解： 采用公式进行计算如下：

$$i_2=\frac{b(1+g)}{V}+g=\frac{0.46\times(1+4.5\%)}{10}+4.5\%\approx 9.3\%$$

【例 2】 高等数学试题。

（1）函数是$y=sin^2x$是由$y=sin\,\mu$和$\mu=x^2$合而成的。

（2）$\lim_{\Delta x\to 0}\left(1+\frac{\Delta x}{x}\right)^{\frac{x}{\Delta x}}=e$。

（3）若函数$y=f(x)$在点x_0可导，则$f'(x_0)=[f(x_0)]'$。

（4）$\int\frac{f'(x)}{1+f^2(x)}dx=$______________。

（5）函数$f(x)=\begin{cases}e^x & x>0\\ 3x+b & x\le 0\end{cases}$在点 x=0连续,则 b=____。

【例 3】 化学公式。

（1）$2KMnO_4\triangleq K_2MnO_4+MnO_2+O^2\uparrow$

（2）$2H_2+O_2\xrightarrow{点燃}2H_2O$

（3）$CH_4+Cl_2\xrightarrow{光照}CH_3+HCl$（甲烷一氯取代反应）

【例 4】 英语题。

We learn from the last two paragraphs that business-method patents______.

[A] are immune to legal challenges

[B] are often unnecessarily issued

[C] lower the esteem for patent holders

[D] increase the incidence of risks

【例 5】 看拼音写汉字。

教学相（zhǎng）	慢条（sī）理	画（lóng）点睛
卧（xīn）尝胆	（qīng）盆大雨	万马奔（téng）
五（guāng）十色	趾高气（yáng）	苦尽（gān）来
（yǔ）重心长	信口开（hé）	心（kuān）体胖

【例 6】 给带点字写拼音。

音符	凝固	渔业	光辉	插曲	锻炼
巧克力	回家	机会	统计局	编写	钢琴
和谐	诗集	延续	客人	陌生	胜利

图 3-38　各学科例题

提示： 拼音指南没有拼音的解决方法是，使用 Microsoft Office 2010 安装软件的添加或删除功能，将微软拼音输入法安装即可使用。

任务 3　制作课程表及班级考核表

A 任务展示

使用 Word 2010 制作课程表和班级考核表。课程表如图 3-39 所示，班级考核表如图 3-40 所示。

B 教学目标

（一）技能目标

（1）能够熟练制作含有斜线表头的表格，设置行高、列宽、边框、底纹等，进行美化处理。

（2）能够对表格数据设置公式进行计算与排序等操作。

（3）能够将文本转换成表格或将表格转换成文本。

（4）设计制作国内旅客住宿登录表、调酒技能考核评分标准表、汽车销售表等行业常用表格。

课程表

课节 \ 星期		一	二	三	四	五	时间
上午	1 2	计算机	大学英语	C语言	网络基础	思政	8:20-10:00
	3 4	Photoshop		C语言		计算机	10:10-11:40
休息							11:40-13:20
下午	5 6	大学英语		体育	Photoshop	公选课	13:20-15:00
	7 8	网络基础				公选课	15:10-16:40
休息							16:40-18:00
晚上	9 10	心理健康	思政	形势与政策			18:00-19:30

图 3-39　课程表

班级考核表（××系 2016-2017 学年下学期）

班级	第1周	第2周	第3周	第4周	第5周	总分	名次
15信息管理	93.33	99.65	99.10	90.30	94.56	476.94	1
14信息管理	97.50	92.36	90.25	88.65	97.26	466.02	2
15计算机网络	81.25	87.56	88.96	95.36	94.56	447.69	3
16软件技术	96.00	88.79	88.65	87.56	84.65	445.65	4
14计算机网络	88.50	87.12	81.65	91.33	95.00	443.6	5
16信息管理	82.50	88.65	87.65	88.75	78.96	426.51	6
16计算机网络	85.50	81.23	78.95	77.86	95.23	418.77	7
15软件技术	92.50	75.69	80.23	88.54	69.87	406.83	8
14软件技术	83.00	78.56	77.58	87.56	75.69	402.39	9

总分最高	476.94	总分最低	402.39	总分平均	437.16

图 3-40　班级考核表

(5) 改造与创新个人简历。

(二) 知识目标

(1) 熟练掌握创建表格的几种方法。

(2) 熟练输入表格内容，插入单元格、行或列，删除单元格、行或列，调整行高、列宽或表格大小。

(3) 能够设置单元格和表格格式，复制表格，标题行重复以及绘制双线、多线斜线表头。

(4) 熟练应用单元格的合并或拆分命令以及表格的拆分。

(5) 熟练使用表格中的函数设置公式、计算数据，对表格数据排序。

C 知识储备

(一) 创建表格

Word 2010 插入功能区表格命令组中，主要提供自动表格、指定行列表格和手动绘制表格三种创建表格的方法。

(1) 插入自动表格。光标定位在插入表格的位置，在“插入”→“表格”中，单击▦，在打开的下拉列表中移动鼠标指针，可以看到实时显示的表格行列数，达到想要的行列数时单击鼠标左键。

提示： 本方法只能插入 10 列 8 行(包括 10 列 8 行)以内的表格。

(2) 插入指定行列表格。在“插入”→“表格”中，单击▦，在打开的下拉列表中单击“插入表格”，在对话框中调整或输入想要的列数和行数，单击“确定”按钮。

提示：插入的表格可套用表格样式，将光标定位于表格，在“表格工具”→“设计”→“表格样式”中，单击所需样式。

(3) 绘制表格。在“插入”→“表格”中，单击▦，在打开的下拉列表中单击“绘制表格”，将光标移到编辑区，光标将变成笔形，按住鼠标左键在编辑区中拖动绘制表格外框，接着在外框内绘制横线、竖线或斜线。

提示：外框绘制完，将出现“表格工具”选项卡，方便表格编辑。

(二) 修改表格

(1) 选择行、列或表格。将鼠标指针移到表格左侧(或顶端)，当鼠标指针变成空心(或实心)箭头时单击选择行(或列)；或在需要选择行中单击任意单元格，在“表格工具”→“布局”→“表”中，单击“选择”，在打开下拉列表中单击“选择行”或“选择列”。

将光标定位到表格中单击左上角的“全选”按钮；或在表格内部拖动鼠标选择整个表格；或将光标定位在表格中在“表格工具”→“布局”→“表”中，单击“选择”，在打开的下拉列表中单击“选择表格”。

提示：选择多行或多列最简单的方法按住鼠标左键进行拖动；选择不连续行或列可按住Ctrl键进行。

(2) 调整行高或列宽。用鼠标移动到行或列边框上，指针变成双向箭头时，上下拖动改变行高，左右拖动改变列宽。或者在“表格工具”→“布局”→“表”中，单击“属性”，在对话框中可以设置表格大小、行高、列宽等。在表格属性对话框中设置行高时，最小值是系统根据文字大小与多少自动调整的尺寸，固定值是用户自行设置的尺寸，可能出现文字显示不全。

自动调整功能也可以调整行高或列宽，将光标定位到表格中，右击弹出快捷菜单，单击“自动调整”，有三种方式：根据内容调整表格，根据窗口调整表格以及固定列宽。

提示：使用鼠标左键拖动同时按下Alt键可微调表格行高或列宽。表格属性对话框中的“允许跨行断页”可将行高过高的行在两页显示。

(3) 插入(或删除)单元格、行或列。将光标定位到要插入单元格的位置，在“表格工具”→“布局”→“行和列”中，单击“展开”图标◲，出现“插入单元格”对话框，选择插入单元格方式，如图3-41所示。

或者在“表格工具”→“布局”→“行和列”中，单击“在上方插入”“在下方插入”“在左侧插入”“在右侧插入”。将光标定位到要删除的单元格、行或列中，在“表格工具”→“布局”→“行和列”中，单击“删除”，选择删除单元格、列、行或表格，如图3-42所示。

(4) 平均分布各行或各列。调整表格宽度，并且要求每列的列宽相同，首先调整最左边或最右边一列的宽度，选中要调整的列或全部列，右击，在弹出的快捷菜单中，单击“平均分布各列”。平均分布各行的使用方法类似。

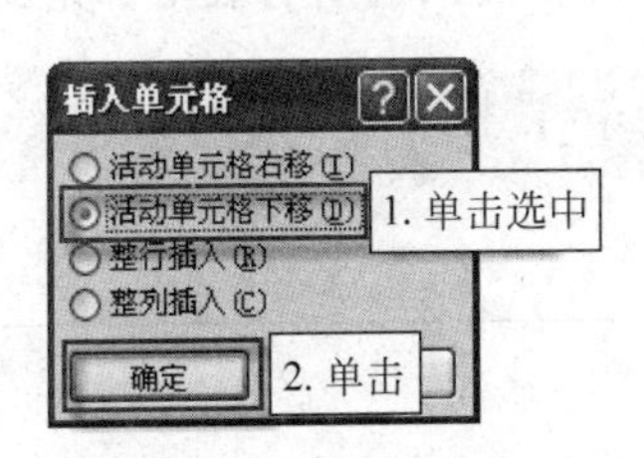

图 3-41　插入单元格

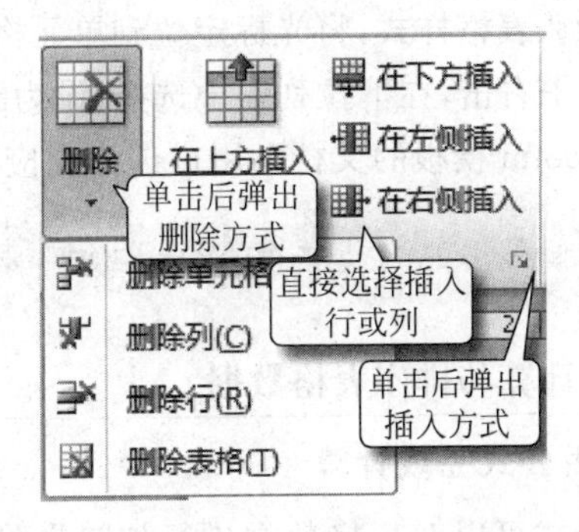

图 3-42　行和列

提示： 本功能必须在选定两列或以上时才可以使用。

(5) 合并或拆分单元格。选择要合并的两个或多个单元格，在“表格工具”→“布局”→“合并”中，单击“合并单元格”，或选中后直接右击，单击“合并单元格”；选择要拆分的单元格，在“表格工具”→“布局”→“合并”中，单击“拆分单元格”，或选中后直接右击，单击“拆分单元格”，在对话框中选择要拆分的行数和列数。

(6) 拆分表格。要将一张表格拆分成两张表格，先将光标定位到要拆分表格中，在“表格工具”→“布局”→“合并”中，单击“拆分表格”。

(7) 标题行重复。如果一个表格显示在几页纸上，为便于阅读，除第一页外的其他页也需要标题。选择表格第一行，在“表格工具”→“布局”→“数据”中，单击“重复标题行”。

提示： 在使用“重复标题行”命令时，光标必须放在表格的第一行才有效，否则将处于灰色不可用状态。另外，表格必须是跨页时才有效。在表格属性对话框中“在各页顶端以标题行形式重复出现”选项与“重复标题行”作用相同。

（三）美化表格

(1) 设置边框和底纹。选择单元格或表格后右击，单击“边框和底纹”；或者在“表格工具”→“设计”→“表格样式”中，单击“底纹”或“边框”。

提示： 绘制斜线表头，务必在表格的第一行第一列，通过“边框”中的斜下框线完成。

(2) 设置单元格文本对齐。垂直对齐有顶端对齐、居中或底端对齐，水平对齐有左对齐、居中或右对齐，组合成 9 种对齐方式。选择单元格或表格，在“表格工具”→“布局”中，单击“对齐方式”，选择方式。

(3) 表格与文字环绕方式。选择表格，在“表格工具”→“布局”→“表”中，单击“属性”，选择相应的文字环绕类型，或选择表格后右击，单击“表格属性”。

(4) 文字方向。默认情况下表格文字是横向的，更改排列方向，选择要对齐的文字或单元格，在“表格工具”→“布局”→“对齐方式”中，单击“文字方向”。

(5) 使用表格样式，在制作和编辑表格时，使用表格样式可以快速制作出美观表格。选择任意单元格，在“表格工具”→“设计”→“表格样式”中，直接单击某样式，或通过单击其他按钮选择更多样式。

改变默认表格样式，将光标定位到单元格中，在“表格工具”→“设计”→“表格样式”中，在表格样式列表中右击，在下拉列表中选择“设为默认值”，默认表格样式应用“仅此文档”和“所有基于 Normal.dotm 模板的文档”，用户选择相应范围应用，使新插入的所有表格都是默认样式。

提示：如果用户希望恢复 Word 2010 默认表格样式，再将普通表格设置为默认。

（四）计算与排序表格数据

1. 应用公式完成计算

应用公式可以对表格数据进行加减乘除、求平均值、求百分比、求最大值和最小值等运算。

公式格式为 =单元格编号　运算符　单元格编号

函数格式为 =函数名(计算范围)

(1) 单元格编号的原则：列标用字母 A、B、C、…，行号用数字 1、2、3、…，单元格编号的形式为“列标+行号”，表格第一列为 A，表格第一行为 1(含标题行)，即字母在前数字在后，例如 B2、C6。

(2) 常用函数：SUM 求和，AVERAGE 求平均值，MAX 求最大值，MIN 求最小值。

(3) 计算范围表示：连续单元格的区域为第一个单元格和最后一个单元格，用冒号隔开，例如，E2:E7 表示从 E2 单元格起至 E7 单元格的区域；也可以使用 Left(左侧)、Right(右侧)、Above(上面)、Below(下面)表示连续区域。

(4) 操作方法：将光标定位到要存放计算结果的单元格，在“表格工具”→“布局”→“数据”中，单击“公式”，在“粘贴函数”列表框中选取函数或输入。计算其他列(或行)比较简单，选中求出的结果，复制到相同格式的单元格中，在选中时按下 F9 键即可。

提示：用户可以在公式编辑框中输入“=5*3+9/3”，单击“确定”按钮，在当前单元格返回计算结果 18。如果单元格中数值发生改变，计算结果不会自动更新，需要选中计算结果后右击，选择“更新域”。

2. 对数据排序

选中要排序的列，在“表格工具”→“布局”→“数据”中，单击“排序”，在对话框中依次完成关键字(主要、次要、第三)、类型(笔画、数字、日期、拼音)、选项(升序、降序)、列表(有标题行、无标题行)等，次要关键字和第三关键字根据用户需要设置，也可以不设置。

提示：在排序列表中选择“无标题行”，则标题行也参与排序。

（五）文字与表格转换

(1) 文字转换表格。选中需要转换为表格的文字，在“插入”→“表格”中，单击“文本转换成表格”，在对话框中“自动调整”项用于调整表格列宽方式，“文字分隔位置”用于更改默认的文字分隔符，将产生不同表格。

提示：文本转换表格的前提条件是，使用段落标记、制表符、逗号或空格等其他字符隔开。

(2) 表格转换文字。选中要转换的表格，在“表格工具”→“布局”→“数据”中单击“转换为文本”,默认分隔符是制表符。

D 任务实现

(一) 绘制课程表框架

(1) 打开 Word 2010,在文档的开始位置输入标题“课程表”,然后按 Enter 键。

(2) 在“插入”→“表格”中,单击▼按钮,再单击“插入表格”,设置列数和行数为 7×13。

(3) 插入表格后,选中标题文本,在“开始”→“字体”中,设置“宋体、加粗、四号、居中”,段后间距 5 磅,字体间距 1 磅。

提示: 插入的表格并非一定是 7 列 13 行,能绘制出课程表的大致框架即可,在使用过程中可以插入或删除行或列。

(二) 编辑课程表

(1) 将鼠标指针移到表格右下角的控制点上,向下拖动鼠标调整表格的高度。

(2) 通过鼠标左键拖曳调整第一行的高度,适当加高,以备插入斜线表头使用。

(3) 在“表格工具”→“设计”中,单击“绘制表格”,光标变为笔形,在第一列中间从第二行开始使用鼠标绘制一条直线,到最后一行结束。

(4) 在“表格工具”→“设计”中,单击“擦除”,光标变为橡皮擦形,按照图 3-39 课程表样图,单击擦除表格第一列中多余的线条。

(5) 选中第一列的第 2、3、4、5 行这 4 个单元格,在选定区域右击,在快捷菜单中选择“合并单元格”进行合并。

(6) 同样的操作将第一列的 7、8、9、10 行 4 个单元格合并。

(7) 按照课程表样图所示,进行其他列或行的单元格合并。

提示: 绘制表格当光标变成笔形时,按住 Shift 键可以快速临时切换到擦除状态。退出绘制状态再次单击“绘制表格”,光标从笔形变回原形状,退出擦除状态再次单击“擦除”,光标从橡皮擦形变回原形状。

(三) 输入与编辑课程表文本

(1) 除第一行第一列单元格暂不输入外,向其他单元格输入文本。按 Tab 键可以移到下一个单元格,也可以用鼠标指针定位。根据单元格中的文本内容会自动换行,但为了避免出现单元格一行 3 个字另一行 1 个字,可以在两个字后按 Enter 键。

(2) 选中表格,在选中区域中右击,在快捷菜单中选择“单元格对齐方式”,单击第二行第二列中部居中按钮。

(四) 设置及美化课程表

(1) 将光标定位到第一行第一列的单元格中,在“表格工具”→“设计”→“绘图边框”中,线宽设置为 0.75 磅,单击“绘制表格”,用笔绘制斜线。

(2) 在“插入”→“文本”中,单击“文本框”中的“绘制文本框”,鼠标指针变成十字形,拖曳左键绘制文本框,输入“星期”,调整文本框大小,设置格式为“无填充”和“无线条”。复制文本框,将内容更改为“课节”,将文本框拖动到适当位置,按住 Shift 键选中两个文本框,右击,单击“组合”，制作完成斜线表头。

（3）选中表格，在选定区域上右击，在快捷菜单中单击“边框和底纹”，自定义设置，样式和颜色使用默认设置，宽度 1.5 磅，在预览图中单击 4 条外框线。再次打开“底纹”选项卡，填充“茶色，背景 2”，单击“确定”按钮，如图 3-43 所示。

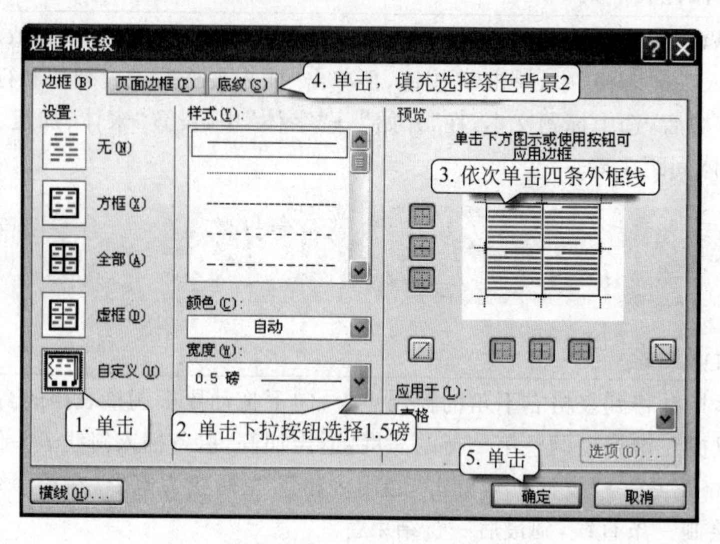

图 3-43　边框和底纹

（4）在“表格工具”→“设计”→“绘图边框”中，设置线型样式为双实线，在第一行底部使用鼠标左键绘制出一条双实线，同样的操作方法，绘制出其他双实线。

（五）制作班级考核表并实现统计

（1）按照文本转换成表格的方法制作出一个班级考核表。按照样图要求输入文本，在输入过程中使用 Tab 键切换到下一个文本区域，如图 3-44 所示。

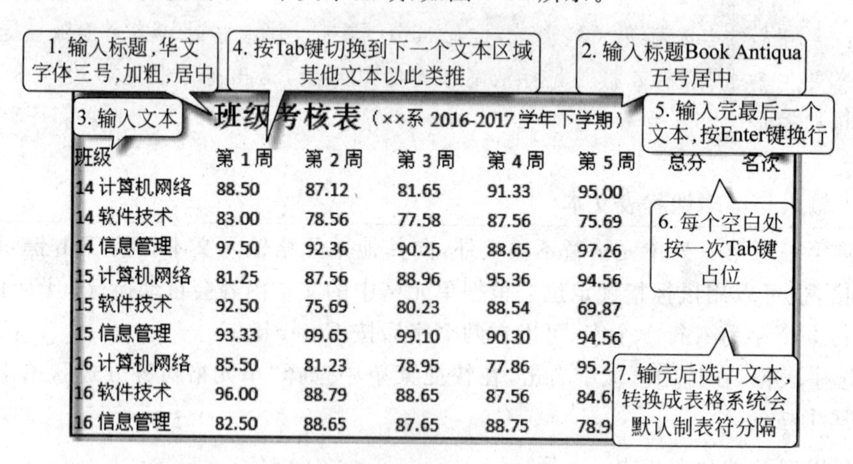

班级考核表（××系 2016-2017 学年下学期）

班级	第 1 周	第 2 周	第 3 周	第 4 周	第 5 周	总分	名次
14 计算机网络	88.50	87.12	81.65	91.33	95.00		
14 软件技术	83.00	78.56	77.58	87.56	75.69		
14 信息管理	97.50	92.36	90.25	88.65	97.26		
15 计算机网络	81.25	87.56	88.96	95.36	94.56		
15 软件技术	92.50	75.69	80.23	88.54	69.87		
15 信息管理	93.33	99.65	99.10	90.30	94.56		
16 计算机网络	85.50	81.23	78.95	77.86	95.2		
16 软件技术	96.00	88.79	88.65	87.56	84.6		
16 信息管理	82.50	88.65	87.65	88.75	78.9		

图 3-44　使用制表符制作的文本

（2）选中文本，在“插入”→“表格”中，单击“表格”，再次单击“文本转换成表格”，生成了表格。

（3）光标定位到第二行总分列所在的单元格，在“表格工具”→“布局”→“数据”中，单击“公式”，在“公式”对话框中，公式栏里默认为“＝SUM(LEFT)”，单击“确定”按钮，得到总分，如图 3-45 所示。

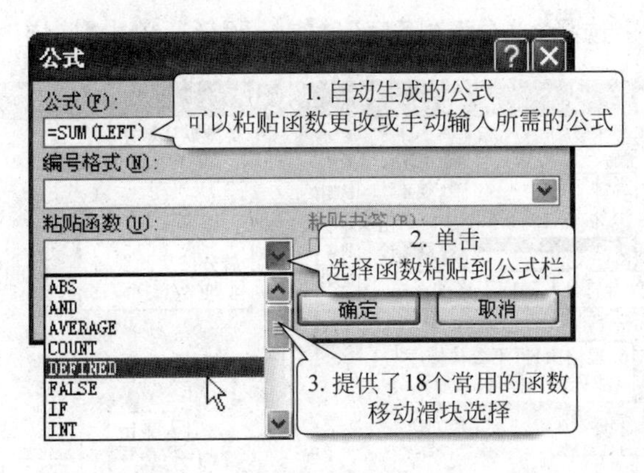

图 3-45 公式

(4) 复制总分单元格到其他要求计算的单元格，选中按下 F9 键，求出所有总分。注意，在求第一个总分时使用公式“=SUM(LEFT)”完成后第(4)步可用，要是使用公式“=SUM(B2:F2)”，虽然能求出第一个总分，但是对第(4)步是无效的。

(5) 光标移到表格最后一行的行末，按 Enter 键产生新行，按照要求合并单元格，并三击单元格拖曳左键调整本行列宽。

(6) 美化表格，表格边框线宽度为 1.5 磅，表格第一行和最后一行添加底纹为“茶色，背景 2”，设置表格对齐方式，A2:A11 单元格左对齐，其他单元格为中部居中，使用默认字体和字号。

(7) 将光标定位在最后一行第二个单元格中，在“表格工具”→“布局”→“数据”中，单击“公式”，在“粘贴函数”中选择 MAX，范围输入 G2:G10，即完成后的公式为=MAX(G2:G10)，单击“确定”按钮即得到总分最高值。计算总分最低、总分平均的操作方法与求总分最高相同，如图 3-46 所示。

班级考核表（××系 2016-2017 学年下学期）

	A	B	C	D	E	F	G	H
1	班级	第 1 周	第 2 周	第 3 周	第 4 周	第 5 周	总分	名次
2	14 计算机网络	88.50	87.12	81.65	91.33	95.00	443.6	
3	14 软件技术	83.00	78.56	77.58	87.56	75.69	402.39	
4	14 信息管理	97.50	92.36	90.25	88.65	97.26	466.02	
5	15 计算机网络	81.25	87.56	88.96	95.36	94.56	447.69	
6	15 软件技术	92.50	75.69	80.23	88.54	69.87	406.83	
7	15 信息管理	93.33	99.65	99.10	90.30	94.56	476.94	
8	16 计算机网络	85.50	81.23	78.95	77.86	95.23	418.77	
9	16 软件技术	96.00	88.79	88.65	87.56	84.65	445.65	
10	16 信息管理	82.50	88.65	87.65	88.75	78.96	426.51	
	总分最高		总分最低	402.39		总分平均	437.16	

图 3-46 使用粘贴函数和计算范围求最高分

(8) 选中表格除最后一行的所有行,在"表格工具"→"布局"→"数据"中,单击"排序",在排序对话框中主要关键字选择"总分","降序","有标题行",单击"确定"按钮,如图 3-47 所示。

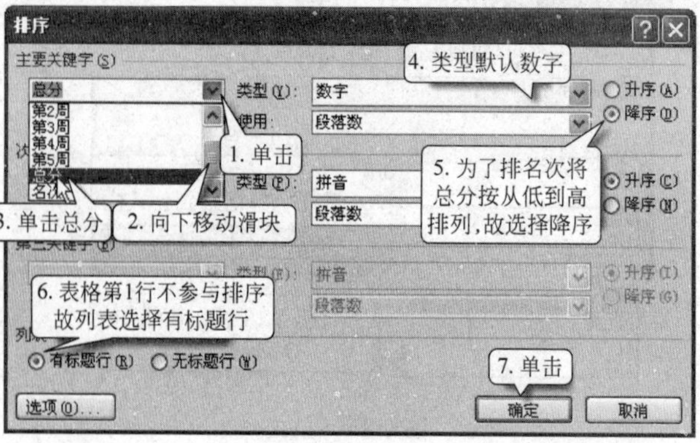

图 3-47 按照总分排序

(9) 按总分从高到低排好序的表格就生成了,最后在名次列输入序号。

提示:公式中输入文本应全部是西文,否则会报语法错误。表格中有合并后的单元格无法排序。

E 技能提升

(一) 制作并美化登记表

酒店设计客人入住登记表的形式不尽相同,但登记表上所列项目必须包括国家法律所规定的登记项目和酒店运行与管理所需要的登记项目两方面内容,设计、制作并自行美化国内旅客登记住宿表,如图 3-48 所示。

提示:利用水平标尺上的左缩进、右缩进、悬挂缩进调整编号与文本间距。

(二) 设计并制作评分表

设计并制作调酒技能考核评分标准表,鸡尾酒是用一种蒸馏酒作基本成分,兑以辅助成分如其他酒品、果汁、香料、添色剂等,加冰块混合调制并饰以鲜果的混合饮品。鸡尾酒是色、香、味、形兼备的酒,可谓艺术酒品。设计并制作一个表格,记录考核选手调酒技能的得分,如图 3-49 所示。

(三) 计算并排序汽车销售数量

制作上海某汽车销售公司 1～4 月份销售统计表,如图 3-50 所示。问题:将"华南宝马X5"单元格由 751 更改为 626 后,相应的合计单元格更新域后变为 2029,平均销量更新域变为 439.6,按合计进行降序排列,当合计相同时再按华东销售数量降序排列,如图 3-51 所示。

(四) 设计完成个人简历

新建空白文档,使用表格布局保证版面结构清晰,完成简历制作,以"个人简历.docx"为名保存。个人简历是求职者给招聘单位发的一份简要介绍。完善表格文本,具体条目及格式可以自行设计,实例表格仅作参考,如图 3-52 所示。

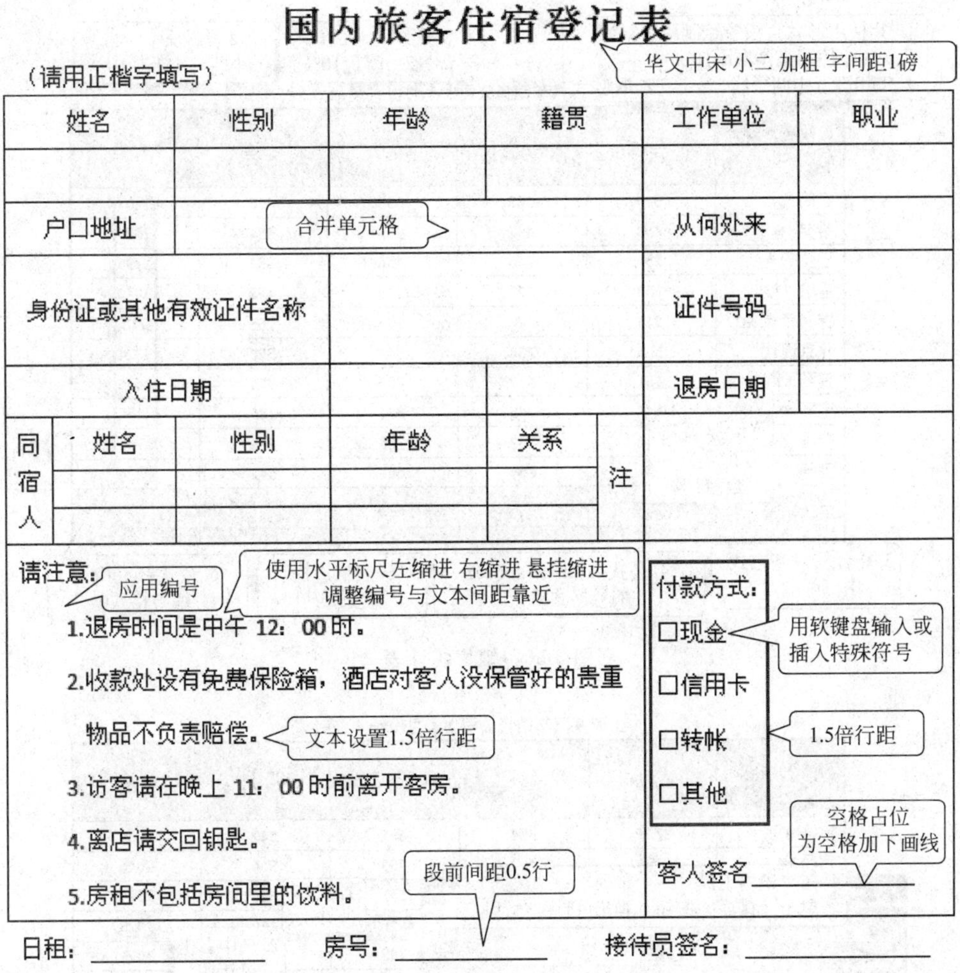

国内旅客住宿登记表

华文中宋 小二 加粗 字间距1磅

（请用正楷字填写）

姓名	性别	年龄	籍贯	工作单位	职业
户口地址	合并单元格			从何处来	
身份证或其他有效证件名称				证件号码	
入住日期				退房日期	
同宿人	姓名	性别	年龄	关系	注

请注意：

应用编号

使用水平标尺左缩进 右缩进 悬挂缩进 调整编号与文本间距靠近

1.退房时间是中午 12：00 时。

2.收款处设有免费保险箱，酒店对客人没保管好的贵重物品不负责赔偿。

文本设置1.5倍行距

3.访客请在晚上 11：00 时前离开客房。

4.离店请交回钥匙。

5.房租不包括房间里的饮料。

段前间距0.5行

付款方式：

□现金

□信用卡

□转帐

□其他

用软键盘输入或插入特殊符号

1.5倍行距

空格占位 为空格加下画线

客人签名__________

日租：__________ 房号：__________ 接待员签名：__________

图 3-48　国内旅客住宿登记表

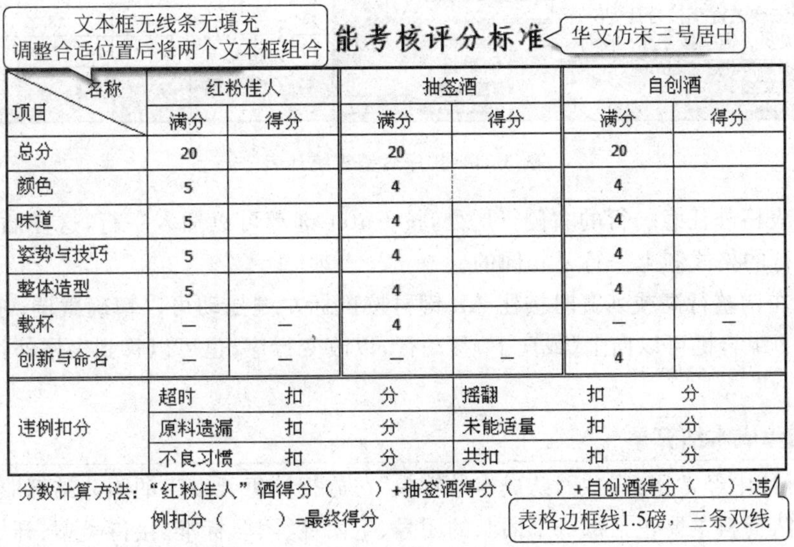

文本框无线条无填充 调整合适位置后将两个文本框组合

能考核评分标准

华文仿宋三号居中

名称 项目	红粉佳人		抽签酒		自创酒	
	满分	得分	满分	得分	满分	得分
总分	20		20		20	
颜色	5		4		4	
味道	5		4		4	
姿势与技巧	5		4		4	
整体造型	5		4		4	
载杯	—	—	4		—	—
创新与命名	—	—	—	_	4	
违例扣分	超时	扣　分	摇翻	扣　分		
	原料遗漏	扣　分	未能适量	扣　分		
	不良习惯	扣　分	共扣	扣　分		

分数计算方法："红粉佳人"酒得分（　　）+抽签酒得分（　　）+自创酒得分（　　）-违例扣分（　　）=最终得分

表格边框线1.5磅，三条双线

图 3-49　考核评分标准

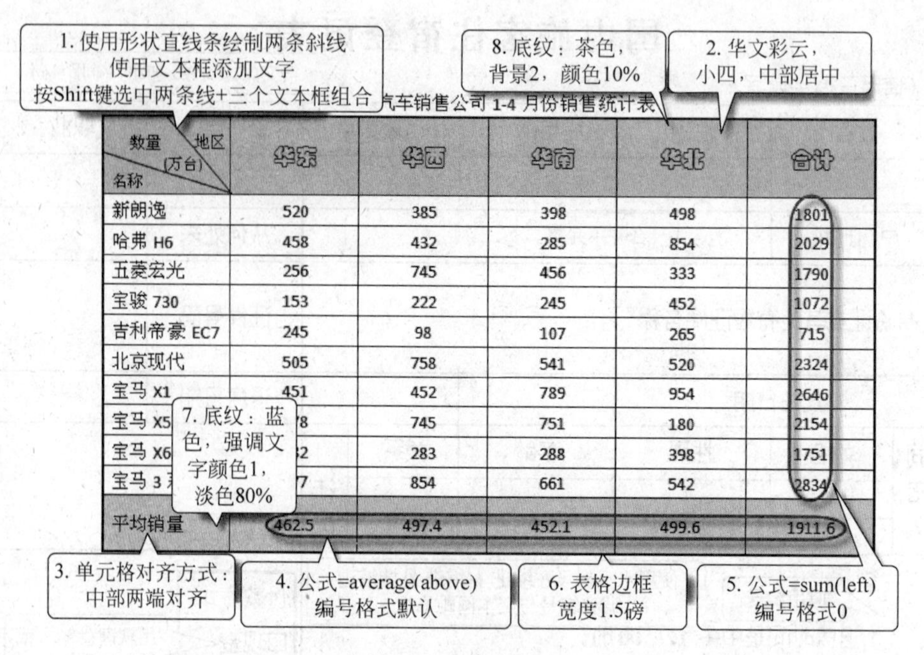

数量（万台）地区 名称	华东	华西	华南	华北	合计
新朗逸	520	385	398	498	1801
哈弗 H6	458	432	285	854	2029
五菱宏光	256	745	456	333	1790
宝骏 730	153	222	245	452	1072
吉利帝豪 EC7	245	98	107	265	715
北京现代	505	758	541	520	2324
宝马 X1	451	452	789	954	2646
宝马 X5	[illegible]	745	751	180	2154
宝马 X6	[illegible]	283	288	398	1751
宝马 3 [illegible]	[illegible]	854	661	542	2834
平均销量	462.5	497.4	452.1	499.6	1911.6

图 3-50　销售统计表

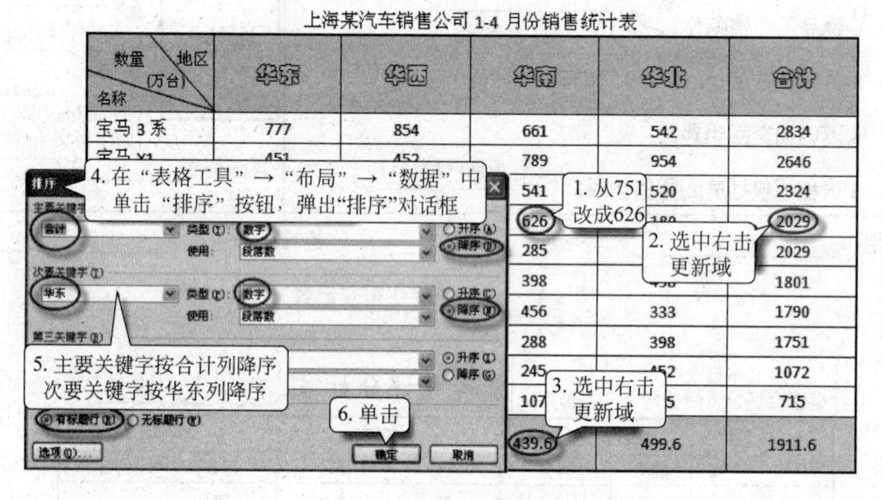

图 3-51　排序后销售统计表

提示 1：表格外任意一行的右侧行尾处，按 Enter 键都可以插入一行，这样插入一行的好处是，新插入行的格式和上一行是相同的。

提示 2：在调整行高或列宽时按住 Alt 键再按鼠标左键拖动可以精确微调；按下 Shift+Alt+↑(或↓)组合键可以向上(或向下)移动行，以改变行序，也可以移到表格外，相当于拆分表格。

（五）制作成本结算单

制作旅行社中经常用到的“团队成本结算单”。旅行社每天发生的团队结算业务都要进行整理统计，团队资料主要包括每一个团队的团号、组团社、团队标准、接待类型、开始结束日期、

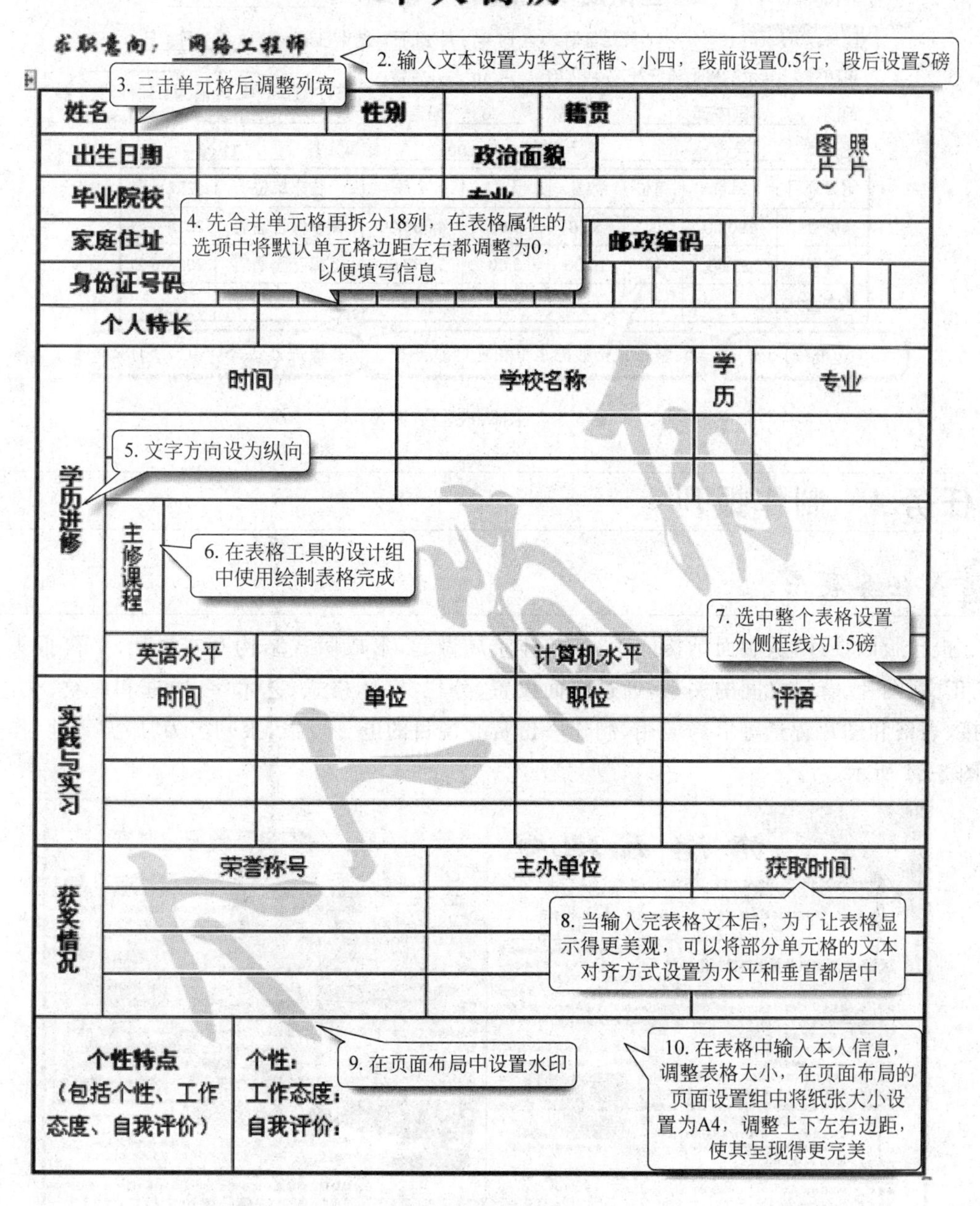

图 3-52　个人简历

参团人数等信息，是团队收入成本核算的基础，如图 3-53 所示。

提示 1：表格的灵活运用，制作一个无线条的表格，可以保证输入的“团号、组团社、部门、业务员”这 4 行的内容对齐。本示例采用的是制表位和 Tab 键完成的，读者可以尝试下。

提示 2：去掉表格中段落回车符的方法，在“文件”→“选项”→“显示”中，单击“始终在屏幕上显示这些格式标记”组里的“段落标记”，去掉前面的√号。

1. 黑体，小三，加粗，居中

2. 宋体，五号，居中

3. 使用Tab键对齐

团队成本结算单　　财务编号：________

团号：zwy4518　开始日期：2018 年 6 月 21 日　结束日期：2018 年 7 月 1 日

组团社：哈尔滨铁道旅行社　成人数：10　儿童数：2

部门：国内部　婴儿数：0　陪同人数：0

业务员：吴含　人天数：55.00　结算人数：11.00

4. 段落为1.3倍行距

结算项目	单价	单位	数量	天数	金额	往来单位	生效日期
房费	180.00	间	5.00	5.00	4,500.00	浦东假日酒店	2018-6-21
餐费	25.00	顿	10.00	5.00	1,250.00	上海花园酒店	2018-6-21
成本合计					5,750		

5. 外边框线1.5磅

6. 整张表格数据水平和垂直都居中

7. 设置公式=SUM(F2:F3)求和

图 3-53　团队成本结算单

任务 4　制作报刊

A 任务展示

报刊版面设计，从版面结构入手，从整体布局做起，形成版式结构基本框架，平衡报头、标题、正文、图片、背景之间的关系，通过页面设置、分栏、字体格式、艺术字、边框和底纹、文本框链接、表格和图片背景等恰当应用，制作一份赏心悦目的电子板报，报刊名为“旅游天地”作品，如图 3-54 所示。

旅游天地

邮发代号：418-777　国内统一刊号：ZWY8899-666　2017 年 3 月 4 日

第 1 期　总第 1 期

主办单位：黑龙江旅游职业技术学院　主编：左路　美术编辑：张新

2017 哈尔滨冰雪旅游高峰论坛举行

哈尔滨著名景点介绍

圣·索菲亚教堂

安顿玖树，我和自己最好的时光

文/应志刚

尘世

【行程安排】

太阳岛国际旅行社

港澳

特价

图 3-54　旅游天地报刊

B 教学目标

(一) 技能目标

(1) 通过对报刊排版,综合应用 Word 基本操作与高级功能。

(2) 能够熟练进行页面设置、排版字体、段落格式。

(3) 能够使用分栏、文本框、表格进行板块设计与布局。

(4) 在版面美化过程中熟练使用图片、艺术字、自选图形,对文字使用中文版式以及加上边框和底纹等一系列操作修饰以达到美观效果,在这些过程中可以尽情地发挥自己的想象和创造进行修饰和美化。

(二) 知识目标

(1) 学会页面大小、方向、页边距、页面背景、分栏、添加封面、添加水印、主题设置。

(2) 熟练掌握图文混排编辑。

(3) 插入并设置页眉页脚。

(4) 正确使用带圈字符、纵横混排、合并字符、双行合一等中文版式。

(5) 掌握打印预览、打印、文档保护。

(6) 掌握文本框的应用与艺术字插入。

(7) 掌握特殊格式首字下沉的应用。

(8) 熟练掌握自选图形、线条、表格的应用。

C 知识储备

(一) 报刊常见排版方式

(1) 使用文本框设计布局。文本框是可移动、可改变大小的文本或图片容器,利用文本框可以灵活地对文本或图片进行定位。在排版时希望将一篇文章排成几部分可以用文本框来实现,但在使用多个文本框时会遇到一个问题,多个文本框中的文字彼此并不关联,如果前面文本框中的文本做了调整,后面的也要随之调整,编辑会非常烦琐,这个问题通过链接文本框可以解决。当选中某一文本框时,在“绘图工具”→“格式”→“文本”中,单击“创建链接”,光标变成小壶形状,移动到另一个文本框上时小壶随之倾斜,单击鼠标即可完成两个文本框间链接(此时若不想链接可以按 Esc 键取消)。这样当在第一个文本框中输入文本放不下时会自动移到第二个文本框,如果需要断开链接,在“绘图工具”→“格式”→“文本”中,单击“断开链接”。

提示: 文本框中可以放置文本、公式、图片、SmartArt 对象,不能放置形状和艺术字。

(2) 使用无线框表格设计布局,可增强对文章定位的控制,使版面更加规整。

(3) 使用形状布局版面,灵活地设计形状,进行编排、组合、填色等操作,可以起到意想不到的排版效果。

(4) 利用底纹或背景图片布局版面,底纹或背景图片是指衬在文本下方的颜色或图案,衬入恰当底纹或图案,可以美化版面,烘托主题,底纹既可以衬于整个版面下方,也可以衬于某一篇文章下面。

(二) 页面版式

(1) 文档页面设置。在“页面布局”→“页面设置”中,单击对话框启动器,打开对话框,有4个选项卡：页边距、纸张、版式、文档网格，如图3-55所示。

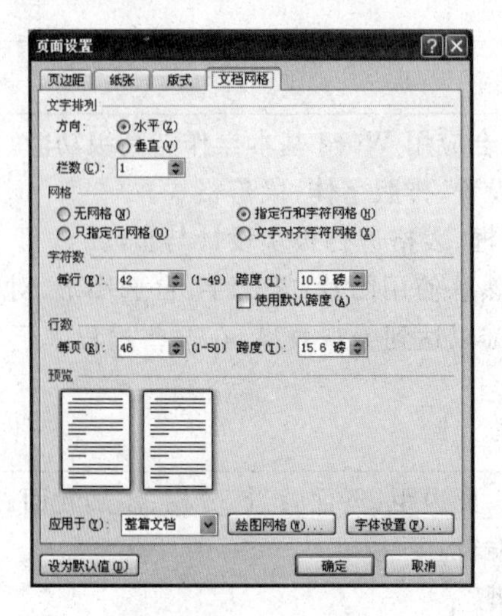

图3-55　页面设置

在“页边距”选项卡中，可以对文档的上、下、左、右边距进行设置，对装订线位置进行设置，设置文档方向是纵向还是横向，默认的是纵向，页码范围设置文档形式，设置效果应用于全篇文档还是应用于某一节文档并进行预览。

在“纸张”选项卡中，可设置纸张大小、来源及应用范围。

在“版式”选项卡中，可以设置页眉和页脚的特殊格式及页面的对齐方式。

在“文档网格”选项卡中，可以设置文字的排列方向及栏数，通过选择不同单选框决定是否规定文档中一页由多少行组成，是否规定文档中一行由多少个字组成，当选中“指定行和字符网格”单选框时，可以设置每行多少个字符，或设置字符之间的跨度；当选中“文字对齐字符网格”单选框时，可设置每行多少个字符，但是字符间的跨度处于不可以设置状态；当选中“只指定行网格”时，可以设置每页多少行，或设置行数，但不能指定字符数。

提示：页面颜色在打印或打印预览下无效。

(2) 分栏。将文档全部页面或选中内容设置为多栏，从而呈现出报刊杂志中经常使用的多栏排版页面。默认情况下，提供5种分栏类型：一栏、两栏、三栏、偏左、偏右。单击“更多分栏”，在打开的对话框中，可以在栏数中指定1～45，选中“分隔线”复选框可以在各栏之间添加分隔线，在“宽度和间距”中可以设置各栏宽度和间距，选中“栏宽相等”复选框，可以设置当前所有栏宽与间距相等。选中文本单击分栏，只对选中文本分栏，不影响没选中的文本。当单击预设中的“一栏”时，则取消分栏。

提示：当选中文本包含文章最后一段时，不能将最后一个换行标记选中，这样做能够达到分栏平衡。

(3) 添加封面。封面库中包含预先设计的各种封面，使用起来很方便。可选择一种封面，并用自己的文本替换示例文本。不管光标显示在文档中的什么位置，总是在文档的开始处插入封面。在“插入”→“页”中，单击“封面”，单击选项库中的封面布局，插入封面后，通过单击选择封面区域用自己的文本替换。要删除封面，在“插入”→“页”中，单击“删除当前封面”。

提示：如果在文档中插入了另一个封面，则新的封面将替换插入的第一个封面。要替换在早期版本 Word 中创建的封面，必须手动删除第一个封面，然后使用库中的设计添加封面。

(4) 添加水印和边框。在“页面布局”→“页面背景”中，可以设置水印和边框，在“水印”下拉按钮中单击“自定义水印”，在打开的对话框中，可为页面背景设置图片水印和文字水印。

提示：如果对设置好的水印进行修改，必须在页眉和页脚工具打开情况下修改，文字水印是以艺术字形式显示的。

(5) 向文档应用主题。通过应用主题可更改整个文档的总体设计，轻松快速地使文档具有专业外观。主题是一组格式选项，包括一组主题颜色、一组主题字体(包括标题和正文文本字体)和一组主题效果(包括线条和填充效果)。在“页面布局”→“主题”中，单击“主题”，选择要使用的文档主题。

提示：应用主题会影响在文档中使用的样式(样式：字体、字号和缩进等格式设置特性的组合，将这一组合作为集合加以命名和存储，应用样式时，将同时应用该样式中所有的格式设置指令。)

(三) 页眉和页脚

页眉和页脚是文档页顶部或底部重复出现的文字或图片等信息。在页面视图下，显示的页眉和页脚是灰色的，区别于正文，打印效果与正文是一样的。

(1) 创建页眉页脚。默认情况下，页眉和页脚是空白的，只在页眉和页脚区域输入文本或插入页码等对象后，才能看到。方法：在“插入”→“页眉和页脚”中，单击“页眉”或“页脚”，在打开的面板中，单击“编辑页眉”，可以在页眉或页脚区域输入文本内容，还可以在“设计”中选择插入页码、日期和时间等对象。完成后单击“关闭页眉和页脚”或在正文区域双击都可以退出编辑状态。

(2) 设置首页不同或奇偶页不同的页眉页脚。在篇幅较长或比较正规的文档中，一般需要设置在首页、奇数页、偶数页使用不同的页眉或页脚，以体现不同页面的页眉或页脚特色。方法：在“插入”→“页眉和页脚”中，单击“编辑页眉”打开编辑区域，在“设计”中，将“首页不同”、“奇偶页不同”复选框选中。

提示：在插入页眉时，将不需要的页眉删除后，页眉编辑区还留有一条横线，实际上为页眉文字加上了一条下边框线，即使删除了文字，段落符号仍然存在，所以横线还在。去除方法是，选中页眉中段落标记，在“开始”→“段落”中，单击“边框和底纹”旁边的下拉按钮，选择“无框线”。

(四) 视图

在 Word 2010 中，可以有多种方式显示文档，这些显示方式称为视图，共有 5 种视图模式：页面视图、阅读版式视图、Web 版式视图、大纲视图和草稿视图。

(1) 页面视图：是默认的显示方式，是编辑文档最常用一种方式，可精确显示文本、图形、表格等格式，与打印文档效果接近，充分体现所见即所得。对页眉页脚等格式处理需要在页面方式下显示，适合排版。

(2) 阅读版式视图：是进行了优化的视图，便于在计算机屏幕上阅读文档，单击屏幕右上角的“关闭”按钮或按 Esc 键可关闭阅读版式视图，适合阅读文章。

(3) Web 版式视图：优化页面，使其外观与在 Web 上发布的外观一致，可以看到背景、自选图形和其他在 Web 文档及屏幕上查看文档时常用的效果，适合网上发布。

(4) 草稿视图：是输入、编辑和格式化文本的标准视图。主要针对文本进行编辑，不能显示页边距标记、页眉页脚、页码、图文、分栏等，当然也不能编辑这些内容，适合录入。

(5) 大纲视图：按照文档中标题的层次显示文档，通过折叠文档来查看主要标题，或者展开标题查看下级标题和全文。使用此视图可以看到文档结构，便于对文本顺序和结构等进行重新调整，适合编辑论文等长篇文档，如图 3-56 所示。

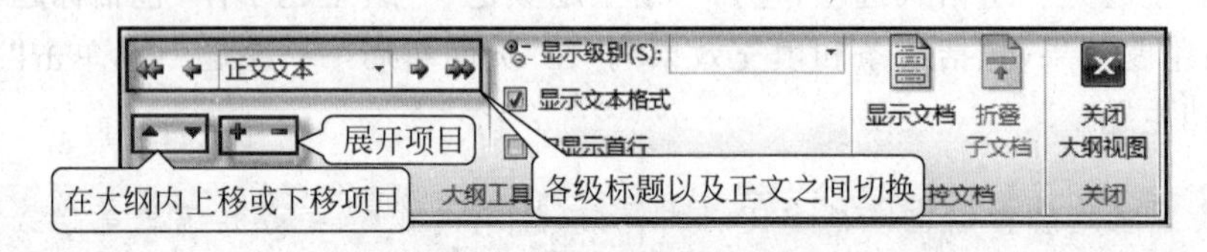

图 3-56 大纲视图工具

(6) 导航窗格：精确导航，快速移动到特定位置。导航功能的导航方式有 4 种：标题导航、页面导航、关键字(词)导航和特定对象导航。按标题导航是指应用标题样式设置的文本，单击某标题时，光标将定位到文档中该标题位置。

(7) 并排查看。打开两个或两个以上文档窗口，在当前文档窗口中切换到“视图”功能区，在“窗口”选项组中，单击“并排查看”，如果是两个文档会自动并排，如果是两个以上文档将会打开对话框，选择需要并排查看的文档。再次单击“并排查看”，退出并排查看状态。

(五) 显示/隐藏编辑标记

编辑标记是指在文档屏幕上可以显示，但打印时不被打印的字符，如空格符、回车符、制表位等。在屏幕上查看或编辑文档时，利用这些编辑标记可以方便地看出在单词间是否有多余空格，或段落是否结束等。

在“文件”→“帮助”→“选项”中，单击“显示”，在“始终在屏幕上显示这些格式标记”中，选中复选框显示、取消复选框隐藏编辑标记。

提示：在“显示”的“始终在屏幕上显示这些格式标记”中，取消复选框隐藏编辑标记情况下，单击“段落”选项组 按钮，可以快速切换显示或隐藏标记。

(六) 中文版式

(1) 带圈字符。选中文本或将光标定位在需要插入带圈字符的位置，在“开始”→“字体”中，单击 按钮打开对话框，选择样式，可以用选中的文本，也可以在“文字”输入框中输入文字，选择圈号，单击“确定”按钮，要去掉这个圈，在对话框中选择样式为“无”。

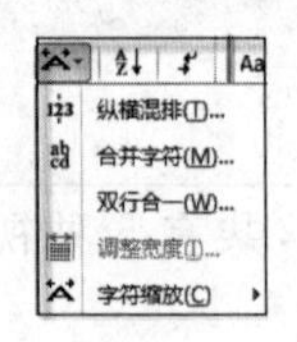

图 3-57 中文版式列表

(2) 纵横混排。在“开始”→“段落”中，单击 按钮，打开下拉列表，如图 3-57 所示。

选中文本,单击“纵横混排”,打开对话框,如果选择字数较多,清除“适应行宽”复选框,单击“确定”按钮,要撤销纵横混排,将光标定位在混排文字中,在对话框中单击“删除”按钮。

(3) 合并字符。合并字符功能可以把几个字符集中到一个字符位置上,选中要合并的文本,单击“合并字符”,打开对话框,在文字输入框中输入其他内容,调整字体和字号,单击“确定”按钮,选中的文字合并成一个字符。要撤销合并字符,可选中已合并的字符,在对话框中单击“删除”按钮,注意删除的只是合并字符格式,并不删除内容。

(4) 双行合一。双行合一与合并字符有些相似,合并字符有6个字符限制,而双行合一没有这个限制,合并字符可以设置合并的字符字体与字号,而双行合一不能设置。

(七) 文档保护

(1) 设置文档密码。为了保护好文档免遭恶意攻击或修改,可以对文档加密,在“文件”→“信息”中,单击“保护文档”按钮打开列表,选择“用密码进行加密”,在对话框中设置密码。

(2) 编辑限制。单击“保护文档”按钮打开列表,选择“限制编辑”,打开“限制格式和编辑”对话框,可以设置格式限制、编辑限制,启动强制保护,设置密码,完成编辑限制。

D 任务实现

(一) 设计整体布局

(1) 启动Word创建空白文档,在“页面布局”→“页面设置”中单击对话框启动器,打开“页面设置”对话框,纸张大小选择A4(即宽度21cm,高度29.7cm),页边距上下左右均为0.8cm,纸张横向,无文档网格。

(2) 在“页面布局”→“页面设置”中,单击“分栏”,选择“更多分栏”,分成两栏,添加分隔线。

(3) 文本和图片内容较多,为了更清楚地显示,可以将段落标记隐藏,将页面视图显示比例调整到150%。

(4) 将文档设置密码并保存为“旅游天地.docx”。

(二) 设计报头

报头设计排版,先设计报刊名,再用文本框编辑出版单位或出版人、刊号、出版日期等,最后在报头下方加一条横线,用来分隔报头和报刊正文。

(1) 将光标定位到页首,输入报刊名“旅游天地”,在“开始”→“字体”中,字体设置为华文行楷,字号小初,字体颜色深监,字符缩放150%。

(2) 在报刊名后面插入Logo图标,在“插入”→“插图”中,单击“图片”,在查找范围中选择素材Image1.gif(或从网络上下载一幅图片),右击图片打开菜单,选择“自动换行”→“四周型环绕”。

(3) 在“插入”→“文本”→“文本框”中,单击“绘制文本框”,拖动出一个大小适中的文本框,依次输入“邮发代号:418-999 国内统一刊号:ZWY88-99-616 2017年3月4日”,字体设置为华文楷体,五号;输入“第1期总第1期”,字体为华文新魏,小四;输入“主办单位:黑龙江旅游职业技术学院　　主编:左路　　美术编辑:张新”,字体为仿宋_GB2312,五号。

(4) 在“绘图工具”→“格式”→“形状样式”中,选择形状轮廓为无轮廓,填充橄榄色,填充颜色透明度为70%,拖动文本框到合适位置。

(5) 从网络上下载一幅图片,在“图片工具”→“格式”→“调整”中,单击“删除背景”去掉不需要的部分，调整颜色饱和度为100%，选中图片右击，在自动换行中设置为“衬于文字下方”，拖动图片到合适位置。

(6) 在“开始”→“段落”中，单击“边框和底纹”，单击“横线”，选择 blends，decorations，dividers，插入一条横线，颜色设置为自动，粗细设置为3磅。设计完成的报头如图3-58所示。

图 3-58 报头

（三）设计左侧版面

设计左侧版面时主要使用文本框布局，使整个版面整洁，文字排列整齐，用艺术字和图片进行美化，如图3-59所示。

2017哈尔滨冰雪旅游高峰论坛举行

央广网哈尔滨2月27日消息（记者乔仁慧）27日，由哈尔滨市旅游发展委员会、哈尔滨日报报业集团联合主办、哈尔滨万达文化旅游城协办的“冰天雪地也是金山银山——2017哈尔滨冰雪旅游高峰论坛”在哈尔滨举行。本次论坛旨在贯彻落实习近平总书记“冰天雪地也是金山银山”重要讲话精神，深入贯彻落实黑龙江省委、省政府、市委、市政府建设冰雪强省、冰雪强市的重要战略部署，群策群力弘扬冰雪文化、助推冰雪经济、打造经济增长新动能。

论产论销论势，有理有据有解。上午主题发言中，鸡年央视春晚哈尔滨分会场制片主任陈海阳、北京第二外国语学院旅游发展研究中心主任张凌云、北京万达文化产业集团有限公司文旅规划院所长侯宝永、黑龙江大学历史文化旅游学院院长段光达、哈尔滨市社科院旅游发展研究所所长王晶、哈尔滨学院旅游专业副教授陈曦，围绕旅游公共服务体系建设、旅游IP（形象标识）开发、放大央视春晚分会场宣传效应、本土文化与旅游业充分融合、冰雪旅游产业化发展前景等话题发表主题演讲。在下午举办的圆桌论坛上，旅游企业代表、旅游达人、资深媒体人代表就冰雪旅游产品的创新探索与成功实践、冰雪旅游品牌的营销创新与配套服务等话题展开了深入讨论。

近年来，哈尔滨始终坚持把加快旅游业发展作为推动哈尔滨加速振兴的重要引擎，通过开发高质量、多样化的旅游产品，叫响了“冰城夏都”品牌，哈尔滨旅游步入了一个大有作为的“黄金发展期”。（资料节选：央广网）

圣·索菲亚教堂（英语：Saint Sophia Cathedral）坐落于中国黑龙江省哈尔滨市道里区，是一座始建于1907年拜占庭风格的东正教教堂，为哈尔滨的标志性建筑。1986年哈尔滨市人民政府将其列为一类保护建筑，1996年经国务院批准，被列为第四批全国重点文物保护单位。圣·索菲亚教堂内部现作为哈尔滨市建筑艺术博物馆使用。中央一座主体建筑有个标准的大穹窿，红砖结构，巍峨宽敞。通高53.35米，占地面积721平方米。教堂平面设计为东西向拉丁十字，墙体全部采用清水红砖，上冠巨大饱满的洋葱头穹顶，统率着四翼大小不同的帐篷顶，形成主从式的布局，错落有致。四个楼层之间有楼梯相连，前后左右有四个门出入。正门顶部为钟楼，7座响铜铸制的乐钟恰好是7个音符，由训练有素的敲钟人手脚并用，敲打出抑扬顿挫的钟声相闻久远声传阿城。（资料节选：百度百科）

图 3-59 除报头外的左侧版面

(1) 输入文本“央广网哈尔滨 2 月 27 日消息”，字体为华文仿宋、六号；输入文本“乔仁慧”，字形为加粗，其余文本字体为华文楷体、小五号，将第 2、3 段落格式设为首行缩进两个字符。

(2) 选中“2017 哈尔滨冰雪旅游高峰论坛举行”，在“插入”→“文本”中，单击“艺术字”，选择“填充-红色，强调文字颜色 2，暖色粗糙棱台”快速设置艺术字。选中艺术字右击，在菜单中选择“四周型环绕”，拖动艺术字到合适位置。

(3) 为文本添加背景图片，从网络上下载一幅图片，在“图片工具”→“格式”→“调整”中，单击“删除背景”去掉不需要的部分，艺术效果设置为“胶片颗粒”，选中图片右击，在自动换行中设置为“衬于文字下方”，拖动图片到合适位置。

(4) 在文中插入一幅图片，选中图片右击，在菜单中选择“紧密型环绕”，拖动图片到合适位置，在“插入”→“插图”→“形状”中，单击直线，在文本结尾处拖动出一条水平横线，线型修改为短画线。

(5) 在“开始”→“字体”中，设置“哈尔滨著名景点介绍”文本字体为华文中宋，字体颜色为红色，字间距加宽 1 磅值。选中“哈”文本，单击“带圈字符”，在对话框中样式选择“增大圈号”，圈号选择◇形，重复此操作，将剩余文字设置成同样的效果。

(6) 创建两个文本框，取消边框，选中左侧文本框，在“绘图工具”→“格式”→“文本”中，单击“创建链接”，光标变成一个小壶形状，将小壶移动到右侧文本框上，小壶倾斜，这时单击鼠标就完成了两个文本框之间的链接。选中素材“圣·索菲亚教堂……”文本，将其复制到第一个文本框中，因为第一个文本框已经和第二个文本框做了链接，所以当第一个文本框内文字太多时会自动移动到第二个文本框。

(7) 设置这一对文本框中的文本，字体为华文宋体，字号为小五，在文本框之间插入一幅与文本相关的图片，设置该图片为四周型环绕。

(8) 最后为左侧版面补白，用来填充报纸或期刊的空白处。创建一个文本框，拖放到合适的位置，设置文本框格式为红色、2 磅线条，橙色填充色；设置文本框中的字体为宋体、加粗、小四号、阴影效果，再插入一幅图片，选中图片，在“绘图工具”→“格式”→“调整”中，删除图片背景或设置艺术效果。

（四）设计右侧版面

设计右侧版面使用背景图片、文本框链接、表格进行布局，还用字体格式、图片、形状线条、表格边框和底纹等对版面进行美化，如图 3-60 所示。

(1) 输入文本“安顿玫树，我和自己最好的时光”，选中文本应用艺术字快速样式“填充-橙色，强调文字颜色 6，轮廓-强调文字颜色 6，发光-强调文字颜色 6”，字体设置为华文宋体，二号，加粗，居中，拖动艺术字到合适位置。

(2) 输入文本“文/应志刚”，设置为华文宋体，小五，字体颜色红色，居中。输入正文，将“尘世”设置为首字下沉，下沉 3 行，距正文 0 厘米，方正舒体，字号 35.5，字体颜色红色。其余文本华文宋体，小五，字体颜色深监。

(3) 为本篇文章添加背景图片，从网络上下载一幅图片，在“图片工具”→“格式”→“图片样式”中，选择应用“简单样式，白色”，选中图片右击，在自动换行中设置为“衬于文字下方”，调整图片大小，拖动图片到合适位置。

(4) 创建两个文本框取消边框，选中左侧文本框，在“绘图工具”→“格式”→“文本”中，单击“创建链接”，光标变成一个小壶形状，将小壶移动到右侧文本框上，小壶倾斜，这时单击

安顿玖树，我和自己最好的时光

文/应志刚

尘世瀚海，如一粒浮尘，飘渺无定，心若有归，所依何处？夜读宋人唐庚诗云：山静似太古，日长如小年。余花犹可醉，好鸟不妨眠。不禁怀想起落花散被、顽石为枕的春之山野。幼年时节，杜鹃遍野，牵着祖母的衣角，登高采蕨，林木萌香，新鸟初啼。只叹旧梦萦旋，却是醒后一把沾襟泪。好在吴地似故乡。西太湖之滨，有处森林，雨湖、青溪、静河环绕。友人相邀，私享密林，好不逍遥。时值春日，草木清香，念及"醉里吴音相媚好，白发谁家翁媪。大儿锄豆溪东，中儿正织鸡笼。最喜小儿亡赖，溪头正剥莲蓬。"顿生痴情。若他日，栖身林野，晨起拂修竹、弄流泉；晚归踏烟霞，佳人笑迎柴扉外，共烹炉，竹窗下，读书、写字，齐坐禅。看月出林静，空山不语，暖香入怀，默守时光渐老。也想着蓄一春的净水，摘下旧岁枯去的梅枝，煎火沏茶。薄胎青瓷的茶碗，透亮清澈，拔几枚碧螺，清净安然。或是天见犹怜，盘桓林间数日，得遂我愿。玖树-森林的秘密，一处掩于林间的主题度假村，一经偶遇，便是人生滋味。那里草长莺飞，花木丛生，那里住着寂寞的灵魂，我是庭院的主人。再美的时光，再深情的爱，都会走到尽头，转身即成沧海。唯有草木可以不图回报，不询问你的过往，不追索你的以后。我甘心与这森林勾起手指，你不负我，我不负你，静守一段红尘誓约。光阴从檐角飘走，又从云中流过，在玖树-森林的秘密，安顿下来，就是我和自己最好的时光。（来源：网络）

【行程安排】

西宁是青海省的省会，取"西陲安宁"之意。关于青海，其实有过很多遐想。当我真正踏上这片土地的时候，那么我的故事开始了。在这里，遇见虔诚的自己。
D1：【杭州>西宁】夏都亚朵酒店、莫家街
D2：【西宁】土楼观-青海省博物馆-东南西北关清真大寺
D3：【西宁】南西山-藏文化馆-塔尔寺-蚂蚁沟水库
D4：【西宁>杭州】文庙-金塔寺-南禅寺-莫家街-水井巷市场-返程
【交通】城市间飞机往返、市内滴滴打车、周边景区租车

太阳岛国际旅行社 招聘计调 5人

云南 2180	海南 2480	华东 980	港澳 品质纯玩团
昆明大理丽江 8 日+版纳10 日 云南+海南 13 日游	海口兴隆三亚双飞六日 海南+桂林 11 日 2980	五市+水乡+黄山千岛湖 8 日 五市、水乡、普陀山 6 日	海洋公园+迪斯尼+一天自由活动4 日港澳+海南 10 日游 特价

电话 51881366

图 3-60　右侧版面

光标就完成了两个文本框之间的链接。输入"西宁是青海省……"全部文本，当第一个文本框输入满时自动移动到第二个文本框，字体为楷体_GB2312，五号，字体颜色紫色。

(5) 输入"行程安排"文本，设置为艺术字，拖动艺术字到合适位置，从网络上下载一幅图片，在"图片工具"→"格式"→"调整"中，单击"删除背景"，调整删除区域去掉不需要的部分，选中图片右击，在自动换行中设置为"衬于文字下方"，拖动图片到适当位置。

(6) 在"插入"→"形状"中，单击"曲线"，绘制一条曲线，线型宽度为 1 磅，美化本篇文档便

于阅读。

(7) 插入 2 行 4 列表格，在“表格工具”→“设计”→“表格样式”中，选择“中等深浅底纹 2-强调文字颜色 2”，单击“底纹”选择无颜色，更改笔样式为“点画线”，笔画粗细为 0.5 磅，单击“绘制表格”，在表格中绘制出三条竖线。

(8) 选中表格右击，在打开菜单中选择“表格属性”，打开属性对话框，指定表格宽度为 12.5 厘米、第一行高 1 厘米、第二行高 3.5 厘米，拖动内部竖线适当调整第二行各列宽度。

(9) 为表格输入第一行文本，第一行合并单元格后输入“太阳岛国际旅行社”，字体为宋体，三号，居中，字间距加宽 1.6 磅值，字颜色为深蓝。输入“招聘计调”，字体华文新魏，字号 12 磅，在“开始”→“段落”中，单击“中文版式”，合并字符，再输入“5 人”，字体为华文新魏，三号，居中。

(10) 为表格输入第二行文本，选择不同字体、字形、字号、字颜色，以突出显示文本。在“插入”→“插图”→“形状”中，选择“星与旗帜”中的“爆炸形 2”，添加文本“特价”，字体为宋体，小二，当形状遮挡文本时，通过编辑顶点调整形状外观。

(11) 为右侧版面补白，创建文本框，取消边框，输入文本“滑雪”，字体为宋体，小三，居中，加粗，字颜色红色；输入文本“玉泉 45……”，再输入文本“专线电话”，字体为宋体，三号，加粗，字颜色红色。

(12) 在“开始”→“段落”中，单击“中文版式”，合并字符，最后输入文本“51881366”，以示区分，将电话后 4 位字号比前 4 位大一些。使用形状中的曲线绘制出一条无填充、1 磅值宽的白线，增强版面分区，还有空白，可以插入一幅小图片。

(13) 添加背景图片，从网络上下载一幅图片，在“图片工具”→“格式”→“调整”中，单击“删除背景”去掉不需要的部分，选中图片右击，在自动换行中设置为“衬于文字下方”，拖动图片到合适位置。

E 技能提升

(一) 制作专题小报

制作专题小报，先要确定小报主题，按照主题收集整理要展示的内容，根据内容选择布局方式，例如，文本框布局、无线框表格布局、形状布局还是底纹或背景图片布局版面。确定布局后，再根据内容的主要和次要关系，确定哪些内容放在主版面，哪些内容放在次版面，使版面既适合阅读，又能赏心悦目。下面制作“中华美食”报刊，制作完成后的效果如图 3-61 所示。

操作提示：

(1) 使用文本框、文本框链接、无线框表格、底纹设计整体布局，纸张右侧版面为主版面，左侧为次版面。在“页面布局”→“页面设置”中单击对话框启动器，打开“页面设置”对话框，纸张大小选择 A4(即宽度 21cm，高度 29.7cm)，页边距上下左右均为 0.8cm，纸张横向，无文档网格。

(2) 报头设计排版，从网络上下载一幅图片作为报头的 logo，在“图片工具”→“格式”中，对图片进行适当处理，右击图片打开菜单，选择“自动换行”→“衬于文字下方”。

(3) 输入文本“中华美食”，在“插入”→“文本”中，单击“艺术字”，从艺术字样式库中选择任意一种样式，设置为“衬于文字下方”，字体华文新魏，字号 60，拖动艺术字到合适位置。

(4) 在“插入”→“文本”→“文本框”中，单击“绘制文本框”，拖动出一个大小适中的文本框，输入导读内容。导读内容排版时使用段落的特殊格式，悬挂缩进 5 个字符，在“绘图工

中华美食

办公室常备3类健康零食

眼睛干涩、肚子饿、感觉身体被掏空没点精神，相信很多上班族经常会有这些感觉。每到这种时候，除了必要的休息之外，吃零食是很多人的选择。不过，零食虽然要吃，但要吃的健康哦。

- 护眼零食：枸杞、蓝莓。枸杞自古有“红宝”之称，它富含的天然色素β胡萝卜素作为维生素A的前体，可预防维生素A不足，能护眼明目。长时间注视电脑、电视、游戏机等，都会使得维生素A消耗量增大，要格外注意补充。蓝莓富含花青素，具有保护微血管改善眼睛供血的作用。
- 解饿零食：全麦面包、坚果。全麦面包属于复合性碳水化合物，不会让血糖快速波动，且高纤维会带来饱腹感，让人不容易饿。原味花生、杏仁、核桃等各种坚果含有丰富的植物性蛋白质、健康的不饱和油脂及纤维，可提供饱腹感，延缓胃排空的速度。但坚果的油脂太多，每天只宜吃一汤匙的量，否则容易增肥。
- 提神零食：绿茶、黑巧克力。绿茶含有茶氨酸，这是一种有放松大脑功效的抗氧化剂，能让人迅速从紧张焦虑中解脱出来。绿茶中富含的咖啡碱能促使人体中枢神经兴奋，起到提神益智的效果，但不建议喝绿茶饮料。研究显示，黑巧克力能增加大脑供血，每天仅需吃9.3克黑巧力就能预防年龄增加导致的记忆衰退。此外，黑巧克力还能刺激大脑释放感觉良好的化学物——神经介质，让人注意力更集中。

重庆小面制作

1. 放入葱姜蒜炒出香味。
2. 放入一勺郫县豆瓣酱，炒出红油。
3. 开了以后煮五分钟综合下麻辣味，放入两勺盐。
4. 捞出料渣。
5. 放入面条。
6. 面条六分熟的时候放入两个鸡蛋。

西施舌

貂蝉豆腐

猜猜这两种菜品的材料有哪些？

自助餐要这样吃才划算

吃什么可以美白牙齿

适合你的养生茶

中华美食

刊号：zw45-88　主编：方正 2017年3月7日

导读

饮食典故：锅包肉的菜系与来历

饮食小常识：办公室常备3类健康零食

美食天下：重庆小面制作

知识角：学习食材

锅包肉的菜系与来历

锅包肉属于东北菜系，是黑龙江省哈尔滨的名菜，是清末滨江道署首任道台杜学瀛首席厨师的郑兴文发明的。在中国现代饮食史上，锅包肉让哈尔滨人感到骄傲和自豪，它驰名长城内外，大江南北，可谓无人不知，无人不晓，没有人没吃过，这种菜肴兼有北方菜系的咸鲜，还略带西洋风味的酸甜口，连外国人吃着，都竖起大拇指。为什么这么说呢，因为锅包肉这道菜是哈尔滨人做出来的。下面就和大家说一说锅包肉的来历吧。锅包肉是着名的东北菜，深受人们的喜爱。当年道台杜学瀛接待外国来宾，为了迎合他们的口味，作为滨江道署首任道台杜学瀛首席厨师的郑兴文冥思苦想才创出了“锅包肉”这道菜。这个故事鲜为人知。郑家祖籍辽宁省建昌县，郑兴文从小家道殷实，良好的家庭环境让郑兴文逐渐对饮食文化产生了浓厚的兴趣，对菜肴的制作也有了一定的研究，并能对菜肴的色、香、味、形加以点评，被人们誉为“小美食家”。郑兴文6岁随父来到北京，14岁时已对美食和烹调极为偏爱。郑兴文曾在北京一官员家学做官府菜肴，经过几年的刻苦学习后，出徒的郑兴文于1881年清光绪七年在北京当时称北平的一条街面上开了一家名为“真味居”的中档酒家。1907年，受朋友举荐，郑兴文带了14个技术过硬的厨子进入了当时的道台府做主厨，专门给首任道台杜学瀛料理膳食。作为当时北方重镇的府衙，道台府里经常会宴请国外的宾客。由于外国人喜欢吃甜酸口味，北方的咸浓口味令外宾们很不适应。为了讨好外国使节，道台杜学瀛就命府内厨师变换菜肴口味。几经冥思的郑兴文就把原来咸鲜口味的“焦烧肉块”改成了酸甜口味的菜肴，这一改也就出现了新的菜肴，郑兴文按照菜肴的做法称它为”锅爆肉”，可能是洋人点菜的时候发音有问题，到了现在就被叫成“锅包肉”了。辽宁菜中的锅包肉用的是番茄汁，也是另一种风味。（来源：中国吃网）

图 3-61　中华美食

具”→“格式”→“形状样式”中，选择任意一种样式或自行设置，再创建一个文本框输入“刊号：zw45-88　主编：方正 2017 年 3 月 7 日”，设置任意一种样式、字体、字号，设置完成的报刊头，如图 3-62 所示。

图 3-62　中华美食报刊头

(5) 制作右侧版面，插入两个文本框，取消边框，选中左侧文本框，在“绘图工具”→“格式”→“文本”中，单击“创建链接”，光标变成一个小壶形状，将小壶移动到右侧文本框上，小壶倾斜，这时单击就完成了两个文本框之间的链接。输入“锅包肉属于东北菜系……”全部文本，字体楷体_GB2312，五号；输入“锅包肉的菜系与来历”，选择任意一种样式艺术字，拖到合适位置。从网络上下载报刊边框和相关图片，在“图片工具”→“格式”中，对图片进行适当处理，注意图片间的叠放次序，右侧版面效果参考图，如图 3-63 所示。

提示：使用形状插入图形也可以做文本链接，但需要右击选中图形，在打开菜单中，单击“添加文字”。

锅包肉的菜系与来历

锅包肉属于东北菜系，是黑龙江省哈尔滨的名菜，是清末滨江道署首任道台杜学瀛首席厨师的郑兴文发明的。在中国现代饮食史上，锅包肉让哈尔滨人感到骄傲和自豪，它驰名长城内外，大江南北，可谓无人不知，无人不晓，没有人没吃过，这种菜肴兼有北方菜系的咸鲜，还略带西洋风味的酸甜口，连外国人吃着，都竖起大拇指。为什么这么说呢，因为锅包肉这道菜是哈尔滨人做出来的。下面就和大家说一说锅包肉的来历吧。锅包肉是着名的东北菜，深受人们的喜爱。当年道台杜学瀛接待外国来宾，为了迎合他们的口味，作为滨江道署首任道台杜学瀛首席厨师的郑兴文冥思苦想才创出了“锅包肉”这道菜。这个故事鲜为人知。郑家祖籍辽宁省建昌县，郑兴文从小家道殷实，良好的家庭环境让郑兴文逐渐对饮食文化产生了浓厚的兴趣，对菜肴的制作也有了一定的研究，并能对菜肴的色、香、味、形加以点评，被人们誉为“小美食家”。郑兴文6岁随父来到北京，14岁时已对美食和烹调极为偏爱。郑兴文曾在北京一官员家学做官府菜肴，经过几年的刻苦学习后，出徒的郑兴文于 1881 年 清光绪七年在北京当时称北平的一条街面上开了一家名为“真味居”的中档酒家。1907 年，受朋友举荐，郑兴文带了14个技术过硬的厨子进入了当时的道台府做主厨，专门给首任道台杜学瀛料理膳食。作为当时北方重镇的府衙，道台府里经常会宴请国外的宾客。由于外国人喜欢吃甜酸口味，北方的咸浓口味令外宾们很不适应。为了讨好外国使节，道台杜学瀛就命府内厨师变换菜肴口味。几经冥思的郑兴文就把原来咸鲜口味的“焦烧肉块”改成了酸甜口味的菜肴，这一改也就出现了新的菜肴，郑兴文按照菜肴的做法称它为”锅爆肉”，可能是洋人在点菜的时候发音有问题，到了现在就被叫成“锅包肉”了。辽宁菜中的锅包肉用的是番茄汁，也是另一种风味。（来源：中国吃网）

图 3-63　中华美食右侧版面

(6) 制作左侧版面上半部分，输入“办公室常备 3 类健康零食”文本，并从艺术字样式库中选择任意一种样式，在“绘图工具”→“格式”→“艺术字样式”中，单击“文字效果”选择转换，从中选择一种弯曲效果，拖动艺术字到适当位置。插入一个文本框，输入“眼睛……”文本，首行缩进两个字符，其他段落使用项目符号，取消文本框边框，选择形状中的曲线绘出一条渐变色的曲线，编辑顶点适当调整位置。

(7) 制作左侧版面上半部分，在版面左下方创建一个文本框，取消边框，输入文本，设置字体、字号，从网络上下载一张图片，设置为冲蚀效果置于文字下方作为背景，在版面右下方插入一个无边框的 2 行 2 列表格，选中表格右击，打开“表格属性”对话框，设置默认单元格边距上下左右均为 0 厘米，以便有更大空间填充图片和文字。在单元格中插入图片和文字，在“插入”→“符号”中，单击“其他符号”，字体选择 Wingdings，从中选择特殊符号“☞、☜”，将文本“西施舌”和“貂蝉豆腐”设置字体为华文新魏，字号为一号，输入文本“猜猜这两种菜品的材料有哪些?”，设置段落前间距 0.5 行。在左侧版面最下方插入曲线形状，随意绘制一条美观的线条，完成后的中缝与左侧版面效果参考图，如图 3-64 所示。

(8) 制作版面中缝部分。插入一个文本框，更改文字方向为竖向，插入图片和文字，调整图片大小，设置文字字体、字号，文本框底纹应用图片或纹理填充。

(9) 制作报刊页眉。从网络上下载一幅图片，在“图片工具”→“格式”中，对图片进行适当

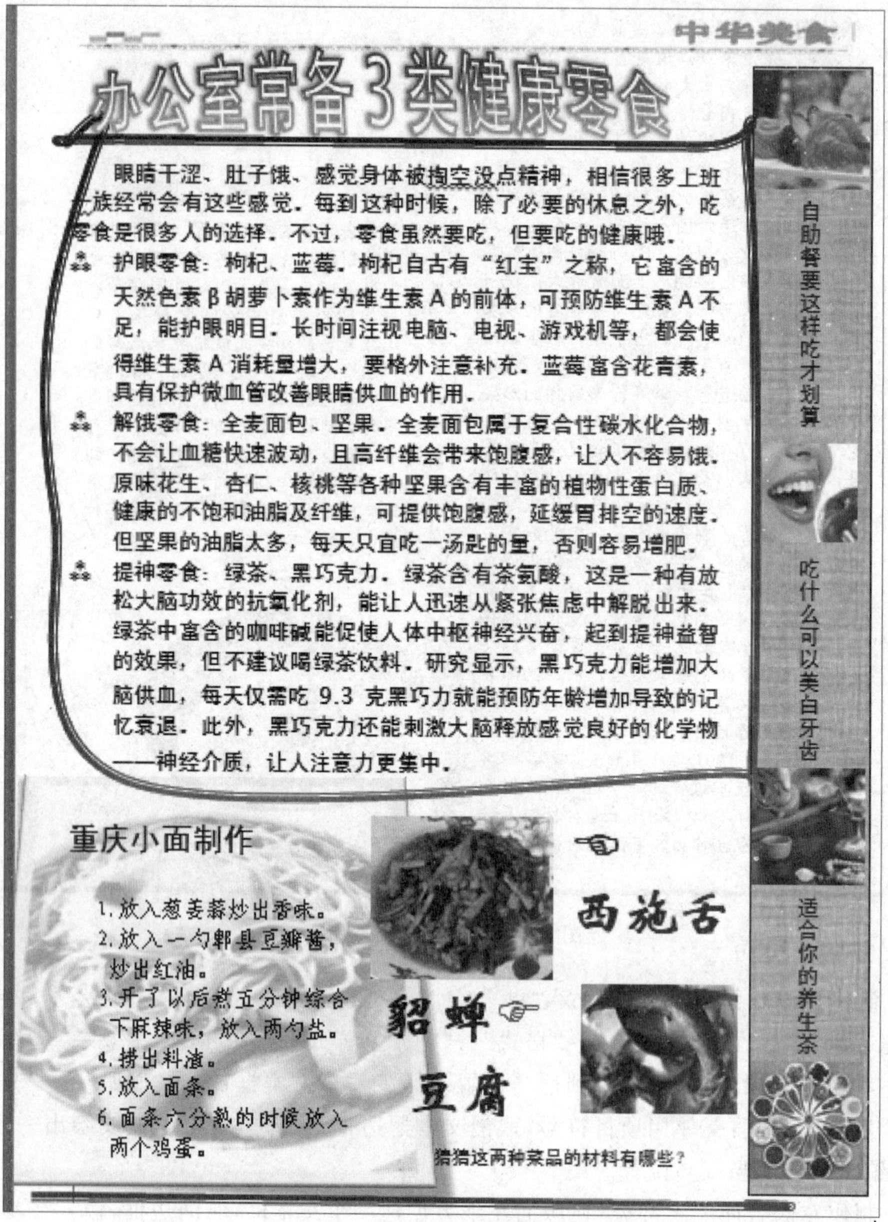

中华美食

办公室常备3类健康零食

眼睛干涩、肚子饿、感觉身体被掏空没点精神，相信很多上班族经常会有这些感觉。每到这种时候，除了必要的休息之外，吃零食是很多人的选择。不过，零食虽然要吃，但要吃的健康哦。

- 护眼零食：枸杞、蓝莓。枸杞自古有“红宝”之称，它富含的天然色素β胡萝卜素作为维生素A的前体，可预防维生素A不足，能护眼明目。长时间注视电脑、电视、游戏机等，都会使得维生素A消耗量增大，要格外注意补充。蓝莓富含花青素，具有保护微血管改善眼睛供血的作用。
- 解饿零食：全麦面包、坚果。全麦面包属于复合性碳水化合物，不会让血糖快速波动，且高纤维会带来饱腹感，让人不容易饿。原味花生、杏仁、核桃等各种坚果含有丰富的植物性蛋白质、健康的不饱和油脂及纤维，可提供饱腹感，延缓胃排空的速度。但坚果的油脂太多，每天只宜吃一汤匙的量，否则容易增肥。
- 提神零食：绿茶、黑巧克力。绿茶含有茶氨酸，这是一种有放松大脑功效的抗氧化剂，能让人迅速从紧张焦虑中解脱出来。绿茶中富含的咖啡碱能促使人体中枢神经兴奋，起到提神益智的效果，但不建议喝绿茶饮料。研究显示，黑巧克力能增加大脑供血，每天仅需吃9.3克黑巧力就能预防年龄增加导致的记忆衰退。此外，黑巧克力还能刺激大脑释放感觉良好的化学物——神经介质，让人注意力更集中。

自助餐要这样吃才划算

吃什么可以美白牙齿

适合你的养生茶

重庆小面制作

1. 放入葱姜蒜炒出香味。
2. 放入一勺郫县豆瓣酱，炒出红油。
3. 开了以后煮五分钟综合下麻辣味，放入两勺盐。
4. 捞出料渣。
5. 放入面条。
6. 面条六分熟的时候放入两个鸡蛋。

西施舌

貂蝉豆腐

猜猜这两种菜品的材料有哪些？

图 3-64　中华美食中缝与左侧版面

处理，在“开始”→“段落”中，单击边框旁边下拉按钮，选择“边框和底纹”，单击“横线”，将图片与横线进行组合，输入“中华美食”，设置艺术字，组合后作为一个整体插入到页眉里。

（二）自制一份有创意班报

制作一份有创意的特色班报，主题自定，根据主题收集并整理素材，要求：

（1）主题新颖、有意义，能吸引人。内容组织能紧扣主题。

（2）多方面收集图片、文本素材，例如手机拍照、照相机取景、网络下载、语音录入文本等。

（3）报头富有创意，能起到画龙点睛的效果。

（4）班报作品中应包含页面设置、分栏、图片、文本框、文本框链接、艺术字、表格、自选图形、边框和底纹等知识点，有新知识点的合理应用或是已有知识点的创造性应用。

（5）插入页眉页脚，插入班级、姓名、学号及边框图片。

（6）在视觉上有整洁和统一的版面设计，视觉效果对观众有吸引力，色彩选用合理，色彩搭配和谐，图文搭配巧妙，完成一份内容充实、排版美观的班报。

任务5　编排论文

A 任务展示

毕业论文内容长达几十页，文档中需要处理封面、生成目录，为正文中各对象设置相应的格式，使用样式为同一级别的标题或文本设定相同的格式，使用题注、交叉引用为图片、表格生成快速编号，使用"节"为同一篇文档设定不同的页面设置、页眉页脚，使用脚注和尾注自动生成参考文献的引用等。

使用 Word 提供的高级功能完成长文档的格式编辑，轻松、高效、专业地制作出完美的毕业论文，具体要求如下。

（1）要打印的毕业论文使用 A4 纸张，页边距设置为：上、下 2.5cm，左 3cm，右 1.5cm，行间距取多倍行距（设置值为 1.2）；字符间距为默认值（缩放 100%，间距：标准），封面按要求制作。

（2）新建样式，设置正文字体，中文为"宋体"，西文为 Times New Roman，字号为五号，首行统一缩进两个字符。

（3）设置一级标题字体格式为"黑体字、三号、加粗"，段落格式为"左对齐、段前段后空 0.5 行"。

（4）设置二级标题字体格式为"微软雅黑、四号、加粗"，段落格式为"左对齐、1.5 倍行距"。

（5）设置三级标题字体格式为"华文宋体、小四号、加粗"，段落格式为"左对齐、1.5 倍行距"。

（6）正文的全部标题层次应整齐清晰，相同的层次应采用统一的字体表示。第一级为"一、二、三"等，第二级为"1.1、1.2、1.3"等，第三级为"1.1.1、1.1.2"等，应用多级列表，不同级别编号链接到不同级别标题（自定义创建好的样式），编号将自动添加到相应级别上。

（7）应用草稿视图插入分节符，为不同节添加奇偶页眉和不同编号格式的页码。

（8）根据设定的标题自动生成目录。

（9）参考文献一律放在正文后，在文中要有引用标注，如×××[1]。

B 教学目标

（一）技能目标

（1）正确设置毕业论文页面布局。

（2）熟练设置文档中将要使用的样式并应用多级列表制作标题。

（3）制作不同节中的不同页眉与页脚。

（4）掌握正文中图片、表格和公式的自动编号及交叉引用。

（5）能够将设定为样式的标题自动生成目录，并对目录进行更新和设置。

（6）熟练插入并排序参考文献。

（二）知识目标

（1）了解样式、套用样式、修改样式的概念及使用方法。

（2）知道页面视图、大纲视图、阅读版式视图、导航窗格对长文档编辑的作用。

(3) 掌握插入批注、题注、脚注、尾注的方法。

(4) 理解分隔符中分节符和分页符的区别。

(5) 理解套用目录或自定义生成目录的方法。

(6) 理解“域”的概念,并掌握简单的应用。

(7) 熟悉掌握高级替换的使用方法。

C 知识储备

(一) 样式

(1) 样式:实际上是段落或字符中所设置的格式集合(包括字体、字号、行距及对齐方式等),有内置样式和自定义样式两种。

(2) 套用内置样式:Word 2010 提供了多种内置样式,例如标题 1、标题 2……,副标题,正文,要点,明显强调等。在“样式”选项组中单击“其他”按钮,在列表中显示更多的内置样式,如内置样式不能满足具体需要,可对内置样式进行修改。在“样式”选项组中单击启动器按钮,显示样式窗格,选择要应用的样式(例如标题 1),右击打开下拉菜单,选择“修改”命令,弹出“修改样式”对话框,按照需要设置相应格式,如图 3-65 所示。

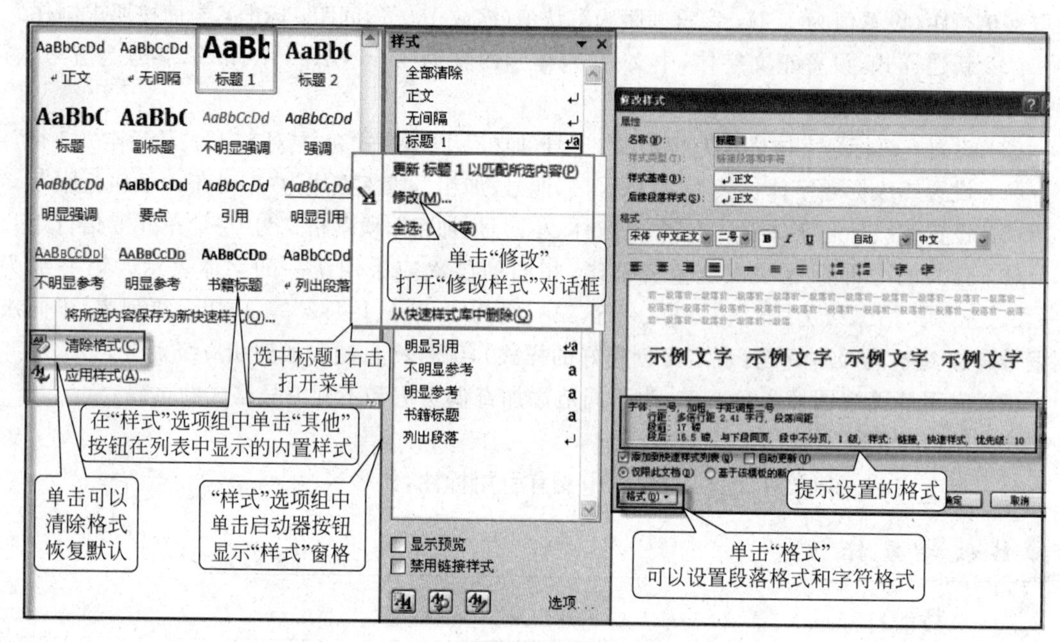

图 3-65 内置样式及修改样式

(3) 创建与修改样式:内置样式是有限的,内置样式不能满足用户需要时,可以创建自定义的样式。在“样式”窗格中,单击“新样式”按钮,打开“根据格式设置创建新样式”对话框,在对话框中进行详细格式设置。

① “名称”是显示在“样式”对话框中的样式名称,应起一个有意义的、易于理解和记忆的名字,例如在长文档中,“篇样式”“章样式”“节样式”等可以直观反映样式的级别。

② 样式类型:单击段落可创建新的段落样式,单击表格可创建新的表格样式,单击列表可创建新的列表样式,单击字符可创建新的字符样式,想要修改原有样式,不能使用本选项,原有样式类型不能更改。

③“样式基准”是指如果要使新建或更改的样式在原有样式基础上进行，为本选项选择一种样式。要注意当基准样式修改时，基于基准样式的所有样式都将相应发生改变。

④“后续段落样式”是应用于下一段落的样式，在用新建或修改样式的段落结尾处按Enter键应用的样式。这个设置很重要，如果设置得当，就会减少大量重复性操作。例如，在“篇样式”后续段落一般设置为“章样式”，在篇样式后按Enter键直接为“章样式”；同理，“节样式”后续段落一般为正文样式（或者基于正文样式的自定义样式），后续段落样式的设置，必须结合文档的实际情况而定。

⑤“格式”是指在格式中，可以进行快速设置文本和段落的一些属性，如果需要更精确和复杂的设置，可以单击“格式”按钮 格式(O)▾ ，以便对字体和段落或者其他格式进行进一步的设置，所有的设置结果会直观地显示在预览框中，预览框的下方会出现对该样式中的各个格式元素的描述。

⑥“添加到快速样式列表”将样式添加到活动文档附加的模板，使样式可用于基于该模板新建的文档，如果没有选中此复选框，只将样式添加到活动文档。

⑦“自动更新”是每当手动设置应用了此样式的段落格式，都将自动重新定义此样式，会更新活动文档中用此样式设置格式的所有段落。

提示：如果要使用已经设置为列表样式、段落样式或字符样式的基础文本，需在“样式基准”中进行选择，再设置格式。无论是内置样式还是自定义样式，用户随时可以对其进行修改。

（二）插入分隔符

分隔符包括分页符和分节符。分隔符的分类及作用，如图3-66所示。

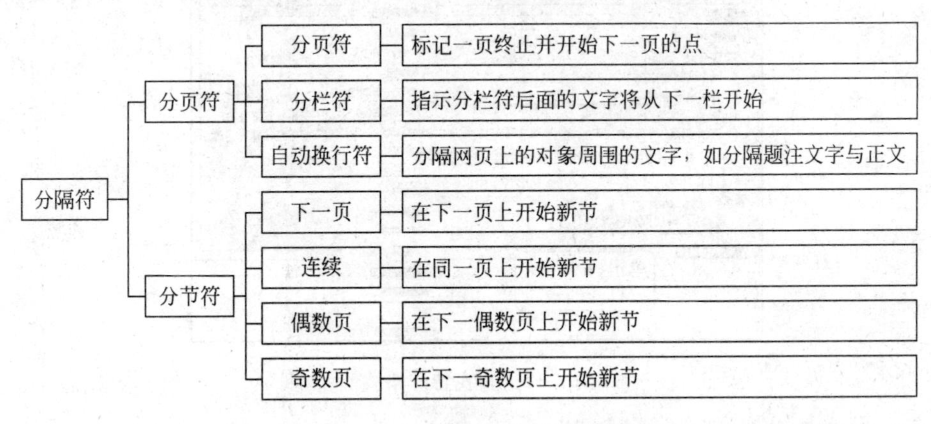

图3-66　分隔符的分类及作用

(1) 插入分页符：当到达页面末尾时会自动插入分页符，如果想要在其他位置分页，可以插入手动分页符，还可以设置规则，以便将自动分页符放在所需要的位置。

插入手动分页符，单击要开始新页的位置，在“插入”→“页”中，单击“分页”，删除自动插入的分页符，在“视图”→“草稿视图”中，通过单击虚线旁边的空白选中分页符，按Del键。

为了避免手动插入分页符的困难，可以设置选项来控制插入自动分页符位置，在“页面布局”→“段落”中，单击对话框启动器，在打开对话框中单击“换行和分页”，防止在段落中间出现分页符；选中“段中不分页”复选框，防止在段落之间出现分页符；选中“与下段同页”复选框，在段落前指定分页符；选中“段前分页”复选框，在页面的顶部或底部至少放置段落的两行；选中“孤行控制”复选框。

（2）插入分节符：节是文档的一部分，可以在不同节中设置不同格式。分节符是插入节结尾的标记，将文档分成几节，为不同节设置不同格式。节中可以设置页边距、纸张大小或方向、打印机纸张来源、页面边框、页面上文本垂直对齐方式、页眉和页脚、分栏、页码编号、行号、脚注和尾注编号。

删除某分节符会同时删除该分节符之前文本的节格式，该段文本将成为后面节的一部分并采用该节格式，在“视图”→“文档视图”→“草稿”中，可以看到双虚线分节符，将光标置于双虚线分节符上按 Del 键。

（三）查找和替换

（1）查找。是指在文档中查找用户指定的内容，并将光标定位在找到的内容上。

在“开始”→“编辑”中，单击下拉按钮打开列表，单击“查找”，打开导航任务窗格，在搜索框中输入内容来搜索文档中的文本。

（2）高级查找。单击“查找”→“高级查找”，打开“查找和替换”对话框，将光标定位到“查找内容”下拉列表框中，输入要查找的内容，单击“查找下一处”按钮快速找到要查找的内容。

要查找含有特定格式的文本，单击“更多”选项，在打开列表中进行设置，如图 3-67 所示。

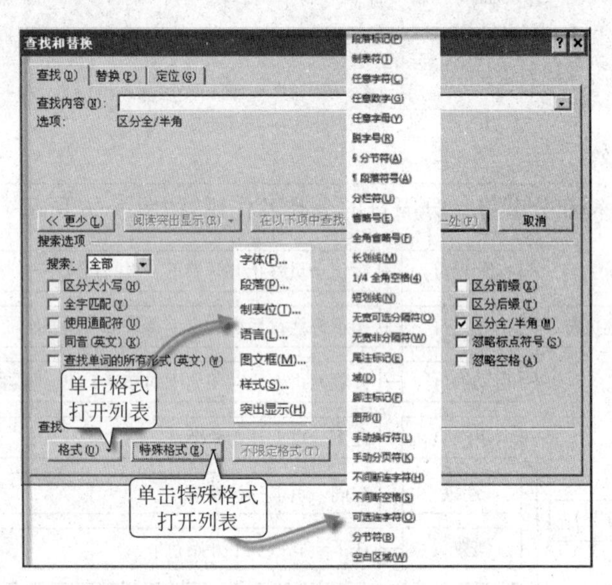

图 3-67 查找特殊格式

（3）替换。是指先查找所需替换的内容，按照指定要求给予替换。

在“开始”→“编辑”→“查找”中，单击“高级查找”打开“查找和替换”对话框，选择“替换”选项卡，在“查找内容”列表框中输入要查找的文本，在“替换为”列表框中输入要替换的文本，单击“替换”或“全部替换”按钮完成替换。

如果要替换的内容含有特定格式文本，单击“更多”选项，在打开列表中选择“剪贴板”内容，此时“替换为”输入框中出现“^C”标记，单击“全部替换”按钮。

（4）自动更正。在输入时使用“自动更正”来自动更正拼写，且不必确认每项更正。

例如，如果输入“definitely”以及一个空格或其他标点符号，“自动更正”功能会自动将拼错的单词替换为“definitely”。

(5) 拼写与语法检查。默认情况下,用户输入的同时会自动进行拼写检查,用红色波形下画线表示可能的拼写问题,用绿色波形线表示可能的语法错误。右击有红色或绿色波形下画线的内容,在打开菜单中可以选择所需命令或更正拼写。

如需要为当前文档设置打开或关闭自动拼写和语法检查,在“文件”→“帮助”→“选项”中,单击“校对”,在“例外”项下,单击当前打开文件的名称,选中或清除“只隐藏此文档中的拼写错误”和“只隐藏此文档中的语法错误”复选框,要为从现在起创建的所有文档打开或关闭自动拼写检查和自动语法检查功能,在“例外”项下,单击所有新文档。

(6) 信息检索。在“审阅”→“校对”中,单击“信息检索”打开对话框。要查找文档中的单个字词,按住 Alt 键并单击该词;要查找某个短语,选择所需字词,按住 Alt 键并单击所选内容。在“搜索”框中,输入相应字词或短语,单击“开始搜索”按钮,搜索结果将显示在信息检索任务窗格中。

提示:在“查找”和“高级查找”中,在“特殊格式”中可以输入剪贴板内容,替换内容不仅局限于文本,还可以替换为图片等。

(四) 批注与修订

(1) 插入批注。批注是作者或审阅者为文档添加的注释,在文档左右页边距显示批注。在编写文档时,利用批注可方便地修改审阅和添加注释。在“审阅”→“批注”中,单击“新建批注”,添加有关所选内容的批注。要删除单个批注,用右击该批注,单击“删除批注”即可。

提示:在“审阅”→“修订”中,单击“显示标记”下拉按钮,勾选上批注,就能看到文档中所有批注,反之,可以暂时关闭文档中的批注,也可显示或隐藏其他修订标记。

(2) 添加修订。编辑文档时记录下所有的编辑过程,跟踪每个插入、删除、移动、格式更改或批注操作等,以各种修订标记显示,供接收文档人查阅。

在“审阅”→“修订”中,单击“修订”下拉按钮打开列表,选择“修订”,也可以通过“修订”选项,设置修订标记颜色、格式、批注框等,如图 3-68 所示。在“审阅”→“修订”中,单击“审阅窗格”,打开“审阅”窗格,如图 3-69 所示。借助“审阅”窗格可以确认已经从文档中删除的所有修订,使得这些修订不会显示给可能查看该文档的其他人。顶部的摘要部分显示了文档中仍然存在的可见修订和批注的确切数目。要在屏幕底部而不是侧边查看摘要,单击“审阅窗格”下拉按钮打开列表,选择“水平审阅窗格”。

提示:审阅窗格与文档或批注气泡不同,它不是修改文档的最佳工具,这种情况下应在文档中进行所有编辑修改,而不是在审阅窗格中删除文本、批注或进行其他修改,这些修改随后将显示在审阅窗格中。

(3) 接收或拒绝修订。打开包含修订标记的文档时,在“审阅”→“更改”中,单击“接受”或“拒绝”下拉按钮,同时接受或拒绝所有更改,也可以通过上一条或下一条逐条接受或拒绝,还可按编辑类型或特定审阅者审阅更改,在“审阅”→“修订”中,单击“显示标记”下拉按钮,将不审阅类型的复选框清除即可。

提示：如需退出修订状态，只需在“修订”选项组中再次单击“修订”按钮，使其处于弹起状态。

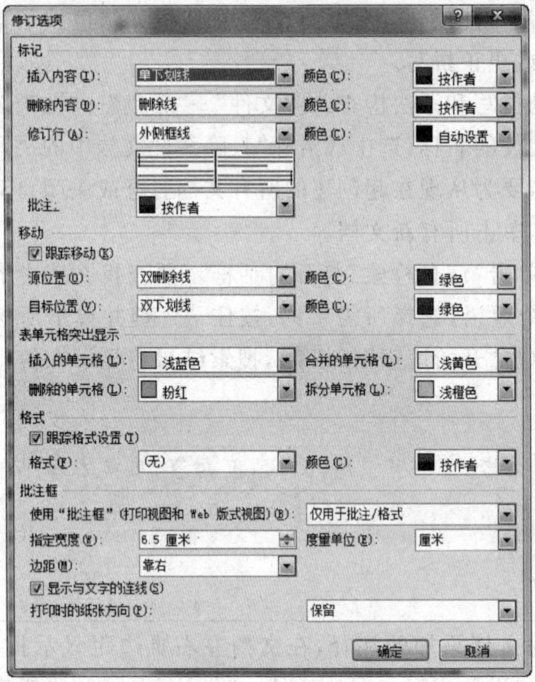

图 3-68 垂直审阅窗格

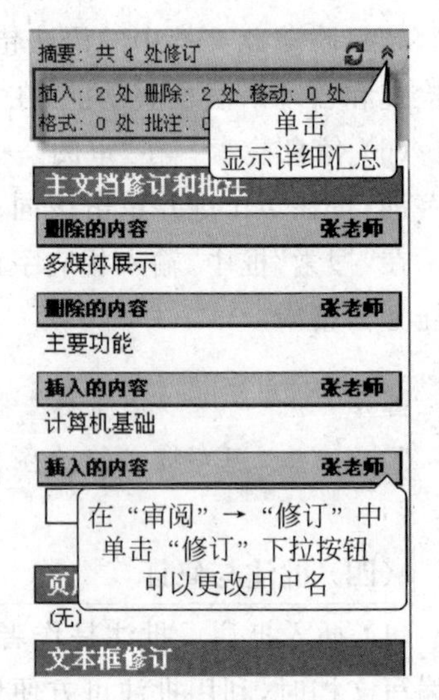

图 3-69 修订选项

（五）创建目录

（1）使用内置创建目录。在“引用”→“目录”中，单击“目录”下拉按钮打开列表，提供手动目录、自动目录 1、自动目录 2。手动目录可以不受文档内容限制自行填写，自动目录 1 和自动目录 2 是指包含样式为标题 1、标题 2、标题 3 所有文本的目录。自动目录 1 生成的目录标题是“Contents”，而自动目录 2 生成的目录标题是“Table of Contents”，对中文版显示完全一样，根本看不出区别。选中目录右击，可以设置插入目录的位置，如图 3-70 所示。

（2）从库样式创建目录。创建目录最简单的方法是使用内置标题样式，向文本应用标题 1 到标题 9，通过引用提取目录。在“引用”→“目录”中，单击“目录”下拉按钮打开列表选择“插入目录”，打开“目录”对话框，打开“目录”选项卡，可以设置制表符前导符、目录中显示几级标题、使用页码还是使用链接等，选中生成的目录可以设置字体和段落格式，也可以为目录添加文字，如图 3-71 所示。

提示：选择合适的目录类型，如果打印目录则使每个目录项列出标题和标题所在页码，如果是联机目录，则将目录设置为超链接以便通过单击转到对应标题。

（3）从自定义样式创建目录。创建基于所应用的自定义样式目录，通过修改和选项完成，要更改字体格式等，单击“修改”打开“样式”对话框，再单击“修改”打开“修改样式”对话框，可以更改字体、字号和缩进量等。

要更改在目录中显示的标题级别，单击“选项”打开“目录选项”对话框，在样式名旁边目录级别下，输入 1～9 中的一个数字，指示希望标题样式代表的级别，单击“确定”按钮。

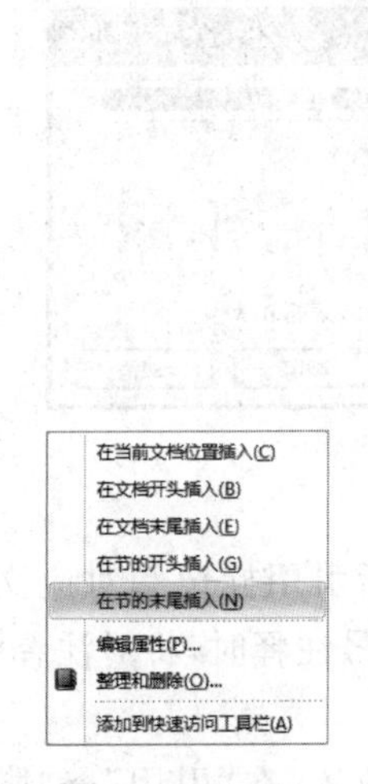

图 3-70　插入目录位置

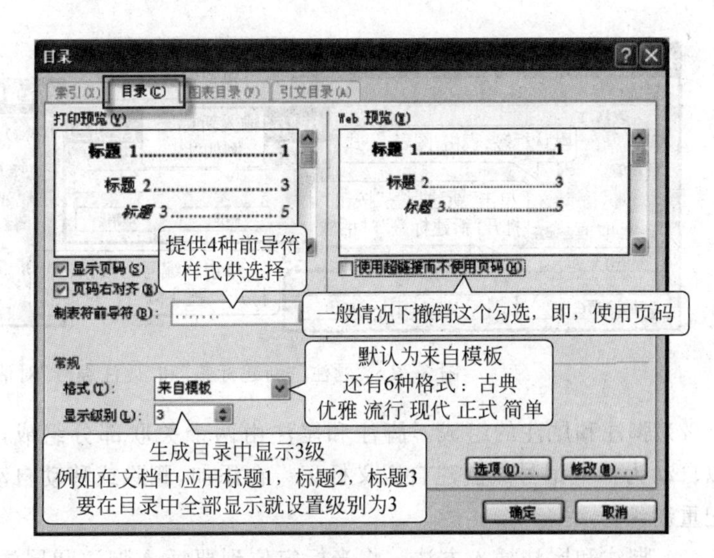

图 3-71　使用库样式生成目录

提示：如果希望只使用自定义样式，那么可删除内置样式的目录级别数字，如“标题 1”。

（4）更新或删除目录。如果添加或删除了文档中的标题或其他目录项，可以快速更新目录，在“引用”→“目录”中，单击“更新目录”打开“更新目录”对话框，选择只更新页码或更新整个目录。在“引用”→“目录”中，单击“目录”下拉按钮打开列表，选择“删除目录”。

（5）创建目录常见错误及解决方法。目录中包含正文文本或图片等，选中目录将不需要在目录中显示的内容重新设置大纲级别为“正文文本”；看不到目录，而是类似包含{TOC}的代码，则右击该代码选择“切换域代码”；显示“错误！未定义书签”，则重新更新目录。

提示：域是一种特殊命令，它由大括号{ }、域名及域开关构成，是 Word 的精髓，其应用非常广泛，插入对象、页码、目录、表格公式计算等都使用了域功能。

（六）添加题注

题注就是给图片、表格、图表、公式等项目添加的名称和编号，使用题注功能可以保证长文档中图片、表格或图表等项目能够顺序地自动编号。当文档中图、表数量较多时，使用题注既省力又可减少错误，具体操作有手工插入和自动插入两种。

（1）手工插入题注。选中需要添加题注的图表、表格或公式，在“引用”→“题注”中，单击“插入题注”，打开“题注”对话框，设置题注标签及编号格式等，如图 3-72 所示。

（2）自动插入题注。在“题注”对话框中，单击“自动插入题注”按钮，打开“自动插入题注”对话框，选择自动添加题注的对象，例如 Microsoft Word 表格，设置选项中“使用标签”和“位置”，单击“确定”按钮，以后每次插入表格时都会在表格上方自动插入题注，并自动编号，如图 3-73 所示。

（七）插入脚注和尾注

（1）脚注和尾注的作用。脚注和尾注是对文本的补充说明，脚注位于页面底部或文字下方，作为文档内容注释；尾注位于文档结尾或节结尾，列出引文出处。

图 3-72 "题注""新建标签"和"题注编号"对话框

(2) 脚注和尾注的组成。脚注和尾注由两个关联部分组成,包括引用标记和对应文本。可以自动为标记编号或创建自定义标记。在添加、删除或移动自动编号注释时,将对注释引用标记重新编号。

(3) 脚注和尾注插入方法。将光标定位到要插入脚注和尾注的位置,在"引用"→"脚注"中,单击"插入脚注"或"插入尾注",也可以单击对话框启动器,打开"脚注和尾注"对话框,设置脚注和尾注位置、格式、应用范围。在"脚注和尾注"对话框中,可以自定义脚注或尾注的引用标记,如果键盘上没有这种符号,可以单击"符号"按钮,从"符号"对话框中选择一个合适的符号作为脚注或尾注即可,如图 3-74 所示。

图 3-73 "自动插入题注"对话框

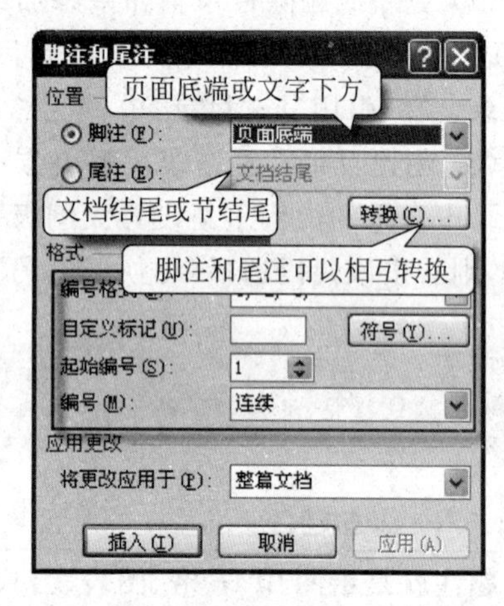

图 3-74 "脚注和尾注"对话框

(4) 脚注和尾注交叉引用。多处引用同一篇参考文献时可采用交叉引用,在"引用"→"题注"中,单击"交叉引用",打开"交叉引用"对话框。例如,在"引用类型"中选择"尾注","引用内容"为"尾注编号",这时会在窗格中出现曾经编写过的所有尾注,选择需要的内容单击"插入"按钮,完成交叉引用,如图 3-75 所示。

提示:交叉引用除了脚注和尾注外,还有编号项、标题、书签、Equation、Figure、Table 引用类型。

(八) 自动压缩图片使文件变小

当编辑含有大量图片的文档时,可以通过自动压缩图片使文件变小,单击"文件"→"另存

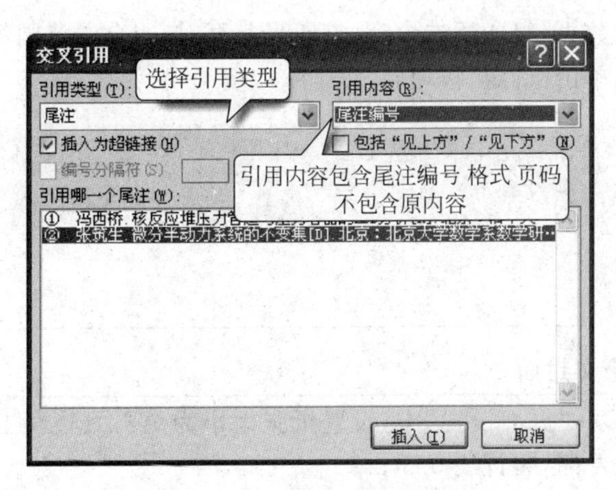

图 3-75 "交叉引用"对话框

为"命令，在打开的"另存为"对话框中，单击"工具"旁下拉按钮，打开菜单，如图 3-76 所示。

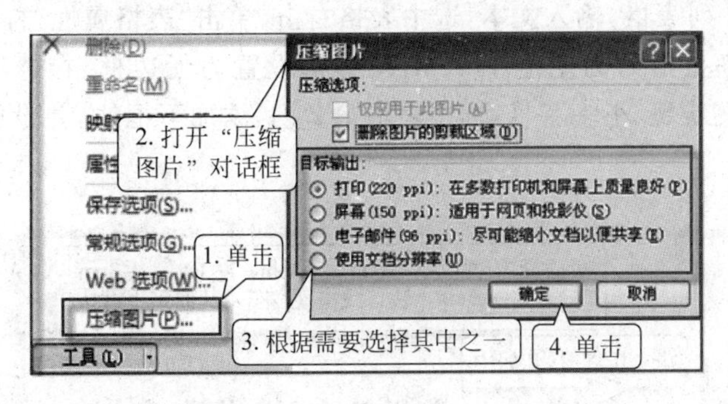

图 3-76 "压缩图片"对话框

如果只想压缩选中的图片，在对话框中勾选"仅应用于此图片"复选框，如果想压缩文档中的所有图片，取消"仅应用于此图片"的勾选。

由于经常对图片进行裁剪，裁剪部分仍将作为图片文件的一部分保留下来。如果想丢弃不需要的图片信息，可勾选"删除图片的剪裁区域"，以达到使文件体积变小。

提示：分辨率的数值越小、图片质量越差。

（九）打印预览和打印

（1）打印预览。在功能区上方显示"自定义快速访问工具栏"中，单击旁边的▼打开列表，选中"打印预览和打印"，在快速访问工具栏中显示🔍，单击🔍，切换到打印和打印预览界面，要想回到编辑状态，单击任意一个功能选项卡即可，如图 3-77 所示。

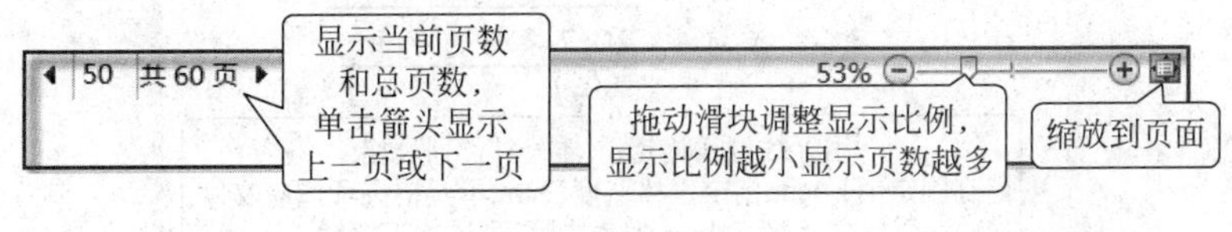

图 3-77 打印预览

（2）打印文档。在确定文档正确无误后，可打印文档，在"文件"中，单击"打印"按钮，在打印机列表中可以选择要使用的打印机或添加新打印机。在"设置"选项中，可以打印所有页、仅打印奇数页、仅打印偶数页、打印所选内容、打印当前页、打印自选范围等，或单面打印、手动双面打印。设置完成后，单击“确定”按钮。

提示：如不需要特别设置，可采用默认参数打印，直接单击“自定义快速访问工具栏”中的按钮，快速打印一份文档。

D 任务实现

（一）设计毕业论文封面

（1）在“页面布局”→“页面设置”中，设置纸张大小为 A4，页边距上 4cm、下 3cm、左右均为 3cm，装订线位置为左侧，装订线 0.5cm。

（2）论文题目和署名部分都采用的是表格定位，插入 1 行 1 列表格，选中表格将边框设置为无边框，黑体，一号字，加粗，整个表格居中，表格内的文字居中。

（3）插入 4 行 2 列表格，输入文本，选中表格右击，单击“表格属性”打开对话框，指定表格宽度为 13cm，将行高指定为固定值 1.4cm，将边框设置为无边框，在选项中设置为“适应文字”，设置字体为华文新魏，小一字号，选中表格第 2 列，添加下框线，并设置下框线宽度为 1.0 磅，如图 3-78 所示。

图 3-78 论文封面

（二）设置页面布局与标题

精心设置文档的页面布局是论文排版的重要一步，为了便于自动生成目录，在文档中必须应用样式，尽量利用内置样式，尤其是标题样式。为了个性化设置和特殊要求也可以自定义样式。为了减少重复性劳动，应用多级列表为各章节添加编号。

(1) 在"页面布局"→"页面设置"中，单击启动器打开"页面设置"对话框，在"纸张"中选择A4，在"页边距"中设置上、下 2.5cm，左 3cm，右 1.5cm，装订线位置为左侧，装订线 0.5cm，在"文档网络"中指定行和字符网格，每页 45 行，每行 40 字符，使文字排版更清晰。

(2) 对事先输入完成或导入的文本，最好清除格式，以便重新应用样式。按 Ctrl+A 组合键选中全部文本，在"开始"→"样式"中，单击"其他"按钮，单击"清除格式"。

(3) 在"开始"→"样式"中，单击启动器按钮，打开"样式"任务窗格，单击"新建样式"按钮，打开"根据格式设置创建新样式"对话框，名称设置为"一级标题"，样式类型为"段落"，样式基准为"正文"，后续段落样式为"一级标题"。设置字体格式为黑体字、三号、加粗，段落格式为左对齐、段前段后空 0.5 行，快捷键为 Alt+Y，如图 3-79 所示。

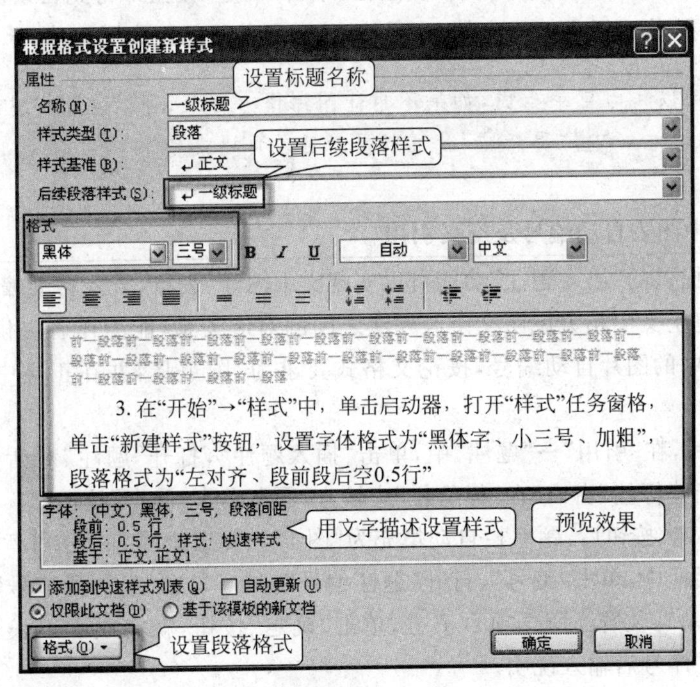

图 3-79 "根据格式设置创建新样式"对话框

(4) 同样方法，设置二级标题、三级标题。

(5) 使用符号和样式链接为标题自动编号。在"开始"→"段落"中，单击"多级列表"，选取列表样式后，选择"定义新的多级列表"打开对话框，单击"更多"，打开"高级选项"对话框，在对话框中修改编号格式，将不同级别的编号链接到不同样式，论文中所有应用该样式的段落，将自动添加相应级别的编号。

提示： 正文样式是基础样式，不要轻易修改它，一旦被修改将影响所有基于"正文"样式的其他样式格式。

（三）自动生成目录

在封面页后（即第二页开始）自动生成目录，目录前加上标题“目录”，格式为宋体、四号、加粗、居中，整体目录格式为宋体、小四、行距为固定值16磅。

（1）为标题应用样式。在“开始”→“样式”中修改样式中的标题1、标题2、标题3，分别对应论文中的1、1.1、1.1.1三级标题的格式，将光标定位到设置格式的位置单击样式，应用修改好的样式格式。

（2）将光标定位到论文正文的标题处（即正文的起始位置），在“页面布局”→“页面设置”中，单击“分隔符”下拉按钮，在打开的下拉列表中，单击“分节符”→“下一页”命令，插入一个空白页。

（3）在空白页处输入“目录”，设置为宋体、四号、加粗、居中。

（4）将光标定位到“目录”下一行，在“引用”→“目录”中，单击“目录”下拉按钮中的“插入目录”，在弹出的对话框中设置，将“制表符前导符”选择第一项，格式为“正式”，显示级别为“3”，并撤销“使用超链接而不使用页码”复选框，单击“确定”按钮即得到目录。

（5）选定目录，将设置字体为宋体，字号为小四，段落行间距为固定值16磅。

提示：图片可以作为目录生成，如果不想让图片作为目录，可以在目录中将图片删除。另外，选中目录右击，单击“更新域”就可以更新目录页码或整个目录。

（四）使文中图表自动编号及交叉引用

Word 2010提供的“插入题注”功能可以实现文中图片、表格、公式自动编号，通过“交叉引用”功能可以创建正文中相关说明文字与题注之间的对应关系，能为作者提供自动更新功能。下面讲解为论文中的图片自动编号，按论文格式要求为“图1-1”，并在正文中引用，操作步骤如下。

（1）选中图片，在“引用”→“题注”中，单击“插入题注”，打开“题注”对话框，单击“新建标签”按钮，打开“新建标签”窗口，在“标签栏”中输入“图”，单击“确定”按钮。

（2）单击“确定”按钮后，题注栏自动填充为“图1”。要想让图编号随着章或节标题自动变化，在“题注”对话框中，单击“编号”，打开“题注编号”窗口，勾选“包含章节号”，则在题注栏中自动显示为“图1-1”，位置为所选项目下方，单击“确定”按钮，就完成了一张图片的自动插入题注，此时可以在序号后输入说明。

（3）如果有多张图片插入题注，可以对设置好的题注编号复制，在其他图片需要插入题注编号的位置使用Ctrl＋V组合键进行粘贴，然后按Ctrl＋A组合键全选，右击，从打开的快捷菜单中选择“更新域”即可，Word会自动按图在文档中出现的顺序进行编号。

（4）在正文中引用题注时，可以使用交叉引用，在“引用”→“题注”中，单击“交叉引用”，打开“交叉引用”对话框，在“引用类型”处选择“图”，在“引用内容”处选择“只有标签和编号”，在“引用哪一个题注”处选择要引用的题注，再单击，然后单击“插入”按钮，如果有其他处需要引用题注，在正文中移动光标，继续选择、单击、插入操作，全部完成后，单击“关闭”按钮，完成交叉引用。

提示：为表格、公式添加题注与交叉引用的方法基本相同。

（五）目录和正文使用不同的页眉和页脚

为了使页面美观，便于阅读，毕业论文都添加了页眉和页脚。目录中的页眉使用“边线型”，输入文本为“目录”，置于页眉中间，页脚为“Ⅰ，Ⅱ，Ⅲ，…”。正文页眉左侧显示学校LOGO图标，右侧显示文本“毕业论文”。页脚插入页码“1，2，3，…”，居中。操作步骤如下。

(1) 将光标定位在目录后的论文标题前，在“页面布局”→“页面设置”中，单击“分隔符”下拉按钮，在打开的下拉列表中，单击“分节符”→“下一页”命令，插入一个空白页。

(2) 整篇文档分成两节，封面和目录为第一节，论文标题到论文结尾处为第二节。

(3) 为第一节添加页眉和页脚。在“插入”→“页眉和页脚”中，单击“页眉”下拉按钮中选择“边线型”，在“键入文本标题”处输入“目录”，在“页眉和页脚工具”→“设计”→“导航”中，单击“转至页脚”，切换到页脚编辑状态，在“设计”→“页眉和页脚”中，单击“页码”下拉按钮，在下拉列表中选择“设置页码格式”，打开对话框，设置编号格式为“Ⅰ，Ⅱ，Ⅲ，…”。

(4) 在“页眉和页脚工具”→“设计”→“导航”中，单击“下一节”命令，进入第二节，单击“链接到前一条页眉”按钮，断开与第一节页眉的链接，以便设置不同的页眉。在“插入”→“页眉和页脚”中，单击“页眉”下拉按钮中的“编辑页眉”命令，在页眉光标处插入LOGO图片，并输入相应文本“毕业论文”，将文本设置为右对齐，选中图片将版式设置为四周型后移动到页眉左侧，与文档中插入图片操作一样。

(5) 单击“转至页脚”，转至第二节的页脚区，在“设计”→“页眉和页脚”中，单击“页脚”下拉按钮，选择用内置“传统”，再单击“页码”下拉按钮，在下拉列表中选择“设置页码格式”，在打开的对话框中，设置编号格式为“1，2，3，…”，设置“页码编号”为“起始页页码：1”，完成后，单击“关闭页眉和页脚”按钮。

（六）审阅者为文档添加注释

作者或审阅者在论文有疑问或需要修改的地方插入批注，有利于文档编辑、修订，操作步骤如下。

(1) 在论文的某一处，选中需要注释的文本。

(2) 在“审阅”→“批注”中，单击“新建批注”命令，在右侧批注框中输入内容“此处逻辑错误”，完成后在任意位置单击，退出批注编辑状态。

(3) 要删除这个批注，用右击，从弹出的快捷菜单中选择“删除批注”即可。

提示：插入页眉后底部会加上一条页眉线，如不需要可删除，操作为：在“页眉和页脚”视图下，选中页眉上的内容，在“开始”→“段落”→“边框和底纹”中，选择“无框线”即可。

E 技能提升

（一）使自动生成的目录不占页码

对于设置了多级标题样式的文档，可通过引用目录功能自动生成，但目录会占用页码，即生成的目录页码不是从第1页显示。解决这个问题的方法是插入分节符，并设置页码，请读者尝试操作。

操作提示：

(1) 将光标移动到目录和正文之间，在“页面布局”→“页面设置”→“分隔符”中，单击“分节符”→“下一页”按钮，光标将移动到下一页的位置，在“视图”→“文档视图”中，单击“草稿”，看到分节符标记，如图 3-80 所示。

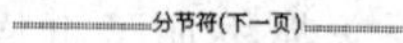

分节符(下一页)

图 3-80　下一页分节符的标记

(2) 为设置了多级标题样式的文档，生成自动目录。在“引用”→“目录”中，单击“目录”，在打开的下拉列表中选择“插入目录”，打开“目录”对话框。在“目录”选项卡下，在“制表符前导符”下拉列表中选择第一个选项，在“格式”下拉列表中选择“正式”选项，并设置显示级别，撤销选中的“使用超链接而不使用页码”复选框，单击“确定”按钮，生成目录。

(3) 在正文的第 1 页，鼠标双击页码处，打开“页眉和页脚”工具面板，在“页眉和页脚”中，单击“页码”，在打开的下拉列表中，单击“设置页码格式”按钮，在“页码格式”中，将“起始页码”更改为 1，单击“确定”按钮，实现了目录中的页码从 1 开始，即目录不占页码。

(4) 如果想在目录中设置与正文不同的页眉和页脚，在目录的页眉处用鼠标双击，打开“页眉和页脚”工具面板，在“页眉和页脚工具”→“导航”中，单击“下一节”，单击“链接到前一条页眉”取消链接，如果目录中想设置首页不同、奇偶页不同，需要单击“下一节”，单击“链接到前一条页眉”，分别取消首页链接、奇数页链接、偶数页链接。

(5) 设置目录页的页眉和页脚。在“页眉和页脚工具”→“选项”中，勾选“首页不同”“奇偶页不同”，切换到“奇数页页眉”设置，或设置“奇数页页脚”，然后再切换到“偶数页页眉”设置，或设置“偶数页页脚”。

（二）快速插入参考文献标注

当一篇长文档有很多参考文献时，手动插入方法很慢，而且一旦有新内容要插入时，编号又得重新编排，十分麻烦。请读者尝试使用下面方法批量插入尾注，快速添加参考文献，并应用替换功能为参考文献编号添加方括号。

操作提示：

(1) 在“引用”→“脚注”中，单击启动器图标，如图 3-81 所示。

(2) 打开“脚注和尾注”对话框，设置“编号格式”，将更改应用于“整篇文档”，单击“应用”按钮，如图 3-82 所示。

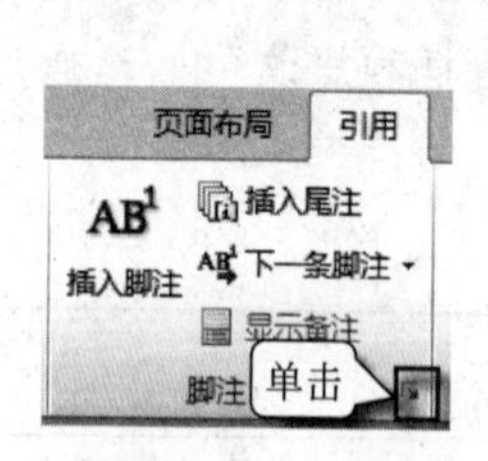

图 3-81　“脚注”选项卡

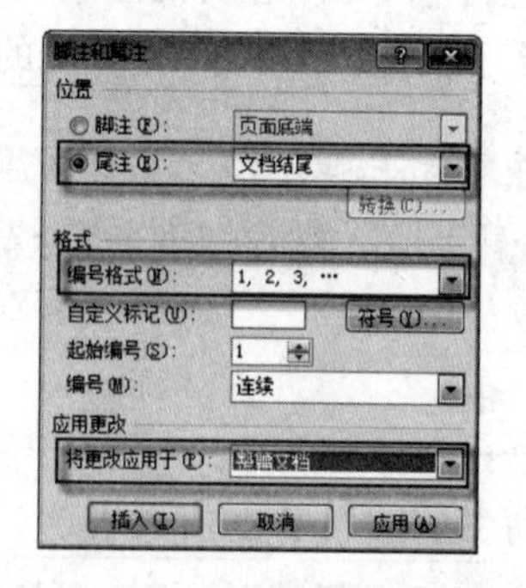

图 3-82　“脚注和尾注”对话框

(3) 在正文中，将光标移到要添加文献的地方，单击“插入尾注”或按 Ctrl＋Alt＋D 组合键，会自动在正文中插入编号并移动到文档的结尾处，输入参考文献。

(4) 通常参考文献在正文中要标注成带方括号的形式，在“开始”→“编辑”中，单击“替换”按钮，打开“查找和替换”对话框，在“查找内容”处输入“^e”，在“替换为”处输入“[^&]”，单击

“全部替换”按钮。

(5) 此时,正文引用的编号及参考文献内容处的编号都是上标格式。当然,正文编号应该是上标格式的,但参考文献处的编号不应该是上标格式,通过格式刷改正即可,但是这个操作不是必需的。

提示: 如果是脚注,则将“^f”替换为“[^&]”。

课后习题

一、填空题

1. 在Word编辑中,每按一下Enter键就形成一个段落,并产生一个________。

2. 在Word中,可以将文档________后,分别对每一节进行格式化,实现复杂文档的排版。

3. 选择完整的句子的操作是:按住________键,同时移动光标指向某一句,然后单击鼠标________。

4. 当字符在正常状态下需要调整位置时,一般使用________和________两种方式。

5. 如果想将当前文档恢复到上一次编辑状态,可按________按钮。

6. Word有左对齐、右对齐、居中、________、两端对齐5种对齐方式。

7. 文本框有________和________两种方式。

8. 在打印“自定义范围”时设置打印页码“1-3,8”表示打印________的内容。

9. 拆分表格时,通过鼠标选中的行成为新表格的________。

10. 在Word表格中计算数据,需要在“公式”对话框的“公式”框中输入计算的公式,公式以________开头。

二、选择题

1. 页眉或页脚的位置通过(　　)功能调整。

A. 页面布局　　B. 插入　　C. 视图　　D. 开始

2. 若将光标置于行首,(　　)可以选择光标所在的行。

A. 单击鼠标　　B. 双击鼠标　　C. 三击鼠标　　D. 右击鼠标

3. 在Word中插入图片,图片的位置默认文本环绕方式是(　　)。

A. 四周型　　B. 嵌入型　　C. 紧密型　　D. 无环绕

4. 在Word的绘图工具栏上选定矩形工具,按住(　　)键可绘制正方形。

A. Ctrl　　B. Shift　　C. Alt　　D. Tab

5. (　　)不能建立表格。

A. 利用“插入”功能区中的“表格”命令按钮

B. 使用“插入”→“文本”命令组中的“文本框”

C. 使用“表格”→“绘制表格”命令

D. 使用“表格”命令按钮中的“插入表格”命令

6. 在表格中输入字符时,当字符到达单元格右边界时,光标会(　　)。

A. 移到下一个单元格　　B. 自动转到下一列

C. 自动转到下一行　　D. 停在原位置

7. 在使用格式刷进行多次格式重复使用后，单击(　　)消除格式刷状态。
A. 格式刷　B. 复制　C. 制表位　D. 预览

8. “页面布局”功能区中的“页面背景”命令组有(　　)三组命令。
A. 颜色、字体、效果　B. 文档部件、艺术字、文本框
C. 水印、页面颜色、页面边框　D. 标尺、网格线、导航窗格

9. Word 文档具有分栏功能，下列关于分栏的说法正确的是(　　)。
A. 最多可分 5 栏　B. 各栏的栏宽可以不同
C. 栏间距是固定的　D. 分栏只能应用于整篇文档

10. 剪贴画在(　　)模式下可以进行编辑。
A. 草稿　B. 阅读版式视图
C. 大纲视图　D. 页面视图

11. 在 Windows 7 中，为结束死循环的程序，应启动任务管理器，按下(　　)组合键。
A. Ctrl+Alt+Del　B. Ctrl+Del　C. Ctrl+Alt　D. Alt+Del

12. 脚注和尾注最重要的区别是(　　)。
A. 位置不同　B. 作用不同　C. 操作方法不同　D. 格式不同

13. 下列关于文档窗口的说法中正确的是(　　)。
A. 可以同时打开多个文档窗口，被打开的窗口都是活动窗口
B. 可以同时打开多个文档窗口，但在屏幕上只能见到一个文档的窗口
C. 可以同时打开多个文档窗口，但其中只有一个是活动窗口
D. 只能打开一个文档窗口

14. 勾选(　　)功能区中的“标尺”命令可以显示与隐藏标尺。
A. 页面布局　B. 视图　C. 插入　D. 开始

15. 每行的字符数和每页的行数，在“页面设置”对话框的(　　)选项卡中设置。
A. 页边距　B. 纸张　C. 版式　D. 文档网格

三、判断题

1. 如果没在“Word 选项”对话框“自定义快速访问工具栏”中选择，则工作窗口不会显示该命令。(　　)
2. 选择“页眉”或“页脚”后系统默认各节之间有相同的页眉或页脚。(　　)
3. 第一次保存 Word 文档，单击“保存”按钮，会弹出“另存为”对话框。(　　)
4. 在 Word 表格中，两个单元格合并后，仍然是两个单元格，只是去掉了格线。(　　)
5. Word 插入的表格只具有排版功能，不具有求和、求平均值等计算功能。(　　)
6. 使字符间距扩大的方法是在字符之间添加空格。(　　)
7. 可以通过编辑环绕顶点来调整图文环绕的文本区域。(　　)
8. Word 2010 在剪贴板上最多可以保存 24 次复制过的内容。(　　)
9. 表格的列间距是指相邻两列之间的空格宽度。(　　)
10. Word 打印功能只能打印编辑文档，不能打印批注、样式、自动图文集等。(　　)

四、简答题

1. 在文档中如何设置自选图形的叠放次序？
2. 在文档中如何设置表格边框？在表格中如何编辑公式？

3. 在文档中如何设置多级符号？

五、上机操作题

在 15 分钟内输入下列文字：

古镇周庄距离苏州城约 30 千米，全镇 50%以上的民居是江南特色的明清式民居，在 0.4 平方千米区域内就有近百座古典宅院和 60 多个苏砖门头。唐代诗人刘禹锡、陆龟蒙等曾经寓居周庄，近代柳亚子、陈去病等南社诗人曾经聚会迷楼，从事文学创作活动，一时成为诗坛佳话。

周庄的水道有的可以直接通到宅院，主人足不出户就可以上船。周庄的古桥比较多，其中知名度最高的无疑就是“双桥”。双桥地处周庄的中心地段，位于交叉的河道上，呈直角状排列，当地人称之为“钥匙桥”。周庄在明代有相当高的声望，明初家住周庄的江南首富沈万三曾经捐资修建了南京 1/3 的城墙。

1. 设置全文字符格式为楷体，四号字。
2. 设置页面为 A4 纸张，页面上下左右边距均为 2 厘米，方向为纵向。
3. 设置全文段落格式为左缩进 1.5 厘米，右缩进 2 厘米，首行缩进两个字符。
4. 插入一高为 1.5 厘米，宽为 6 厘米的横排文本框，并输入隶书二号字“昆山周庄古镇”。
5. 插入一张图片，将图片放大到整个页面，放置在文字下方，作为文本的背景。

项目4　数据编辑与管理

Excel 2010 是 Microsoft 公司办公软件 Office 的核心组件之一，是一款功能强大的电子表格管理软件，它能把文字、数据、图形、图表和多媒体对象集于一体，并对表格中的数据进行各种统计、分析和管理等，具有丰富的宏命令和函数，用来组织、记录和用图表表示数值信息。

Excel 2010 基本应用：教师用它记录分数，并计算出总分、平均分、最高分、名次等；股票投资人员用其估计某只股票的走向；营销人员用其预测产品的销售趋势，可用于金融分析、商业和统计、决策支持、模拟和解决问题等。

为了让学生全面掌握 Excel 软件的使用，掌握各种常用报表的制作、编辑以及电子表格的数据分析管理，对数据进行自动处理和计算，完成复杂的数据运算，进行数据的分析和预测，制作图表等，本项目以成绩表的制作、编辑和处理贯穿，帮助学生掌握数据的输入、统计与分析，培养学生独立解决问题的能力。

工作任务

任务1　制作成绩表

任务2　计算成绩表

任务3　管理与分析成绩表中的数据

任务4　交互快速分析成绩表

任务5　基于成绩表创建数据图表

学习目标

目标1　熟悉电子表格工作环境，创建、录入、编辑和打印电子表格，使用数据有效性，防止数据出错。

目标2　能够运用公式和函数进行数据管理和复杂计算。

目标3　能够运用数据清单对大量数据进行管理分析，例如排序、筛选、分类汇总等。

目标4　能够根据统计表建立数据透视表，进行多角度、多维度的统计。

目标5　能够运用图表查看数据的差异，并对数据的未来走势进行预测。

任务1　制作成绩表

A 任务展示

在 Excel 2010 中，制作基本的学生成绩表，成绩表由 12 列，20 条学生信息组成，如图 4-1 所示。

16空乘2班期末成绩表									
学号	姓名	身份证号码	生源地所在省份	大学英语	市场营销	计算机基础	航空地理	应用文写作	心理学
1600501001	姜明	23010119960815301	北京	78	88	95	88	78	90
1600501002	李淑春	23010419970810302	上海	65	98	96	78	96	63
1600501003	赵权明	23010119960116302	重庆	85	78	85	98	89	90
1600501004	潘波	23010419970505302	天津	65	85	75	78	99	60
1600501005	张阳阳	23010119960713309	黑龙江	68	45	78	89	86	67
1600501006	刘明	23010419970604302	广东	78	65	85	96	65	68
1600501007	张路平	23010119960718300	山东	98	68	88	63	85	80
1600501008	李一凡	23010419970706302	辽宁	96	69	78	64	76	78
1600501009	郭平	23010119960105305	吉林	65	66	84	66	63	72
1600501010	郭丹	23010419971217302	江苏	63	75	86	60	73	71
1600501011	郭大商	23010119961015307	北京	25	79	82	63	74	70
1600501012	伍思思	23010419970919302	上海	63	77	81	65	75	73
1600501013	韩辉	23010119960703308	重庆	88	78	83	61	63	78
1600501014	韩建军	23010419970703022	天津	78	65	88	62	78	96
1600501015	李国庆	23010119960719306	黑龙江	98	68	78	63	90	90
1600501016	刘国庆	23010419970810301	广东	45	68	98	60	77	60
1600501017	王新鹏	23010119960815308	山东	65	69	99	68	82	36
1600501018	吴云鹏	23010419970605302	辽宁	63	78	85	69	60	75

图 4-1　成绩表

B 教学目标

（一）技能目标

（1）熟悉 Excel 2010 工作环境，能够制作最基本的学生成绩表，学会创建、保存、关闭工作簿。

（2）能够向单元格输入各种类型数据，并能够对数据进行编辑。

（3）能够对电子表格及其数据进行格式化。

（4）能够选定、插入、删除、重命名、移动、复制、隐藏工作表。

（5）合理应用自动套用样式功能。

（6）能够对电子表格进行页面设置和打印。

（二）知识目标

（1）认识 Excel 2010 窗口界面的名称和功能，理解工作簿、工作表等基本概念。

（2）掌握 Excel 2010 创建、编辑、保存电子表格的方法。

（3）掌握选定、移动或复制、重命名或隐藏、插入或删除工作表的方法、冻结或拆分窗口。

（4）对工作表进行选定单元格或单元格区域、删除单元格、删除行或列、调整行高和列宽、隐藏行和列、移动或复制工作表中数据、保护电子表格及数据。

(5) 数据的基本输入方法和自动填充。

(6) 理解数据的有效性。

C 知识储备

Excel是应用最广泛的电子表格管理软件,电子表格中不仅包含各种数据,还包括计算公式和函数,在用户输入数据时可自动完成所需的计算和分析,极大地提高了数据处理的效率。Excel 2010中提供了大量的内置函数,如财务、日期与时间、数学与三角函数、统计、查找与引用、数据库、文本、逻辑、信息、工程和多维数据集11类,以满足各类领域的数据处理与分析管理。同时还允许用户创建自定义函数,以满足个人的计算需求。超强的图表处理功能为用户提供了丰富的图表类型,可以很方便地将表格中的数据转换成具有专业外观的图表。

(一) 启动和退出 Excel 2010

(1) 启动 Excel 2010 主要有三种方法:在桌面上双击快捷图标;在"开始"→"所有程序"→Microsoft Office 中,单击 Microsoft Excel 2010;通过文件名启动,双击要打开的 Excel 文件。

(2) 退出 Excel 2010 主要有三种方法:单击窗口右上角的"关闭"按钮;在"文件"中单击"退出"或"关闭";按 Alt+F4 组合键。

(二) Excel 2010 工作界面

(1) Excel 2010 工作界面与 Word 2010 工作界面基本相似,由快速访问工具栏、标题栏、功能区、数据编辑栏和工作表区等部分组成,如图 4-2 所示。

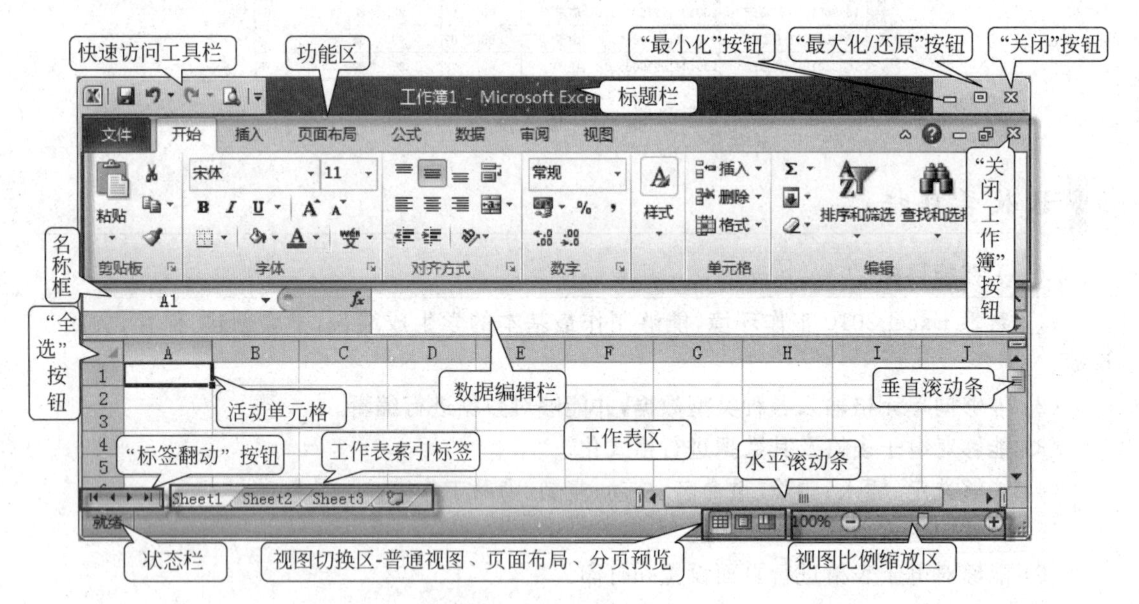

图 4-2 Excel 2010 工作界面

(2) 认识基本工作界面。

① 标题栏:显示当前程序与文件的名称。

② 菜单栏:显示各种菜单供用户选取。

③ 快速访问工具栏、文件按钮和功能区:显示常用的操作命令。

④ 名称框:显示当前选取的单元格名称,由"列标+行号"组成,可以快速定位和选定单

元格。

⑤ 数据编辑栏：显示或编辑单元格中的数据或公式，用户可以在单元格中直接修改数据，也可以在数据编辑栏中修改数据。

⑥ 全选按钮：单击全选按钮，将选中工作表中所有单元格。

⑦ 活动单元格：使用鼠标单击工作表中某一单元格时，该单元格的周围会显示黑色粗边框，表示该单元格已被选取。

⑧ 工作表区：是由多个单元格行和列组成的网状编辑区域，在这个区域可以进行数据处理。

⑨ 工作表标签：每一个工作表索引标签都代表一张独立的工作表，使用者可通过单击工作表标签来选取某一张工作表。

（三）认识工作簿、工作表、单元格

工作簿中包含一张或多张工作表，工作表又是由排列成行或列的单元格组成的。在计算机中工作簿以文件的形式独立存在，创建的文件扩展名为“.xlsx”，而工作表依附在工作簿中，单元格则依附在工作表中，三者之间是包含与被包含的关系。

（1）工作簿，是用来存储和处理数据的文档，也称电子表格，启动 Excel 后会自动创建一个空白的工作簿，并命名为“工作簿 1”。

（2）工作表，是用来显示和分析数据的工作场所，存储在工作簿中，默认一张工作簿包含三张工作表，单击工作表标签，可以在多个工作表之间切换。

（3）单元格，是最基本的存储数据单元，单元格名称以“列标＋行号”表示，连续的单元格表示为“单元格名称：单元格名称”，不连续的单元格表示为“单元格名称，单元格名称”。

在打开多个工作簿窗口并需要比对工作簿内容时，可以选择“视图”→“窗口”→“全部重排”命令，根据需要选择相应的排列方式，如图 4-3 所示。

（四）工作表的基本操作

（1）选定工作表，有以下 4 种方法。

① 单击工作表标签可以选定一张工作表。

② 右击标签滚动按钮，从列表中选择所需的工作表。

③ 按住 Ctrl 键，分别单击工作表标签可以选定多张工作表（可以选定不连续的工作表）。

④ 右击某个工作表标签，在弹出的快捷菜单中单击“选定全部工作表”。

提示：当新创建一个工作簿时，工作表 Sheet1 默认为当前工作表，在移动、复制或删除前先要选定一张或多张工作表，选定多张工作表后，在标题栏中显示“工作组”，可以同时在多个工作表中输入相同的数据。

（2）重命名或隐藏工作表。

① 右击工作表标签，在弹出的快捷菜单中选择“重命名”，输入新的名称。

② 或者直接双击工作表标签，输入新的名称。选择要隐藏的工作表右击，在弹出的快捷菜单中选择“隐藏”，如果要显示被隐藏的工作表，在工作簿的任意工作表上右击，在弹出的快捷菜单中选择“取消隐藏”，打开被隐藏工作表的对话框，选择要显示的工作表，单击“确定”按钮。

（3）移动或复制工作表。

① 选中要移动的工作表标签，按住鼠标左键向左或向右拖动，在标签左上角将出现一个

黑色三角形，在此位置之后将放置工作表。

② 按住 Ctrl 键和鼠标左键向左或向右拖动进行工作表复制，在需要移动的工作表上右击，在弹出菜单中选取“移动或复制”，打开“移动或复制工作表”对话框，首先选取移动到的工作簿，然后选取其中的工作表，勾选“建立副本”复选框，可以移动或复制到其他工作簿。

(4) 插入或删除工作表。插入工作表有以下三种方法。

① 单击工作表标签右侧的 控件，即可在最后一张工作表后插入一张新工作表。

② 切换到功能区，在“开始”→“插入”中，选择“插入工作表”命令，可以在选定的工作表之前插入一张新工作表。

③ 右击工作表标签，在弹出的快捷菜单中选择“工作表”，单击“确定”按钮，即可在选定的工作表之前插入一张新表，如图 4-4 所示。

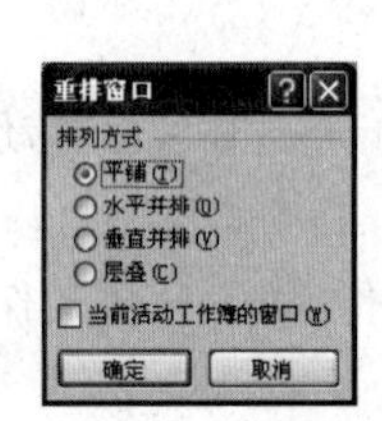

图 4-3 重排窗口

图 4-4 插入工作表

④ 删除工作表。选定要删除的工作表，在“开始”→“单元格”中，单击“删除”，再单击“删除工作表”命令；右击要删除的工作表，在弹出的快捷菜单中单击“删除”命令。

提示：如果工作表中被编辑过或者有内容，那么在删除时会出现一个警告对话框，这时如果想永久删除，可单击“删除”按钮，否则单击“取消”按钮。删除工作表的操作是不可恢复的，工作表一旦被删除，则工作表的内容将一同被删除。

(5) 突出显示工作表。为工作表标签改颜色，可右击工作表标签，在弹出的快捷菜单中单击“工作表标签颜色”，从颜色列表中选择喜欢的颜色，以突出显示工作表。

(五) 单元格及其内容的基本操作

(1) 选定单元格或单元格区域。

以下各种方法都可以选定单元格。

① 单击某一个单元格。

② 按 Tab 键选定该行的下一个单元格。

③ 按 Shift+Tab 组合键选定该行的前一个单元格。

④ 按方向键将选定相应方向的单元格。

⑤ 按 Ctrl+Home 组合键可以选定 A1 单元格。

⑥ 按 Ctrl+A 组合键选定全部单元格。

以下各种方法都可以选定区域。

① 选定一个区域用鼠标拖动即可。

② 选定多个不相邻的区域按住 Ctrl 键并拖动鼠标。

③ 选定两个单元格之间的矩形区域，单击第一个单元格，按住 Shift 键再单击最后一个单元格。

选定一列或一行的方法如下。

① 单击该列的列标。

② 单击该行的行标。

选定多列或多行的方法如下。

① 单击该列的列标并拖动鼠标。

② 单击该行的行标并拖动鼠标。

(2) 删除单元格、删除行或列。选定单元格或区域，在"开始"→"单元格"中单击"删除"，从下拉菜单中选择"删除单元格"，弹出对话框，如图 4-5 所示。

(3) 调整行高和列宽，有以下三种方法。

① 手动调整行高或列宽：将鼠标指向行标或列标的分界线处，当光标指针变成 ⇕ 或 ⇔ 时，左击并拖动分界线到适当位置，即可调整行高或列宽。

② 自动调整行高或列宽：选定要调整的行或列，在"开始"→"单元格"中单击"格式"，从下拉菜单中选择"自动调整行高"或"自动调整列宽"。

③ 精确设置行高或列宽：在"开始"→"单元格"中单击"格式"，从下拉菜单中选择"行高"或"列宽"命令，输入行高或列宽值，如图 4-6 所示。

图 4-5 删除单元格、整行或整列

图 4-6 精确设置行高或列宽

(4) 行和列的隐藏。如果有些行或列不需要参与操作，可以使用隐藏的方式来处理，隐藏后数据还在，只是不参与操作，需要再次使用时，只要取消隐藏即可。

具体操作方法是，在选定的行或列上右击，在弹出的快捷菜单中选择"隐藏"，要显示被隐藏的行或列，右击被隐藏行的上、下行或被隐藏列的左、右列，在弹出的快捷菜单中选择"取消隐藏"。

(5) 工作表中数据的移动或复制。在工作表中移动数据，可以先选定待移动的单元格区域，将鼠标指向选定区域的黑色边框，将选定区域拖动到粘贴区域，释放鼠标，将用选定区域数据替换粘贴区域；复制工作表中的数据和移动工作表中的数据操作类似，只是在拖动时按住 Ctrl 键。

提示： 使用快捷键也可以完成，移动操作的快捷键是 Ctrl＋X 与 Ctrl＋V，复制操作的快捷键是 Ctrl＋C 与 Ctrl＋V。

(6) 选择性粘贴，可从剪贴板复制并粘贴特定单元格内容，例如公式、格式或批注等。在"开始"→"剪贴板"中，单击 下拉按钮，弹出"粘贴"下拉列表，如图 4-7 所示。在列表中单击

"选择性粘贴",弹出"选择性粘贴"对话框,如图 4-8 所示。

图 4-7 "粘贴"下拉列表

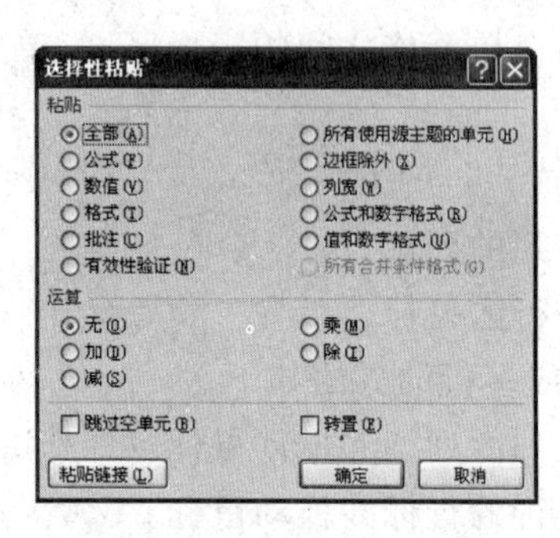

图 4-8 "选择性粘贴"对话框

常用的各选项含义:"全部"是指粘贴全部单元格内容和格式,"公式"是指只粘贴编辑栏中输入的公式,"数值"是指只粘贴单元格中显示的值,"格式"是指只粘贴单元格格式,"批注"是指只粘贴附加到单元格的批注,"有效性验证"是指将复制的单元格的数据有效性规则粘贴到粘贴区域。

选择性粘贴提供的运算有 5 种:"无""加""减""乘"和"除"。"无"就是粘贴复制区域的内容不进行数学运算,"加"就是将复制区域中的值与粘贴区域中的值相加,其他类似。

提示:通常,选择性粘贴与复制配合使用,也就是需要先进行复制,才进行选择性粘贴。

(六) 数据的输入方法

在 Excel 中,有 4 种常见数据类型:字符型,如汉字、字母、符号等,默认左对齐;数值型,如整数、小数、货币等,默认右对齐;日期型,如时间和日期,默认右对齐;逻辑型,如 True、False,默认为居中。以文本形式储存的数值默认左对齐,单元格左上方有绿色小三角,该文本不参与函数运算。

(1) 文本数据的输入。在默认状态下,文本在单元格中均左对齐,当文本长度超出单元格宽度时,若右侧相邻的单元格中没有数据,则文本可以完全显示,否则将被部分显示。

(2) 数值数据的输入。输入分数时先输入 0 和空格,如"0 3/4",输入货币型数据时在数值前加"$"符号。当数字长度超出单元格宽度或数值位数超过 11 位时,都会以科学记数法表示,最多可保留 15 位有效数字。如果数字长度超出了 15 位,会将多余的数字位转换为 0。如果单元格的宽度不足以显示数值时,则会在单元格内显示一组"#"。通过调整单元格宽度,可以使数据正常显示。

提示:如果要将由纯数字构成的数据,例如身份证、学号、电话、邮编等作为文本型数据处理,则需要在输入的数字前加上单引号,即先输入单引号再输入数字,否则会作为数值型数据。

(3) 日期/时间的输入。在默认状态下,日期和时间在单元格中右对齐,如果在一个单元格中同时输入日期和时间,需要在它们之间用空格分隔,日期可以输入 8/5 或 8-5,显示"8 月 5 日",也可以按 Ctrl+;组合键输入当前系统日期,使用 Shift+Ctrl+;组合键输入当前系统时间。

日期和时间的显示方式取决于所在单元格中的数字格式，用户可以根据需要重新设置显示方式。

提示：日期和时间可以进行加、减等各种运算，例如，两个日期相减可以得到两个日期间隔的天数。

(4) 数据自动填充。在输入连续的数据时，并不需要逐一输入，Excel 提供了填充序列功能，可以快速输入数据，节省时间，能够填充等差数据序列、等比数据序列、时间日期，还有一些已经设置好的文本系列数据。只要输入数据序列中的数据，就可以从该数据开始填充序列。填充时需要使用“填充句柄”，先选中两个单元格，再将鼠标指向第二个单元格的右下角，当鼠标由空心的十字变成实心的十字时拖动即可。

当自动填充一列很长的数据时，相邻的前一列或后一列连续多行，就可以双击填充柄快速填充。

提示：用户自定义序列的方法是，在“文件”→“选项”中，打开“Excel 选项”对话框，单击“高级”命令，打开“高级”选项卡，在“常规”中单击“编辑自定义列表”，打开“自定义序列”对话框，在“输入序列”区域中输入自定义序列，单击“添加”来设置，也可以从单元格直接导入。

（七）设置数据有效性

数据有效性是一种 Excel 功能，用于定义可以在单元格中输入或应该在单元格中输入哪些数据。配置数据有效性可以防止用户输入无效数据，当用户尝试在单元格中输入无效数据时会向其发出警告，提供一些消息，帮助用户更正错误。

（八）冻结或拆分窗口

对于一些数据清单较少的工作表，可以很容易地看到整个工作表的内容，但是对一个大表格来说，要想在同一窗口中同时查看整个表格的数据内容就显得费力了，这时可用到拆分窗口和冻结窗口来简化操作。

在“视图”→“窗口”中单击“冻结窗口”，从下拉菜单中选择三种形式的一种，如图 4-9 所示。

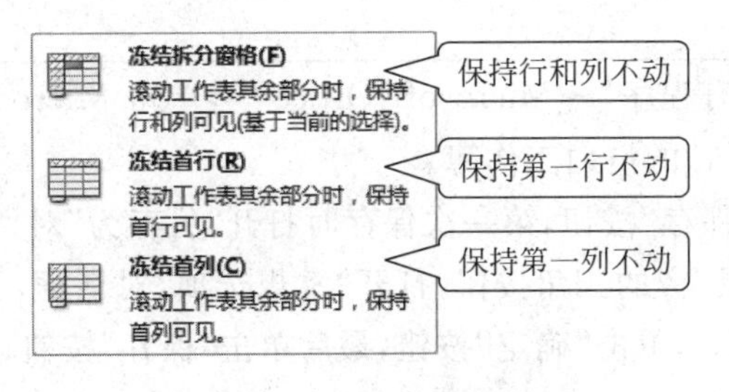

图 4-9　冻结窗口三种形式

拆分窗口可以将当前活动的工作表拆分成多个窗格，并且在每个被拆分的窗格中都可以通过滚动条来显示整个工作表的每个部分。在“视图”→“窗口”中，单击“拆分”，在选定单元格的左上角将工作表窗口拆分成 4 个不同的窗口。利用滚动条可以清楚地在每个窗口中查看整个工作表内容，要撤销拆分再次单击“拆分”即可。

（九）保护电子表格及数据

要防止他人偶然或恶意更改、移动或删除重要数据，可以通过保护工作簿或工作表来实现，单元格的保护要与工作表的保护结合使用才生效。

（1）保护工作簿。在“审阅”→“更改”中，单击“保护工作簿”，弹出“保护结构和窗口”对话框，选中“窗口”表示每次打开工作簿时工作簿窗口大小和位置都相同，在“密码”文本框中输入密码，再次确认后完成密码设置，返回到工作簿中，完成后再保存并关闭工作簿。

（2）保护单元格。在选定的单元格或区域中右击，在快捷菜单中选择“设置单元格格式”，在对话框中选择“保护”选项卡，单击选中“锁定”和“隐藏”，完成单元格保护，以防止他人更改单元格中的数据，锁定一些重要单元格或隐藏单元格中包含的计算公式。

（3）保护工作表。在“审阅”→“更改”中，单击“保护工作表”，设置取消工作表保护时使用的密码，确认后完成密码设置，返回工作簿中可发现相应选项卡的按钮或命令呈灰色状态显示，如图 4-10 所示。

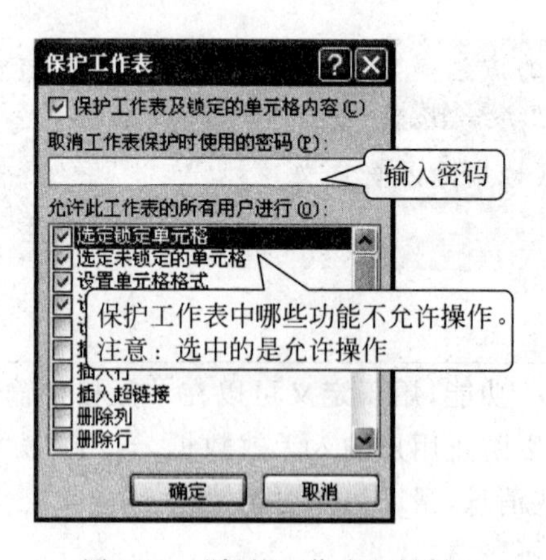

图 4-10 “保护工作表”对话框

（4）撤销工作表或工作簿保护。在“审阅”→“更改”中，单击“撤销工作表保护”或单击“撤销工作簿保护”。

D 任务实现

（一）创建工作表

（1）在“开始”→“所有程序”→Microsoft Office 中，单击 Microsoft Excel 2010，系统将自动新建一个名为“工作簿 1”的空白工作簿。

（2）单击“文件”→“保存”按钮，第一次保存时打开“另存为”对话框，在对话框中输入新文件名“成绩表”，单击“工具”旁的三角按钮，打开“常规选项”对话框，为保存的文件设置打开密码和修改密码，确认完成后，单击“确定”按钮，最后单击“保存”按钮。

（二）制作跨列居中的标题并取消网格线

（1）在 A1 单元格中输入“16 空乘 2 班期末成绩表”，选中 A1：J1 单元格区域，在“开始”→“对齐方式”中，单击“合并后居中”按钮，创建跨列标题行。

提示：选择 A1：J1 单元格区域，与制作的表格宽度一致。

(2) 在工作表中隐藏网格线。启动 Excel 后默认的工作表是 Sheet1,同时显示网格线,在“视图”→“显示”中,单击“网格线”取消勾选后可以隐藏网格线,好处是制作表格时看起来比较清晰。要根据个人喜爱设置是否显示或隐藏网格线,双击工作表标签 Sheet1,输入“成绩表”。

提示:网格线是围绕在单元格四周的淡色线,用于区分工作表上的单元格。默认情况下,网格线不会被打印。Excel 中边框和网格线的区别:不可以用自定义边框的方式来自定义网格线;边框线的宽度或其他属性可以修改,而网格线不能;网格线总是应用于整个工作表或工作簿,而不能应用于特定的单元格或区域,如果要有选择地对特定单元格或单元格区域应用线条,则应使用边框,而不是使用网格线或在使用网格线的同时使用边框。

(三) 设置表格边框线

(1) 选定 A2:J20 单元格区域,在“开始”→“字体”中,单击“边框”旁边的下拉按钮,选择“所有框线”。

(2) 修改边框线颜色。选中表格,在“开始”→“字体”中,单击“边框”旁边的下拉按钮,鼠标指针指向“线条颜色”,选择“浅蓝”,选择“所有框线”。

(3) 修改表格外侧框线线型。选中表格,在“开始”→“字体”中,单击“边框”旁边的下拉按钮,鼠标指针指向“线型”,选择“双细线”,再选择“外侧框线”。

提示:边框设置可以使用“开始”→“字体”→“边框”,也可以使用“设置单元格格式”对话框中的“边框”选项卡。边框设置包括线型、线条颜色、边框,为了使操作过程不容易出错,一般要按照线型、线条颜色、边框顺序依次设置。如果设置的线条不正确,需要修改,按照上述顺序重新添加即可。

(四) 录入表格数据

在 Excel 中,录入的数据可以是文字、数字、函数和日期等格式。

(1) 在 A2:H2 单元格中按 Tab 键或向右移动光标依次输入“学号”,“姓名”,“大学英语”,“市场营销”,“计算机基础”,“航空地理”,“应用文写作”,“心理学”。输入完成后,有些单元格因字数过多放不下,可以令鼠标指针指向列号的分界线,使其变成左右双箭头时,拖动鼠标改变列宽(列宽根据表格里的内容调整到适当大小)。

(2) 利用自动填充功能完成学号录入。在 A3:A4 单元中分别输入“160502001”“160502002”,选中 A3、A4 单元格,将光标指到单元格右下角的黑色填充柄上,使光标箭头由空心十字变成实心十字时,拖动光标到 A20,这样所有的学号会按顺序自动填充完成。

提示:在工作表中填充文本或数据之后,“自动填充选项”按钮可能刚好在填充的所选内容下方出现。例如,如果在单元格中输入一个日期,将此单元格向下拖动填充其下方的单元格,单击按钮时,会出现一个确定如何填充文本或数据的选项列表,列表中可用选项与填充内容、填充格式有关。

(3) 在表格中插入两列并设置单元格格式。在表格姓名列后面插入两列,选中“大学英语”列右击,在弹出的快捷菜单中选择“插入”,单击两次插入两列,分别在 C2、D2 单元格中输入“身份证号码”“生源地所在省份”,选中 C、D 列后右击,在弹出的快捷菜单中选择“设置单元格格式”,在“数字”→“分类”中,单击“文本”,单击“确定”按钮后再输入身份证号码。

提示：由于身份证号码为18位，在Excel中当数字长度超出单元格宽度或数值位数超过11位时，都会以科学记数法表示，所以要将身份证号码单元格由默认的数值型设置为文本型，也可以在录入身份证号码时前面添加西文状态的“'”，该单元格会自动转化为文本格式。

（4）自定义序列填充“生源地所在省份”列。在“文件”→“选项”中，打开“Excel选项”对话框，单击“高级”，向下拖动滚动条，在“常规”中找到“编辑自定义列表”，打开“自定义列表”对话框，在D3单元格中输入“北京”，选中D3单元格，鼠标指针指向单元格右下角，拖动填充柄，如图4-11所示。

提示：除了用填充柄填充外，还可以使用命令填充，在“开始”→“编辑”中，单击下拉按钮，在弹出的菜单中选择“系列”，打开“序列”对话框，设置参数后，单击“确定”按钮。

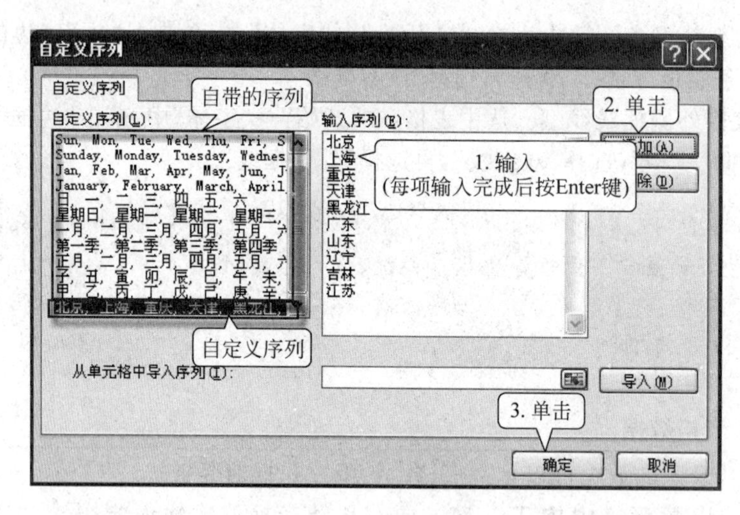

图4-11　自定义序列

（五）设置数据有效性

设置数据有效性的目的是防止用户输入无效数据，保证输入的数据在指定范围内。设置E3:G20单元格区域的数据值为0～100，否则提示“出错警告”。操作步骤如下。

（1）选中E3:G20单元格区域。

（2）在“数据”→“数据工具”中，单击“数据有效性”按钮，打开“数据有效性”对话框，如图4-12所示。

（3）在“允许”框中输入“整数”，在数据下拉列表中选择“介于”，在最小值中输入“0”，在最大值中输入“100”。

（4）打开“输入信息”选项卡，在“标题”中输入“请注意”，在“输入信息”中输入“输入的数值不在0-100之间整数是无效的”。

（5）打开“出错警告”选项卡，“样式”选择“警告”，在“标题”中输入“出错”，在“错误信息”中输入“出错，重新输入”，如图4-13所示。

（6）打开“输入法模式”选项卡，“模式”选择“关闭（英文模式）”。

（7）在单元格区域内依次输入各个成绩。

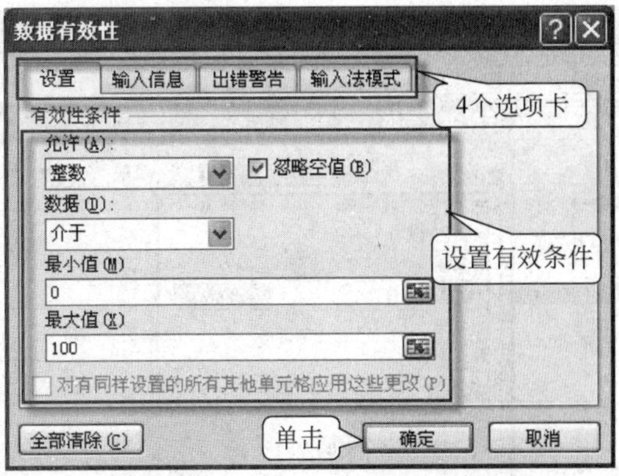

图 4-12　“数据有效性”对话框

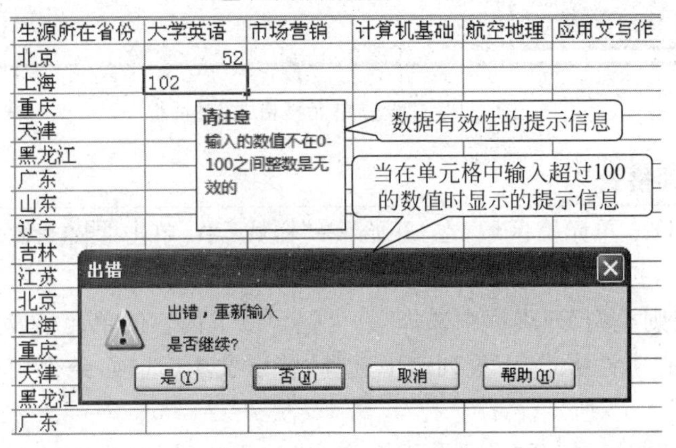

图 4-13　数据有效性出错提示

（六）设置工作表及单元格的格式

（1）选中 A1：J1 单元格区域，在“开始”→“对齐方式”中，单击启动器按钮，打开“设置单元格格式化”对话框，如图 4-14 所示。

（2）在“对齐”选项卡中，设置“水平对齐”为“居中”，设置“垂直对齐”为“居中”，设置“文本控制”为“自动换行”，并通过鼠标拖动调整列宽。

提示：选中单元格区域，打开“设置单元格格式”对话框，选择“对齐”选项卡中的“缩小字体填充”，当单元格内容长度超过单元格宽度时，单元格内容自动缩小字体，总是完全显示在单元格中。

（3）单击选项卡标签切换到“字体”，设置为“华文宋体”，12 号字。

（4）单击选项卡标签切换到“填充”，设置背景色为“茶色”。

提示：工作表格式化包括两个方面：一是工作表中数据的格式化，如字符的格式、数据的显示方式、数据的对齐方式等；二是单元格的格式化，如单元格的合并、设置单元格的边框和底纹、调整单元格的列宽和行高、设置工作表背景、使用条件格式、自动套用格式等。

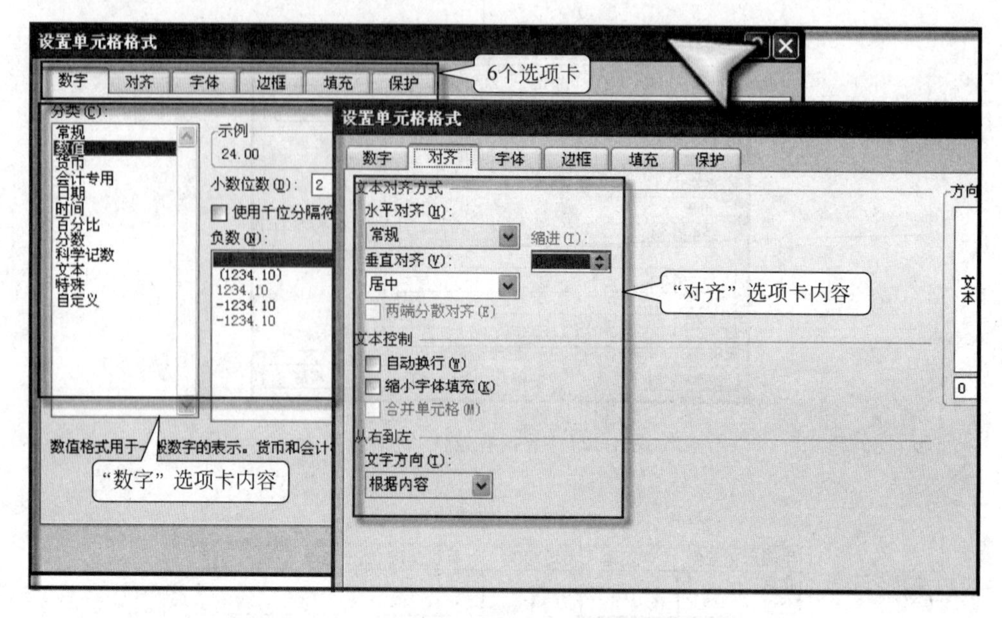

图 4-14 "设置单元格格式"对话框

（七）设置条件格式

(1) 选中 D4：D20 单元格区域，在"开始"→"样式"中，单击 条件格式 旁边的下三角按钮，选择"新建规则"，打开"新建格式规则"对话框。

(2) 在"选择规则类型"列表框中选择"只为包含以下内容的单元格设置格式"选项，在"编辑规则说明"栏中的"条件格式"下拉列表中选择"特定文本"选项，条件中选择"包含"，文本框中输入"北京"，如图 4-15 所示。

(3) 单击"格式"按钮，打开"设置单元格格式"对话框，颜色选择"红色"，两次单击"确定"按钮，返回工作界面，看到条件为"北京"的单元格显示"红色"。

提示：通过设置条件格式，用户可以将不满足或满足条件的数据单独显示出来。

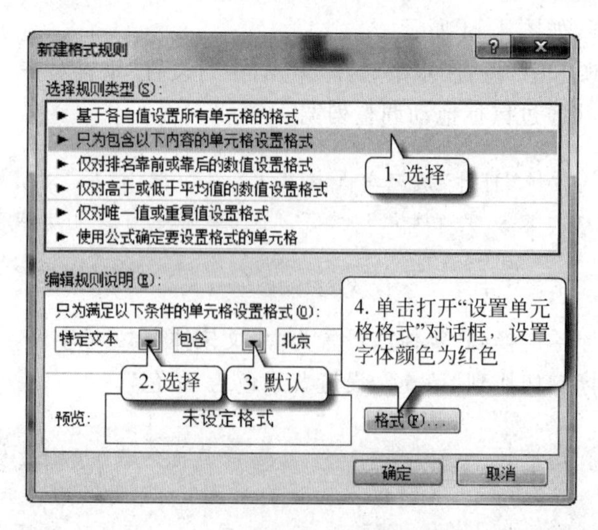

图 4-15 条件格式

(八)设置窗口冻结及添加批注

(1) 选中C3单元格,在"视图"→"窗口"→"冻结窗格"中,选择"冻结拆分窗格",在浏览查看数据项时,被冻结区域不受水平滚动条和垂直滚动条的影响而保持不动。

(2) 选中B5单元格,在"审阅"→"批注"中,单击"新建批注",打开"批注"文本框,在文本框中输入批注的内容,关闭文本框后单元格的右上角出现一个红色的三角。

(3) 将鼠标指针放在建有批注的单元格B5上,显示批注的内容。

(4) 选中有批注的单元格B5,在"审阅"→"批注"中,单击"编辑批注",可以在打开的批注文本输入框中编辑批注,或单击"删除"可以删除批注,如图4-16所示。

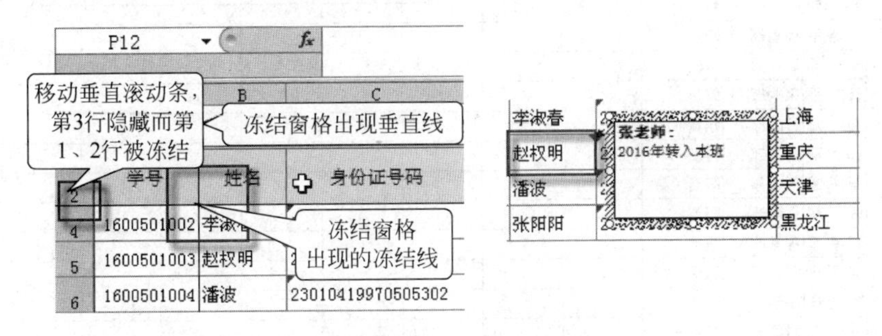

图4-16 冻结窗格与添加批注

(九)设置工作表背景

(1) 在"页面布局"→"页面设置"中,单击"背景"按钮,打开"工作表背景"对话框,选择一张图片作为背景。

(2) 返回到工作表中可看到将图片设置为背景后的效果,如果要取消背景,再次单击"删除背景"按钮。背景只是在工作表编辑状态下显示,打印预览和打印时不可见。

提示: 默认情况下,工作表中的数据呈白底黑字显示,除了为其填充颜色外,还可插入喜欢的图片作为背景。

E 技能提升

(一)制作工资表

在日常办公中,工资表利用率非常高,所以能够使用Excel 2010制作工资表,是办公人员必须掌握的一项技能。本任务介绍建表、保存数据表以及表格的基本操作等,重点是表头的格式化操作,如图4-17所示。

操作提示:

(1) 启动Excel 2010,新建一个空白工作簿,选中工作表标签Sheet1右击,在弹出的菜单中选择"重命名",输入"工资表",在"视图"→"显示"中,单击"网格线"取消勾选,隐藏网格线。

(2) 选中A2:M20单元格区域,绘制表格边框线,颜色为红色,线型为实线,选中M4:M20单元格区域,填充"黄色"底纹。

(3) 在A1单元格输入表格的标题,并设置字体为"仿宋-GB2312",字形为"加粗",字号为"16磅",颜色自定,在"开始"→"对齐方式"中,单击"合并后居中"按钮。

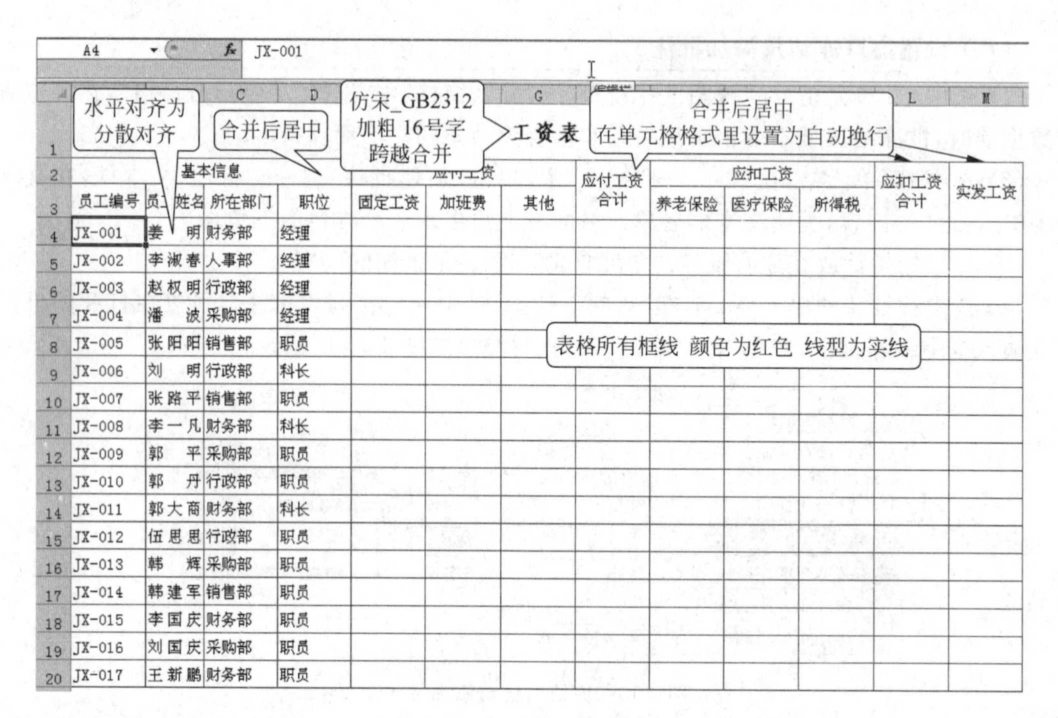

基本信息				应付工资			应付工资合计	应扣工资			应扣工资合计	实发工资
员工编号	员工姓名	所在部门	职位	固定工资	加班费	其他		养老保险	医疗保险	所得税		
JX-001	姜　明	财务部	经理									
JX-002	李淑春	人事部	经理									
JX-003	赵权明	行政部	经理									
JX-004	潘　波	采购部	经理									
JX-005	张阳阳	销售部	职员									
JX-006	刘　明	行政部	科长									
JX-007	张路平	销售部	职员									
JX-008	李一凡	财务部	科长									
JX-009	郭　平	采购部	职员									
JX-010	郭　丹	行政部	职员									
JX-011	郭大商	财务部	科长									
JX-012	伍思思	行政部	职员									
JX-013	韩　辉	采购部	职员									
JX-014	韩建军	销售部	职员									
JX-015	李国庆	财务部	职员									
JX-016	刘国庆	采购部	职员									
JX-017	王新鹏	财务部	职员									

图 4-17　工资表

提示：跨越合并是按行合并，不管一次性选择多少行多少列，只是将列数合并成一个单元格，但原来是多少行还是多少行，并且合并后的格式与原先相同，不一定居中。而合并后居中不管一次性选择多少行多少列，合并后就只有一个大单元格，并且内容一定是居中的。

(4) 输入表头。在 A2 单元格中输入“基本信息”，在 E2 单元格中输入“应付工资”，在 H2 单元格中输入“应扣工资”，在 L2 单元格中输入“应扣工资合计”，在 M2 单元格中输入“实发工资”；在 A3:G3 单元格区域中依次输入“员工编号”“员工姓名”“所在部门”“职位”“固定工资”“加班费”“其他”，在 I3:K3 单元格区域中依次输入“养老保险”“医疗保险”“所得税”。选中 A2:D2 单元格区域，单击“合并后居中”按钮。选中 E2:G2 单元格区域，单击“合并后居中”按钮。选中 I2:K2 单元格区域，单击“合并后居中”按钮。选中 H2:H3 单元格区域，单击“合并后居中”按钮。选中 L2:L3 单元格区域，单击“合并后居中”按钮。选中 M2:M3 单元格区域，单击“合并后居中”按钮。

(5) 输入数据。使用自动填充方式输入“员工编号”，使用自定义序列方式输入“员工姓名”，使用复制与粘贴命令完成所在部门的录入。设置表格中的数据的格式化，如对齐方式、数据显示方式等，例如将 E4:M20 单元格区域设为货币型。

(6) 使用功能区命令对行高进行精确设定，使用鼠标操作的方式对列宽进行粗略调整。

(7) 对 E4:M20 单元格区域设置有效性为 0～10000 的整数，否则无效。

(8) 对 E4:M20 单元格区域进行编辑保护。

(9) 在“文件”中，单击“保存”，第一次保存将弹出“另存为”对话框。选择保存位置，文件名为“基本表制作”，单击“工具”旁三角按钮，在“常规选项”中设置打开密码和修改密码，完成后单击“保存”按钮。

提示：在创建的一个空白工作簿中，可以按住 Ctrl 键手工选定多张工作表。在标题栏中显示“工作组”，可以输入一组表格中相同的内容，然后任意单击一张工作表，即取消“工作组”，输入表格中不同的内容。

（二）编制人事信息表

利用 Excel 2010 制作人事信息表，如图 4-18 所示。

A2 序号

人事信息表

序号	员工编号	员工姓名	性别	身份证号	所在部门	职位	入职日期	民族	籍贯	户口所在地	现住址	联系电话	备注
01	JX-001	姜　明	男	23390119810801413X	财务部	科长	2006-7-4	汉	河南	哈尔滨市	哈尔滨市学府路	************	
02	JX-002	李淑春	女	230722196810110426	人事部	经理	2001-6-5	回	江苏	哈尔滨市	哈尔滨市学府路	************	
03	JX-003	赵权明	男	230321197502284985	行政部	科长	2003-9-2	汉	山东	哈尔滨市	哈尔滨市学府路	************	
04	JX-004	潘　波	男	221087197201177342	采购部	职员	1996-5-1	汉	山东	哈尔滨市	哈尔滨市学府路	************	
05	JX-005	张阳阳	男	230682197306097123	销售部	经理	1999-6-3	汉	河北	哈尔滨市	哈尔滨市学府路	************	
06	JX-006	刘　明	男	23132419710908192X	财务部	职员	2003-3-1	蒙	安徽	哈尔滨市	哈尔滨市学府路	************	
07	JX-007	张路平	男	233224197501054092	人事部	职员	2000-4-1	汉	四川	哈尔滨市	哈尔滨市学府路	************	
08	JX-008	李一凡	女	233824198504203033	行政部	职员	1995-7-1	朝鲜	四川	哈尔滨市	哈尔滨市学府路	************	
09	JX-009	郭　平	女	231022197312088025	采购部	科长	1998-8-1	回	广州	哈尔滨市	哈尔滨市学府路	************	
10	JX-010	郭　丹	女	230227197505065228	销售部	职员	2002-6-1	汉	河南	哈尔滨市	哈尔滨市学府路	************	
11	JX-011	郭大商	男	230106197008276226	行政部	经理	1995-1-1	汉	浙江	哈尔滨市	哈尔滨市学府路	************	
12	JX-012	伍思思	女	231521196908184062	采购部	科长	2000-1-1	汉	辽宁	哈尔滨市	哈尔滨市学府路	************	
13	JX-013	韩　辉	女	230183197208155886	销售部	职员	2008-8-1	满	黑龙江	哈尔滨市	哈尔滨市学府路	************	

图 4-18　人事信息表

操作提示：

(1) 找到文件名为“基本表制作.xlsx”的文件，双击打开文件，双击工作表标签 Sheet2，输入“人事信息表”，选中工作表标签右击，在弹出的快捷菜单中选择“工作表标签颜色”为“红色”。

提示：默认状态下，工作表标签颜色呈白底黑字显示，为了让工作表标签更美观醒目，可以修改工作表标签颜色。

(2) 输入标题。在 A1 单元格输入标题“人事信息表”，设置为宋体、18 磅，选中 A1:N1 单元格区域，合并后居中。

(3) 输入表头。在 A2:N2 单元格区域中依次输入：序号、员工编号、员工姓名、性别、身份证号、所在部门、职位、入职日期、民族、籍贯、户口所在地、现住址、联系电话、备注，拖动鼠标选中 A2:N2 单元格区域，单元格文本格式为：宋体、11 磅、蓝色、水平居中对齐。在列号分界线上按住鼠标左键拖动，调整列宽到能全部显示文本为宜。

(4) 设置“序号”列格式。选中 A3:A15 单元格区域右击，在弹出的快捷菜单中选择“设置单元格格式”，打开对话框，在“数字”选项卡中选择“文本”，并在 A3、A4 单元格分别输入 01、02，使用填充柄自动填充后续文本。

(5) 设置“员工姓名”列格式。选中 C3:C15 单元格区域右击，在弹出的快捷菜单中选择“设置单元格格式”，打开对话框，在“对齐”选项卡中将“水平对齐方式”选择“分散对齐（缩进）”。

(6) 设置"身份证号码"列格式。选中 E3:E15 单元格区域右击,在弹出的快捷菜单中选择"设置单元格格式",打开对话框,在"数字"选项卡中选择"文本",或者在录入身份证号码时每个号码前面输入"'",当数据项比较少的时候适用。

(7) 设置"入职日期"列格式。选中 H3:H15 单元格区域右击,在弹出的快捷菜单中选择"设置单元格格式",打开对话框,在"数字"选项卡中选择"日期"中的第一种样式,录入该列日期数据。

(8) 精确调整行高。选中行号 3:15 右击,在弹出的快捷菜单中选择"行高",输入"22"。

提示:如果遇到有录入错误的地方需要进行数据的清除或删除,可选择要删除的文本,再按 Del 键,按 Ctrl+Z 组合键撤销或按 Ctrl+Y 组合键恢复等操作。

(三) 制作销售表

应用自动套用表格样式、G/通用格式、页眉/页脚、打印参数、打印区域数据设置等知识点制作销售表,如图 4-19 所示。

食品公司第1季度销售情况表

序号	产品名称	数量	单价	金额	是否完成任	备注
1	蒙古大草原绿色羊肉	15 件/箱	3.6			
2	大茴香籽调味汁	12 件/箱	2.5			
3	上海大闸蟹	10 件/箱	15.8			
4	法国卡门贝干酪	12 件/箱	25.8			
5	王大义十三香	25 件/箱	12.5			
6	秋葵汤	12 件/箱	8.9			
7	混沌皮	60 件/箱	9.9			
8	意大利羊乳干酪	45 件/箱	19.9			
9	老奶奶波森梅奶油	40 件/箱	18.9			
10	怡保咖啡	24 件/箱	12.8			
11	新英格兰杰克杂烩	24 件/箱	12.9			
12	德国慕尼黑啤酒	12 件/箱	18.9			
13	长寿豆腐	10 件/箱	21.9			
14	味道美辣椒沙司	12 件/箱	5.9			
15	味道美五香秋葵荚	12 件/箱	7.8			
16	意大利白干酪	12 件/箱	16.9			
17	猪肉酸果曼沙司	20 件/箱	5.6			
18	味鲜美馄饨	80 件/箱	2.5			
19	野人麦芽酒	12 件/箱	18.7			
20	罗德尼橘子果酱	12 件/箱	12.6			
21	罗德尼烤饼	16 件/箱	10.3			
22	金刚烈性黑啤酒	12 件/箱	12.6			
23	茶点巧克力软饼	12 件/箱	7.4			
24	莱阳御贡干梨	12 件/箱	6.8			
25	蔬菜煎饼	10 件/箱	5.5			

图 4-19　食品公司第 1 季度销售情况表

操作提示:

(1) 找到文件名为"基本表制作. xlsx"的文件,双击打开文件,双击工作表标签 Sheet3,输入"销售表",选中工作表标签右击,在弹出的快捷菜单中选择"工作表标签颜色"为"蓝色"。

提示：若要选择多张连续的工作表，单击第一张工作表，按住 Shift 键的同时选择其他工作表；若要选择多张不连续工作表，单击第一张工作表，按住 Ctrl 键的同时选择其他工作表。也可以在任意工作表上右击，在弹出的菜单中选择“选定全部工作表”。

(2) 输入标题。在 A1 中输入“食品公司第 1 季度销售情况表”，字体为宋体、字号 11 磅、合并后居中。

(3) 输入表头。在 A2:G2 单元格区域中依次输入：序号、产品名称、数量、单价、金额、是否完成任务、备注，设置为：宋体、11 磅、居中。

(4) 自动套用表格样式。选中 A2:G27 单元格区域，在“开始”→“样式”中，单击 套用表格格式 旁三角按钮，选择“浅色”中的“表样式浅色 8”。

提示：如果用户希望工作表更美观，但又不想浪费太多的时间设置工作表格式时，可利用自动套用工作表格式功能直接调用系统已设置好的表格样式，这样不仅可提高工作效率，还可保证表格格式的美观。

(5) 设置“数量”列格式。选中 C3:C27 单元格区域右击，在弹出的快捷菜单中选择“设置单元格格式”，打开对话框，在“数字”选项卡中选择“自定义”，在“类型”中选择“G/通用格式”，在这个文本框中输入一个空格(也可以不输入)，再输入"件""/""箱"，当在单元格中输入数值时，会自动添加单位“件/箱”。

提示：这种通过格式设置方法添加的单位，能够正常作为公式参数，不会出错。

(6) 设置页眉/页脚。在“页面布局”→“页面设置”中，单击启动器按钮，打开“页面设置”对话框，选择“页眉/页脚”选项卡，单击“自定义页眉”按钮，在“页眉”对话框的居中位置输入“食品公司销售一览表”，单击“格式文本”按钮 A，设置字体仿宋-GB2312、字形加粗、大小 9 磅、颜色为深红，如图 4-20 所示。

提示：页眉的位置有三种：左对齐，居中，右对齐。

(7) 设置打印参数。在打印表格之前先预览打印效果，当对表格的设置满意后再打印。在“文件”中，单击“打印”，在窗口右侧预览工作表打印效果，在窗口中间列表框中可以设置打印参数，如纸张大小、边距、页面缩放、纸张方向、打印份数等，单击“正常边距”选择“自定义边距”或者单击窗口中间列表框下方的“页面设置”按钮，可以打开“页面设置”对话框。选择“页边距”选项卡，在“居中方式”栏中选中“水平”和“垂直”复选框，单击“确定”按钮。

提示：如果要在每页电子表格上都打印标题和表头，可以在“页面布局”→“页面设置”中，单击“打印标题”，在弹出的“页面设置”对话框中，选择“工作表”，在“顶端标题行”中输入“$1:$2”，单击“确定”按钮。

(8) 设置打印区域数据。通过设置工作表打印区域可以只打印部分数据，选中 A3:D10 单元格区域，在“页面布局”→“页面设置”中，单击“打印区域”按钮，选择“设置打印区域”选项，所选区域四周将出现虚线框，表示该区域将被打印。

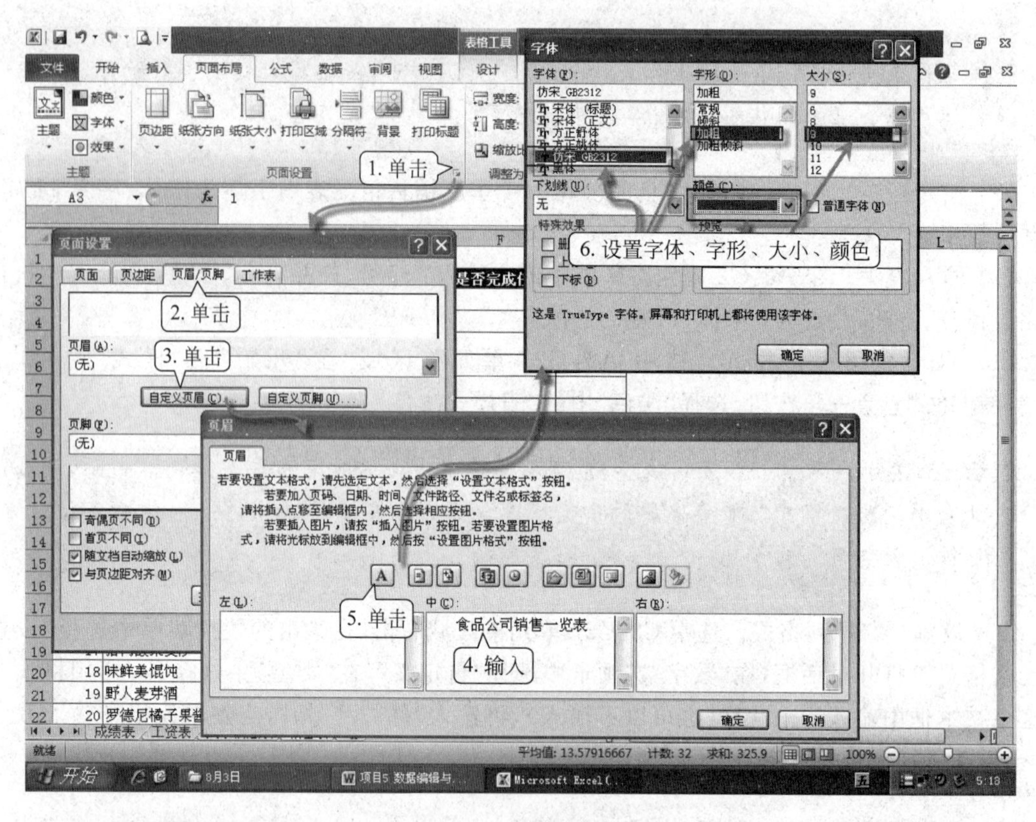

图 4-20　设置页眉

提示：如果表格太大，超出了打印页面，想要将其打印在同一页中很麻烦，通过设置打印预览窗口中间栏的“无缩放打印实际大小的工作表”可以轻松调整打印缩放。

任务 2　计算成绩表

A 任务展示

使用公式和函数计算“成绩表”中的总分、平均分、名次，平均分 80 以上为优秀，统计总分中的最高分、最低分，返回指定姓名的某门课程成绩。具体要求如下。

(1) 为制作好的基本表格插入新列或新行。

(2) 使用 SUM 函数为成绩表求总分。

(3) 使用 AVERAGE 函数为成绩表求平均值。

(4) 使用 RANK 函数为成绩表求名次。

(5) 使用 IF 函数判断平均分 80 以上为优秀。

(6) 使用 MAX/MIN 函数为成绩表求平均分中的最高分和最低分。

(7) 使用 INDEX 函数为成绩表返回某行某列交叉点值。

在“成绩表”中应用公式和函数进行计算，统计后的成绩表，如图 4-21 所示。

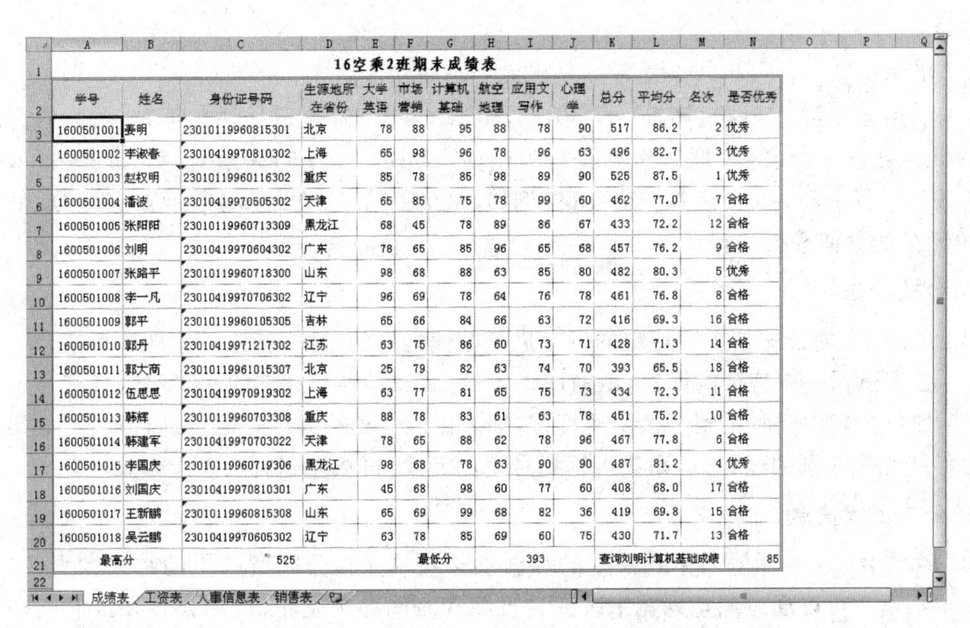

16空乘2班期末成绩表

学号	姓名	身份证号码	生源地所在省份	大学英语	市场营销	计算机基础	航空地理	应用文写作	心理学	总分	平均分	名次	是否优秀
1600501001	姜明	23010119960815301	北京	78	88	95	88	78	90	517	86.2	2	优秀
1600501002	李淑春	23010419970810302	上海	65	98	96	78	96	63	496	82.7	3	优秀
1600501003	赵权明	23010119960116302	重庆	85	78	85	98	89	90	525	87.5	1	优秀
1600501004	潘波	23010419970505302	天津	65	85	75	78	99	60	462	77.0	7	合格
1600501005	张阳阳	23010119960713309	黑龙江	68	45	78	89	86	67	433	72.2	12	合格
1600501006	刘明	23010419970604302	广东	78	65	85	96	65	68	457	76.2	9	合格
1600501007	张路平	23010119960718300	山东	98	68	88	63	85	80	482	80.3	5	优秀
1600501008	李一凡	23010419970706302	辽宁	96	69	78	64	76	78	461	76.8	8	合格
1600501009	郭平	23010119960105305	吉林	65	66	84	66	63	72	416	69.3	16	合格
1600501010	郭丹	23010419971217302	江苏	63	75	86	60	73	71	428	71.3	14	合格
1600501011	郭大商	23010119961015307	北京	25	79	82	63	74	70	393	65.5	18	合格
1600501012	伍思思	23010419970919302	上海	63	77	81	65	75	73	434	72.3	11	合格
1600501013	韩辉	23010119960703308	重庆	88	78	83	61	63	78	451	75.2	10	合格
1600501014	韩建军	23010419970703022	天津	78	65	88	62	78	96	467	77.8	6	合格
1600501015	李国庆	23010119960719306	黑龙江	98	68	78	63	90	90	487	81.2	4	优秀
1600501016	刘国庆	23010419970810301	广东	45	68	98	60	77	60	408	68.0	17	合格
1600501017	王新鹏	23010119960815308	山东	65	69	99	68	82	36	419	69.8	15	合格
1600501018	吴云鹏	23010419970605302	辽宁	63	78	85	69	60	75	430	71.7	13	合格
最高分		525			最低分		393			查询刘明计算机基础成绩			85

图 4-21　应用公式与函数对成绩表统计

B 教学目标

（一）技能目标

（1）熟练掌握删除或插入单元格、行或列等编辑工作方法，能在实际应用中熟练地管理工作簿。

（2）会在电子表格中使用公式计算和利用自动求和、求平均值等常用统计函数命令进行计算。

（3）具有将其他函数应用在实际案例中的能力，能够根据需要使用其他函数对工作表中的数据进行处理。

（二）知识目标

（1）理解公式运算符、语法、公式出错信息及解决办法。

（2）理解单元格的引用及其引用方法。

（3）掌握使用公式计算数据的方法。

（4）掌握常用函数的组成、功能及应用，例如：SUM、AVERAGE、MAX、MIN、INT、ROUND、IF、COUNT、COUNTIF、RANK、VLOOKUP 等。

C 知识储备

（一）公式运算符与语法

1. 公式运算符

运算符用于对公式中的元素进行特定计算，有算术、文本、比较和引用这 4 类运算符。

（1）算术运算符：+（加号）、-（减号或负号）、*（乘号）、/（除号）、%（百分号）、^（乘方号），如 2^3 表示 2 的 3 次方。

（2）比较运算符：=（等号）、>（大于号）、<（小于号）、>=（大于或等于号）、<=（小于

或等于号)、<>(不等于号)。

(3) 文本运算符：& 将两个文本连接生成一个新文本。

(4) 引用运算符：区域运算符"："，例如，SUM(A1：E5)表示从 A1 到 E5 单元格区域的 25 个单元格数值进行求和；联合运算符"，"，例如，SUM(A1，E5)表示对 A1 和 E5 这两个单元格的数值进行求和；交叉运算符为空格，例如，SUM(A1：E5 B2：D6)表示对 B2：D5 共有的 12 个单元格的数值进行求和。

2. 公式语法

(1) Excel 中的公式是按照特定的顺序进行数值运算的，这一特定顺序即为语法。

(2) 公式遵循一个特定的语法，最前面是等号，后面是参与计算的元素和运算符。

(3) 如果公式中同时用到了多个运算符，则须按照运算符的优先级别进行运算，如果公式中包含相同优先级别的运算符，则先运算括号里的元素，再从左到右依次运算。

3. 公式出错信息

(1) ＃＃＃＃：表示输入单元格中的数据太长或单元格公式所产生的结果太大，在单元格中显示不下。可以通过调整列宽来改变。日期和时间必须是正值，如果日期或时间产生了负值，也会在单元格中显示这个错误信息。

(2) ＃DIV/0!：输入的公式中包含除数为 0，或在公式中除数使用了空单元格(当运算区域是空白单元格，默认为 0)或包含 0 值的单元格引用，解决办法是修改单元格引用或除数的单元格输入不为 0 的值。

(3) ＃VALUE!：在使用不正确的参数或运算符时，或者在执行自动更正公式功能下不能更正公式，都将产生这类错误信息。在需要数字或逻辑值时输入了文本，系统不能将文本转换为正确的数据类型，也会显示这种错误，这时应确认公式或函数所需的运算符或参数正确，并且公式引用的单元格中包含有效的数值。

(4) ＃NAME?：在公式中使用了不能识别的文本时将产生这种错误，如果是使用了不存在的名称而产生的错误，应该确认使用的名称确实存在而且能够被识别。

(5) ＃NUM!：当公式或函数中使用了不正确的数字时将产生这种错误信息。

(6) ＃N/A：这是在函数或公式中没有可用数值时产生的错误信息。

(7) ＃REF!：这是因为该单元格引用无效的结果。比如，删除了有其他公式引用的单元格，或者把移动单元格粘贴到了其他公式引用的单元格中。

(8) ＃NULL!：这是试图为两个并不相交的区域指定交叉点时产生的错误。例如，使用了不正确的区域运算符或不正确的单元格引用等。

(二) 单元格引用和单元格引用分类

(1) 单元格的引用。在 Excel 中是通过单元格地址来引用单元格的，单元格地址指单元格的行号和列标的组合。例如，A1 单元格中存放数值 1，在 B1 单元格中存放数值 2，在 C1 单元格中输入"＝A1＋B1"，则 C1 单元格显示 3，在 C1 单元格中的公式就是对单元格 A1 和 B1 的引用。

(2) 单元格位置引用分为三种：相对引用、绝对引用和混合引用。

① 相对引用：单元格或单元格区域的相对引用是指，相对于包含公式的单元格的相对位置，会随着目标单元格(即含公式的单元格)的变化而发生相应变化。

② 绝对引用：当公式复制到不同的单元格时(即目标单元格发生了变化)，公式中引用的单元

格保持不变，这种引用称为绝对引用。它的表示方式是在列标及行号前加“＄”符号，如“＄A＄1”。

③ 混合引用：如果在单元格的引用中，既有绝对引用又有相对引用，称该引用为混合引用。混合引用有两种形式：一种是列相对、行绝对，例如“B＄1”表示行不发生变化，但是列会随着目标单元格的改变而改变；另一种是列绝对、行相对，例如“＄B1”表示列保持不变，但是行会随着目标单元格的改变而改变。

(3) 三维单元格引用。如果是在不同的工作簿中引用单元格，系统会提示所引用的单元格是哪个工作簿文件中的哪张工作表，编辑框中显示的三维单元格引用为：=[成绩表.xlsx]Sheet1!＄D＄3。

提示：在输入单元格引用后，通过按F4键，可实现在相对地址、绝对地址和混合地址中进行切换。

（三）使用公式计算数据

(1) 输入公式：选中要输入公式的单元格，在单元格中首先输入“=”，接着输入公式内容（数值、运算符、单元格引用等），设置好公式后按Enter键结束；也可以在编辑栏中输入“=”，接着输入公式内容，再单击编辑栏上的✔按钮。

(2) 编辑公式：编辑公式与编辑数据的方法相同，选择含有公式的单元格，将插入点定位到编辑栏或在单元格中双击进入编辑状态，按Backspace或Del键删除多余或错误内容，输入正确内容，按Enter键。

(3) 复制公式或填充公式：复制公式是快速计算数据的最佳方式，因为在复制公式的过程中，会自动改变引用单元格的地址，可避免手动输入公式的麻烦，提高工作效率。选择含有公式的单元格，按Ctrl+C组合键，然后选择要复制公式的目标单元格，按Ctrl+V组合键即可完成。

（四）常用函数的使用

Excel 2010中提供了多种函数，每个函数的功能、语法结构及其参数含义各不相同。

函数由函数名、括号和参数组成。函数名与括号之间没有空格，括号与参数之间也没有空格，参数与参数之间用逗号分隔。函数和公式一样，必须以“=”开头。

Excel内部函数有200多个，通常分为财务函数、日期与时间函数、数学与三角函数、统计函数、查找与引用函数、数据库函数、文本函数、逻辑函数、信息函数、工程函数、多维数据集函数、兼容性函数。在日常工作中，经常用到的函数有求和函数SUM、求平均值函数AVERAGE、求最大值函数MAX、求最小值函数MIN、取整函数INT、四舍五入函数ROUND、条件函数IF、计数函数COUNT、条件计数函数COUNTIF、排序函数RANK和查找函数VLOOKUP等。

(1) SUM(number1,number2,…)：计算所有参数数值的和，参数number1、number2、…代表需要计算的值，可以是具体的数值、引用的单元格或区域、逻辑值等，总参数不超过255个。

(2) AVERAGE(number1,number2,…)：计算参数的平均值。参数使用同上。

(3) MAX(number1,number2,…)：求出一组数中的最大值。参数使用同上。

(4) MIN(number1,number2,…)：求出一组数中的最小值。参数使用同上。

(5) INT(number)：将数值向下舍入到最接近的整数。

(6) ROUND(number,num_digits)：按指定的位数对数值进行四舍五入。参数number

是指用于进行四舍五入的数字，参数 num_digits 是指定进行四舍五入的位数，不能省略。

(7) IF(Logical_test，value_if_true，value_if_false)：用于执行真假值判断，根据逻辑判断的真假值返回不同的结果。

(8) COUNT(value1，value2，…)：返回参数中包含数字单元格的个数，属于统计函数。参数可以是单个的值或单元格区域，最多 30 个，文本、逻辑值、错误值和空白单元格将被忽略掉。

(9) COUNTIF(range，criteria)：对区域中满足单个指定条件的单元格进行计数。参数 range 是指需要计算其中满足条件的单元格数目的单元格区域，criteria 用于定义将对哪些单元格进行计数，它的形式可以是数字、表达式、单元格引用或文本字符串。

(10) RANK(number，ref，order)：返回一个数字在列表中的排序。在相同数进行排序时，其排序相同，参数 ref 是包含一组数字的数组或引用(其中的非数值型值将被忽略)，参数 order 是一个数字，指明数字排序的方式，如果 order 为 0 或省略，按降序排列，如果不为 0，则按升序排列。

(11) VLOOKUP(lookup_value，table_array，col_index_num，[range_lookup])：查找数据区域首列满足条件的元素，并返回数据区域当前行中指定列的值。

> **提示**：在使用函数处理数据时，如果不知道使用什么函数合适，可以使用“搜索函数”功能来帮助缩小范围，挑选出合适的函数。在“公式”→“函数库”中，单击“插入函数”，打开“插入函数”对话框，在“搜索函数”下面的方框中输入要求，如“查找”，单击“转到”按钮，系统会将“查找”有关的函数显示在列表中，根据帮助文档确定所需要的函数。

D 任务实现

(一) 给表格插入列和插入行

在原有表格基础上进行修改，插入 3 列，插入 1 行，合并单元格及重新设置标题、表头、边框线等。

(1) 找到存放文件“基本表制作. xlsx”的文件夹，双击文件，打开工作簿，单击“成绩表”标签。

(2) 选中 K2:N20 单元格区域，在“开始”→“字体”中，单击“所有框线”按钮，为表格添加 4 列，选中 K2:N2 单元格区域，分别输入“总分”“平均分”“名次”“是否优秀”。

(3) 选中 A21:N21 单元格区域，在“开始”→“字体”中，单击“所有框线”按钮，为表格添加 1 行，在 A21 单元格中输入“最高分”，在 F21 单元格中输入“最低分”，在 K21 单元格中输入“查询刘明计算机基础成绩”。

(4) 合并第 21 行单元格。选中 A21:B21 单元格区域，在“开始”→“对齐方式”中，单击“合并后居中”按钮，同样方法，合并单元格区域 C21:E21，F21:G21，H21:J21，K21:M21。

(5) 使用格式刷统一标题行格式。将光标置于 A2 单元格，单击 ，按住鼠标左键拖动 K2:M2 单元格区域。

(6) 重新设置表格边框线。选择“线型”为“双实线”，“线型颜色”为“浅蓝”，单击“外侧框线”按钮，再单击“其他边框”选项，从弹出的对话框中，选择线型为“细点画线”，单击“内部”。

(7) 重新设置标题。选中 A1:N1 单元格区域，两次单击“合并后居中”按钮 。

(二) 使用 SUM 函数求总分

求和函数主要用于计算单元格区域中所有数字之和，操作步骤如下。

（1）选中 M3 单元格，在“公式”→“函数库”中，单击 **Σ 自动求和** 按钮。

（2）在 M3 单元格中插入求和函数 SUM，自动识别出函数的参数“E3：J3”，如图 4-22 所示。

SUM　×　✓　fx　=SUM(E3:J3)

	A	B	C	D	E	F	G	H	I	J	K	L	M	N
1	16空乘2班期末成绩表													
2	学号	姓名	身份证号码	生源地所在省份	大学英语	市场营销	计算机基础	航空地理	应用文写作	心理学	总分	平均分	名次	是否优秀
3	1600501001	姜明	23010119960815301	北京	78	88	95	88	78	90	=SUM(E3:J3)			
4	1600501002	李淑春	23010419970810302	上海	65	98	96	78	96	63	SUM(number1, [number2], ...)			
5	1600501003	赵权明	23010119960116302	重庆	85	78	85	98	89	90		插入		
6	1600501004	潘波	23010419970505302	天津	65	85	75	78	99	60				
7	1600501005	张阳阳	23010119960713309	黑龙江	68	45	78	89	86	67				
8	1600501006	刘明	23010419970604302	广东	78	65	85	96	65	68				
9	1600501007	张路平	23010119960718300	山东	98	68	88	63	85	80				
10	1600501008	李一凡	23010419970706302	辽宁	96	69	78	64	76	78				
11	1600501009	郭平	23010119960105305	吉林	65	66	84	66	63	72				
12	1600501010	郭丹	23010419971217302	江苏	63	75	86	60	73	71				
13	1600501011	郭大商	23010119961015307	北京	25	79	82	63	74	70				
14	1600501012	伍思思	23010419970919302	上海	63	77	81	65	75	73				
15	1600501013	韩辉	23010119960703308	重庆	88	78	83	61	63	78				
16	1600501014	韩建军	23010419970703022	天津	78	65	88	62	78	96				
17	1600501015	李国庆	23010119960719306	黑龙江	98	68	78	63	90	90				
18	1600501016	刘国庆	23010419970810301	广东	45	68	98	60	77	60				
19	1600501017	王新鹏	23010119960815308	山东	65	69	99	68	82	36				
20	1600501018	吴云鹏	23010419970605302	辽宁	63	78	85	69	60	75				
21	最高分					最低分					查询刘明计算机基础成绩			

图 4-22　插入求和函数

（3）单击编辑区域中的“输入”按钮 ✓ 或按 Enter 键，完成求和计算。将鼠标指针移动到 K3 单元格右下角，当其变为实心的十字形时，按住鼠标左键向下拖曳至 K20 单元格，释放鼠标左键，系统自动填充各学生的总分。

（三）使用 AVERAGE 函数求平均值

（1）选中 L3 单元格，在“公式”→“函数库”中，单击 **Σ 自动求和** 按钮旁的下拉按钮，从打开的下拉列表中选择“平均值”选项。

（2）在 L3 单元格中插入求平均值函数 AVERAGE，自动识别出函数的参数 E3:K3，手动修正参数，更改为 E3:J3。

（3）单击编辑区域中的“输入”按钮 ✓ 或按 Enter 键，完成一个单元格的平均值计算。

（4）将鼠标指针移动到 L3 单元格右下角，当其变为实心的十字形时，按住鼠标左键向下拖曳至 L20 单元格，释放鼠标左键，系统自动填充各学生的平均值。

（四）使用 RANK 函数求名次

（1）选中 M3 单元格，在“公式”→“函数库”中，单击“插入函数”按钮或按 Shift＋F3 组合键，打开“插入函数”对话框。

（2）在“或选择类别”下拉列表中选择“全部”选项，在“选择函数”列表框中选择 RANK 选项，单击“确定”按钮。

提示： 在“常用函数”选项中可以找到求和、求平均值等最常使用的几个函数，有些不经常使用的函数，如果使用过一次，则在“常用函数”中可以找到。

(3) 打开"函数参数"对话框，将光标置于 Number 文本框中后单击表格中的 K3 单元格，再将光标置于 Ref 文本框中拖曳选中 K3：K20 单元格区域，再选中文本框中的 K3：K20，按下 F4 键，将单元格的相对引用转换为绝对引用，Order 文本框中输入 0 或忽略，按降序排列，如图 4-23 所示。

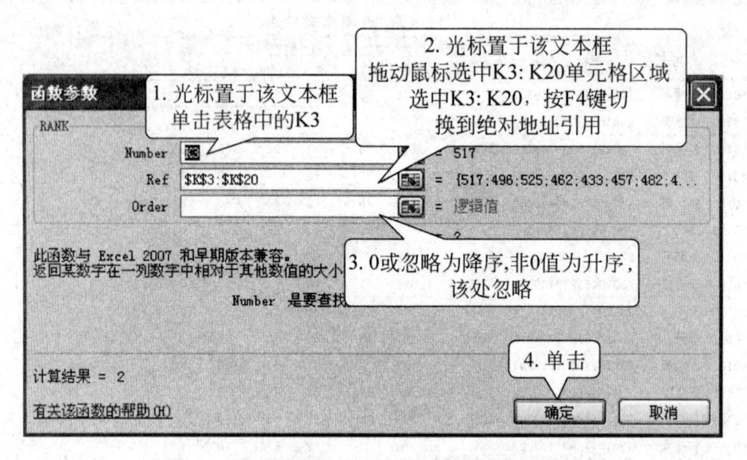

图 4-23　设置 RANK 函数参数

提示：在 RANK 的函数参数中，Ref 是引用范围，是指每个总分在全部总分中的排名，所以全部总分的范围不应该随着目标单元格的变化而改变，所以这个参数的引用范围为绝对引用。

(4) 单击"确定"按钮返回到表格，查看排名，将鼠标指针移到 M3 单元格右下角，当变为实心的十字时，按住鼠标左键向下拖曳至 M20 单元格，释放鼠标左键，完成名次统计。

(五) 使用 IF 函数判断是否优秀

使用 IF 函数判断平均分 80 以上为优秀，操作步骤如下。

(1) 选中 N3 单元格，在"公式"→"函数库"中，单击"插入函数"按钮或按 Shift＋F3 组合键，打开"插入函数"对话框。

(2) 在"或选择类别"下拉列表中选择"常用函数"选项，在"选择函数"列表框中选择 IF 选项，单击"确定"按钮。

(3) 打开"函数参数"对话框，在 Logic_test 中输入"L3＞80"，在 Value_if_true 中输入"优秀"，在 Value_if_false 中输入"合格"，如图 4-24 所示。

(4) 单击"确定"按钮返回到表格，因为 L3 单元格中存放的是 86.2，大于 80 分，所以在 N3 单元格中看到的是"优秀"，将鼠标指针移到 N3 单元格右下角，当变为实心的十字时，按住鼠标左键向下拖曳至 N20 单元格，释放鼠标左键，看到平均分大于 80 分的显示为"优秀"，低于 80 分的显示为"合格"。

提示：在"函数参数"对话框中输入"优秀"或"合格"时可以只输入文本，表明文本的双引号系统会自动加上，但在编辑栏中设置函数参数时必须手动输入西文的双引号。

(六) 求最高分和最低分

使用 MAX/MIN 函数求总分中的最高分和最低分，操作步骤如下。

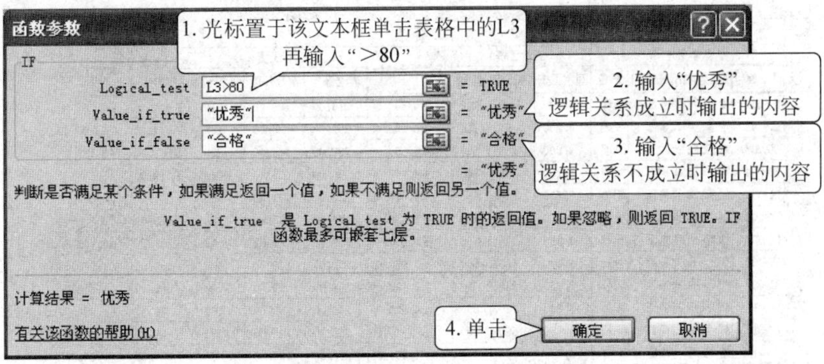

函数参数 1.光标置于该文本框单击表格中的L3再输入“>80”
IF
Logical_test L3>80 = TRUE 2.输入“优秀”逻辑关系成立时输出的内容
Value_if_true "优秀" = "优秀"
Value_if_false "合格" = "合格" 3.输入“合格”逻辑关系不成立时输出的内容
= "优秀"
判断是否满足某个条件，如果满足返回一个值，如果不满足则返回另一个值。
Value_if_true 是 Logical_test 为 TRUE 时的返回值。如果忽略，则返回 TRUE。IF 函数最多可嵌套七层。
计算结果 = 优秀
有关该函数的帮助(H) 4.单击 确定 取消

图 4-24 设置 IF 函数参数

(1) 选中 C21 单元格，在“公式”→“函数库”中，单击 Σ 自动求和 按钮旁的下拉按钮，从打开的下拉列表中选择“最大值”选项。

(2) 在 C21 单元格中插入最大值函数 MAX，因为 C21 是合并的单元格，系统不会自动识别出函数的参数，手动输入参数“K3：K20”。

(3) 单击编辑区域中的“输入”按钮✓或按 Enter 键，在 C21 单元格中显示“525”，如果这个数据有小数位，可以在“开始”→“数字”中，单击“减少小数位数”按钮，调整成整数。

提示：在目标单元格中输入了等号和函数后，不显示计算结果，可能是设置单元格的格式为文本类型了，更改为数值后确定，再在单元格中双击一下，就出现计算结果了。

(4) 双击 H21 单元格，处于编辑状态，输入“＝”，再输入 MIN(K3：K20)，按 Enter 键结束，在单元格中显示“393”，实现手动输入公式的方法统计总分中的最低分。

(七) 返回交叉点值

使用 INDEX 函数返回某行某列交叉点值，INDEX 函数用于返回表或区域中的元素值或对值的引用，该元素由行号和列号的索引值给定，操作步骤如下。

(1) 选中 N21 单元格，在编辑栏中输入＝INDEX(A3:J20,6,7)，按 Enter 键结束。

(2) A3：J20 是范围区域，从这个区域返回第 6 行第 7 列的数值，在 N21 单元格中显示“85”。

E 技能提升

(一) 计算工资表

要求：录入“固定工资”“加班费”和“其他”列基础数据，使用求和函数 SUM 计算“应付工资合计”列，手动设置公式计算“养老保险”“医疗保险”，使用 IF 函数计算“所得税”，手动设置公式计算“应扣工资合计”“实发工资”列，“养老保险”按“固定工资”的 6%计算、“医疗保险”按“固定工资”的 3%计算，“所得税”按“应付工资合计”小于 3500 元不扣税，超出部分按 10%扣除(暂时不考虑其他级数和速算数扣除问题)，如图 4-25 所示。

操作提示：

(1) 设置表格中部分单元格格式。选中 E4:M20 单元格区域，设置为“数值”，小数位数为“0”位，再选中 H4:H20 单元格区域，按住 Ctrl 键选择 L4:M20 单元格区域，设置为“货币”，小数位数为“2”位，货币符号(国家或地区)为“￥”。

工资表

基本信息				应付工资			应付工资合计	应扣工资			应扣工资合计	实发工资
员工编号	员工姓名	所在部门	职位	固定工资	加班费	其他		养老保险	医疗保险	所得税		
JX-001	姜 明	财务部	经理	3,600	300	700	¥4,600.00	216.00	108.00	110	¥434.00	¥4,166.00
JX-002	李淑春	人事部	经理	4,200	50	810	¥5,060.00	252.00	126.00	156	¥534.00	¥4,526.00
JX-003	赵权明	行政部	经理	4,800	200	850	¥5,850.00	288.00	144.00	235	¥667.00	¥5,183.00
JX-004	潘 波	采购部	经理	5,100	300	700	¥6,100.00	306.00	153.00	260	¥719.00	¥5,381.00
JX-005	张阳阳	销售部	职员	3,700	140	650	¥4,490.00	222.00	111.00	99	¥432.00	¥4,058.00
JX-006	刘 明	行政部	科长	2,900	280	700	¥3,880.00	174.00	87.00	38	¥299.00	¥3,581.00
JX-007	张路平	销售部	职员	2,650	440	600	¥3,690.00	159.00	79.50	19	¥257.50	¥3,432.50
JX-008	李一凡	财务部	科长	4,200	360	500	¥5,060.00	252.00	126.00	156	¥534.00	¥4,526.00
JX-009	郭 平	采购部	职员	3,300	240	650	¥4,190.00	198.00	99.00	69	¥366.00	¥3,824.00
JX-010	郭 丹	行政部	职员	3,600	120	800	¥4,520.00	216.00	108.00	102	¥426.00	¥4,094.00
JX-011	郭大商	财务部	科长	4,800	560	480	¥5,840.00	288.00	144.00	234	¥666.00	¥5,174.00
JX-012	伍思思	行政部	职员	3,500	100	450	¥4,050.00	210.00	105.00	55	¥370.00	¥3,680.00
JX-013	韩 辉	采购部	职员	3,600	100	650	¥4,350.00	216.00	108.00	85	¥409.00	¥3,941.00
JX-014	韩建军	销售部	职员	3,240	125	500	¥3,865.00	194.40	97.20	37	¥328.10	¥3,536.90
JX-015	李国庆	财务部	职员	3,250	200	480	¥3,930.00	195.00	97.50	43	¥335.50	¥3,594.50
JX-016	刘国庆	采购部	职员	3,500	100	600	¥4,200.00	210.00	105.00	70	¥385.00	¥3,815.00
JX-017	王新鹏	财务部	职员	2,980	200	500	¥3,680.00	178.80	89.40	18	¥286.20	¥3,393.80

成绩表　工资表　人事信息表　销售表

图 4-25　使用函数和公式计算工资表

(2) 录入“固定工资”“加班费”和“其他”这三列数据，选中 H4 单元格，在“公式”→“函数库”中，单击“自动求和”，按 Enter 键结束公式设置，在 H4 单元格中显示“¥4,600.00”，鼠标放在 H4 单元格右下角变为实心的十字时拖曳鼠标到 H20 单元格，释放鼠标，完成“应付工资合计”。

提示：使用了公式的单元格，如果要复制操作，可选择“选择性粘贴”中的“粘贴数值”。

(3) 计算“养老保险”。选中 I4 单元格，输入“=”，单击 E4 单元格，从键盘输入“*0.06”，I4 单元格中显示为“=E4*0.06”，按 Enter 键结束公式设置，在 I4 单元格中显示计算结果“216.00”，从 I4 单元格拖曳填充到 I20 单元格。

(4) 计算“医疗保险”与计算“养老保险”方法相同。选中 J4 单元格，输入“=”，单击 E4 单元格，从键盘输入“*0.03”，J4 单元格中显示为“=E4*0.03”，按 Enter 键结束公式设置，在 J4 单元格中显示计算结果“108.00”，从 L4 单元格拖曳填充到 L20 单元格。

(5) 计算“所得税”。选中 K4 单元格，在“公式”→“函数库”中，单击“插入函数”按钮或按 Shift+F3 组合键，打开“插入函数”对话框，在“或选择类别”下拉列表中选择“常用函数”选项，在“选择函数”列表框中选择 IF 选项，单击“确定”按钮，打开“函数参数”对话框，在 Logic_test 中输入“H4<3500”，在 Value_if_true 中输入“0”，在 Value_if_false 中输入“(H4-3500)*0.1”，单击“确定”按钮，在 K4 单元格中显示“110”，从 H4 单元格拖曳填充到 H20 单元格。

提示：也可以在 H4 单元格中直接设置公式，单击 H4 单元格处于编辑状态输入“=IF(H4<3500,0,(H4-3500)*0.1)”，按 Enter 键结束，同样可以计算出所得税。这种方法简单，但要求学习者必须熟练掌握函数的参数设置。

(二) 计算销售表

要求使用乘积函数 PRODUCT 计算“金额”，使用条件函数 IF 计算“是否完成任务”(按金额>150 认定完成)，使用条件统计函数 COUNTIF 计算“数量”超过 40 的个数，并在单价后面统一添加单位“元”。

操作提示：

（1）设置“单价”格式，在数值后面统一添加“元”。选中 D3:D27 单元格区域右击，在打开的对话框中，打开“数字”选项卡，选择“自定义”，在“类型”中选择“G/通用格式”，在文本框结尾处加个空格再输入“元”，单击“确定”按钮。

提示：①取消 C3:C27 单元格区域的单位。②这种方式添加的单位，不影响参数在公式中的计算。

（2）计算“金额”。选中 E3 单元格，在“公式”→“函数库”中，单击“插入函数”按钮或按 Shift＋F3 组合键，打开“插入函数”对话框，在“或选择类别”下拉列表中选择“数字与三角函数”选项，在“选择函数”列表框中选择 PRODUCT 选项，单击“确定”按钮，打开“函数参数”对话框，将光标置于 Number1 文本框中单击 C3 单元格，将光标置于 Number2 文本框中单击 D3 单元格，单击“确定”按钮，则完成“金额”列的计算。

提示：在 E3 单元格中输入“＝C3 * D3”可以计算出金额，但 PRODUCT 函数可以让许多单元格相乘，使用起来就非常方便，例如＝PRODUCT(A1:A3,C1:C3)等同于＝A1 * A2 * A3 * C1 * C2 * C3。

（3）计算“是否完成任务”。选中 F3 单元格，单击“插入函数”按钮或按 Shift＋F3 组合键，打开“插入函数”对话框，在“或选择类别”下拉列表中选择“常用函数”选项，在“选择函数”列表框中选择 IF 选项，单击“确定”按钮，打开“函数参数”对话框，在 Logic_test 中输入“金额＞150”，在 Value_if_true 中输入“是”，在 Value_if_false 中输入“否”，单击“确定”按钮。

（4）在表格最后插入一行。将光标置于表格最后一行的任意一个单元格中，右击，在弹出的菜单中选择“插入”→“在下方插入表行”。选中 A28 单元格，输入“统计数量在 40 以上的个数”，选中 C28 单元格，单击“插入函数”按钮，打开“插入函数”对话框，在“或选择类别”下拉列表中选择“全部”选项，在“选择函数”列表框中选择 COUNTIF 选项，光标置于参数 Range 中，拖动鼠标选中 C3:C27，在 Criteria 中输入“＞40”，则单元格中显示“3”，完成后的效果如图 4-26 所示。

提示：COUNTIF 函数的作用是计算某个区域中满足给定条件的单元格数目。

（三）学生奖学金管理

成绩表：记录全班同学的成绩，计算出总分、百分比排名情况，然后根据总分计算出每位同学的等级（总分等于 400 分的为“特等”，小于 400 分大于或等于 390 分的为“一等”，小于 390 分大于等于 380 分的为“二等”，小于 380 分大于等于 370 分的为“三等”，小于 370 分大于等于 360 分的为“四等”，小于 360 分大于等于 350 分的为“五等”，小于 350 分大于等于 0 分的为“等外”），录入全班同学基本数据，如图 4-27 所示。

奖金表：包括学号、姓名、性别、出生日期、年龄、等级，年龄根据出生日期计算获得，等级通过成绩表获得，如图 4-28 所示。

操作提示：

（1）制作“学生成绩表”。启动工作簿，创建一个新的文档，命名为“奖学金管理”，将 Sheet1 命名为“成绩表”，在“视图”→“显示”中，勾选“网格线”，隐藏网格线，在 A1 单元格输入

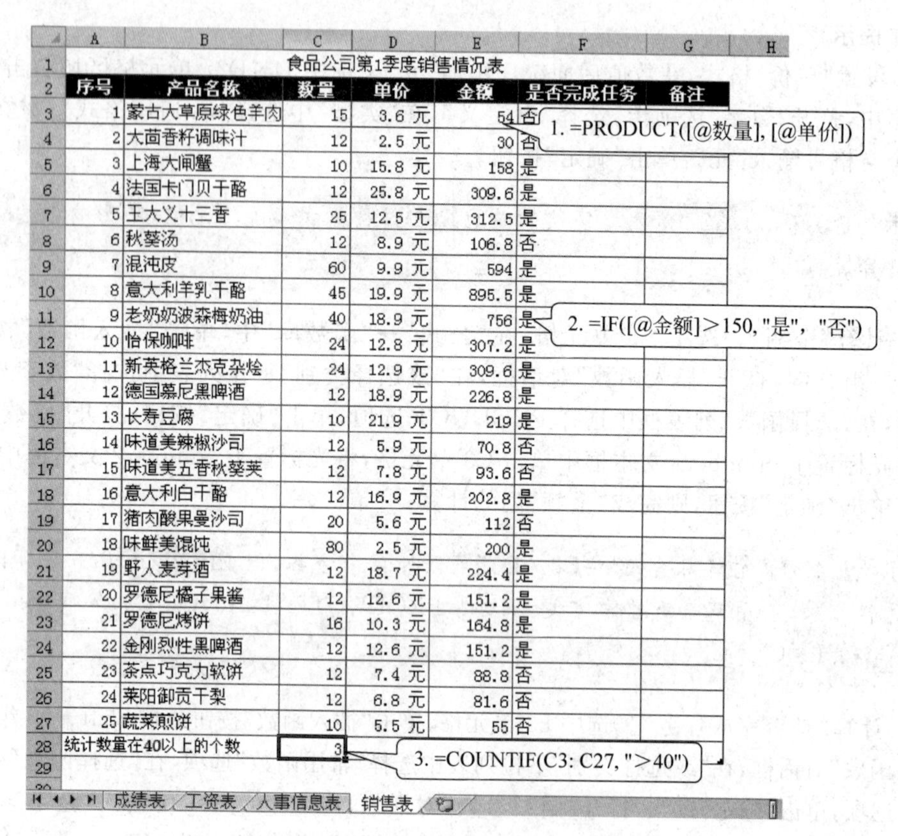

食品公司第1季度销售情况表						
序号	产品名称	数量	单价	金额	是否完成任务	备注
1	蒙古大草原绿色羊肉	15	3.6 元	54	否	
2	大茴香籽调味汁	12	2.5 元	30	否	
3	上海大闸蟹	10	15.8 元	158	是	
4	法国卡门贝干酪	12	25.8 元	309.6	是	
5	王大义十三香	25	12.5 元	312.5	是	
6	秋葵汤	12	8.9 元	106.8	否	
7	混沌皮	60	9.9 元	594	是	
8	意大利羊乳干酪	45	19.9 元	895.5	是	
9	老奶奶波森梅奶油	40	18.9 元	756	是	
10	怡保咖啡	24	12.8 元	307.2	是	
11	新英格兰杰克杂烩	24	12.9 元	309.6	是	
12	德国慕尼黑啤酒	12	18.9 元	226.8	是	
13	长寿豆腐	10	21.9 元	219	是	
14	味道美辣椒沙司	12	5.9 元	70.8	否	
15	味道美五香秋葵荚	12	7.8 元	93.6	否	
16	意大利白干酪	12	16.9 元	202.8	是	
17	猪肉酸果曼沙司	20	5.6 元	112	否	
18	味鲜美馄饨	80	2.5 元	200	是	
19	野人麦芽酒	12	18.7 元	224.4	是	
20	罗德尼橘子果酱	12	12.6 元	151.2	是	
21	罗德尼烤饼	16	10.3 元	164.8	是	
22	金刚烈性黑啤酒	12	12.6 元	151.2	是	
23	茶点巧克力软饼	12	7.4 元	88.8	否	
24	莱阳御贡干梨	12	6.8 元	81.6	否	
25	蔬菜煎饼	10	5.5 元	55	否	
统计数量在40以上的个数		3				

图 4-26 使用函数和公式计算销售表

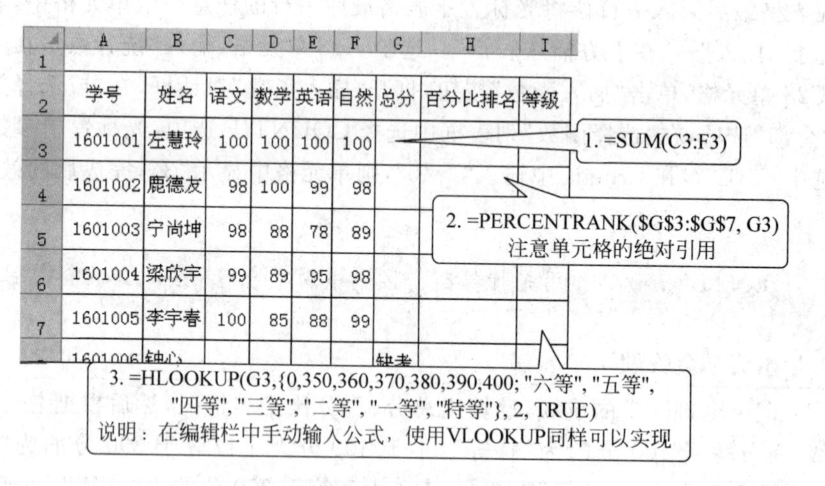

学号	姓名	语文	数学	英语	自然	总分	百分比排名	等级
1601001	左慧玲	100	100	100	100			
1601002	鹿德友	98	100	99	98			
1601003	宁尚坤	98	88	78	89			
1601004	梁欣宇	99	89	95	98			
1601005	李宇春	100	85	88	99			
1601006	钟心					缺考		

图 4-27 学生成绩表

标题“学生成绩表”，在 A2：I2 中输入表头“学号”“姓名”“语文”“数学”“英语”“自然”“总分”“百分比排名”“等级”，设置文本格式：宋体、11 磅、居中，在 A3：F8 单元格区域中输入学号、姓名、成绩各列的值，在 G8 单元格输入“缺考”。

（2）计算某些列。在 G3 单元格中输入“=SUM(C3：F3)”，显示“400”，从 G3 单元格右下角拖曳到 G7；在 H3 单元格中输入“= PERCENTRANK($G$3：$G$7，G3)”，显示“1.00”，设置本单元格格式为“百分比”，并拖曳到 H8；在 I3 单元格中输入“= HLOOKUP

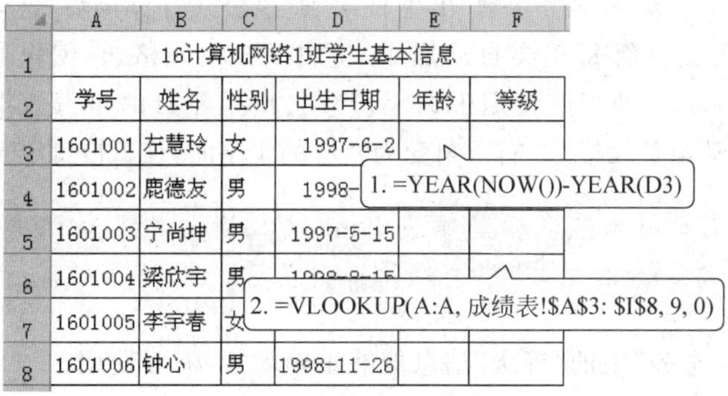

	A	B	C	D	E	F
1	16计算机网络1班学生基本信息					
2	学号	姓名	性别	出生日期	年龄	等级
3	1601001	左慧玲	女	1997-6-2		
4	1601002	鹿德友	男	1998-		
5	1601003	宁尚坤	男	1997-5-15		
6	1601004	梁欣宇	男	1998-8-15		
7	1601005	李宇春	女			
8	1601006	钟心	男	1998-11-26		

1. =YEAR(NOW())-YEAR(D3)

2. =VLOOKUP(A:A, 成绩表!$A$3: $I$8, 9, 0)

图 4-28　导入等级的信息表

(G3,{0,350,360,370,380,390,400;"六等","五等","四等","三等","二等","一等","特等"},2,TRUE)",显示"特等",并拖曳到 I8。

提示：HLOOKUP 函数是纵向查找函数，与 VLOOKUP 函数属于一类函数。VLOOKUP 是按列查找的，HLOOKUP 是按行查找的。语法规则：VLOOKUP(查找值，区域，列序号，逻辑值)，查找值是在单元格第一列中查找的数值，它可以是数值、引用或字符串；区域是数组所在区域如"B1：F10"，也可以是对区域或区域名称的引用；列序号是希望区域中待返回匹配值的列序号，若列序号小于 1 则显示#VALUE!，若列序号大于区域列数则显示#REF!，逻辑值为 TRUE 或 FALSE，指明是精确匹配还是近似匹配。

(3) 定义名称。在"成绩表"中，用鼠标拖动选择 A2:A8 单元格区域，在名称框中输入"学号"，按 Enter 键；再选中 B2:B8 单元格区域，在名称框中输入"姓名"，按 Enter 键。

提示：在公式中定义和使用名称，名称在 Excel 中代表单元格、单元格区域、公式或常量值的单词或字符串，可使公式更加容易理解和维护。可为单元格区域、函数、常量或表格定义名称。一旦采用了在工作簿中使用名称的做法，便可轻松地更新、审核和管理这些名称。名称一旦被定义，只能修改其引用位置，而不能修改名称，如果需要确实修改名称，则只能将原先定义的名称在"公式"→"定义的名称"中，单击"名称管理器"将其删除，再重新进行定义。

(4) 制作"奖金表"。双击 Sheet2 标签重命名为"奖金表"，制作标题，在 A1 单元格中输入"16 计算机网络 1 班基本信息"，将标题在 A 至 F 列合并后居中，隐藏网格线，在 A2:F2 单元格区域中输入学号、姓名、性别、出生日期、年龄、等级，格式设置为：宋体、11 磅、居中，选中 A2：F8 单元格区域单击所有框线，给表格添加边框。

(5) 使用"序列"为"奖金表"录入学号、姓名。选中 A3:A8 单元格区域，在"数据"→"数据工具"，单击"数据有效性"，在打开的对话框中设置："允许"为"序列"，"来源"为"＝学号"，单击"确定"按钮，则在 A3:A8 单元格中都以列表呈现，并且列表的各项值为工作表"成绩表"中 A3:A8 中各单元格的值。同样，设置 B3:B8 单元格区域数据有效性，从列表中选择现有的姓名，不需要手工输入，避免了手工输入容易出错的问题。这样做还有一个优点，当"成绩表"的学号、姓名发生改变时，"奖金表"的学号、姓名也能同步更新。

(6) 自动计算年龄。输入学生性别、出生日期,通过公式计算年龄,这样做的好处是,年龄每年都要更新,通过公式计算每年会自动加1。选中E3单元格,在编辑栏中输入"=YEAR(NOW())-YEAR(D3)",即当前日期中的年份减去出生年月的年份为年龄,按Enter键,即计算出年龄。鼠标移动至单元格E2右下角变为实心的十字时,往下拖曳填充,自动计算出年龄。

提示: 为了能够正确显示年龄列,需要设定该列的单元格格式为"数值",否则如果单元格格式设定为其他格式,如"文本"或"日期",将会出现错误,无法显示。

(7) 为了保证"奖金表"中的"等级"信息能够正确填入,需要使用VLOOKUP函数来进行信息查询。单击F3单元格,在编辑栏中输入"=VLOOKUP(A:A,成绩表!$A$3:$I$8,9,0)",其中第一个参数A:A列为查找值,第二个参数"成绩表!$A$3:$I$8"为查找区域,"9"代表"等级"列在查找区域中的列序号,按Enter键,F3单元格显示"特等",拖动F3单元格右下角填充柄,填充至F8。

(8) 使用"筛选"功能,会自动筛选出获得各个等级奖学金的名单。有关"筛选"功能将在后续项目和任务中详细介绍。

提示: 如果班级人数不多,也可以在制作"奖金表"的时候,手动剔除三等以下奖学金学生的信息。

任务3 管理与分析成绩表中的数据

A 任务展示

在Excel 2010中,提供了排序、筛选、分类汇总等功能,以实现对工作表中数据的管理与分析,具体要求如下。

(1) 对成绩表的数据清单进行排序,要求:主要关键字为"生源地所在省份",升序排列,次要关键字为"计算机基础",降序。为了更清楚地查看排序结果,将C列、E:F列、H:N列隐藏,完成后将结果复制到Sheet3工作表中。

(2) 使用自动筛选功能挑选出"优秀"学生名单,复制一张Sheet1工作表来完成。

(3) 使用自定义筛选功能选出姓名为"郭某"或"郭某某"的学生名单,复制一张Sheet1工作表来完成。

(4) 使用高级筛选功能选出计算机基础成绩85分以上,心理学80分以上,平均分80分以上的学生名单,复制一张Sheet1工作表来完成。

(5) 按"生源地所在省份"不同,求出各省份学生总分的平均值,在Sheet1复制表中完成。

B 教学目标

(一) 技能目标

(1) 能够将电子表格转换为数据清单。

(2) 能够在实例中对工作表中的数据按行或列(一列或多列)进行排序。

(3) 能够在实例中对工作表中的数据进行自动筛选、自定义筛选和高级筛选。

(4) 能够对工作表中的数据进行分类汇总以及嵌套分类汇总。

（二）知识目标

（1）理解数据清单的功能与区别、使用记录单管理数据的方法。

（2）理解自动筛选和高级筛选的方法。

（3）理解单列数据排序、多列数据排序和自定义排序的方法。

（4）掌握分类汇总和嵌套分类汇总的方法。

C 知识储备

（一）数据记录单

1. 数据清单的功能与特点

（1）数据清单提供了一个数据录入和管理的简便方法。数据清单是指工作表中单元格构成的矩形区域，即一张二维表，也称为数据列表，例如，一张成绩表，可以包括学号、姓名、身份证号码、计算机基础、心理学、总分、平均分、名次等列数据。

（2）与工作表不同，数据清单具有如下特点。

① 一般每个工作表中只建立一个数据清单，尽量避免在一张工作表上建立多个数据清单，因为一些清单管理功能只能在一个数据清单中使用，例如筛选，一次只能在一个数据清单中使用。

② 除了数据清单外，如果在工作表中还有其他数据，数据清单与其他数据间至少应留出一个空列和一个空行，这样，在执行排序、筛选或插入自动汇总等操作时，系统会自动检测出数据清单。

③ 不要在数据清单中有空行和空列，这样，可以方便系统检测和选定数据清单。

④ 不要在单元格前面或后面输入空格，因为如果在单元格开头和末尾有多余空格，会影响排序与搜索。

⑤ 在更改数据清单之前，要显示已经隐藏的行或列，否则数据可能会被删除。

⑥ 在数据清单的第一行，是该数据清单各字段的名称，其余为数据行，每一行代表一条记录。

⑦ 同一列的数据应有相同的属性，例如，身份证号码下面的数据都为文本型数据，不能为其他数据。

⑧ 使用字段名称创建报告并查找组织数据，第一行最好设置与清单中数据不同的字体、对齐方式、格式、填充、图案、边框和大小写类型等，并且第一行数据要设置为文本格式，不能为数据格式。

2. 使用记录单管理数据

为了方便地编辑数据清单中的数据，利用数据记录单可以在数据清单中一次输入或显示一个完整的记录行，即一条记录的内容，还可以方便地查找、添加、修改及删除数据清单中的记录，利用记录单输入，不容易出错，而且省掉了来回切换光标的麻烦。

（1）向快速访问工具栏添加“记录单”命令。在“文件”中，单击“选项”，打开“Excel 选项”对话框，单击左侧窗口的“快速访问工具栏”，将“从下列位置选择命令”设置为“不在功能区中的命令”，找到“记录单”，单击“添加”按钮，将此功能添加到“快速访问工具栏”中，如图 4-29 所示。

（2）输入记录。要在工作表中建立数据清单，只要在单元格中输入数据即可。输入时要

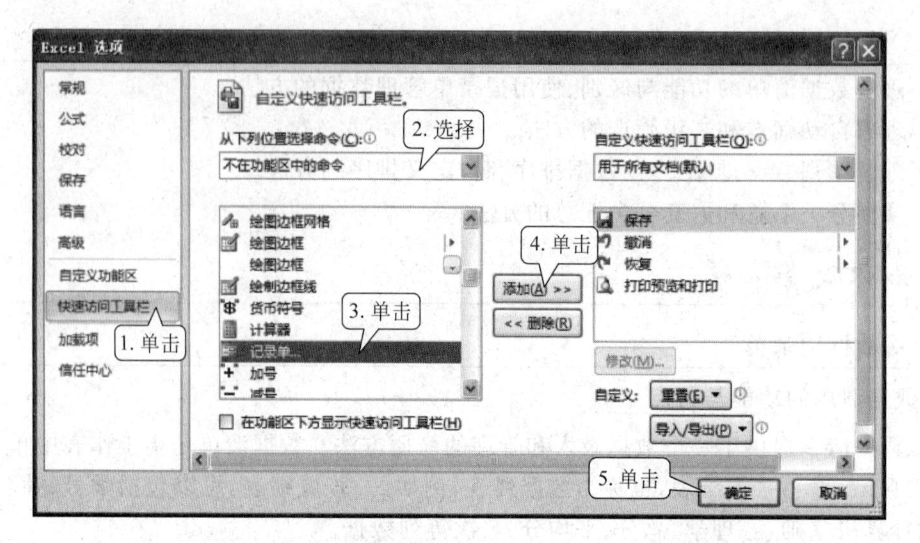

图 4-29 将“记录单”命令添加快速访问工具栏

遵循上面介绍的规则，最重要的是，第一行输入各列数据所代表的意义，不要有空行，一列中的数据所代表的意义相同，在数据清单中，可以建立公式来计算字段的数值。

提示：通过导入数据，来获取外部数据，而且也可以在每次更新数据库时，自动通过源数据中的数据来更新 Excel 报表和汇总数据。在“数据”→“获取外部数据”中，单击“自文本”或“自其他来源”等都可以导入数据建立数据清单，充分利用已有资源。

(3) 增加记录。要在数据清单中添加一条记录，可以使用数据记录单。选中数据清单中任意一个单元格，在“快速访问工具栏”中单击，在对话框中单击“新建”，对话框中将出现一个空白的记录单。在各字段的文本框中输入数据，在输入过程中按 Tab 键将光标插入点移动到下一字段，按 Shift＋Tab 组合键将光标插入到上一字段，含有公式的记录，在按下 Enter 键或单击“关闭”或“新建”按钮后才显示结果，如图 4-30 所示。

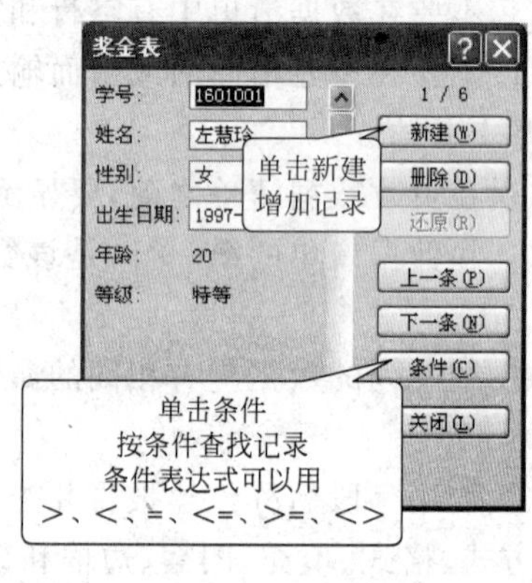

图 4-30 记录单

提示：如果光标不在数据清单中或者工作表数据比较凌乱，那么就很难搜索出记录单。

(4) 删除记录。当要删除某条记录时，可先找到该记录，然后单击“删除”按钮，弹出“警告”对话框，进一步确认是否要删除。

(5) 修改记录。如果在记录中修改某条记录，可先找到该记录，然后直接在文本框中修改。

(6) 查找记录。如果要查找某条记录，单击“条件”按钮，在弹出的对话框中输入要查找的条件表达式，查找到一条满足条件的记录，再单击“下一条”按钮，继续查找满足条件的记录。

（二）筛选

筛选功能可以在数据清单中提炼出满足筛选条件的数据，不满足条件的数据不会被显示，只是暂时被隐藏起来，一旦筛选条件被撤销，被隐藏的数据会重新显示，Excel 2010 提供了以下两种筛选数据清单的命令。

（1）自动筛选，用于简单条件筛选。在"数据"→"排序和筛选"中，单击"筛选"，系统将在列旁边增加筛选条件下拉列表框，在所需字段的下拉列表中通过选择值或搜索进行筛选。在启用了筛选功能的列中单击箭头，该列中所有值都会显示在列表中。使用"搜索"框输入要搜索的文本或数字，选中或清除用于显示从数据列中找到的值的复选框，使用高级条件查找满足特定条件的值。

提示：通配符星号(*)或问号(?)，区别是星号代表 0～n 个任意字符，而问号只代表 1 个任意字符。

（2）高级筛选，可以筛选出同时满足两个或两个以上约束条件的记录。约束条件可以自行设置，条件区域的构造规则是：同一列中的条件是"或"，即 OR；同一行中的条件是"与"，即 AND。

提示：如果有多个筛选条件，使用自动筛选需要多次完成，而使用高级筛选可以一次完成。

（三）排序

排序指将数据按照指定的顺序进行统计排列。对数据进行排序有助于快速直观地显示数据并更好地理解数据，有助于组织并查找所需数据，有助于最终做出更有效的决策。一般情况下，数据排序有以下三种情况。

（1）单列数据排序：指在数据清单中以一列单元格中的数据为依据，对数据清单中所有数据进行排序，可以对文本、数字、日期或时间、单元格颜色、字体颜色、图标进行排序。

（2）多列数据排序：当某些数据要按一列中的相同值进行分组，然后对该组相同值中的另一列进行排序，例如有一个"部门"列和一个"雇员"列，可以先按部门进行排序(将同一个部门中的所有雇员组织在一起)，然后按姓名排序(将每个部门内的姓名按字母顺序排列)，最多可以按 64 列进行排序，如图 4-31 所示。

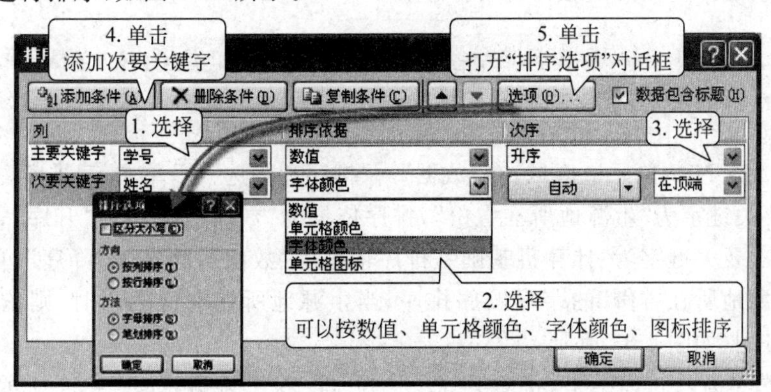

图 4-31 "排序"对话框

(3) 自定义排序：使用自定义列表按用户定义的顺序进行排序。Excel 提供了内置的星期、日期、年月自定义列表，也可以创建自定义列表，自定义列表只能基于值(文本、数字以及日期或时间)，而不能基于格式(单元格颜色、字体颜色或图标)。

(四) 分类汇总

分类汇总就是对数据清单按某个字段进行分类，将字段值相同的连续记录作为一类，进行求和、平均、计算等汇总。针对同一个分类字段，还可进行多种汇总。特别提示，在分类汇总前，首先要对分类字段进行排序。在“数据”→“分级显示”中，单击“分类汇总”，打开“分类汇总”对话框，如图 4-32 所示。

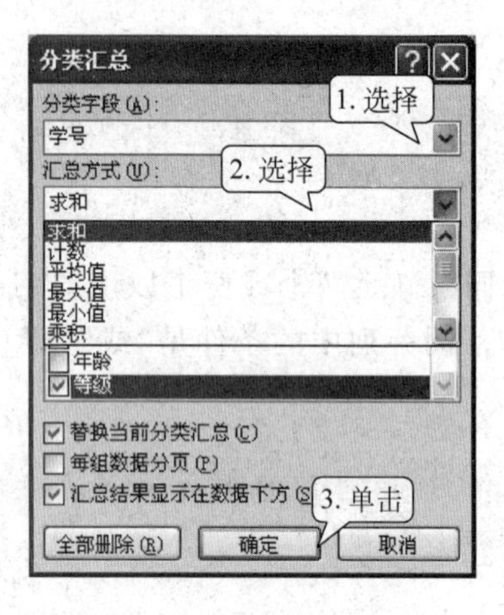

图 4-32 “分类汇总”对话框

D 任务实现

(一) 排序成绩表数据

(1) 找到存放文件“基本表制作. xlsx”的文件夹，双击文件，打开工作簿，单击“成绩表”标签。选择“总分”列任意单元格，在“数据”→“排序和筛选”中，单击 升序，将选择的数据表按照“总分”由低到高进行排序。进行排序的工作表必须是数据清单，否则当对数据排序时出现提示对话框，显示“此操作要求合并单元格都具有相同大小”，表示当前数据表中包含合并的单元格，Excel 无法识别合并单元格数据并对其进行正确排序，需要将这类工作表转换成数据清单或由用户手动选择规则的区域再进行排序。

提示：排序需要在数据清单中进行，标题行的合并后居中及第 21 行的单元格有合并，不符合数据清单的规则，需要清除格式或删除第 21 行。本例中删除了第 1 行和第 21 行。

(2) 选择 A2：N19 单元格区域，在“数据”→“排序和筛选”中，单击 排序，打开“排序”对话框，设置主要关键字为“生源地所在省份”，排序依据为“数值”，次序为“升序”，单击“添加条件”按钮，设置次要关键字为“计算机基础”，排序依据为“数值”，次序为“降序”，单击“确定”按钮，显示按“生源地所在省份”的字母顺序排序，当生源地所在省份相同时，则依据“计算机基础”由大到小排列，如图 4-33 所示。

(3) 为了清楚查看排序结果，将 C 列、E：F 列、H：N 列隐藏，如图 4-34 所示。

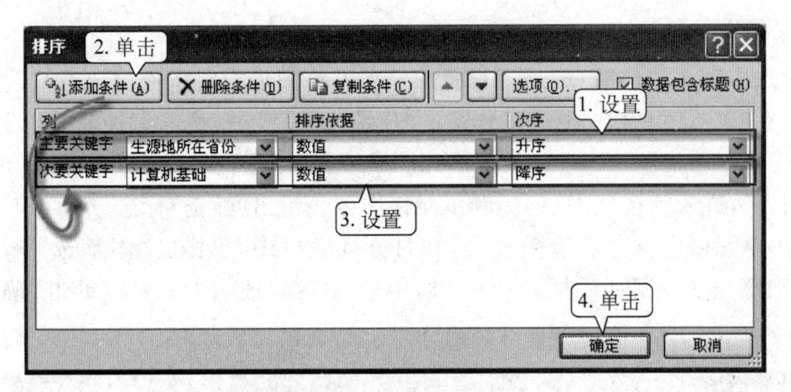

图 4-33 “排序”对话框

1. 主要关键字 升序　2. 次要关键字 降序

	A	B	D	G
1	学号	姓名	生源地所在省份	计算机基础
2	1600501001	姜明	北京	95
3	1600501011	郭大商	北京	82
4	1600501016	刘国庆	广东	98
5	1600501006	刘明	广东	85
6	1600501005	张阳阳	黑龙江	78
7	1600501015	李国庆	黑龙江	78
8	1600501009	郭平	吉林	84
9	1600501010	郭丹	江苏	86
10	1600501018	吴云鹏	辽宁	85

成绩表 / 工资表 / 人事信息表 / 销售表

图 4-34 查看排序结果

提示： 按字母排序时，有些多音字，按最常用的读音排序，例如：重庆的“重”，排序时默认为 zhòng，请注意。

（二）筛选成绩表数据

1. 自动筛选

使用自动筛选找到“是否优秀”中为优秀的学生名单。

(1) 打开表格，选择工作表中的任意单元格，在“数据”→“排序和筛选”中，单击筛选，进入筛选状态，列标题单元格右侧显示出“筛选”标志。

(2) 在 N1 单元格中单击筛选标志，在打开列表框中撤销选中的“合格”复选框，单击“确定”按钮。

(3) 此时将在数据表中显示“是否优秀”为“优秀”的学生名单，而其他学生数据全部隐藏。

提示： ①可以同时筛选多个字段的数据。②在 Excel 2010 中还能通过颜色、数字和文本进行筛选，但是这类筛选都需要提前对表格中的数据进行设置。

2. 自定义筛选

自定义筛选多用于数值筛选，通过设置筛选条件将满足指定条件的记录筛选出来，而将其他数据隐藏。在“基本表制作.xlsx”工作簿的“成绩表”标签中，筛选出姓郭的学生名单。

(1) 打开“基本表制作.xlsx”工作簿，单击“成绩表”标签，在“数据”→“排序和筛选”中，单击“筛选”按钮，进入筛选状态，列标题单元格右侧显示出“筛选”标志。

(2) 在B1单元格中单击筛选标志，在打开列表框中，单击“文本筛选”→“开头是”，打开“自定义自动筛选方式”对话框，在文本框中输入“郭”或者“郭 *”，单击“确定”按钮，如图4-35所示。

图4-35 “自定义自动筛选方式”对话框

提示： 文本筛选中的自定义筛选，可以精确找出“郭某”而不包含“郭某某”，在“文本筛选”→“自定义筛选”中，设置“姓名等于郭?”即可。

(3) 此时，将在数据表中显示姓名中以“郭”字开头的学生名单，而其他学生数据全部隐藏，如图4-36所示。

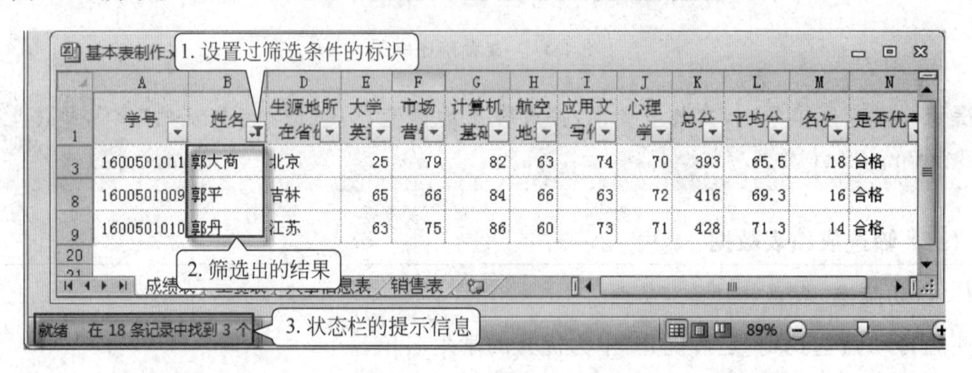

	A	B	D	E	F	G	H	I	J	K	L	M	N
1	学号	姓名	生源地所在省份	大学英语	市场营销	计算机基础	航空地理	应用文写作	心理学	总分	平均分	名次	是否优秀
3	1600501011	郭大商	北京	25	79	82	63	74	70	393	65.5	18	合格
8	1600501009	郭平	吉林	65	66	84	66	63	72	416	69.3	16	合格
9	1600501010	郭丹	江苏	63	75	86	60	73	71	428	71.3	14	合格
20													

图4-36 姓郭的学生名单

(4) 筛选并查看数据后，在“数据”→“排序和筛选”中，单击“清除”按钮，可清除筛选结果，但仍保持筛选状态，单击“筛选”按钮，可直接退出筛选状态，返回到筛选的数据表。

3. 高级筛选

高级筛选可在不影响数据表情况下显示出筛选结果，适合较复杂的筛选。下面将在“基本表制作.xlsx”工作簿“成绩表”标签中，筛选出计算机基础大于“85”，心理学大于“80”，平均分大于“80”的学生名单。

(1) 打开“基本表制作.xlsx”工作簿，单击“成绩表”标签，将G1单元格的内容“计算机基础”复制到 P1 单元格，将 J1 单元格的内容“心理学”复制到 Q1 单元格，将 L1 单元格的内容“平均分”复制到 R1 单元格，在 G2：R2 单元格区域中依次输入“>85、>80、>80”，将光标置于“成绩表”中的任意单元格，在“数据”→“排序和筛选”中，单击 高级，打开“高级筛选”对话框，如图 4-37 所示。

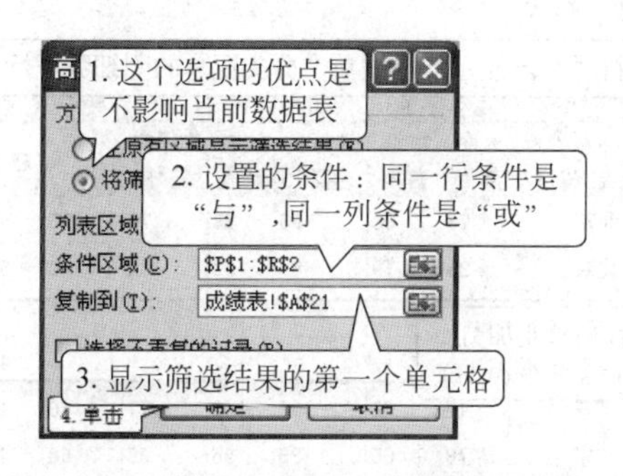

图 4-37 “高级筛选”对话框

提示：筛选的结果最好在表格底部，即在原始表的基础上空一行显示，这样的好处是列宽和原表一样，避免出现列宽不够的情况，当想要删除生成的结果时，删除操作也比较容易。

(2) 在“高级筛选”对话框中，单击选中“将筛选结果复制到其他位置”，此时“复制到”文本框变得可用，因为光标已经置于“成绩表”中的任意单元格了，所以在“列表区域”中会自动设置区域，可以手动修改，将光标置于“条件区域”，拖动鼠标选择 P1：R2 单元格区域，最后将光标置于“复制到”文本框中，单击 A21 单元格，单击“确定”按钮。

(3) 此时可以看到从 A21 单元格开始的筛选结果，如图 4-38 所示。

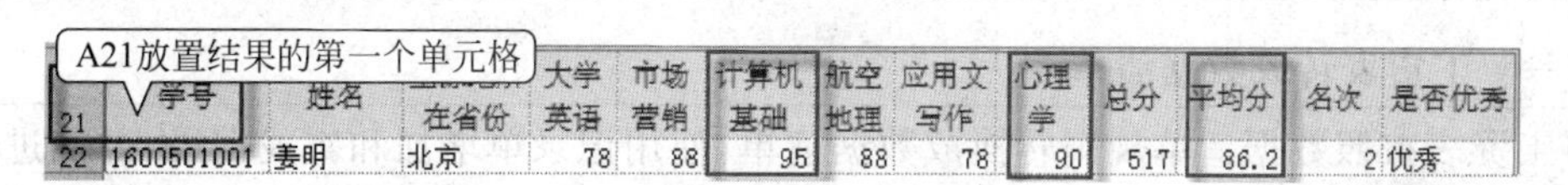

21	学号	姓名	在省份	大学英语	市场营销	计算机基础	航空地理	应用文写作	心理学	总分	平均分	名次	是否优秀
22	1600501001	姜明	北京	78	88	95	88	78	90	517	86.2	2	优秀

图 4-38 高级筛选结果

（三）对成绩表进行分类汇总

分类汇总实际上是分类与汇总的合称，实现这个功能操作必须先进行分类排序，再按照分类进行汇总。如果没有排序，汇总的结果就没有意义。下面在“基本表制作.xlsx”工作簿“成绩表”标签中，按生源地所在省份排序进行分类，将总分进行汇总求平均值。

(1) 打开“基本表制作.xlsx”工作簿，单击“成绩表”标签，选择 D 列的任意一个单元格，在“数据”→“排序和筛选”中，单击 升序，对数据进行排序。

(2) 在“数据”→“分级显示”中，单击“分类汇总”按钮 ，打开“分类汇总”对话框，在“分类字段”下拉列表框中选择“生源地所在省份”，在“汇总方式”下拉列表框中选择“平均值”，在“选定汇总项”列表框中选择“总分”复选框，单击“确定”按钮，如图 4-39 所示。

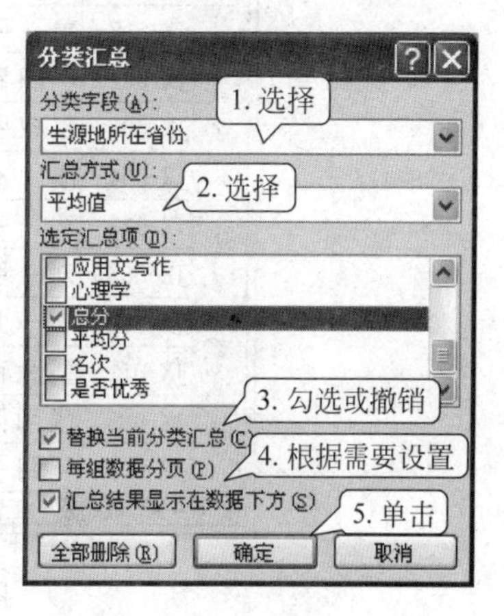

图 4-39 设置分类汇总

(3) 按生源地所在省份分类,对总分求平均值进行了汇总,结果直接显示在当前表格中。

(4) 汇总方式改变计数。在D列中选择任意单元格,打开"分类汇总"对话框,将"汇总方式"下拉列表框中选择"计数",撤销选中的"替换当前分类汇总"复选框,单击"确定"按钮,如图4-40所示。

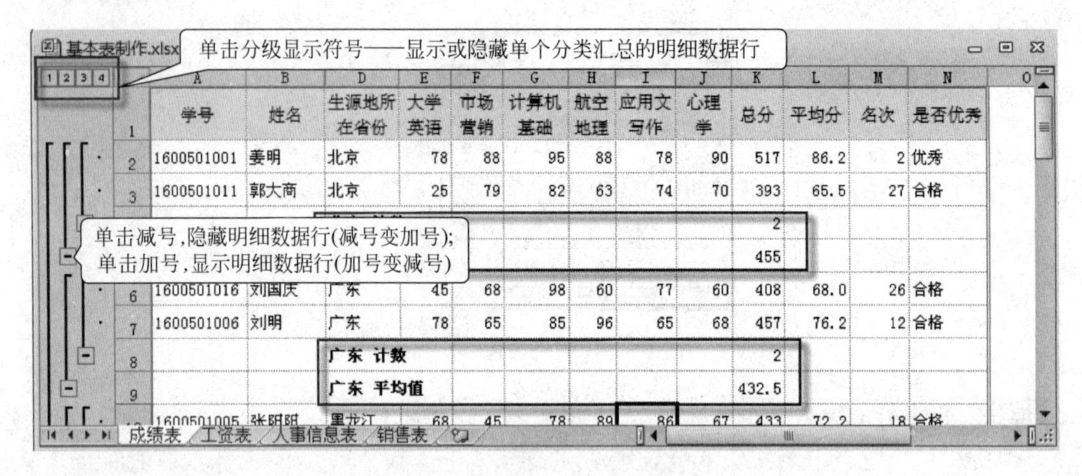

图4-40 查看嵌套分类汇总结果

提示:选中"每组数据分页"复选框,在每个分类汇总后有一个自动分页符;清除"汇总结果显示在数据下方"复选框,结果将出现在分类汇总行的上方。

E 技能提升

(一) 工资表转成数据清单

将工资表按照数据清单规则转换成数据清单,使用记录单增加和查找记录,并能进行自定义排序,完成后的结果,如图4-41所示。

基本表制作.xlsx　排序后

	A	B	C	D	E	F	G	H
1	员工编号	员工姓名	所在部门	职位	固定工资	加班费	其他	应付工资合讠
2	JX-018	姜　明	财务部	经理	3,600	300	700	￥4,600.0
3	JX-002	李淑春	人事部	经理	4,200	50	810	￥5,060.0
4	JX-003	赵权明	行政部	经理	4,800	200	850	￥5,850.0
5	JX-004	潘　波	采购部	经理	5,100	300	700	￥6,100.0
6	JX-018	李　宇	财务部	经理	4,850	200	100	￥5,150.0
7	JX-006	刘　明	行政部	科长	2,900	280	700	￥3,880.0
8	JX-008	李一凡	财务部	科长	4,200	360	500	￥5,060.0
9	JX-011	郭大商	财务部	科长	4,800	560	480	￥5,840.0
10	JX-005	张阳阳	销售部	职员	3,700	140	650	￥4,490.0
11	JX-007	张路平	销售部	职员	2,650	440	600	￥3,690.0

成绩表 工资表 人事信息表 销售表

图4-41 按自定义序列排序的结果

操作提示：

(1) 打开“基本表制作.xlsx”工作簿，右击“工资表”标签，在弹出的快捷菜单中选择“移动或复制”命令，打开“移动或复制工作表”对话框，在“下列选定工作表之前”中选择“移至最后”，勾选“建立副本”，单击“确定”按钮。

(2) 双击新复制的“工资表(2)”标签，重新命名为“自定义排序”。

(3) 转换为数据清单。选中第 4 行右击，在弹出的菜单中选择“插入”，选中 A3：G3 单元格区域，选中 G3 单元格拖动鼠标右下角至 A4：G4 单元格区域，选中 I3：K3 单元格区域，选中 K3 单元格拖动鼠标右下角至 K4：G4 单元格区域，将 H2 单元格文本内容复制到 H4，将 L2 单元格文本内容复制到 L4，将 M2 单元格文本内容复制到 M4，删除第 1 行、第 2 行、第 3 行，取消合并单元格，转换成数据清单。

提示： 数据清单中不能有合并单元格，Excel 无法识别合并单元格中的数据，不能进行排序、筛选、分类汇总操作。

(4) 使用记录单添加记录。在“快速访问工具栏”中单击 ，单击“新建”，出现一个空白记录单，在各字段的文本框中输入数据，切换文本框可以使用鼠标或者 Tab 键进行，录入界面如图 4-42 所示。

(5) 单击“关闭”按钮，返回到数据清单中，计算字段会自动显示。使用记录单查看刚添加的记录，在“快速访问工具栏”中单击 ，在对话框中单击“条件”按钮，此时所有文本框都可以编辑，用来输入条件，这里在“员工编号”文本框中输入“JX-018”，按 Enter 键，将显示指定条件的记录，如图 4-43 所示。

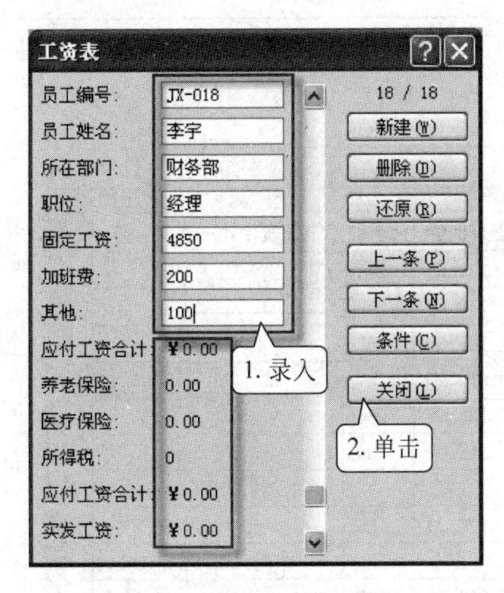

图 4-42　使用记录单添加记录

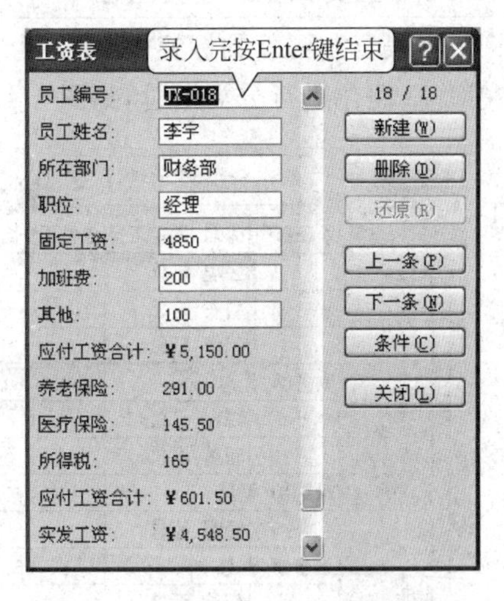

图 4-43　使用记录单查看添加的记录

(6) 将工资表按照自定义职位进行排序，需先建立自定义字段，能进行自定义排序。操作步骤如下：

① 在“文件”中，单击“选项”，打开“Excel 选项”对话框，在左侧打开“高级”选项卡，在右侧列表框的“常规”中单击“编辑自定义列表”，如图 4-44 所示。

② 在打开的“自定义序列”对话框中，在“输入序列”列表框中输入序列字段“经理，科长，职员”，单击“添加”按钮，将自定义字段添加到左侧的“自定义序列”列表框中。注意各字段之

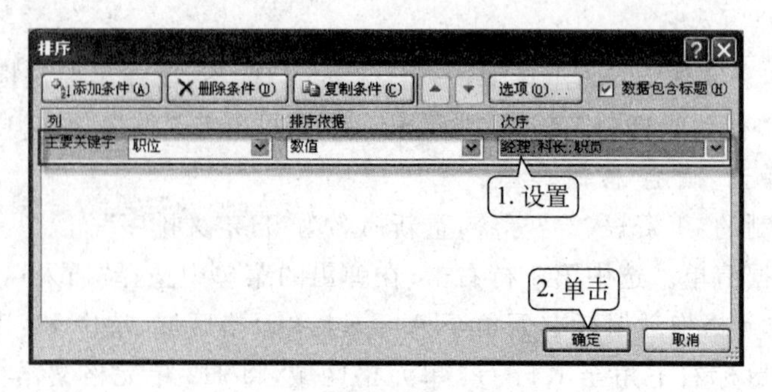

图 4-44　按自定义序列排序

间用英文逗号或分号隔开,或换行输入,单击“确定”按钮关闭“自定义序列”对话框。

提示:自定义序列时,首先要确定排序依据,即存在多个重复项才有排序意义。

③ 单击“确定”按钮关闭“Excel 选项”对话框,返回到数据表中,选择任意一个单元格,在“数据”→“排序和筛选”中,单击排序,打开“排序”对话框。

④ 在“主要关键字”下拉列表框中选择“职位”选项,在“次序”下拉列表框中选择“自定义序列”选项,打开“自定义序列”对话框,在“自定义序列”列表框中选择创建好的序列,单击“确定”按钮。

⑤ 返回到“排序”对话框,可以看到设置好的自定义序列出现在“次序”下拉列表框中,单击“确定”按钮,按照自定义序列将数据表重新排序。

(二)对工资表多级分类汇总

将工资表复制到新的标签中,命名为“多级分类汇总”,首先按所在部门、职位进行排序,再按所在部门、职位进行分类汇总,如图 4-45 所示。

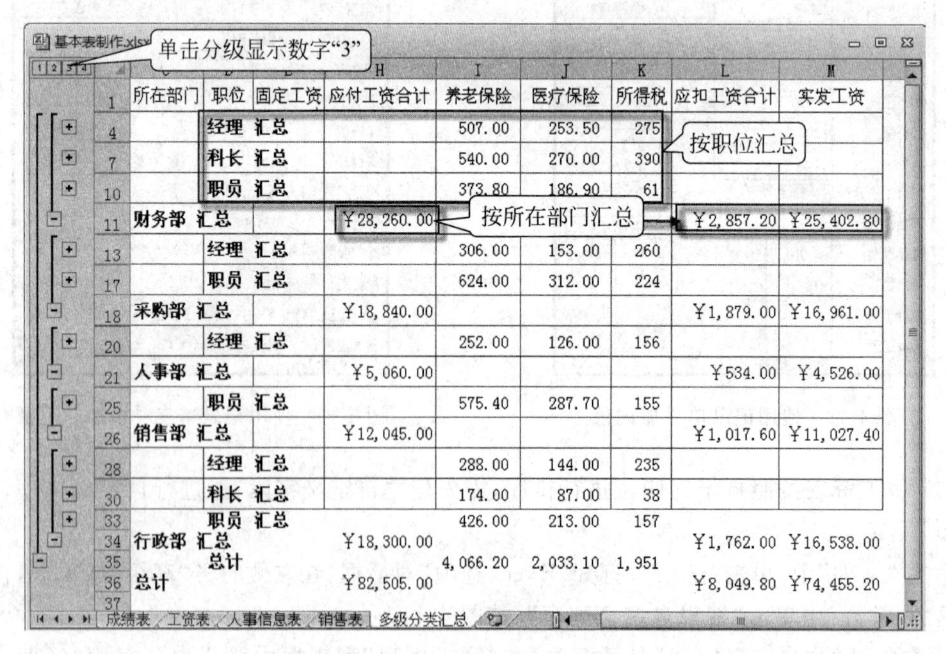

	所在部门	职位	固定工资	应付工资合计	养老保险	医疗保险	所得税	应扣工资合计	实发工资
4		经理 汇总			507.00	253.50	275		
7		科长 汇总			540.00	270.00	390		
10		职员 汇总			373.80	186.90	61		
11	财务部 汇总			¥28,260.00				¥2,857.20	¥25,402.80
13		经理 汇总			306.00	153.00	260		
17		职员 汇总			624.00	312.00	224		
18	采购部 汇总			¥18,840.00				¥1,879.00	¥16,961.00
20		经理 汇总			252.00	126.00	156		
21	人事部 汇总			¥5,060.00				¥534.00	¥4,526.00
25		职员 汇总			575.40	287.70	155		
26	销售部 汇总			¥12,045.00				¥1,017.60	¥11,027.40
28		经理 汇总			288.00	144.00	235		
30		科长 汇总			174.00	87.00	38		
33		职员 汇总			426.00	213.00	157		
34	行政部 汇总			¥18,300.00				¥1,762.00	¥16,538.00
35		总计			4,066.20	2,033.10	1,951		
36	总计			¥82,505.00				¥8,049.80	¥74,455.20

图 4-45　多级分类汇总结果

操作提示：

(1) 打开“基本表制作.xlsx”工作簿，右击“工资表”标签，在弹出的快捷菜单中选择“移动或复制”命令，打开“移动或复制工作表”对话框，在“下列选定工作表之前”中选择“移至最后”，勾选“建立副本”，单击“确定”按钮。

(2) 双击新复制的“工资表(2)”标签，重新命名为“多级分类汇总”。

提示： 对表格进行分类汇总的前提是必须先进行排序，排序的工作表必须符合数据清单。

(3) 选中 A2：N15 单元格区域，在“数据”→“排序和筛选”中，单击“排序”，打开“排序”对话框，进行设置，主要关键字按“所在部门”升序排列，次要关键字按“职位”的自定义序列“经理，科长，职员”排列。

(4) 在“数据”→“分级显示”中，单击“分类汇总”，打开“分类汇总”对话框，在“分类字段”框中选择“所在部门”，在“汇总方式”中选择“求和”，在“选定汇总项”中选择“应付工资合计”“应扣工资合计”“实发工资”复选框。

提示： 如果想按每个分类汇总自动分页，选中“每组数据分页”复选框。

(5) 再次打开“分类汇总”对话框，在“分类字段”框中选择“职位”，在“汇总方式”中选择“求和”，在“选定汇总项”中选择“养老保险”“医疗保险”“所得税”复选框，这里一定要注意的是，取消“替换当前分类汇总”。

(6) 单击“确定”按钮，在数据清单左侧上方出现带有“1”“2”“3”数字的按钮，其下方又有带有“+”“-”符号的按钮，右侧显示多级(嵌套)分类汇总结果，单击分级显示数字“3”，将汇总结果分为 3 级显示，为了看起来更清晰，将有些列进行了隐藏。

(三) 筛选人事信息表和销售表

打开“基本表制作.xlsx”工作簿，单击“人事信息表”标签，具体要求如下。

(1) 筛选出男职工的信息，把筛选结果复制到新工作表进行筛选，并重命名为“男”职工，如图 4-46 所示。

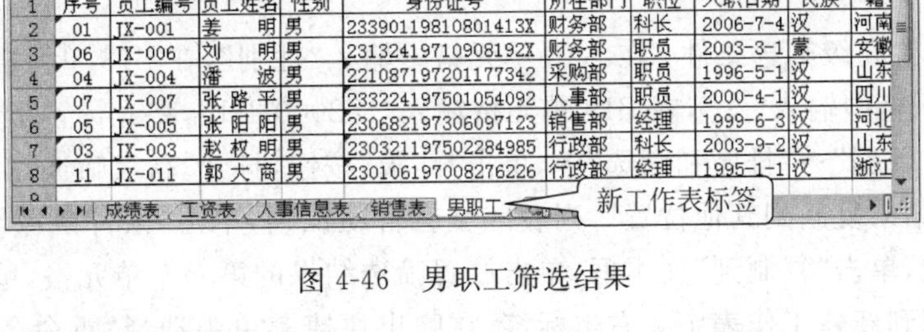

序号	员工编号	员工姓名	性别	身份证号	所在部门	职位	入职日期	民族	籍
01	JX-001	姜　明	男	23390119810801413X	财务部	科长	2006-7-4	汉	河南
06	JX-006	刘　明	男	23132419710908192X	财务部	职员	2003-3-1	蒙	安徽
04	JX-004	潘　波	男	221087197201177342	采购部	职员	1996-5-1	汉	山东
07	JX-007	张路平	男	233224197501054092	人事部	职员	2000-4-1	汉	四川
05	JX-005	张阳阳	男	230682197306097123	销售部	经理	1999-6-3	汉	河北
03	JX-003	赵权明	男	230321197502284985	行政部	科长	2003-9-2	汉	山东
11	JX-011	郭大商	男	230106197008276226	行政部	经理	1995-1-1	汉	浙江

图 4-46　男职工筛选结果

(2) 使用“高级筛选”功能筛选出 2000 年 1 月 1 日以后入职女职工信息，把筛选结果复制到新的工作表并重命名为“后入职女职工”，并按日期降序排列，如图 4-47 所示。

单击“销售表”标签，进行筛选，具体要求如下。

(1) 筛选出产品名称中包含“德”的产品信息，把筛选结果复制到新工作表并重命名为“新产品销售表”，如图 4-48 所示。

(2) 使用“自动筛选”功能筛选出“没有完成任务”并且“金额小于 100”的记录，把筛选结果

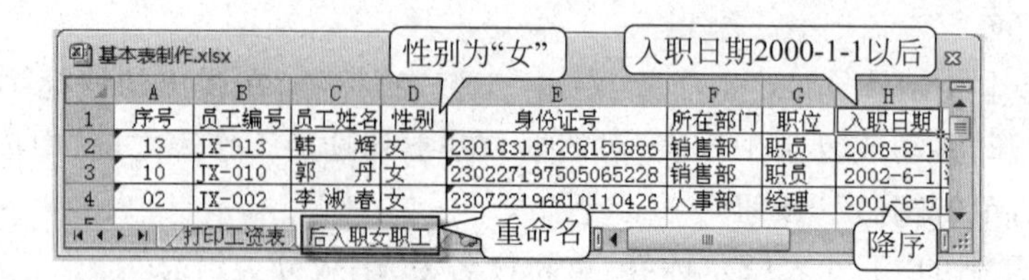

图 4-47　后入职女职工筛选结果

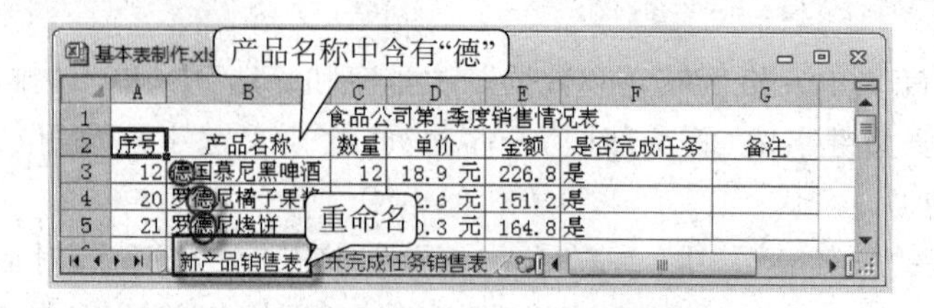

图 4-48　产品名称中含有“德”的筛选结果

复制到新工作表并重命名为“未完成任务销售表”，如图 4-49 所示。

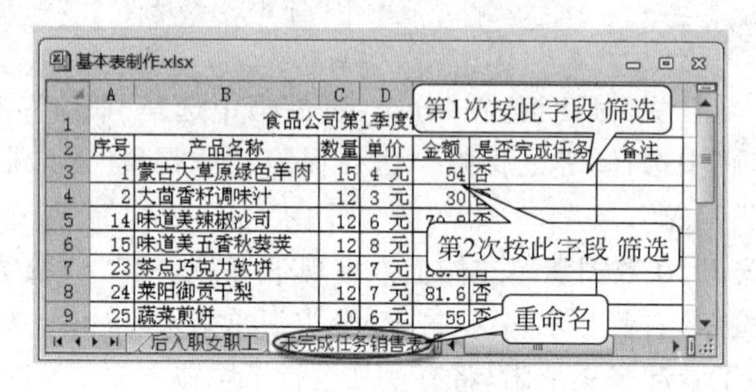

图 4-49　未完成任务记录筛选结果

操作提示：

(1) 在“人事信息表”中，选中任意一个单元格，在“数据”→“排序与筛选”中，单击“筛选”按钮，进入筛选状态，列标题单元格右侧显示出“筛选”标志，在 D1 单元格中单击筛选标志，在打开列表框中，只勾选“男”，其他勾选取消，单击“确定”按钮，将筛选结果复制到新建工作表中。右击标签，在弹出快捷菜单中选择“重命名”，输入“男职工”，调整列宽到适当宽度。

(2) 首先设置高级筛选条件：在 A18 单元格中输入“性别”，在 B18 单元格中输入“入职日期”，在 A19 单元格中输入“女”，在 B19 单元格输入“＞2000-1-1”，将光标置于数据清单中的任意单元格中，在“数据”→“排序和筛选”中，单击“高级”按钮，打开“高级筛选”对话框，在“方式”中选择“将筛选结果复制到其他位置”，列表区域会自动识别，单击“条件区域”文本框，鼠标拖动选择条件区域，单击“复制到”文本框，单击放置筛选结果的第一个单元格，单击“确定”按钮，将筛选结果复制到新建工作表中。右击标签，在弹出快捷菜单中选择“重命名”，输入“后入职女职工”，调整列宽到适当宽度。

> **提示：** 设置高级筛选条件时，一定要注意条件名称与数据清单中的字段名称完全一致，否则不能筛选出想要的结果。

(3) 单击“后入职女职工”标签，选中 H 列中任意一个单元格，在“数据”→“排序和筛选”

中，单击 降序，按入职日期的排序结果。

提示： 按日期排序中的降序是按最早的日期到最晚的日期进行排序。

(4) 单击"销售表"标签，选中任意一个单元格，在"数据"→"排序与筛选"中，单击"筛选"按钮，进入筛选状态，列标题单元格右侧显示出"筛选"标志，在D1单元格中单击筛选标志，在打开列表框中，单击"文本筛选"，在打开的"自定义自动筛选"对话框中，选择"包含"，在文本框中输入"德"，单击"确定"按钮，将筛选结果复制到新建工作表中。用鼠标双击标签，处于编辑状态，输入"新产品销售表"，调整列宽到适当宽度。

提示： 如果"产品名称"字段处于筛选状态，则单击，在打开菜单中选择 从"产品名称"中清除筛选(C)。

(5) 在"销售表"中任一个单元格，在"数据"→"排序与筛选"中，单击"筛选"按钮，进入筛选状态，列标题单元格右侧显示出筛选标志，在F2单元格中单击筛选标志，在打开的列表框中，只勾选"否"，取消其他勾选，单击"确定"按钮，在E2单元格中单击筛选，在打开的列表框中，单击"文本筛选"，在打开的"自定义自动筛选"对话框中，选择"小于或等于"，在文本框中输入"100"，单击"确定"按钮，将筛选结果复制到新建工作表中，用鼠标双击标签，处于编辑状态，输入"未完成任务销售表"，调整列宽到适当宽度。

任务4　交互快速分析成绩表

A 任务展示

在Excel 2010中，大量的数据以二维表格的形式存在，这些数据很难统计和分析。数据透视表是一种交互的、以交叉数据生成的报表，用于对多种数据进行汇总、分析、浏览和呈现汇总数据。数据透视图有助于形象呈现数据透视表中的汇总数据，以便轻松查看比较模式和趋势，提供决策，具体要求如下。

(1) 本例以"是否优秀"分类来创建透视表，反映不同班级、不同课程的成绩情况。要求：将"是否优秀"添加到报表筛选域上，"班级"放在行标签上，"大学英语""市场营销""计算机基础""航空地理""应用文写作""心理学"放在数值汇总域上，汇总方式为"求平均值"，位置为新工作表，透视表改名为"班级每门课程平均分数据透视表"，透视表样式设置为数据透视表中等深浅样式10，对透视表字段折叠后，以透视表中数据(不包括行、列总计)为依据创建相应的透视图。

(2) 为创建的透视图分别设置图表区格式、设置数据序列格式、设置坐标轴格式、设置图例格式、设置主要网格线格式、设置绘图区格式，添加数据标签，显示明细数据等。

(3) 使用切片器筛选成绩表数据，例如选择"黑龙江"或"北京"，观察数据透视表和数据透视图的变化。

B 教学目标

(一) 技能目标

(1) 能够根据基本工作表创建数据透视表。

(2) 能够使用数据透视图直观查看工作表中的数据。

(3) 能够使用切片器筛选工作表中的数据。

(4) 能够使用数据透视表按条件统计分布情况。

(5) 能够统计与分析工作表中的各个字段。

(二) 知识目标

(1) 理解数据透视表的概念。

(2) 掌握数据透视表的建立。

(3) 掌握数据透视表的隐藏与显示数据,改变字段排列,格式化、排序、删除数据透视表,改变数据的汇总方式等编辑操作。

(4) 认识、创建、删除、编辑数据透视图。

(5) 使用切片器筛选数据透视表数据。

C 知识储备

(一) 什么是数据透视表

1. 认识数据透视表

数据透视表是数据分析的另一种方法,它提供了更有效的数据管理和分析方式,对数据源进行透视,并且进行分类汇总,对大量的数据进行筛选,可以得到能快速查看源数据的不同统计结果。

2. 数据透视表的用途

(1) 以多种用户友好方式查询大量数据。

(2) 对数值数据进行分类汇总和聚合,按分类和子分类对数据进行汇总,创建自定义计算和公式。

(3) 展开和折叠要关注结果的数据级别,查看感兴趣区域汇总数据的明细。

(4) 将行移动到列或将列移动到行(或"透视"),以查看源数据的不同汇总。

(5) 对最有用和最关注的数据子集进行筛选、排序、分组和有条件地设置格式,关注所需信息。

(6) 提供简明、有吸引力并且带有批注的联机报表或打印报表。

总之,排序可以将数据重新排列分类,筛选能将符合条件的数据查询出来,分类汇总能对数据有一个总的分析,而数据透视表能一次完成以上三项工作,有机地综合了数据排序、筛选、分类汇总等常用数据分析方法的优点,并且可以方便地调整分类汇总的方式,灵活地以多种不同方式展示数据的特征。

(二) 数据透视表的建立

(1) 为数据透视表定义数据源。要将工作表数据用作数据源,单击包含该数据单元格区域内任意单元格。

(2) 在"插入"→"表格"中,单击,打开"创建数据透视表"对话框,在"请选择要分析的数据"中单击"选择一个表或区域",或者单击"使用外部数据源"。

(3) 若要将数据透视表放置在新工作表中,并以单元格 A1 为起始位置,选择"新工作表";若要将数据透视表放置在现有工作表中的特定位置,选择"现有工作表",在"位置"文本框中指定放置数据透视表的第一个单元格地址。

（4）单击“确定”按钮创建一个空白的数据透视表，同时在功能区动态显示“数据透视表工具”，增加了“选项”和“设计”两个选项卡，分别如图 4-50 和图 4-51 所示。

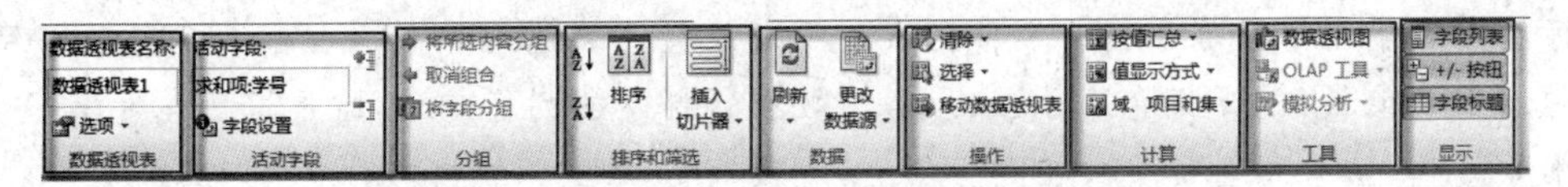

图 4-50　数据透视表选项工具

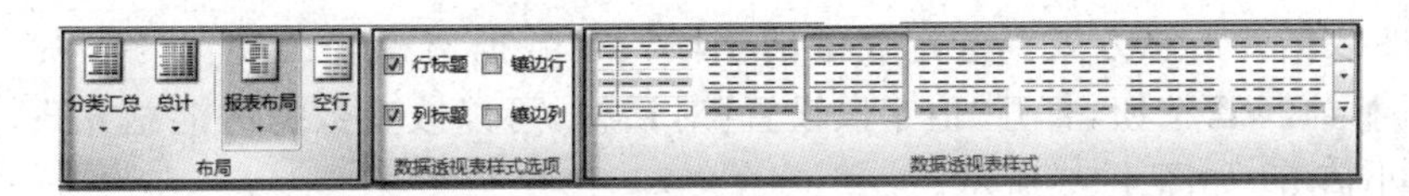

图 4-51　数据透视表设计工具

提示：在 Microsoft Excel 2010 中，Excel 早期版本的“数据透视表和数据透视图向导”已替换为“插入”→“表”中的“数据透视表”和“数据透视图”命令。“数据透视表和数据透视图向导”现在仍然可用，可以根据需要使用它，将它添加到快速访问工具栏中，或者按 Alt＋D＋P 组合键启动。

（三）数据透视表的编辑

（1）隐藏与显示数据。在完成的透视表中可以看到“行标签”和“列标签”字段名旁各有一个下拉按钮，它们用来决定哪些分类值被隐藏、哪些分类值要在表中显示。

（2）改变字段排列。在“数据透视表字段列表”中，通过拖动这些字段按钮到相应的位置，可以改变数据透视表中的字段排列。如果透视表中某个字段不需要时，把该字段拖出数据透视表即可。数据透视表中的字段可拖动到 4 个区域：报表筛选区，作用类似于自动筛选，是所在数据透视表的条件区域，在该区域内的所有字段都将作为筛选数据区域内容的条件；行标签和列标签两个区域用于将数据横向或纵向显示，与分类汇总选项的分类字段作用相同；数值区域，主要是数据。

在创建数据透视表（或数据透视图）字段布局时，获得所要的结果，应了解数据透视表字段列表的工作方式，以及排列不同类型字段的方法，这一点很重要，如图 4-52 所示。

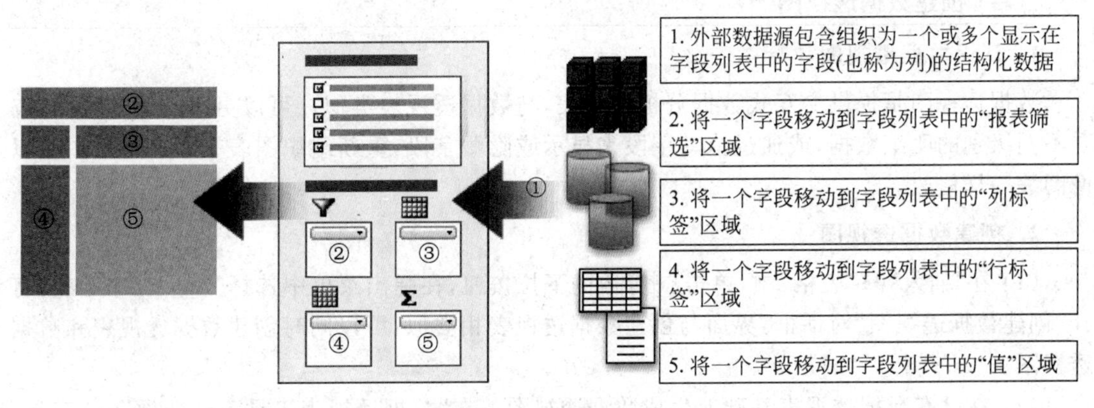

图 4-52　数据透视表字段列表的工作方式

提示：初学者对于哪个字段放在"行标签"，哪个字段放在"列标签"，哪个字段放在"数值区域"，不是很清楚，行标签和列标签是用来分类的，一个行标签对应于一个类别，一个列标签对应于一个数据系列。数值区域是用来放置计算数据的，例如，要分析每个仓库中每种水果的重量，就要将仓库号、水果类型放在行标签或列标签上，将重量放在数值区域，至于仓库号、水果类型哪个放在列标签上，一般将分类数少的放在列标签上，这样生成的数据透视表看起来更清晰。

(3) 改变数据的汇总方式。选定表中的字段，在"数据透视表工具"→"选项"→"活动字段"中，单击 字段设置 按钮，打开"值字段设置"对话框，可以改变数据的汇总方式，如平均值、最大值和最小值等，如图 4-53 所示。

(4) 数据透视表排序。选定要排序的字段后，在"数据透视表工具"→"选项"→"排序和筛选"中，可以选择单击"升序"按钮、"降序"按钮、"排序"按钮，如果单击"排序"按钮，将打开"按值排序"对话框，如图 4-54 所示。

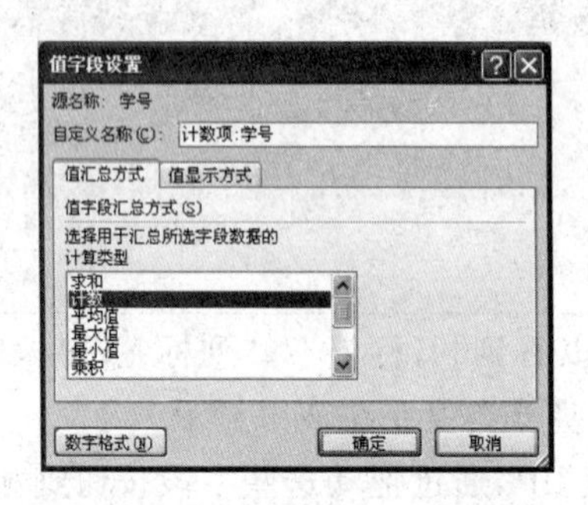

图 4-53 "值字段设置"对话框

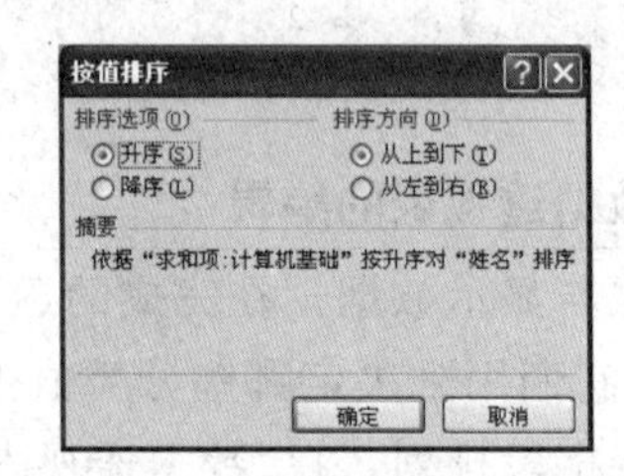

图 4-54 "按值排序"对话框

(5) 删除数据透视表。单击数据透视表，在"数据透视表工具"→"选项"→"操作"中，单击"清除"→"全部清除"命令，删除数据透视表，将会冻结与其相关的数据透视图，不可再对其进行更改。

(6) 格式化数据透视表。单击数据透视表，在"数据透视表工具"→"设计"中，通过"布局"和"数据透视表样式和选项"来格式化数据透视表。

(四) 创建数据透视图

1. 认识数据透视图

数据透视图是提供交互式数据分析的图表，与数据透视表类似。可以更改数据的视图，查看不同级别的明细数据，或通过拖动字段来显示或隐藏字段，重新组织图表布局。透视图可以像图表一样修改。

2. 创建数据透视图

(1) 在"插入"→"表格"中，单击旁边的下拉按钮，在弹出菜单中选择 数据透视图(C) 打开"创建数据透视图"对话框，界面与创建数据透视表相类似，可以同时创建数据透视表和数据透视图。

(2) 在已有数据透视表基础上生成数据透视图。在"数据透视表工具"→"选项"→"工具"中单击 数据透视图(C) 按钮，打开"插入图表"对话框，选择左侧列表中的图表类型和图表子类型。可以使用除 XY 散点图、气泡图或股价图以外的任意图表类型。

（3）单击“确定”按钮，即可在数据透视表的工作表中添加数据透视图，显示的数据透视图中具有数据透视图筛选器，可用来更改图表中显示的数据。

提示：首次创建数据透视表时可以自动创建数据透视图，也可以基于现有的数据透视表创建数据透视图。

3. 数据透视图的编辑

与标准图表一样，数据透视图报表显示数据系列、类别、数据标记和坐标轴，还可以更改图表类型及其他选项，如标题、图例位置、数据标签和图表位置。

（1）数据系列：指在图表中绘制的相关数据点，这些数据源自数据表的行或列。图表中的每个数据系列具有唯一的颜色或图案。可以在图表中绘制一个或多个数据系列。饼图只有一个数据系列。

（2）数据标记：指图表中的条形、面积、圆点、扇面或其他符号，代表源于数据表单元格的单个数据点或值。图表中的相关数据标记构成了数据系列。

（3）坐标轴：界定图表绘图区的线条，用作度量的参照框架。y 轴通常为垂直坐标轴并包含数据，x 轴通常为水平轴并包含分类。

（4）图表标题：图表标题是说明性的文本，可以自动与坐标轴对齐或在图表顶部居中。

（5）图例：图例是一个方框，用于标识为图表中的数据系列或分类指定的图案或颜色。

（6）数据标签：为数据标记提供附加信息的标签，数据标签代表源于数据表单元格的单个数据点或值。

4. 删除数据透视图

在要删除的数据透视图的任意位置单击，按 Del 键。值得注意的是，删除数据透视图不会删除相关联的数据透视表。

提示：数据透视图是基于数据透视表创建的，因此两者是关联的。数据透视图不能在删除数据透视表的情况下单独存在，将该数据透视图变为标准图表，将无法再透视或者更新该标准图表。

（五）使用切片器筛选数据透视表中的数据

（1）切片器是易于使用的筛选组件，包含一组按钮，能够快速地筛选数据透视表中的数据，不用打开下拉列表来查找要筛选的项目。当使用常规筛选器来筛选多个项目时，筛选器必须打开一个下拉列表，才能找到有关筛选的详细信息，而切片器可以清晰地标记已应用的筛选器，提供详细信息。除了快速筛选外，切片器还会指示当前筛选状态，轻松、准确地了解已筛选的数据透视表中所显示的内容。

提示：切片器通常在数据透视表中创建，并与之关联，也可创建独立切片器，在以后将其与任何数据透视表相关联。

（2）切片器界面包括的组成元素，如图 4-55 所示。

（3）使用切片器。创建切片器来筛选数据透视表中的数据，在现有的数据透视表中，可以执行下列操作。

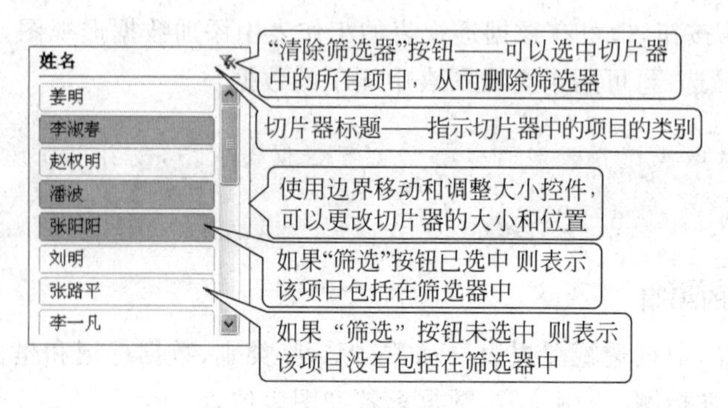

图 4-55　切片器元素

① 创建与数据透视表相关联的切片器。

② 创建与数据透视表相关联的切片器的副本。

③ 使用与另一个数据透视表相关联的现有切片器。

创建每个切片器的目的是筛选特定的数据透视表字段，因此很可能会创建多个切片器来筛选数据透视表。

创建切片器之后，切片器将和数据透视表一起显示在工作表上，如果有多个切片器，则会分层显示。可以将切片器移至工作表上的另一位置，然后根据需要调整大小，若要筛选数据透视表数据，只需单击切片器中的一个或多个按钮，如图 4-56 所示。

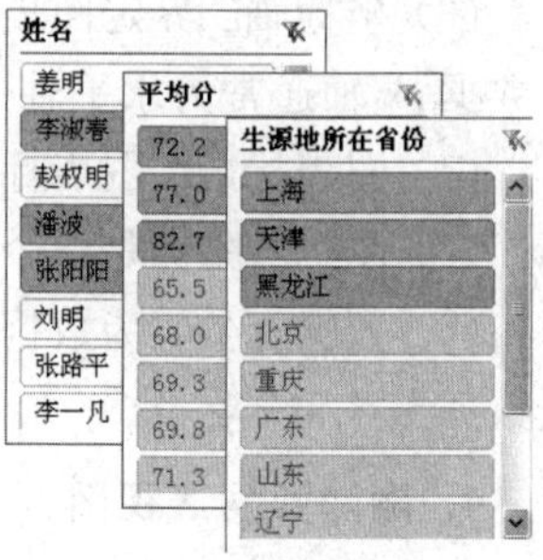

图 4-56　分层显示多个切片器

(4) 断开切片器连接或删除切片器。不需要某个切片器时可以断开它与数据透视表的连接，或者删除。

① 断开切片器连接。单击包含切片器连接的数据透视表的任意位置，在"数据透视表工具"→"选项"→"排序和筛选"中，单击▤旁边的箭头，再单击"切片器连接"。

② 删除切片器。单击切片器，按 Del 键或右击切片器，在菜单中单击"删除＜切片器名称＞"。

D 任务实现

(一) 为成绩表创建数据透视表

(1) 打开"基本表制作. xlsx"工作簿，单击"成绩表"标签，插入一列，选中 C 列右击，在弹出的菜单中选择"插入"，在姓名列前面插入一空白列，在 B1 单元格中输入"班级"，输入相应的班级。为了简化，用"1、2、3、4"代表不同班级，也可以选中 B2：B19 单元格区域右击，在弹出的菜单中选择"设置单元格格式"，在"数字"选项卡中，选择"自定义"，设置"G/通用格式"班""，单击"确定"按钮，则在各数字后面统一添加了单位"班"。

(2) 将光标置于成绩表中的任意一个单元格中，在"插入"→"表格"中，单击▣，打开"创建数据透视表"对话框，如图 4-57 所示。

(3) 单击"确定"按钮，此时将新建一张工作表，双击工作表标签，重命名为"数据透视表"，编辑区左侧显示空白数据透视表，右侧显示"数据透视表字段列表"窗格。

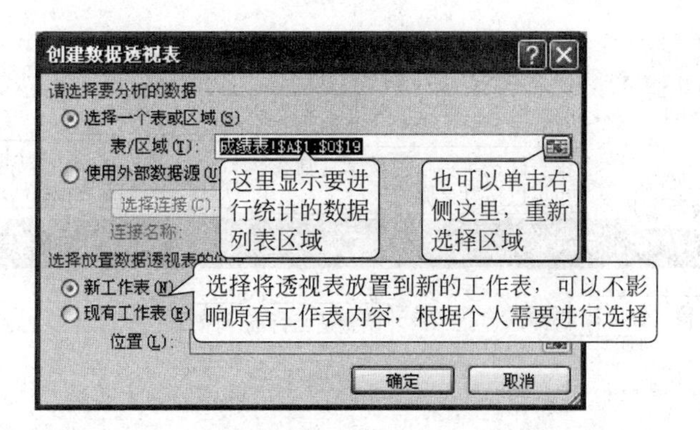

图 4-57 “创建数据透视表”对话框

提示：在“数据透视表字段列表”窗格的右上角有个“字段节和区域节层叠”图标，有 5 种视图：①字段节和区域节层叠：默认视图，是为少量字段而设计的；②字段节和区域节并排：是为在各区域中有 4 个以上字段时添加和删除字段而设计的；③仅字段节：是为添加和删除多个字段而设计的；④仅 2×2 区域节：只为重新排列多个字段而设计；⑤仅 1×4 区域节：只为重新排列多个字段而设计。

(4) 在“数据透视表字段列表”窗格中将“是否优秀”字段拖动到“报表筛选”下拉列表框中，数据表中自动添加筛选字段。然后用同样方法将“学号”和“姓名”字段拖动到“报表筛选”下拉列表框中。

(5) 将“班级”拖动到“行标签”下拉列表框中，用来按班级分类。

(6) 在“数据透视表字段列表”左侧窗格中，勾选“大学英语”“市场营销”“计算机基础”“航空地理”“应用文写作”“心理学”复选框，这些字段以求和的形式出现在“数值区域”下拉列表框中。

(7) 单击“求和项：大学英语”，在弹出菜单中选择“值字段设置”，在打开的“值字段设置”对话框中，在“自定义名称”文本框中输入“英语平均分”，在“计算类型”中单击“平均值”，单击“确定”按钮返回“数据透视表字段列表”窗格，看到“英语平均分”。用同样方法将“求和项：市场营销”“求和项：计算机基础”“求和项：航空地理”“求和项：应用文写作”“求和项：心理学”的定义名称全部更改，并将汇总方式更改为“平均值”，如图 4-58 所示。

(8) 在数据透视表 B5 单元格中，将“行标签”修改为“班级”，设置数据透视表格式，适当调整行高和列宽，在“数据透视表工具”→“设计”→“数据透视表样式”中，选择“数据透视表样式中等深浅 3”样式，选中数据透视表中 B6：G10 单元格区域，在“开始”→“数字”中，单击或按钮，使数据保留一位小数。

(9) 分析数据透视表中的数据，可通过更改数据的字段布局来实现。可以添加、重新排列或删除字段，使数据完全按所要求的方式在数据透视表中显示。默认情况下，在数据透视表字段列表中所做的更改将自动在报表布局中更新。

（二）使用数据透视图查看数据

在成绩表中，使用数据透视图可以直观地查看其中的数据，操作步骤如下。

(1) 将光标置于数据透视表的任意一个单元格中，在“数据表透视工具”→“选项”→“工具”中，单击，打开“插入图表”对话框，在对话框中，选择图表类型“柱形图”，在图表子类型

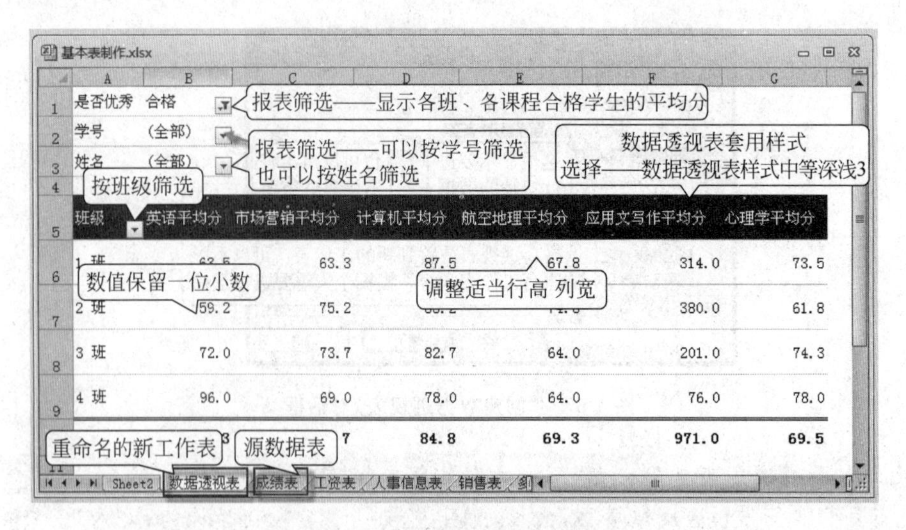

图 4-58　根据成绩表创建数据透视表

中选择“堆积柱形图”，单击“确定”按钮，生成数据透视图，如图 4-59 所示。

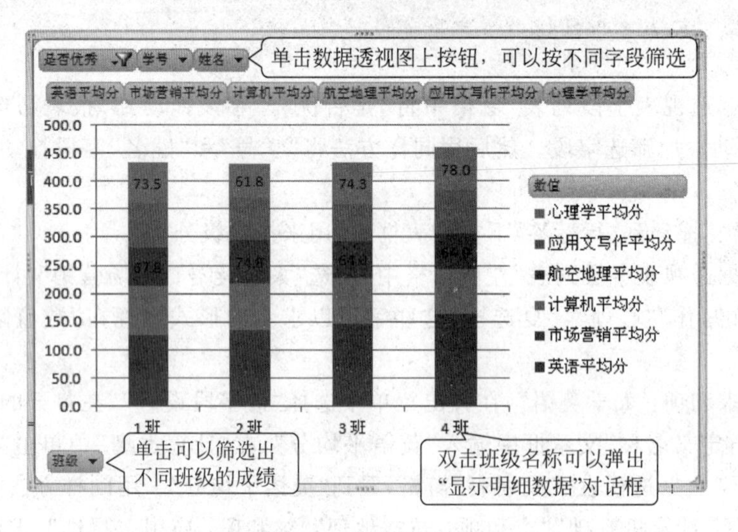

图 4-59　数据透视图

（2）发现“应用文写作平均分”堆积面积比较突出，有错误，修改“应用文写作平均分”列的汇总方式。在数据透视表中，选中这一列任意单元格，右击，在弹出的菜单中选择“值字段设置”，打开“值字段设置”对话框，在“计算类型”中选择“平均值”，在“自定义名称”文本框中输入“应用文写作平均分”。

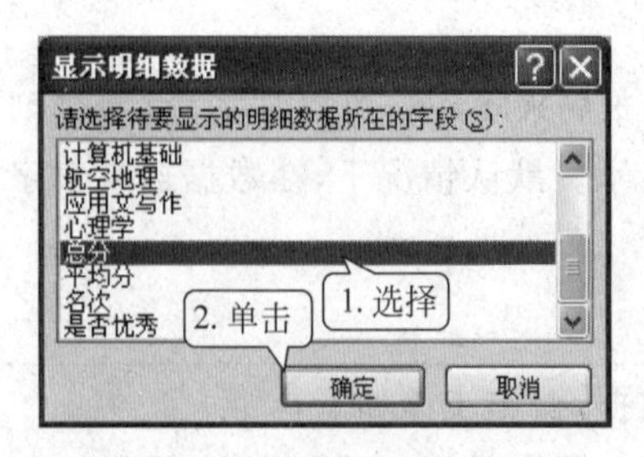

图 4-60　“显示明细数据”对话框

（3）重复第(1)步骤操作，重新生成数据透视图，拖动边框可以调整透视图的大小。也可以双击相应区域分别设置图表区格式、设置数据序列格式、设置坐标轴格式、设置图例格式、设置主要网格线格式、设置绘图区格式等，如图 4-60 所示。

（4）鼠标指向图表区域，右击，在弹出的菜单中选择“添加数据标签”，可以添加数据，明确显示。如果看起来有些乱，可以删除，在相应区域右击，在弹出的菜单中选择“删除”。

(5) 双击班级名称，可以打开“显示明细数据”对话框，在“要显示明细数据所在的字段”选择“总分”，单击“确定”按钮，此时会发现以总分为明细的数据在数据透视表和数据透视图中同时显示。单击“是否优秀”选择“优秀”，筛选出“总分”明细数据透视表如图 4-61 所示，数据透视图如图 4-62 所示。

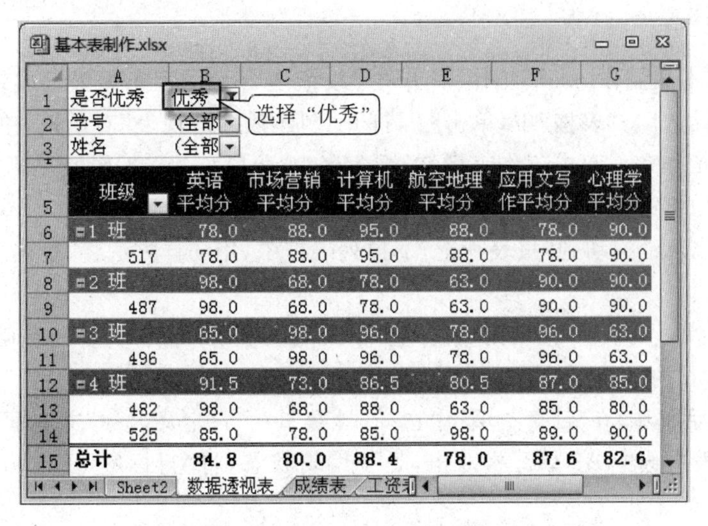

是否优秀	优秀					
学号	(全部)					
姓名	(全部)					
班级	英语平均分	市场营销平均分	计算机平均分	航空地理平均分	应用文写作平均分	心理学平均分
1 班	78.0	88.0	95.0	88.0	78.0	90.0
517	78.0	88.0	95.0	88.0	78.0	90.0
2 班	98.0	68.0	78.0	63.0	90.0	90.0
487	98.0	68.0	78.0	63.0	90.0	90.0
3 班	65.0	98.0	96.0	78.0	96.0	63.0
496	65.0	98.0	96.0	78.0	96.0	63.0
4 班	91.5	73.0	86.5	80.5	87.0	85.0
482	98.0	68.0	88.0	63.0	85.0	80.0
525	85.0	78.0	85.0	98.0	89.0	90.0
总计	84.8	80.0	88.4	78.0	87.6	82.6

图 4-61　按“优秀”筛选总分明细透视表

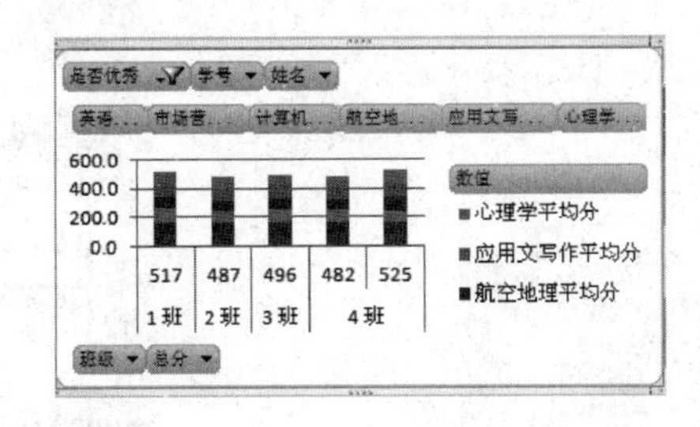

图 4-62　按“优秀”筛选总分明细透视图

(三) 使用切片器筛选成绩表数据

在生成的数据透视表和数据透视图基础上，使用切片器进行筛选，来修改数据透视图。

(1) 在数据透视图中，鼠标指向“总分”按钮右击，在弹出菜单中选择“删除字段”，此时数据透视图的“总分”字段删除，与之相关联的数据透视表也发生相应的改变。

(2) 在数据透视表中，单击“报表筛选”字段中的“是否优秀”，选择“全部”。

(3) 单击数据透视表中的任意一个单元格，在“数据透视表工具”→“选项”→“排序和筛选”中，单击“插入切片器”，打开“插入切片器”对话框。在对话框中，选择“生源地所在省份”，单击“确定”按钮，弹出“生源地所在省份”切片器，单击“黑龙江”或“北京”，注意观察数据透视表和数据透视图的变化。

提示： ①单击要设置格式的切片器，在“切片器工具”→“选项”→“切片器样式”中，单击所需的样式，若要查看所有可用的样式，单击“其他”按钮；②要想删除不用的切片器，选中后，按 Del 键。

E 技能提升

（一）统计各分数段成绩分布情况

使用数据透视表的“分组”功能，对“成绩表”统计每个班级中各门课程分数段人数，如图 4-63 所示。

操作提示：

(1) 打开“基本表制作.xlsx”工作簿，单击“成绩表”标签，将光标置于成绩表中的任意一个单元格中，在“插入”→“表格”中，单击▣，打开“创建数据透视表”对话框，单击“确定”按钮，此时将新建一张工作表。双击工作表标签，重命名为“分段统计”，编辑区左侧显示空白数据透视表，右侧显示“数据透视表字段列表”窗格。

(2) 将字段“班级”拖动到“报表筛选”下拉列表框中，用同样方法将“姓名”拖动到“报表筛选”下拉列表框中。

(3) 将字段“计算机基础”拖动到“行标签”下拉列表框中，再将“计算机基础”拖动到“数值”下拉列表框中，单击“求和项：计算机基础”，在弹出的菜单中选择“值字段设置”，打开“值字段设置”对话框。在对话框中，在“计算类型”中选择“计数”，在“自定义名称”文本框中输入“汇总”。

(4) 在透视表中选中 A3 单元格双击，处于编辑状态，将“行标签”更改为“考试成绩”，如图 4-64 所示。

图 4-63 计算机基础按步长为 5 的分段统计表

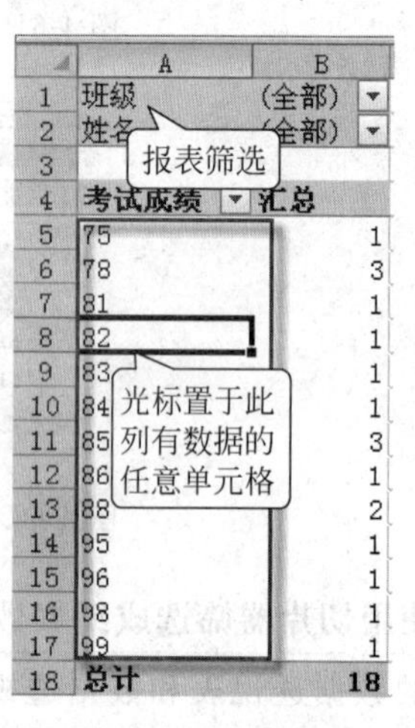

图 4-64 置于考试成绩列

(5) 在数据透视表中，选中“考试成绩”列中任意一个有数值的单元格，在“数据透视工具”→“选项”→“分组”中，单击“将所选内容分组”按钮，打开“组合”对话框，Excel 2010 会自动识别起始值和终止值，在“步长”文本框中输入“5”，单击“确定”按钮，如图 4-65 所示。

(6) 统计后的数据透视表显示在窗口中，将光标置于数据透视表中的任意一个单元格，在“数据透视工具”→“设计”→“数据透视表样式”中，单击“其他”按钮▼，在打开的下拉列表框中选择“数据透视表样式中等深浅 21”，在第 1 行处插入一空白行，在 A1 单元格中输入“计算机基础分段统计表”。

(7) 用同样的方法，可以统计出“大学英语”“市场营销”“计算机基础”“航空地理”“应用文写作”“心理学”等课程的分段统计，例如“大学英语分段统计表”，如图 4-66 所示。

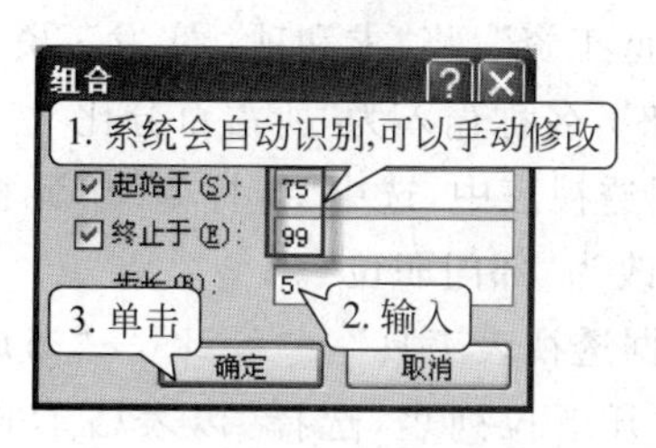

图 4-65 “组合”对话框

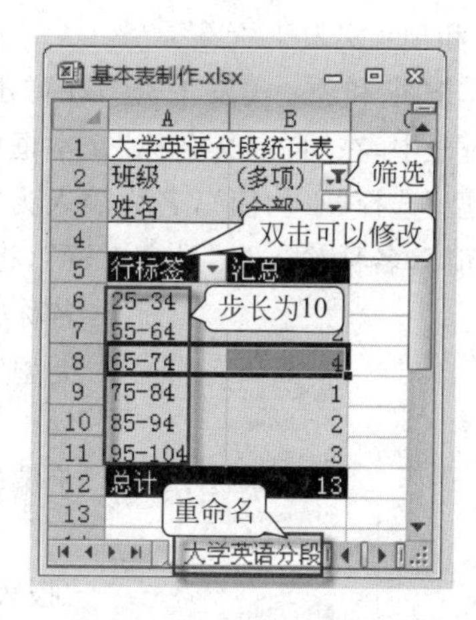

图 4-66 大学英语分段统计

> **提示**：如果想取消样式，可以在“数据透视工具”→“设计”→“数据透视表样式”中，单击“其他”按钮，在打开的下拉列表框中选择“清除”。

（二）统计与分析工资表中的实发工资

根据“工资表”，使用数据透视表在“数值”区域中添加一个字段的多个副本，需要并排比较计算。例如，查看不同职位、不同部门的实发工资，实发工资中平均工资、最低和最高工资，或者各部门实发工资所占的比例，如图 4-67 所示。

所在部门	职位	汇总工资	平均工资	最高工资	最低工资	所占百分比
⊟财务部	经理	8714.5	4357.25	4548.5	4166	34.31%
	长	9700	4850	5174	4526	38.18%
	员	6988.3	3494.15	3594.5	3393.8	27.51%
财务部 汇总		**25402.8**	**4233.8**	**5174**	**3393.8**	**34.12%**
⊟采购部	经理	5381	5381	5381	5381	31.73%
	职员	11580	3860	3941	3815	68.27%
采购部 汇总		**16961**	**4240.25**	**5381**	**3815**	**22.78%**
⊞人事部		4526	4526	4526	4526	6.08%
⊞销售部		11027.4	3675.8	4058	3432.5	14.81%
⊞行政部		16538	4134.5	5183	3581	22.21%
总计		**74455.2**	**4136.4**	**5381**	**3393.8**	**100.00%**

基本表制作.xlsx
“5381”表示采购部为经理职位的最高工资
筛选
筛选
单击可以折叠
重命名
大学英语分段 成绩表 实发工资统计 工资表 人事信息表

图 4-67 使用数据透视表统计与分析工资表中的实发工资

操作提示：

(1) 打开“基本表制作.xlsx”工作簿，单击“工资表”标签，将光标置于工资表中的任意一个单元格中，在“插入”→“表格”中，单击▣，打开“创建数据透视表”对话框，单击“确定”按钮，此时将新建一张工作表。双击工作表标签，重命名为“实发工资统计”。编辑区左侧显示空白数据透视表，右侧显示“数据透视表字段列表”窗格。

(2) 将字段“所在部门”拖动到“行标签”下拉列表框中，用同样方法将“职位”拖动到“行标签”下拉列表框中；将字段“实发工资”拖动到“数据”下拉列表框中，用同样方法将“实发工资”再拖动 4 次，在“数值”区域中显示“求和项：实发工资 2”“求和项：实发工资 3”“求和项：实发工资4”“求和项：实发工资5”。

(3) 单击“求和项：实发工资”，在弹出菜单中选择“值字段设置”，打开“值字段设置”对话框。在对话框中，在“自定义名称”文本框中输入“汇总”，用同样方法，将“求和项：实发工资2”的“计算类型”选择“平均值”，名称输入为“平均工资”，将“求和项：实发工资3”的“计算类型”选择“最大值”，名称输入为“最高工资”，将“求和项：实发工资4”的“计算类型”选择“最小值”，名称输入为“最低工资”，将“求和项：实发工资5”的“计算类型”选择“求和”，名称输入为“所占百分比”。

(4) 在数据透视表中，选中“行标签”单元格，双击，处于编辑状态，更改为“部门职位”。

(5) 在“数据透视表工具”→“设计”→“布局”中，单击“报表布局”，打开下拉列表，选择“以表格形式显示”，在“数据透视表工具”→“设计”→“数据透视表样式”中，单击“其他”按钮，打开下拉列表，选择“数据透视表样式中等深浅14”。

(6) 修改“所占百分比”列，选中本列任意一个单元格，右击，在打开的菜单中选择“值显示方式”，打开级联菜单，选择“父行汇总的百分比”，如图4-68所示。

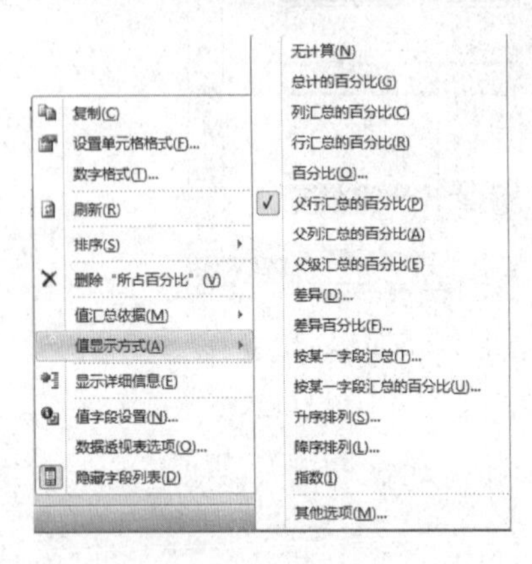

图4-68 “值显示方式”级联列表

提示：在Excel 2010中，“值显示方式”功能包含许多新增的自动计算，如“父行汇总百分比”“父列汇总百分比”“父级汇总的百分比”“按某一字段汇总的百分比”“按升序排名”和“按降序排名”。

(7) 对生成的数据透视表，使用不同的筛选条件和“＋”“－”折叠与展开来分析数据。例如，G10单元格的“68.27%”表示采购部中职员的实发工资占整个部门的百分比为68.27；G11单元格的“22.78%”表示采购部的实发工资占所有部门实发工资的百分比为22.78。

提示：无论字段的数据类型是数值还是非数值，一个字段只能添加到“报表筛选”“行标签”或“列标签”区域一次。如果试图将同一字段多次添加到这些区域(例如，添加到布局部分中的“行标签”和“列标签”区域)，那么该字段将自动从原来的区域中移出，并放入新区域。

任务5 基于成绩表创建数据图表

A 任务展示

Excel 2010提供图表功能，可以将工作表中的数据制作成各种类型，进行显示，使数据更直观和生动，有利于理解，更具有可读性，还能帮助分析数据，当工作表发生变化时，图表数据能够自动更新。相关操作要求如下。

(1) 打开“成绩表”，根据工作表中的数据创建图表，将其移动到新工作表中。

(2) 编辑图表，修改图表数据、更改图表类型、应用图表样式与布局、规划调整布局结构、设置图表格式。

（3）为图表插入趋势线，并对其进行美化和设置。

B 教学目标

（一）技能目标

（1）能够按要求将需要的数据创建成各种图表，掌握创建图表的三种方式。

（2）能够在图表实例中对图表进行编辑，例如图表的移动、缩放和修改。

（3）能够对创建的图表插入趋势线。

（4）能够在工作表单元格中插入迷你图。

（5）能够使用 Excel 提供的公式、函数、筛选、排序、分类汇总、条件格式等功能在实例中进行综合应用。

（二）知识目标

（1）了解图表类型、适用场合，以及它们在不同的数据分析中的作用。

（2）掌握工作表创建、编辑图表的操作过程。

（3）会格式化图表。

（4）了解迷你图的使用方法。

（5）掌握 Excel 综合应用知识。

C 知识储备

（一）图表类型

图表功能是 Excel 中重要的一部分，根据工作表数据，可以创建直观、形象的图表，清晰、直观地分析数据，还能一目了然地展现潜在的比较信息。Excel 2010 提供了 11 种内部的图表类型，每一种图表类型又有多种子类型。也可以自定义图表，根据实际情况选用不同类型的图表。下面介绍 6 种常用的图表类型。

（1）柱形图。显示一段时间内的数据变化或说明各项之间的比较情况，在柱形图中，通常沿横坐标轴组织类别，沿纵坐标轴组织值。

（2）折线图。显示随时间而变化的连续数据（根据常用比例设置），非常适用于显示在相等时间间隔下数据的趋势。在折线图中，类别数据沿水平轴均匀分布，所有的值数据沿垂直轴均匀分布。

（3）饼图。仅排列在工作表的一列或一行中的数据可以绘制到饼图中，显示一个数据系列中各项的大小、与各项总和成比例，饼图中的数据点显示为整个饼图的百分比。

（4）条形图。排列在工作表的列或行中的数据可以绘制到条形图中，显示各项之间的比较情况，非常适用于轴标签过长的情况，显示的数值是持续的。

（5）面积图。强调数量随时间而变化的程度，也可用于引起人们对总值趋势的注意。例如，表示随时间而变化的利润的数据可以绘制到面积图中以强调总利润，也可以显示部分与整体的关系。

（6）圆环图。显示各个部分与整体之间的关系，像饼图一样，但它可以包含多个数据系列。圆环图不易于理解，可根据需要改用堆积柱形图或者堆积条形图实现表达信息。

（二）编辑图表

（1）更改图表类型。对于大多数二维图表，可以更改整个图表的图表类型以赋予其不同的外观，也可以为任何单个图表选择另一种图表类型，使图表转换为组合图表。

右击图表空白处，在弹出的菜单中选择“更改图表类型”，打开“更改图表类型”对话框，重新选择设置，也可以在“图表工具”→“设计”→“类型”中，单击“更改图表类型”。

(2) 更改数据源。单击图表，在“图表工具”→“设计”→“数据”中，单击“选择数据”，打开“选择数据源”对话框。

(3) 更改图表布局。单击图表，在“图表工具”→“设计”→“图表布局”中，单击“其他”按钮，在打开的列表框中选择需要的布局。

(4) 更改图表位置。单击图表，在“图表工具”→“设计”→“位置”中，单击“移动图表”，在打开的对话框中选择“新工作表”还是某工作表中。

(5) 更改图例和数据标签。单击图表，在“图表工具”→“布局”→“标签”中，单击“图例”，在打开的下拉列表框中选择图例位置，单击“其他图例”按钮，在打开的对话框中设置图例选项、填充、边框颜色、边框样式、阴影、发光和柔滑边缘。与单击“图例”相同操作，单击“数据标签”，进行设置。

(三) 格式化图表

一份完整的图表主要由图表标题、图表区、绘图区、图例、分类轴和数值轴、数据系列图块组成，如图 4-69 所示。

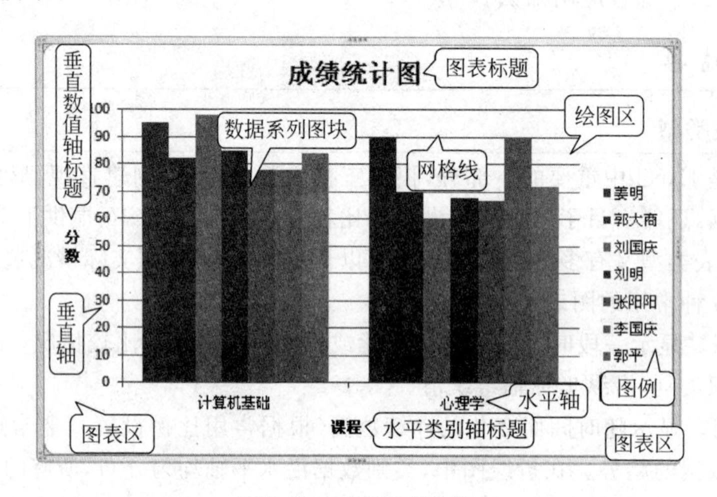

图 4-69　图表组成元素

图表的格式化设置主要是对图表区、绘图区、标题、图例及坐标轴等内容重新设置字体、字号、填充、边框等，使图表更加合理、美观。

右击需要修改的图表对象，在弹出的菜单中选择不同对象对应的“格式”命令，打开该对象对应的格式设置对话框进行修改，也可以在“图表工具”→“设计”“布局”“格式”中，进行设置调整。

提示：当分不清楚组成区域时，鼠标指针指向后稍停留片刻，会有提示信息弹出。

(四) 迷你图的使用

迷你图是 Excel 2010 的一个新增功能，创建迷你图后可以自定义，如高亮显示最大值、最小值，调整颜色。

(1) 迷你图的创建。迷你图包括折线图、柱形图和盈亏图三种类型，在“插入”→“迷你图”中，单击“折线图”，打开“创建迷你图”对话框，选择数据范围和放置迷你图单元格，单击“确定”按钮。

(2) 迷你图的编辑。在创建迷你图后，用户可以对其进行编辑，例如，更改迷你图类型、应用迷你图样式、在迷你图中显示数据点、设置迷你图颜色、更改迷你图源数据和位置等。

(3) 迷你图的清除。在包含迷你图的单元格中右击，在弹出菜单中选择“迷你图”级联菜单中的“清除所选的迷你图”或“清除所选的迷你图组”可以删除；或者在“迷你图工具”→“设计”→“分组”中，单击“清除”中的“清除所选的迷你图”或“清除所选的迷你图组”，也可以删除。

提示：如果还要创建与刚创建的图表相似的图表，则可以将该图表保存为模板，图表模板中包含图表格式设置，并存储将图表作为模板保存时图表所使用的颜色，以用作其他类似图表的基础。

D 任务实现

(一) 创建图表

(1) 打开“基本表制作.xlsx”工作簿，单击“成绩表”标签，选中 C1:C10 单元格区域，按住 Ctrl 键，选中 H1:I10 单元格区域，在“插入”→“图表”中，单击“柱形图”，在列表框中选择“簇状柱形图”，此时在当前工作表中创建了一个簇状柱形图，显示了 9 名学生的两门课程成绩，将鼠标指针移动到图表中的某一系列，可查看相应成绩，如图 4-70 所示。

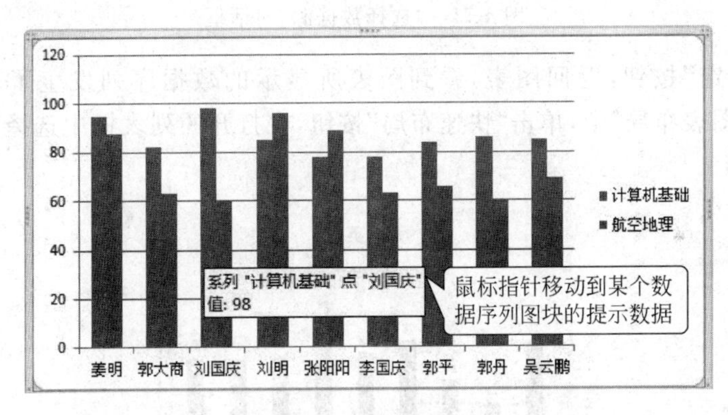

图 4-70　插入的图表

提示：在 Excel 2010 中，如果不选择数据直接插入图表，会生成一个空白的图表，单击空白图表，在“图表工具”→“设计”→“数据”中，单击“选择数据”，打开“选择数据源”对话框，在此对话框中为图表编辑添加数据。

(2) 选中图表右击，在弹出的菜单中选择“移动图表”，打开“移动图表”对话框，单击“新工作表”选项，在后面的文本框中输入“成绩分析图表”，单击“确定”按钮。

提示：在图表上单击，图表边框上出现 8 个小黑块，鼠标指针移到小黑块上，指针变成双向箭头，拖动鼠标，就能使图表沿着箭头方向放大或缩小；鼠标指针移到图表空白处，拖动鼠标能使图表移动位置。

(3) 图表移动到了新的工作表中，自动调整到适合工作表区域的大小，此时图表的大小不能改变。

（二）编辑图表

编辑图表包括修改图表数据、更改图表类型、应用图表样式与布局、规划与调整布局结构、设置图表格式、使用趋势线等。

(1) 选择创建好的图表，在“图表工具”→“设计”→“数据”中，单击“选择数据”，打开“选择数据源”对话框，单击“图表数据区域”文本框后面的按钮。

(2) 折叠“选择数据源”对话框，选择 C1:C10 单元格区域，按住 Ctrl 键，选中 F1:F10 单元格区域，再次单击按钮，展开对话框，在“图例项(系列)”列表框中看到修改的数据区域，如图 4-71 所示。

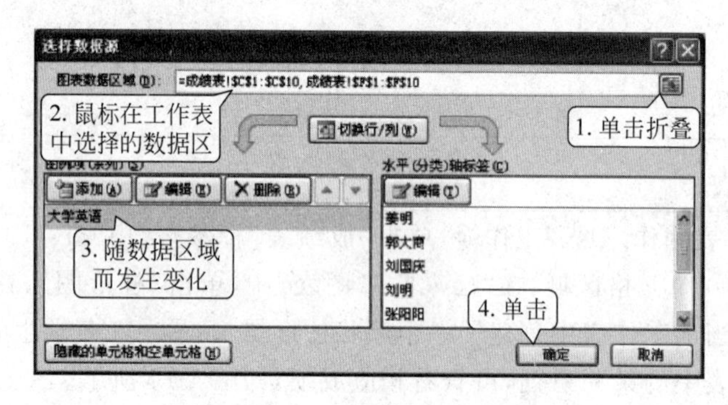

图 4-71 “选择数据源”对话框

(3) 单击“确定”按钮，返回图表，看到图表所显示的数据序列发生了变化，在“图表工具”→“设计”→“图表布局”中，单击“快速布局”按钮，在打开的列表框中选择“布局 2”选项，如图 4-72 所示。

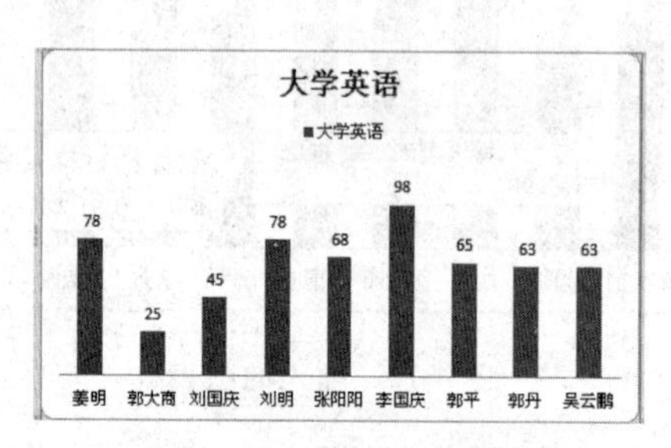

图 4-72 应用布局 2 的效果

(4) 在“图表工具”→“设计”→“类型”中，单击“更改图表类型”按钮，打开“更改图表类型”对话框，在左侧的列表框中单击“饼图”，在右侧列表框的“饼图”栏中选择“分离型饼图”，单击“确定”按钮。

(5) 更改所选图表类型与样式，更改后，以分离型饼图外观形式表达，数据没有发生变化，如图 4-73 所示。

(6) 在“图表工具”→“格式”→“当前所选内容”中，单击按钮，从下拉列表框中选择“图表区”，在“形状样式”中，单击“形状填充”，从下拉列表框中选择“主题颜色-茶色，背景 2”，单击“形状轮廓”，从下拉列表框中选择“标准色-黄色”，单击“形状效果”，从下拉列表框中选择“发光-发光变体-红色，11pt 发光，强调文字颜色 2”，效果如图 4-74 所示。

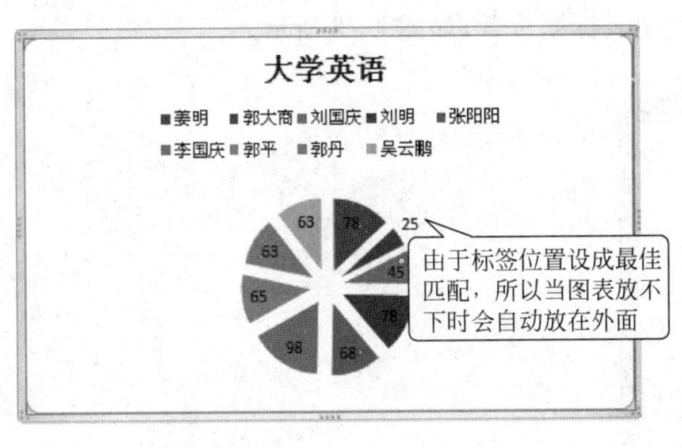

图 4-73 更改图表类型为“饼图”

图 4-74 自定义图表区形状样式

(7) 在“图表工具”→“布局”→“标签”中，单击“图例”，从下拉列表框中选择“在左侧显示图例”，并拖动标题到适当位置，单击“数据标签”，从下拉列表框中选择“数据标签外”，单击“图表标题”，从下拉列表框中选择“居中覆盖标题”，并拖动标题到适当位置，效果如图 4-75 所示。

(8) 在“图表工具”→“设计”→“图表样式”中，单击“其他”按钮，从下拉列表框中选择“样式 24”，在“形状样式”中，单击“形状填充”，从下拉列表框中选择“主题颜色-茶色，背景 2”，单击“形状轮廓”，从下拉列表框中选择“标准色-黄色”，单击“形状效果”，从下拉列表框中选择“发光-发光变体-红色，11pt 发光，强调文字颜色 2”，如图 4-76 所示。

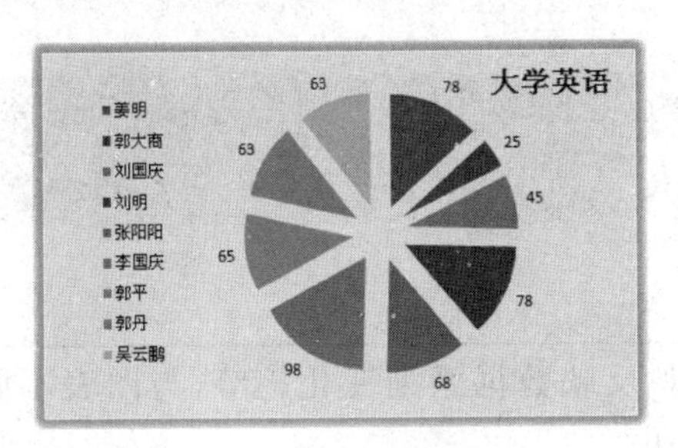

图 4-75 更改标签位置的图表

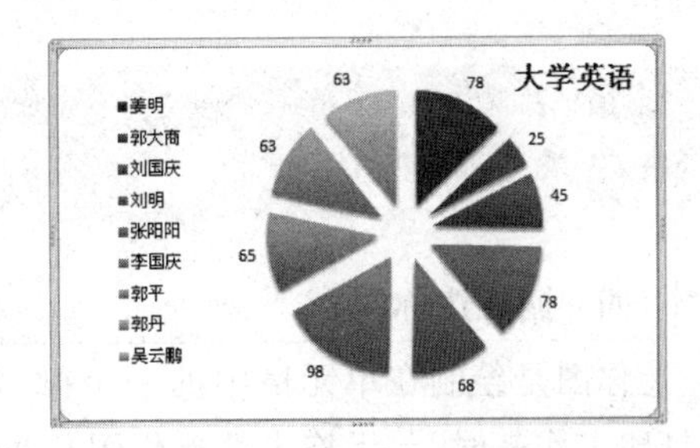

图 4-76 更改样式的图表

提示：饼图没有坐标轴和网格线，饼图处于编辑状态时，坐标轴和网格线不可用，而对于柱形图，可以显示或隐藏主要坐标轴、次要坐标轴、网格线。

（三）插入趋势线

趋势线用于对图表数据的分布和规律的图示，使用户直观了解数据的变化趋势，可对数据预测分析未来发展趋势。饼图不支持趋势线设置，柱形图支持趋势线设置。下面将饼图更改为柱形图，添加趋势线。

(1) 在“图表工具”→“设计”→“类型”中，单击“更改图表类型”，打开“更改图表类型”对话框，在左侧列表框中单击“柱形图”，在右侧列表框中选择“簇柱柱形图”，单击“确定”按钮。

(2) 在图表中单击要设置趋势线的数据系列，这里单击“大学英语”数据系列，右击，在弹出的菜单中选择“添加趋势线”，打开“设置趋势线格式”对话框，在“趋势预测/回归分析类型”中选择“移动平均，周期为 2”，单击“关闭”按钮，如图 4-77 所示。

(3) 此时即可在图表中“大学英语”数据序列添加双周期移动平均趋势线，通过鼠标拖动调整绘图区大小、调整图例位置和大小、调整图表标题位置，如图 4-78 所示。

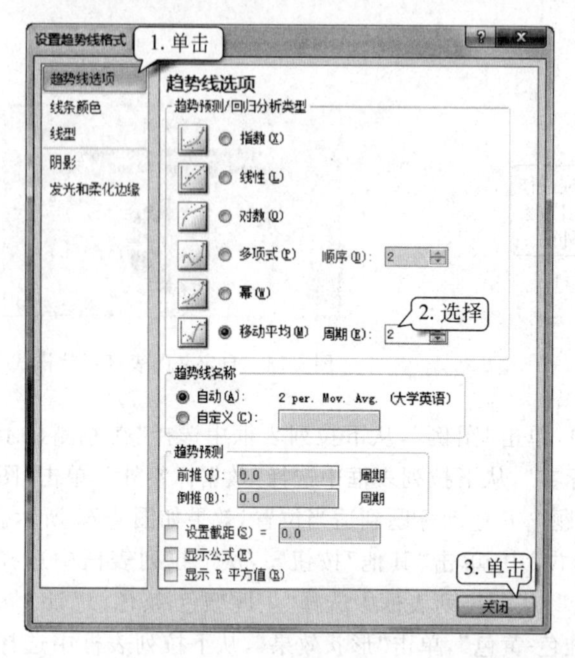

图 4-77　设置趋势线格式

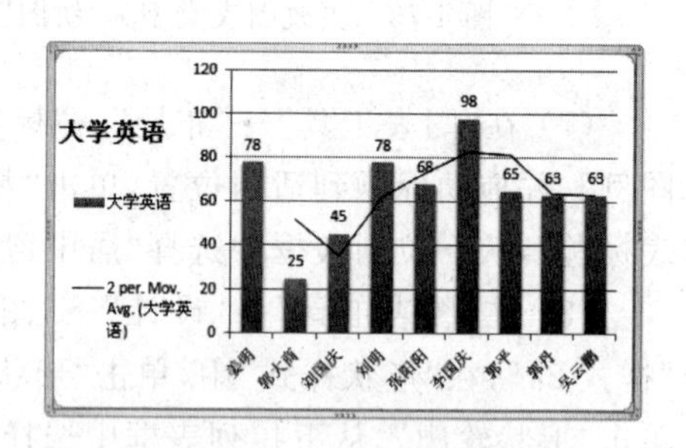

图 4-78　添加趋势线的图表

提示：要想知道图表是否支持趋势线设置，可单击图表，在“图表工具”→“布局”→“分析”中，查看按钮是否可用。

（四）插入迷你图

迷你图是绘制在单元格中的一个微型图表，直观反映数据系列变化趋势，与图表不同的是，打印工作表时，单元格中的迷你图与数据一起打印。

（1）在“成绩表”中，选中 F20 单元格，在“插入”→“迷你图”中，单击“折线图”，打开“创建迷你图”对话框。在对话框中，将“数据范围”文本框中输入或拖动鼠标选择 F2：F19 单元格区域，位置范围 Excel 自动识别为“＄F＄20”，单击“确定”按钮，在 F20 单元格中显示折线迷你图，如图 4-79 所示。

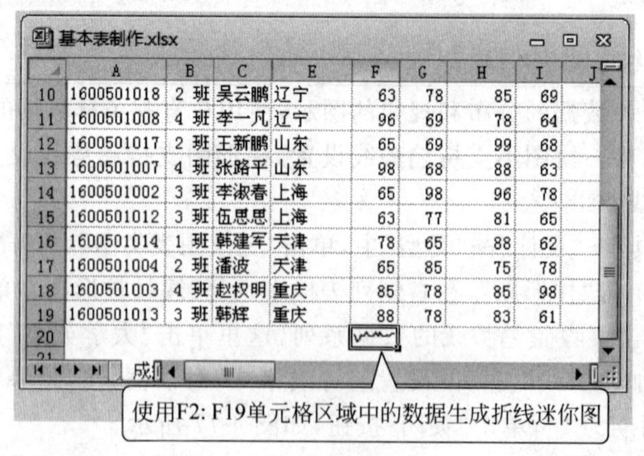

	A	B	C	E	F	G	H	I
10	1600501018	2 班	吴云鹏	辽宁	63	78	85	69
11	1600501008	4 班	李一凡	辽宁	96	69	78	64
12	1600501017	2 班	王新鹏	山东	65	69	99	68
13	1600501007	4 班	张路平	山东	98	68	88	63
14	1600501002	3 班	李淑春	上海	65	98	96	78
15	1600501012	3 班	伍思思	上海	63	77	81	65
16	1600501014	1 班	韩建军	天津	78	65	88	62
17	1600501004	2 班	潘波	天津	65	85	75	78
18	1600501003	4 班	赵权明	重庆	85	78	85	98
19	1600501013	3 班	韩辉	重庆	88	78	83	61
20								

图 4-79　创建折线迷你图

提示：清除迷你图的方法是，在“迷你图工具”→“设计”→“分组”中，单击“清除”按钮。

(2) 选中 F20 单元格，在“迷你图工具”→“设计”→“显示”中，勾选“高点”“低点”复选框，在“样式”中，单击“标记颜色”，从打开的下拉列表框中选择“高点”为“绿色”，“低点”为“蓝色”。

(3) 拖动 F20 单元格填充柄，拖动至 O20 单元格，为其他数据序列快速创建折线迷你图，如图 4-80 所示。

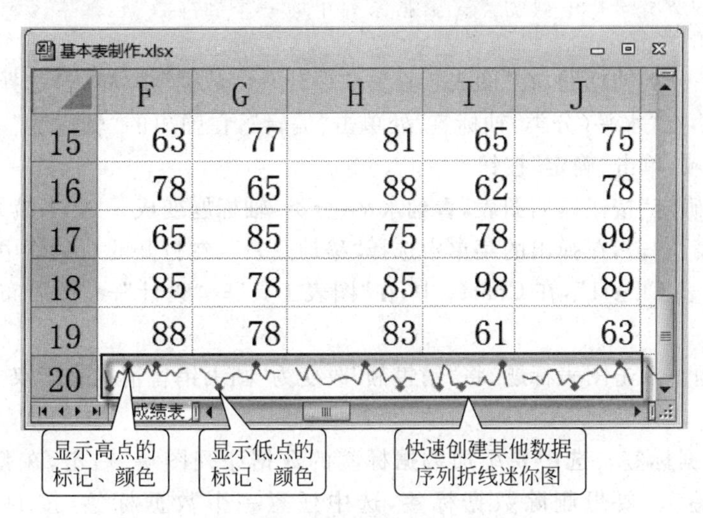

	F	G	H	I	J
15	63	77	81	65	75
16	78	65	88	62	78
17	65	85	75	78	99
18	85	78	85	98	89
19	88	78	83	61	63
20					

图 4-80　设置高点和低点标记的迷你图

提示：折线迷你图重点分析数据走向趋势；柱形迷你图主要用来比较所选区域数据大小；盈亏迷你图主要让用户看到数据的盈亏状态或分辨数据的正负。

E 技能提升

(一) 根据销售表制作销售额图表

录入并制作下面的工作表，存到指定的文件夹下，并命名为“图书销售. xlsx”，如图 4-81 所示。

要求：①将工作表的“Sheet1”重命名为“图书销售”；②将 A1:D1 单元格区域合并后居中，计算“销售额”列（＝数量＊单价）；③使用“图书编号”和“销售额”列单元格内容，建立柱形图，标题为“图书销售情况表”，图表插入到新位置。

	A	B	C	D
1	某书店图书销售情况表			
2	图书编号	销售数量	单价	销售额
3	1451	265		
4	1985	214		
5	1973	92		
6	2143	469		

图 4-81　图书销售表

操作提示：

(1) 在“文件”中，单击“保存”，打开“另存为”对话框，在“文件名”文本框中将“工作簿 1”选中更改为“图书销售”，单击“确定”按钮。

(2) 双击 Sheet1 标签，处于编辑状态，输入“图书销售”。

(3) 选中 A1:D1 单元格区域，在“开始”→“对齐方式”中，单击“合并后居中”，选中 C3:C6 单元格区域，依次输入：32、29、48、52。

(4) 选中 D3 单元格，输入“＝”，单击 B3 单元格，再输入“＊”，再单击 C3 单元格，此时 D3

单元格变为“=C3 * D3”，按 Enter 键结束，在 D3 单元格显示“8480”，拖动 D3 单元格填充柄至 D6，填充销售额。

(5) 选中 D2：D6 单元格区域，在“插入”→“图表”中，单击“柱形图”，再选择“簇状柱形图”，此时在原有工作表中生成一个有“销售额”数据序列的图表。

提示：数据系列是一组相关的数据，通常来源于工作表的一行或一列，绘图时，同一系列的数据用一种方式表示；数据点是数据系列中的一个独立数据，通常来源于一个单元格。

(6) 修改水平分类轴标题，在“图表工具”→“设计”→“数据”中，单击“选择数据”，打开“选择数据源”对话框，在“水平(分类)轴标签”处单击“编辑”，在弹出的“轴标签”中拖动鼠标选择 A3：A6 单元格区域，单击“确定”按钮。

(7) 再单击“确定”按钮返回图表，看到水平(分类)轴标题变成了“图书编号”。

(8) 选中图表，右击，在弹出的菜单中选择“移动图表”，在打开的对话框中，选择放置图表的位置为“新工作表 Chart1”，在 Chart1 中，在“图表工具”→“设计”→“图表布局”中，选择“布局 5”。

(9) 修改标题。双击图表标题，将“销售额”改变为“图书销售情况表”，双击“坐标轴标题”改为“元”。

(10) 添加数据标签。选中要添加数据标签的数据序列图块，右击，在弹出的菜单中选择“添加数据标签”。要想删除数据标签，选中任意一个数据标签，按 Del 键，如图 4-82 所示。

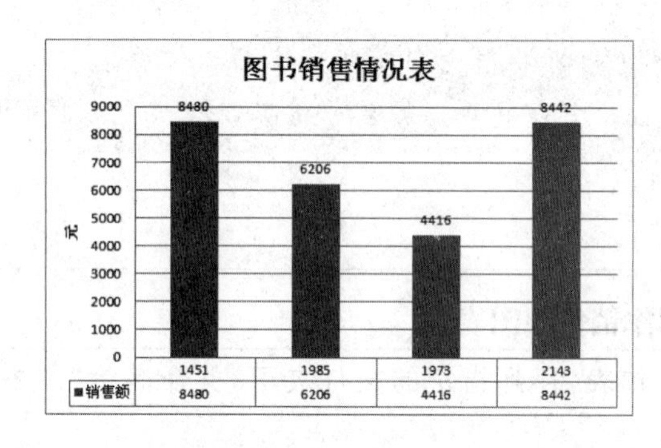

图 4-82　图书销售情况表

提示：使用背景图片可以代替图表区和绘图区，相关区域和边框颜色设置为透明。但要注意的是，图表的表现力应尽可能简洁有力，可以省略一些不必要的元素，避免形式大于内容。

(二) 根据工资表制作迷你图

在“基本表制作.xlsx”工作簿的“成绩表”中，数据列只保留“固定工资”“应付工资合计”“实发工资”，其他数据列隐藏，如图 4-83 所示。

要求：将含有条件格式的数据序列生成柱形迷你图。条件格式可以突出显示所关注的单元格或单元格区域，强调异常值，使用数据条、颜色刻度和图标集直观地显示数据。

操作提示：

(1) 选中 E2：E19 单元格区域，在“开始”→“样式”中，单击“条件格式”，鼠标指向“图标

基本表制作.xlsx　数据列被隐藏　数据列被隐藏

	A	B	C	D	E	H	M
1	员工编号	员工姓名	所在部门	职位	固定工资	应付工资合计	实发工资
2	TX-001	姜　明	财务部	经理	3,600	￥4,600.00	￥4,166.00
3	TX-002	李淑春	人事部	经理	4,200	￥5,060.00	￥4,526.00
4	TX-003	赵权明	行政部	经理	4,800	￥5,850.00	￥5,183.00
5	TX-004	潘　波	采购部	经理	5,100	￥6,100.00	￥5,381.00
6	TX-005	张阳阳	销售部	职员	3,700	￥4,490.00	￥4,058.00
7	TX-006	刘　明	行政部	科长	2,900	￥3,880.00	￥3,581.00
8	TX-007	张路平	销售部	职员	2,650	￥3,690.00	￥3,432.50
9	TX-008	李一凡	财务部	科长	4,200	￥5,060.00	￥4,526.00
10	TX-009	郭　平	采购部	职员	3,300	￥4,190.00	￥3,824.00
11	TX-010	郭　丹	行政部	职员	3,600	￥4,520.00	￥4,094.00
12	TX-011	郭大商	财务部	科长	4,800	￥5,840.00	￥5,174.00
13	TX-012	伍思思	行政部	职员	3,500	￥4,050.00	￥3,680.00
14	TX-013	韩　辉	采购部	职员	3,600	￥4,350.00	￥3,941.00
15	TX-014	韩建军	销售部	职员	3,240	￥3,865.00	￥3,536.90
16	TX-015	李国庆	财务部	职员	3,250	￥3,930.00	￥3,594.50
17	TX-016	刘国庆	采购部	职员	3,500	￥4,200.00	￥3,815.00
18	TX-017	王新鹏	财务部	职员	2,980	￥3,680.00	￥3,393.80
19	TX-018	李　宇	财务部	经理	4,850	￥5,150.00	￥4,548.50
20							

工资表

图 4-83　隐藏列的工资表

集”，在打开的级联菜单中，单击“其他规则”，打开“新建格式规则”对话框，选择规则类型“基于各值设置所有单元格的格式”，此项为默认，在“图标样式”中选择“三箭头(彩色)”，在⬆图标后面的“类型”中选择“数字”，在“值”中输入“4000”，在⇨图标后面的“类型”中选择“数字”，在“值”中输入“3000”，将光标置于上一个文本框中，在⬇图标后面会自动显示数值，如图 4-84 所示。

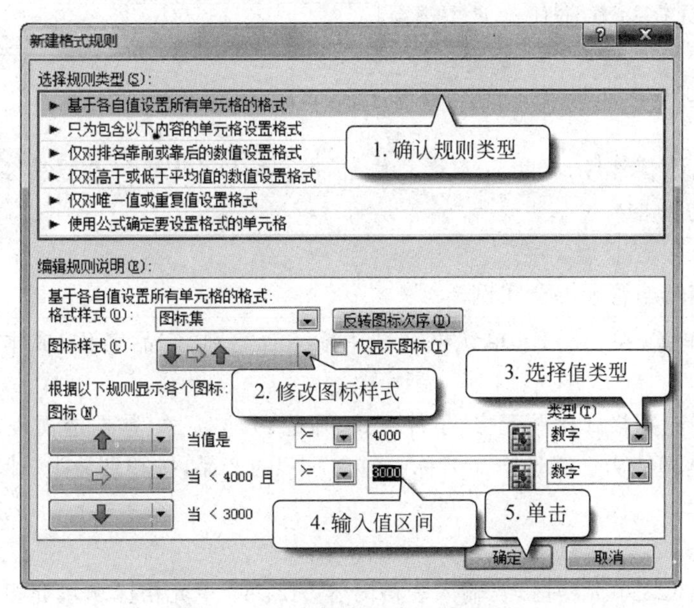

图 4-84　条件格式新建规则对话框

(2) 同样方法，选中 F2:F19 单元格区域，将条件格式设置为“三色交通灯(无边框)”，“类型”为百分比，当“应付工资合计”>=80%时为●(绿色)图标，当“应付工资合计”<80%并且“应付工资合计”>=20%时为●(黄色)图标，当“应付工资合计”<20%时为●(红色)图标。

(3) 同样方法，选中 M2:M19 单元格区域，将条件格式设置为“数据条”，使用“渐变填充-浅蓝色数据条”。

提示：条件格式的功能很强大，可以快速设置条件格式，也可以高级设置条件格式。

(4) 选中 N2 单元格，在“插入”→“迷你图”中，单击“柱形图”，打开“创建迷你图”对话框。在对话框中，将“数据范围”文本框中输入或拖动鼠标选择 E2:M2 单元格区域，位置范围 Excel 自动识别为“$N$2”，单击“确定”按钮，在 N2 单元格中显示柱形迷你图。

(5) 选中 N2 单元格，在“迷你图工具”→“设计”→“显示”中，勾选“高点”“低点”复选框，在“样式”中，从快速样式下拉列表框中选择任意一种样式。

(6) 拖动 N2 单元格填充柄，拖动至 N19 单元格，为其他数据序列快速创建柱形迷你图。为了使柱形图看得更清楚，选中第 2:19 行，右击，在弹出的菜单中选择“行高”，输入“22”，单击“确定”按钮或通过鼠标拖动适当调整行高，如图 4-85 所示。

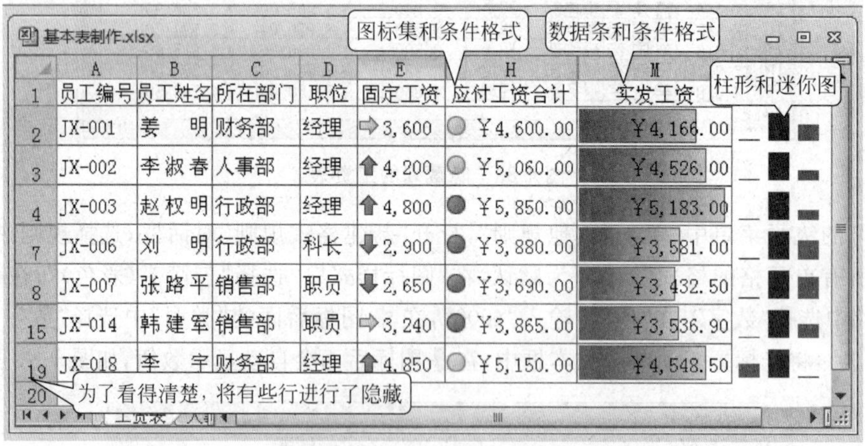

图 4-85　设置高点和低点标记的迷你图

提示：要清除条件格式，选中单元格或单元格区域，在“开始”→“样式”中，单击“条件格式”，在打开的下拉列表框中选择“清除规则”。

（三）数据编辑与管理综合实例

新建一个工作簿，在 A1:E1 单元格区域中输入：类别、产品名称、成本、价格、利润，如图 4-86 所示。

要求：进一步应用格式化单元格、条件格式、筛选、分类汇总、数据透视表、数据透视图，提升数据的编辑与处理能力。筛选产品名称中包含“小”的产品，按类别分类，计算出成本的平均值，找出最大利润。

操作提示：

(1) 选中 A1:E23 单元格区域，输入表格内容，A2:A5 单元格区域填充黄色，A6:A8 单元格区域填充绿色，A9:A14 单元格区域填充浅蓝，A15:A19 单元格区域填充橙色，A20:A23 单元格区域填充浅绿。

(2) 选中 A1:E1 单元格区域，设置华文仿宋、10 磅、加粗、居中，选中 C2:D23 单元格区域，设置单元格格式为货币，保留两位小数，货币符号为￥。

(3) 选中 E2 单元格，输入公式“=(D2-C2)/C2”，设置单元格格式为百分比，小数位数为 2，拖动 E2 单元格填充柄至 E23。

(4) 选中 A1:E23 单元格区域，在“开始”→“样式”中，单击“条件格式”，在打开的下拉菜单中选择“管理规则”，打开“条件格式规则管理器”对话框，如图 4-87 所示。

食品加工利润表

表头格式—华文仿宋 10磅 加粗 居中

A、B列设置-宋体 9磅 A列设置-底纹色

	类别	产品名称	成本	价格	利润
2	调味品	酱油	￥3.20	￥4.90	53.13%
3	调味品	味精	￥12.00	￥17.00	41.67%
4	调味品	盐	￥16.50	￥17.80	7.88%
5	调味品	花椒粉	￥9.75	￥17.60	80.51%
6	焙烤食品	蛋糕	￥11.65	￥21.00	80.26%
7	焙烤食品	饼干	￥15.30	￥18.00	17.65%
8	焙烤食品	面包	￥10.60	￥14.00	32.08%
9	饮料类	碳酸饮料	￥5.50	￥8.90	61.82%
10	饮料类	果蔬饮料	￥10.80	￥15.60	44.44%
11	饮料类	绿茶	￥2.50	￥3.90	56.00%
12	饮料类	咖啡	￥12.50	￥15.60	24.80%
13	饮料类	牛奶	￥15.00	￥16.00	6.67%
14	饮料类	酸奶	￥12.00	￥12.00	0.00%
15	肉制品	鱼肉罐头	￥10.00	￥14.00	40.00%
16	肉制品	培根	￥35.75	￥42.50	18.88%
17	肉制品	香肠	￥10.50	￥15.50	47.62%
18	肉制品	火腿	￥10.60	￥12.00	13.21%
19	肉制品	小肚	￥10.80	￥12.00	11.11%
20	谷类食品	燕麦片	￥8.50	￥11.50	35.29%
21	谷类食品	黑米	￥8.60	￥12.50	45.35%
22	谷类食品	小米	￥5.50	￥8.80	60.00%
23	谷类食品	薏仁米	￥17.80	￥25.80	44.94%

原表　单元格格式 货币　单元格格式 百分比

图 4-86　食品加工利润表

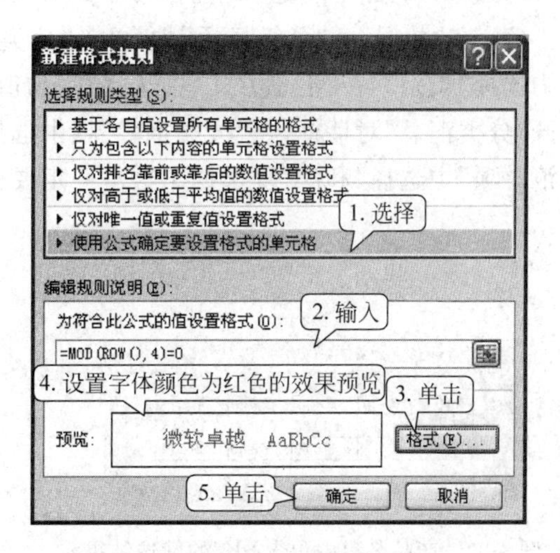

图 4-87　“新建格式规则”对话框

(5) 单击“新建规则”,打开“新建格式规则”对话框,在选择规则类型中,单击“使用公式确定要设置格式的单元格”,在“为符合此公式的值设置格式”中输入“=MOD(ROW(),4)=0”,单击“格式”按钮,在打开的“设置单元格格式”对话框中,设置字形为“加粗”,单击“确定”按钮返回到工作表中,能够看到每隔三行字加粗,如图 4-88 所示。

食品加工利润表.xlsx

	A	B	C	D	E
1	类别	产品名称	成本	价格	利润
2	调味品	酱油	￥3.20	￥4.90	53.13%
3	调味品	味精	￥12.00	￥17.00	41.67%
4	**调味品**	**盐**	**￥16.50**	**￥17.80**	**7.88%**
5	调味品	花椒粉	￥9.75	￥17.60	80.51%
6	焙烤食品	蛋糕	￥11.65	￥21.00	80.26%
7	焙烤食品	饼干	￥15.30	￥18.00	17.65%
8	**焙烤食品**	**面包**	**￥10.60**	**￥14.00**	**32.08%**
9	饮料类	碳酸饮料	￥5.50	￥8.90	61.82%
10	饮料类	果蔬饮料	￥10.80	￥15.60	44.44%
11	饮料类	绿茶	￥2.50	￥3.90	56.00%
12	**饮料类**	**咖啡**	**￥12.50**	**￥15.60**	**24.80%**
13	饮料类	牛奶	￥15.00	￥16.00	6.67%
14	饮料类	酸奶	￥12.00	￥12.00	0.00%
15	肉制品	鱼肉罐头	￥10.00	￥14.00	40.00%
16	**肉制品**	**培根**	**￥35.75**	**￥42.50**	**18.88%**
17	肉制品	香肠	￥10.50	￥15.50	47.62%
18	肉制品	火腿	￥10.60	￥12.00	13.21%
19	肉制品	小肚	￥10.80	￥12.00	11.11%
20	**谷类食品**	**燕麦片**	**￥8.50**	**￥11.50**	**35.29%**
21	谷类食品	黑米	￥8.60	￥12.50	45.35%
22	谷类食品	小米	￥5.50	￥8.80	60.00%
23	谷类食品	薏仁米	￥17.80	￥25.80	44.94%

用公式设置条件格式的表

图 4-88　每隔三行字加粗的效果图

提示：在条件格式中，公式中输入："＝MOD(ROW(),2)＝0"，隔一行设置不同格式，公式中输入："＝MOD(ROW(),N＋1)＝0"隔 N 行设置不同格式。

(6) 在"数据"→"排序与筛选"中，单击▼，进入筛选状态，在列标题单元格右侧显示出"筛选"标志▾。单击"产品名称"旁的▾，在打开列表框中，单击"文本筛选"，在打开的"自定义自动筛选"对话框中，选择"包含"，在文本框中输入"小"，单击"确定"按钮，如图 4-89 所示。

(7) 在"数据"→"分级显示"中，单击"分类汇总"，打开"分类汇总"对话框，在"分类字段"框中选择"类别"，在"汇总方式"中选择"平均值"，在"选定汇总项"中选择"成本"复选框。再次打开"分类汇总"对话框，在"分类字段"框中选择"类别"，在"汇总方式"中选择"最大值"，在"选定汇总项"中选择"利润"复选框。这里一定要注意的是，取消"替换当前分类汇总"，如图 4-90 所示。

	A	B	C	D	E
1	类别	产品名称	成本	价格	利润
19	肉制品	小肚	￥10.80	￥12.00	11.11%
22	谷类食品	小米	￥5.50	￥8.80	60.00%
24					

图 4-89　产品名称中包含"小"的筛选结果

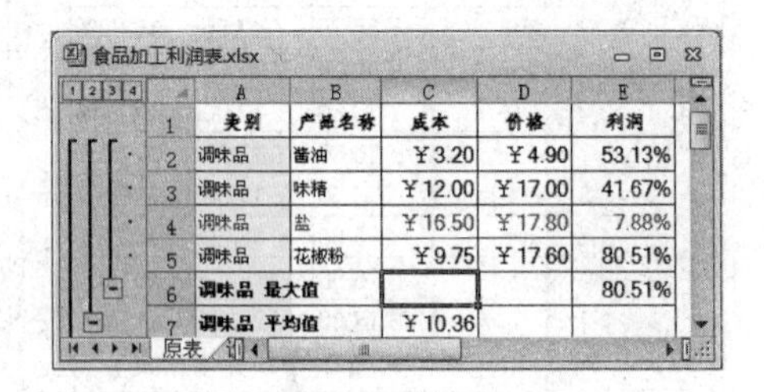

	A	B	C	D	E
1	类别	产品名称	成本	价格	利润
2	调味品	酱油	￥3.20	￥4.90	53.13%
3	调味品	味精	￥12.00	￥17.00	41.67%
4	调味品	盐	￥16.50	￥17.80	7.88%
5	调味品	花椒粉	￥9.75	￥17.60	80.51%
6	调味品 最大值				80.51%
7	调味品 平均值		￥10.36		

图 4-90　嵌套分类汇总结果

(8) 删除分类汇总，将光标置于表中任意单元格，在"插入"→"表格"中，单击▣，打开"创建数据透视表"对话框，单击"确定"按钮，此时将新建一张工作表，编辑区左侧显示空白数据透视表，右侧显示"数据透视表字段列表"窗格，如图 4-91 所示。

(9) 将字段"类别"拖动到"报表筛选"下拉列表框中，用同样方法将"产品名称"拖动到"行标签"下拉列表框中；将字段"成本"拖动到"数据"下拉列表框中，用同样方法将"价格"拖动到"数据"下拉列表框，选中数据区文本右击，在弹出菜单中选择"值字段设置"，打开"值字段设置"对话框。在对话框中，在"自定义名称"文本框中输入"成本平均"，在"计算类型"中选择"平均值"，用同样方法，名称输入为"价格平均"，在"计算类型"中选择"平均值"。使"总计"保留两位小数，并适当调整格式，在类别中选择"谷类食品"，如图 4-92 所示。

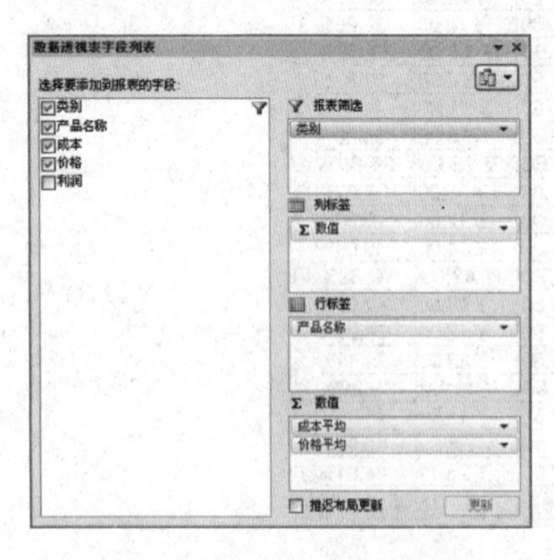

图 4-91　数据透视表字段列表

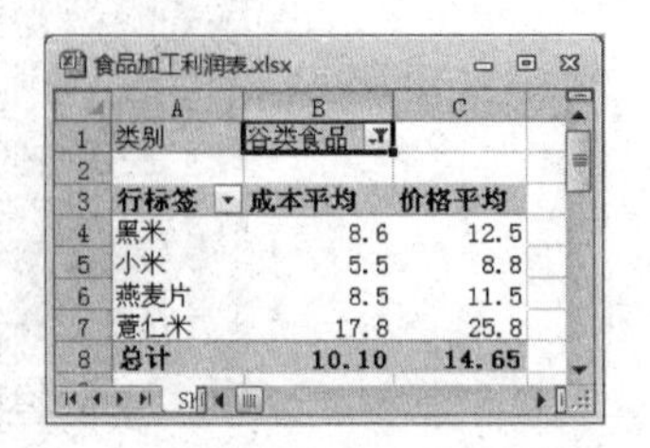

	A	B	C
1	类别	谷类食品	
2			
3	行标签	成本平均	价格平均
4	黑米	8.6	12.5
5	小米	5.5	8.8
6	燕麦片	8.5	11.5
7	薏仁米	17.8	25.8
8	总计	10.10	14.65

图 4-92　谷类食品数据透视表结果

课后习题

一、填空题

1. 一个 Excel 工作簿文件在第一次存盘时不必输入扩展名，Excel 2010 自动以________作为其扩展名。

2. 第 6 行第 8 列单元格的地址是________。

3. 要在 Excel 工作簿中同时选择多个相邻工作表，单击其中第一个工作表标签后，可以在按住________键同时，单击其中最后一个工作表标签。

4. 要在 Excel 工作簿中同时选择多个不相邻工作表，可以在按住________键同时，依次单击各个工作表标签。

5. 在 Excel 的一个单元格中输入"＝6/18"，则该单元格显示________。

6. 在公式中输入"＝＄C2＋D＄2"是________引用。

7. 在 Excel 工作表中，如没有特别设定格式，则文字数据会自动________对齐。

8. 输入公式时，必须以________符号开头。

9. 在 Excel 中，单元格范围引用符为________。

10. 在 Excel 中，使用自定义序列功能建立新序列，在输入新序列各项时，要用________加以分隔。

二、选择题

1. 在 Excel 中，下列选项不可以用在数字中的字符是(　　)。

A. ％　　B. ￥　　C. D　　D. E

2. 在 Excel 中，要使 A1 单元格为活动单元格，可以按(　　)。

A. Home 键　　B. Alt＋Home 组合键

C. Ctrl＋Home 组合键　　D. Shift＋Home 组合键

3. 工作簿有多张工作表，当查找的工作表标签没有显示时，要找到所需的工作表标签，鼠标(　　)。

A. 单击工作表标签左侧控制按钮　　B. 移动屏幕右下方的水平滚动条

C. 单击　　D. 双击

4. 单元格中(　　)。

A. 只能包含文字　　B. 只能包含数字

C. 可以是数字、字符、公式等　　D. 以上都不对

5. 在 Excel 中，若用户在单元格内输入 2/5，则表示(　　)。

A. 2 除以 5　　B. 字符串 2/5　　C. 2 月 5 日　　D. 以上都不对

6. 引用工作表中 E 列第 2 行单元格，表示为"＄E＄2"，这种单元格的引用称为(　　)。

A. 交叉引用　　B. 相对引用　　C. 绝对引用　　D. 混合引用

7. 下面(　　)不属于"设置单元格格式"对话框中"数字"标签的功能。

A. 货币　　B. 日期　　C. 分数　　D. 字体

8. 如果想将一单元格的公式计算结果复制到另一单元格中，应选择(　　)。

A. "开始"功能区　　B. "插入"功能区

C. "页面布局"功能区　　D. "视图"功能区

9. 在 Excel 的“设置单元格格式”对话框中,“边框”标签中设置“颜色”指的是(　　)。

A. 边框线　B. 字体　C. 单元格　D. 全部工作表

10. 用鼠标拖曳复制单元格时,一般都应按下(　　)。

A. Tab 键　B. Shift 键　C. Alt 键　D. Ctrl 键

11. 在单元格中输入公式“=3^2+3*4”,结果为(　　)。

A. 21　B. 18　C. 23　D. 3234

12. 下列选项中,求平均值的函数是(　　)。

A. SUM　B. MAX　C. AVERAGE　D. MIN

13. 在 Excel 工作表中某列第一个单元格中输入等差数列起始值整数,然后(　　)到等差数列最后一个数值所在单元格,可以完成逐一增加的等差数列填充输入。

A. 用鼠标左键直接拖曳单元格右下角的填充柄

B. 按住 Shift 键,用鼠标左键拖曳单元格右下角的填充柄

C. 按住 Ctrl 键,用鼠标左键拖曳单元格右下角的填充柄

D. 按住 Alt 键,用鼠标左键拖曳单元格右下角的填充柄

14. 在 Excel 中,在对数据表进行分类汇总前,必须做的操作是(　　)。

A. 排序　B. 筛选　C. 记录单处理　D. 数据透视

15. 在 Excel 中,关于“筛选”的正确叙述是(　　)。

A. 自动筛选和高级筛选都可以将结果筛选到另外的区域中

B. 执行高级筛选前必须在另外的区域中给出筛选条件

C. 自动筛选的条件只能是一个,高级筛选的条件可以是多个

D. 如果所选条件出现在多列中,并且条件间有“与”的关系,必须使用高级筛选

三、判断题

1. Excel 将工作簿的每一张工作表分别作为一个文件来保存。(　　)

2. 在 Excel 中,算术符的优先级低于关系运算符。(　　)

3. 要选择不连续的单元格,可在按住 Ctrl 键的同时,拖曳鼠标左键。(　　)

4. 已知工作表中 A1 单元格与 A2 单元格的值都为 0,A3 单元格中为公式“=A1=A2”,则 A3 单元格显示的内容为 TRUE。(　　)

5. 已知工作表中 K6 单元格中公式为“=F6*$D$4”,在第 3 行处插入一行,则插入后 K7 单元格中的公式仍然为“=F6*$D$4”。(　　)

6. 当单元格字符串超过该单元格的显示宽度时,该字符串可能只在其所在单元格的显示空间部分显示出来,多余部分被删除。(　　)

7. 切片器是 Excel 2010 中新增的筛选数据命令,筛选时它不能对每一个字段单独显示一个切片器。(　　)

8. 对于记录单中的记录,用户可以直接在数据表中插入、修改和删除,也可以在“记录单”对话框中使用记录单功能按钮完成。(　　)

9. 对 Excel 数据清单中的数据进行排序,必须先选择排序数据区。(　　)

10. 分类汇总是按一个字段进行分类汇总,而数据透视表则适合按多个字段进行分类汇总。(　　)

四、上机操作题

在 Excel 中完成下列“2017 年某省主要统计数据”内容操作,并以“tj. xlsx”为文件名保存

在“C:\my document”文件夹中，如图 4-93 所示。

tj.xlsx 文件名

	A	B	C	D
1	2017年某省主要统计数据			
2	各种收入	总量(万元)	增幅	去年总量(万元)
3	地方生产总值	1925125200	41.30%	
4	固定资产投资	59450000	25.20%	
5	社会消费品零售总额	46450000	15.50%	
6	金融机构存款余额	198851000	15.80%	
7	金融机构贷款余额	149825000	20.80%	
8	自营出口总额	44201600	39.80%	
9	实际利用外资	5076800	22.60%	
10	城镇居民人均可支配收入	1.4546	7.40%	
11	农民人均纯收入	0.7096	7.41%	
12				

Sheet1 Sheet2 Sheet3

图 4-93　2017 年主要统计数据

1. 在工作表 Sheet1 中，用公式求出去年总量（去年总量＝总量/(1＋增幅)，结果保留三位小数），填入相应的单元格中。

2. 在工作表 Sheet1 中，以“增幅”为主要关键字对表格数据进行降序排列。

3. 将工作表 Sheet1 的内容复制到工作表 Sheet2 中，在 Sheet2 中筛选出“总量(万元)”大于或等于 44 201 600 的记录，并保留筛选结果。

4. 以工作表 Sheet1 中的 A3:B9 为数据区域，建立一张反映 2017 年主要经济指标的柱形图，具体为使用第二种柱形图，系列产生在列上，图表标题为“2017 年主要经济指标情况表”，图表放在工作表 Sheet3 中以 B3 为开始单元格的区域中。

项目 5　幻灯片制作

PowerPoint 2010 演示文稿是 Office 办公软件中的重要组件，是用来制作简报与幻灯片的软件，它可以将文字、图片、声音、视频、动画等多媒体资料，转换成一张张内容丰富、形式活泼的幻灯片，用于表达观点、传达信息，与他人有效沟通。将多媒体技术、其他应用程序与 PowerPoint 结合在一起使用，会体现更强大的功能。演示文稿按适用的场合不同，分为阅读类幻灯片、演示辅助类幻灯片以及自动播放类幻灯片。

阅读类幻灯片以分享阅读为主，适合小范围内投影，这类演示文稿的主要构成元素是文字、图片、图示、幻灯片版式等幻灯片基本元素。

演示辅助类幻灯片是宣讲者交流的辅助工具，适合中型范围内投影，大部分信息靠演讲者传递，演示文稿中的内容信息不多，文字段落篇幅较小，常以标题形式出现。

自动播放类幻灯片是自动播放演示，多用于推广宣传，适合大中型范围内投影。

工作任务

任务 1　制作旅游体验分享幻灯片

任务 2　制作年度总结报告

任务 3　制作学院形象宣传片

学习目标

目标 1　掌握制作幻灯片的基本技能，能在幻灯片中熟练插入各种对象。

目标 2　掌握主题、母版、版式、模板、占位符等基本概念，理解它们的用途和使用方法。

目标 3　掌握插入和设置多媒体对象的方法，熟练修饰演示文稿。

目标 4　掌握动画添加和设置技巧，能熟练控制动画的播放效果。

目标 5　掌握播放演示文稿的方式，理解不同视图的显示方式。

任务1　制作旅游体验分享幻灯片

A 任务展示

林先生是一个旅游爱好者，走过很多地方，他的朋友经常向他咨询各地人文特点和生活环境，他根据个人的旅行经历写出了心得文章，并制作成演示文稿与朋友分享。文章的题目是“中国十个最适合人居住的城市”，输入的文本内容，如图5-1所示。

中国十个最适合人居住的城市

每个人心中都有一个宜居之城的榜单，下面是我的感受——林茂盛

一、厦门：是一座风姿绰约的“海上花园”。被海水环绕的城市，环境十分干净整洁，气候宜人，一年四季花木繁盛。由于生态环境好吸引了大量白鹭来此栖息，又被称作“鹭岛”。是一个充满轻快与悠闲的城市。它是海中之城，城中存海，就如镶嵌在俗世里的蓬莱。

二、青岛：这座满城啤酒飘香的城市，“红瓦绿树，碧海蓝天”就是它的真实写照，成群的海鸥，大片经典的欧式老建筑是这里最独特的风景。明显的海洋性气候特点，四季分明，空气特别湿润，一年四季都可以吃上不同的海味。

三、秦皇岛：是中国唯一因皇帝名号而得名的城市，这里山水相依，气候宜人，夏无酷暑，冬无严寒。环境是它最大的优势，金沙碧海、天蓝水清、空气洁净，森林覆盖率非常高，成了400多种鸟类的乐园。

四、昆明：四季如春，享有“春城”的美誉，这里的鲜花即使是冬天都开的娇艳，滇池和翠湖每年都有越冬的海鸥如约而来。这里的物价相对较低，能保持较高的生活水准，而且作为云南的省会城市，它还享有相当大的优势，简直是一块生活的乐土。

五、嘉兴：自古就是富庶繁华之地，“丝绸之府”“鱼米之乡”，四季分明，气温适中，没有大幅度的温差。有众多的河流和星星点点的湖泊，极其丰富的水产品，而且嘉兴物价稳定，治安也特别好。

六、杭州：这座“人间天堂”城市，拥有着秀美的西湖，湖光山色，好不令人向往。但它的美不仅仅止于这一潭湖水，上千年的历史积淀，孕育出大量人文古迹，既有江南水乡的古典雅致，又有国际化时尚的定位。

七、成都：一个来了就不想走的城市。拥有华西医院等近20家三甲医院，医疗水平在国内堪称一流。这里四季分明、气候湿润，天气温和，人也温和，生活节奏很舒适，吃喝玩乐也很多。

八、舟山：被誉为“千岛之城”，金庸笔下的桃花岛就在舟山呢，海岛特有的景致赋予了这里无穷的迷人魅力，蓝天、碧海、金沙、白浪营造了不可多得的度假胜地。舟山被称作“中国海鲜之都”、“海上花园城市”。

九、威海：虽然是个不大的城，也没有什么国际名胜，但这里有海、有树、有森林，有国内一流的天然海水浴场，滩缓沙细，水质清澈。1000多里的海岸线，海边处处都是风景，尤其环海路一带，任何语言形容都苍白。

十、扬州：有“天然氧吧”之称，空气质量十分好。“早上无碳健身，晚上悠闲逛街，出门不堵车，街上风景好，逛到哪里都能买到好吃的”，是扬州人一天生活的真实写照。

图5-1　制作幻灯片用到的文本

这种分享型演示文稿的作用以阅读为主，其制作重点是制作以基本元素构成和简单的幻灯片，并对各种元素进行简单快捷的修饰。

B 教学目标

（一）技能目标

（1）具有 PowerPoint 2010 演示文稿的启动、创建、编辑与保存的能力。

（2）具有幻灯片版式的设置与主题应用的能力。

（3）能够在幻灯片中熟练完成文字、各种符号的输入，图片的编辑与插入，播放方式的设置。

（4）能够根据编辑需求选择合适显示视图进行演示文稿的修改。

（二）知识目标

（1）了解 PowerPoint 演示文稿软件的功能、窗口界面以及演示文稿的组成。

（2）知道 PowerPoint 的主要特点。

（3）熟悉幻灯片的基本操作。

（4）理解演示文稿的设计原则。

（5）理解幻灯片对象布局原则。

C 知识储备

（一）PowerPoint 2010 窗口

选择“开始”→“所有程序”→Microsoft Office→Microsoft PowerPoint 2010，打开 PowerPoint 2010 工作界面并自动建立空白演示文稿“演示文稿 1”，如图 5-2 所示。

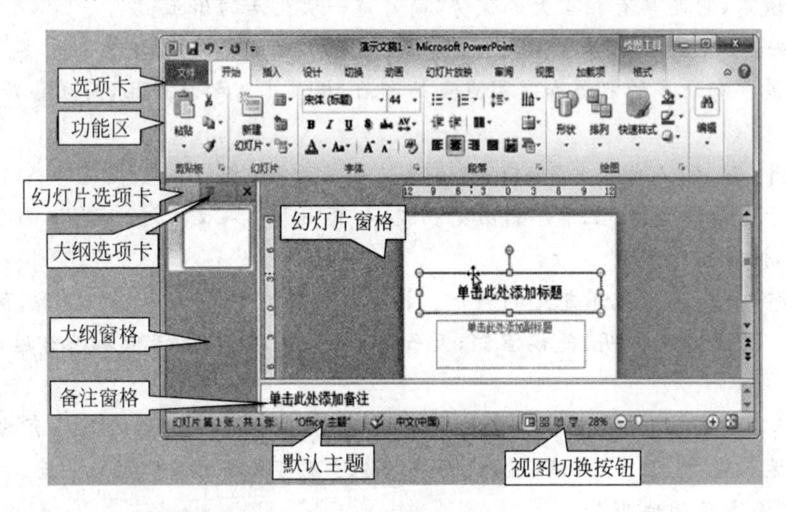

图 5-2　PowerPoint 2010 窗口界面

PowerPoint 2010 的工作界面与 Word 2010 和 Excel 2010 的工作界面基本类似，其中，快速工具栏、标题栏、选项卡和功能区等结构及作用更是基本相同（选项卡的名称以及功能区的按钮会因为软件的不同而不同），下面将对 PowerPoint 2010 特有部分的作用进行介绍。

（1）幻灯片窗格。用于显示和编辑幻灯片的内容，其功能与 Word 的文档编辑区类似。

（2）幻灯片/大纲浏览窗格。其上方有两个选项卡，单击不同的选项卡标签，可在“幻灯片”和“大纲”两个浏览窗格之间切换。在“幻灯片”浏览窗格中显示当前演示文稿所有幻灯片的缩略图,单击某个幻灯片缩略图,将在右侧的幻灯片窗格中显示该幻灯片内容;在“大纲”浏览窗格中可以显示当前演示文稿中所有幻灯片的标题与正文内容,用户在“大纲”浏览窗格或幻灯片窗格中编辑文本内容时,将同步在另一个窗格中产生变化。

(3) 备注窗格。在该窗格中输入当前幻灯片的解释和说明等信息,以方便演讲者在正式演讲时参考。

(4) 状态栏。位于工作界面的下方,它主要由状态提示栏、视图切换按钮和显示比例栏组成。其中,状态提示栏用于显示幻灯片的数量、序列信息,以及当前演示文稿使用的主题,如图 5-3 所示。

图 5-3 状态栏

“视图切换”按钮用于在演示文稿的不同视图之间进行切换,单击相应的“视图切换”按钮即可切换到对应的视图中。显示比例栏用于设置幻灯片窗格中幻灯片的显示比例,单击⊖按钮或⊕按钮,将以 10%的比例缩小或放大幻灯片。

(二) PowerPoint 2010 的主要特点

PowerPoint 的主要特点如下。

(1) 有不同的选项卡可以用来观察幻灯片的版面布局和设计的缩略图,或者为幻灯片输入文本。

(2) 幻灯片上有网格线用于排列幻灯片中的对象。

(3) 有多个模板可用来创建一个演示文稿。

(4) 提供了基本的编辑工具用于操作图形或对象。

(5) 可以将选择的对象或者背景保存为图片。

(6) 可绘制多种简单对象以增强幻灯片效果,可以创建图表和图形。

(7) 有多个动画效果可应用于对象和文本,另外可以控制这些效果的时间。

(8) 在演示文稿中可添加组织结构图或图表。

(9) 对于没有安装 PowerPoint 的用户,也可以通过 PowerPoint 播放器观看演示文稿。

(三) 演示文稿的基本操作

1. 新建演示文稿

启动 PowerPoint 2010 后,选择“文件”→“新建”命令,将在工作界面右侧显示所有与演示文稿新建相关的选项,如图 5-4 所示。

(1) 空白演示文稿:没有经过任何设计,创建一个空白演示文稿,可以自定义颜色、背景和图片等,以适应需要。

(2) 最近打开的模板:选择该选项后,将在打开的窗格中显示用户最近使用过的演示文稿模板,选择其中的一个将以该模板为基础,新建一个演示文稿。

(3) 样本模板:选择该选项后,将可以选择 PowerPoint 2010 提供的所有样本模板。此时演示文稿中已有多张幻灯片,并有设计的背景、文本等内容,可方便用户依据该样本模板快速制作出类似的演示文稿。

(4) 主题:是一组统一的设计元素,主要使用颜色、字体和图形设置文档的外观,以及幻

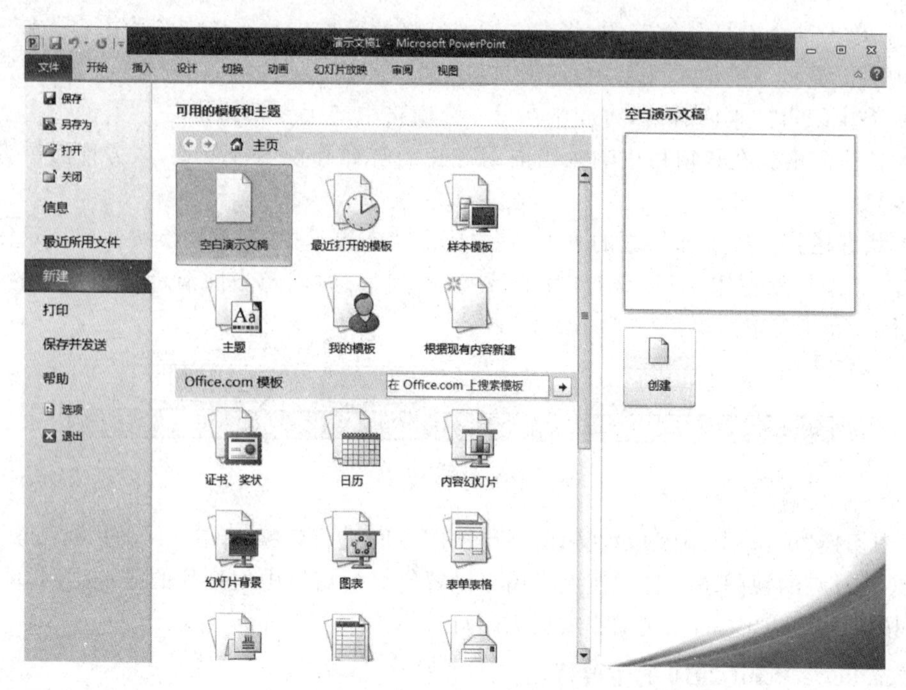

图 5-4　新建相关选项

灯片使用的背景，能够快速简便地使新建文稿具有专业、现代的外观。

(5) 我的模板：选择该选项后，可选择用户以前保存为 PowerPoint 模板的文件，完成演示文稿新建。

(6) 根据现有内容新建：选择该选项后，可选择先前保存的另一个演示文稿，打开后用户在原文稿基础上修改制作自己的演示文稿效果。

(7) Office.com 模板栏：列出了多个文件夹，每个文件夹是一类模板，选择一个文件夹，将显示该文件夹下的 Office 网站上提供的所有该类演示文稿模板，选择一个需要的模板类型，单击“下载”按钮，将自动下载该模板，再以该模板为基础，新建一个演示文稿，这个功能的实现需要连接 Internet。

(8) 可以一次创建多个演示文稿，并根据需要在多个演示文稿间添加或者改变内容。

(9) 版式：指幻灯片内容在幻灯片上的排列方式，包含要在幻灯片上显示的全部内容的格式设置、位置和占位符。PowerPoint 2010 提供了 4 大类版式：文字版式、内容版式、文字和内容版式以及其他版式，具体内置了 11 种版式，默认添加的幻灯片版式为“标题幻灯片”，如图 5-5 所示。

(10) 占位符：就是先占住一个固定位置，一种带有虚线边缘的框，在这些框内可以放置标题及正文，或者图表、表格和图片等对象，它能起到规划幻灯片结构的作用，如图 5-6 所示。

提示：用户可以自定义版式，可以对自定义的版式重命名。

2. 打开演示文稿

(1) 当需要对已有的演示文稿进行编辑、查看或放映时，需将其打开。

(2) 直接双击需要打开的演示文稿的图标。

(3) 选择“文件”→“打开”命令或按 Ctrl+O 组合键，在打开的对话框中，选择演示文稿。

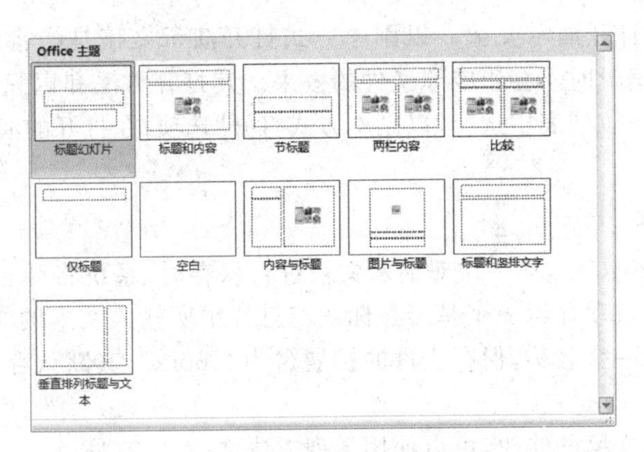

图 5-5　幻灯片版式

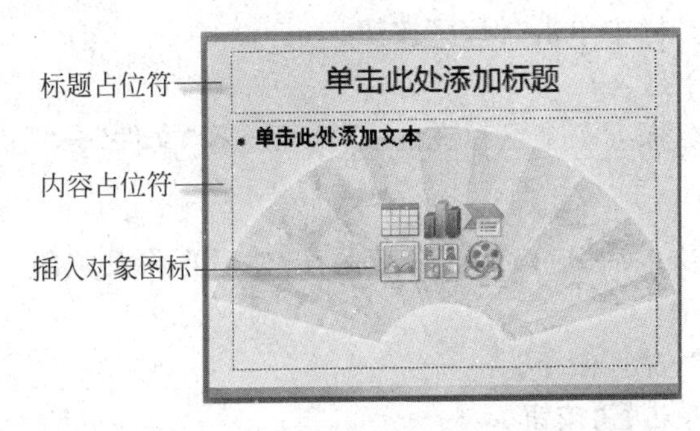

图 5-6　标题和内容版式

(4) 打开最近使用的演示文稿。如果想打开刚关闭的演示文稿，可选择“文件”→“最近所用文件”命令，选择要打开的演示文稿即可打开。

(5) 以只读方式打开演示文稿。以只读方式打开的演示文稿只能进行浏览，不能更改演示文稿中的内容。选择“文件”→“打开”命令，在“打开”对话框中，选择需要打开的演示文稿，单击“打开”按钮右侧的下拉按钮▼，在打开的下拉列表中选择“以只读方式打开”选项，打开的演示文稿“标题”栏中将显示“只读”字样，如图 5-7 所示。

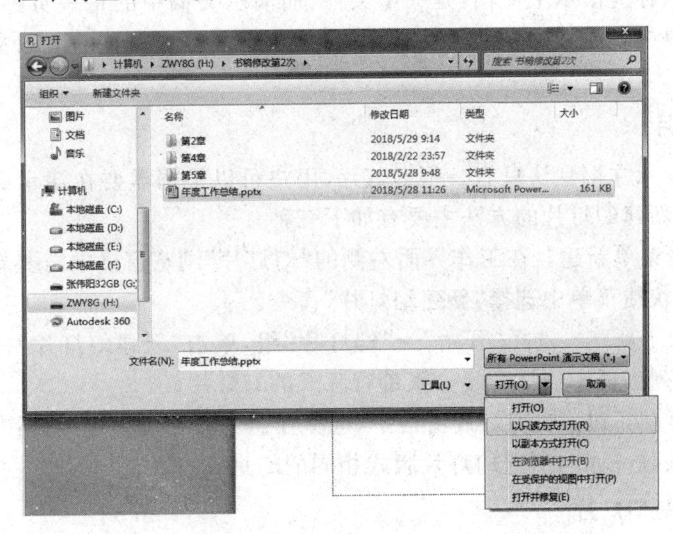

图 5-7　演示文文稿打开方式

(6) 以副本方式打开演示文稿。以副本方式打开演示文稿是指将演示文稿作为副本打开,对演示文稿进行编辑时不会影响原文件的效果。其打开方法和以只读方式打开演示文稿方法类似,在打开的下拉列表中选择"以副本方式打开"选项,在打开的演示文稿"标题"栏中将显示"副本"字样。

3. 保存演示文稿

在 PowerPoint 2010 中,第一次对演示文稿进行保存时,系统将弹出"另存为"对话框,在"文件名"组合框中会自动显示一个基于在标题幻灯片中所输入文本的文件名,用户可以接受该名称或者输入另外一个名称,保存文件的扩展名为".pptx",其默认存储位置为"我的文档"文件夹。

为了保存对演示文稿的修改,可以使用下列方法之一。

(1) 选择"文件"→"保存"命令。

(2) 在快速访问工具栏中单击"保存"按钮。

(3) 按 Ctrl+S 组合键。

(4) 要用新的文件名保存一个已存在的文件,可选择"文件"→"另存为"命令。

4. 关闭演示文稿

当制作完一个演示文稿后,应确认已将其保存,然后再将其关闭。要关闭演示文稿,可以使用下面的方法。

(1) 选择"文件"→"关闭"命令。

(2) 在菜单栏右端单击 ☒ 按钮。

(3) 按 Ctrl+W 组合键。

提示:一旦最后的演示文稿被关闭,文档窗口将成为灰色,并且工具栏中的大多数按钮不可用。

(四) 幻灯片的基本操作

演示文稿俗称幻灯片,但实际上在 PowerPoint 中两者是有区别的。利用 PowerPoint 制作出来的整个文档称为演示主文稿,是一个文件,而演示文稿中的每一页称为幻灯片,每张幻灯片都是演示文稿中既相互独立又相互联系的内容,通常一个完整的演示文稿是由多张幻灯片组成的。

1. 新建幻灯片

创建空白的演示文稿默认只有一张幻灯片,用户可以根据需要在演示文稿的任意位置新建幻灯片,常用的新建幻灯片的方法主要有如下三种。

(1) 通过快捷菜单新建。在工作界面左侧的"幻灯片"浏览窗格中需要新建幻灯片的位置处右击,在弹出的快捷菜单中选择"新建幻灯片"命令。

(2) 通过选项卡新建。选择"开始"→"幻灯片"组,单击"新建幻灯片"按钮下方的下拉按钮,在打开的下拉列表框中选择新建一张带有版式的幻灯片。

(3) 通过快捷键新建。在幻灯片窗格中,选择任意一张幻灯片的缩略图,按 Enter 键将在选择的幻灯片后新建一张与所选幻灯片版式相同的幻灯片。

2. 移动和复制幻灯片

先选择后操作是计算机操作的默认规律,PowerPoint 2010 中也不例外。要移动或复制幻灯片必须要先进行选择操作，在“幻灯片/大纲”浏览窗格或“幻灯片浏览”视图中，单击要移动或复制的幻灯片缩略图，选择幻灯片，其移动和复制方法如下。

(1) 通过拖动鼠标移动和复制。选择需要移动的幻灯片，按住鼠标左键拖动到目标位置之后释放鼠标完成移动操作。按住 Ctrl 键，拖动到目标位置可实现幻灯片的复制。

(2) 通过菜单命令移动或复制。选择需要移动或复制的幻灯片，在其上右击，在弹出的快捷菜单中选择“剪切”或“复制”命令。将鼠标定位到目标位置，右击，在弹出的快捷菜单中选择“粘贴”命令，完成幻灯片的移动或复制。

(3) 通过快捷键移动和复制。选择需要移动或复制的幻灯片，按 Ctrl＋X 剪切组合键或 Ctrl＋C 复制组合键，然后在目标位置按 Ctrl＋V 粘贴组合键，完成移动或复制操作。

3. 删除幻灯片

在“幻灯片/大纲”浏览窗格或“幻灯片浏览”视图中可删除演示文稿中多余的幻灯片。选择一张或多张幻灯片后，按 Del 键或右击，在弹出快捷菜单中选择“删除幻灯片”命令。

(五) 演示文稿的设计原则

(1) 保持文本格式的一致性。避免变化太多而分散观众注意力，文字阅读顺序一般是从左到右，从上到下。

(2) 使用较少的颜色。一张幻灯片的颜色太多会分散观众的注意力，弱化幻灯片的信息。

(3) 使用对比强调信息。例如，在浅色背景下加重文本。

(4) 保持条目最少。每个幻灯片最多 6 个条目，条目要简洁。每个条目最好不超过 6 个字。

(5) 添加演示文稿的特殊效果要一致。

(6) 应确保演示文稿中包含演示者信息，这样可以让观众了解是谁在向他们传递信息。

(六) 幻灯片对象布局原则

幻灯片除了文本外，还包含图片、形状和表格等对象，将这些元素合理使用、有效布局，不仅美观，更重要的是能提高说服力。幻灯片中的各对象在分布排列时，可考虑以下 5 个原则。

(1) 画面平衡。应尽量保持幻灯片页面的平衡与协调，避免头重脚轻或左重右轻等现象。

(2) 布局简单。在一张幻灯片中对象的数量不宜过多，否则不利于信息的传递。

(3) 统一和谐。演示文稿中各张幻灯片的标题文本的位置、文字采用的字体、字号、颜色和页边距等应尽量统一，不能随意设置，以避免破坏幻灯片的整体效果。

(4) 强调主题。可通过颜色、字体以及样式等手段对幻灯片中要表达的核心部分和内容进行强调。

(5) 内容简练。在一张幻灯片中只需列出要点或核心内容。

D 任务实现

(一) 规划演示文稿

首先绘制计划覆盖的材料轮廓，将材料分成多个幻灯片，来确定整个演示文稿需要幻灯片的数量与版式，用户至少可以需要：一个主标题幻灯片，一个介绍性幻灯片，几个详尽幻灯片，一个总结幻灯片。下面以本任务为例，演示文稿名为“中国十个最适合人居住的城市”。

根据文章内容确定幻灯片的数量：开始一个主标题幻灯片，10 个城市 10 个幻灯片，一个结束语幻灯片，确定幻灯片数量 12 个。

根据幻灯片内容确定版式：第 1 页展示主标题，用“标题幻灯片”版式；第 2～11 页展示 10 个宜居城市特点及风貌，有文字和图片，所以用“两栏内容”版式；第 12 页用空白版式，如图 5-8 所示。

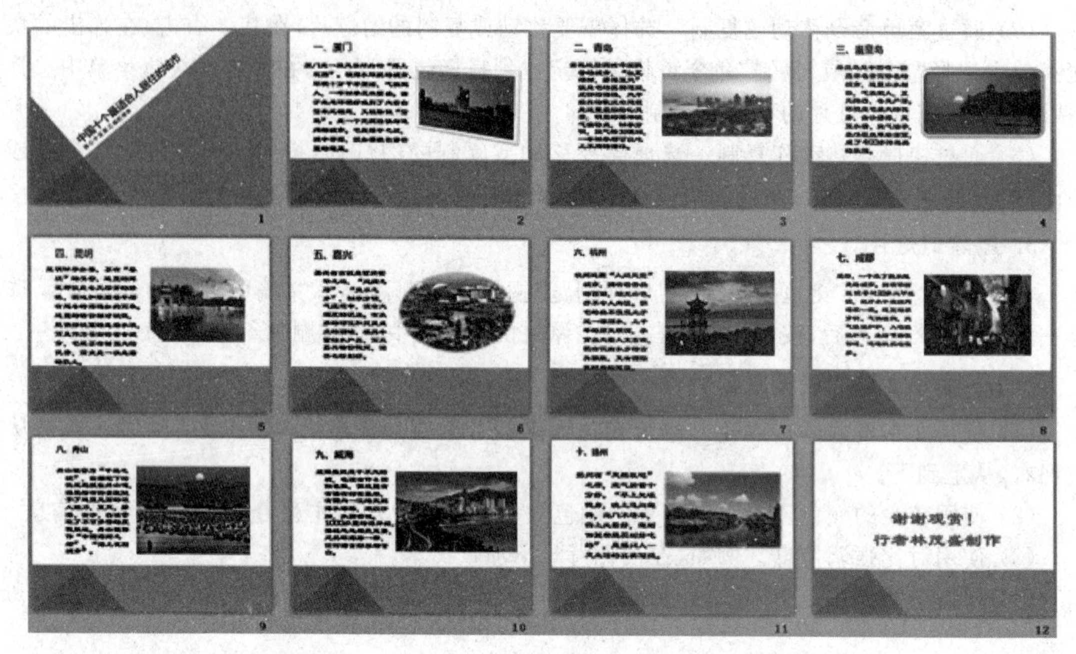

图 5-8　幻灯片数量与版式

（二）新建并保存演示文稿

（1）启动 Power Point 程序。在“开始”→“所有程序”→Microsoft Office→Microsoft PowerPoint 2010→自动建立空白演示文稿“演示文稿 1”。

（2）在“幻灯片”浏览窗格中将鼠标光标定位到标题幻灯片后，在“开始”→“幻灯片”组中单击“新建幻灯片”按钮，选择“两栏内容”版式。

（3）将光标置于工作区左侧“幻灯片”缩略图第 2 页幻灯片，按 Enter 键插入新的两栏幻灯片，插入 9 张。

（4）在第 1 张标题幻灯片中“单击此处添加标题”占位符上单击，输入标题“中国十个最适合人居住的城市”。在副标题占位符中单击输入“我心中宜居之城的榜单”。

（5）选定第 2 页幻灯片，输入标题：“一、厦门”，在左栏中输入介绍文字：“厦门是一座风姿绰约的‘海上花园’。被海水环绕的城市，环境十分干净整洁，气候宜人，一年四季花木繁盛。由于好的生态环境吸引了大量白鹭来此栖息，又被称作‘鹭岛’，是一个充满轻快与悠闲的城市。它是海中之城，城中存海，就如镶嵌在俗世里的蓬莱。”

（6）在右栏中单击“插入来自文件图片”的图标，打开存放图片的文件夹，插入“厦门”图片，如图 5-9 所示。

（7）在第 3 页幻灯片上，输入标题“二、青岛”，在左栏输入青岛相关文字，在右栏插入图片。用同样方法，分别将 10 个城市的图片与内容插入或输入到左右不同栏目中，效果如图 5-10 所示。

（8）选择“文件”→“保存”命令，保存文件。

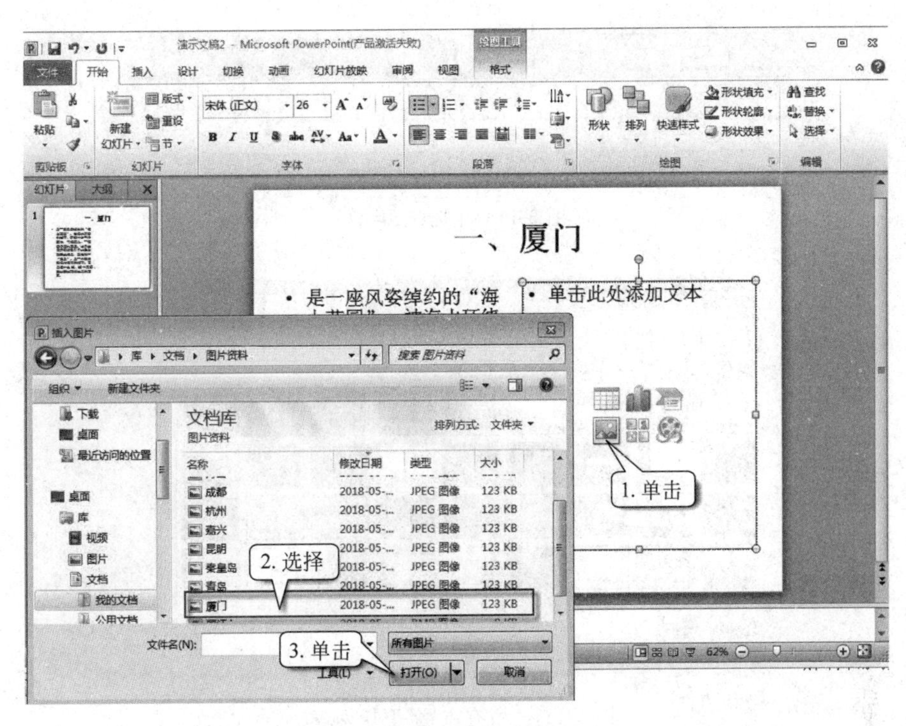

图 5-9　输入文字与插入图片

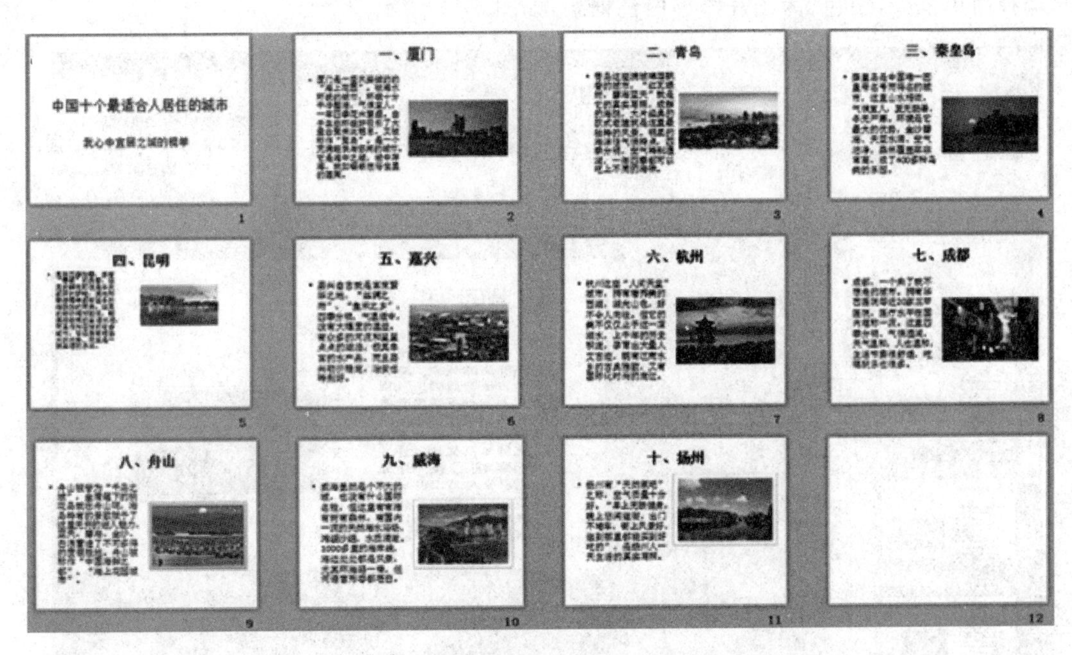

图 5-10　填入内容

（三）设计幻灯片

（1）应用主题。在“设计”→“主题”中，单击“其他”按钮，如图 5-11 所示。

（2）在打开的“所有主题”下拉列表框中，单击“内置”组里的“角度”主题，如图 5-12 所示。

（3）应用图片样式。双击第 2 页幻灯片中的图片，在“图片工具”→“格式”→“图片样式”

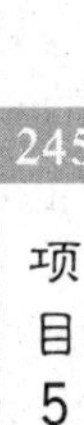

图 5-11　主题选项组

图 5-12　“所有主题”下拉列表

中，选择简单框架，白色，为图片添加白色框架，如图 5-13 所示。

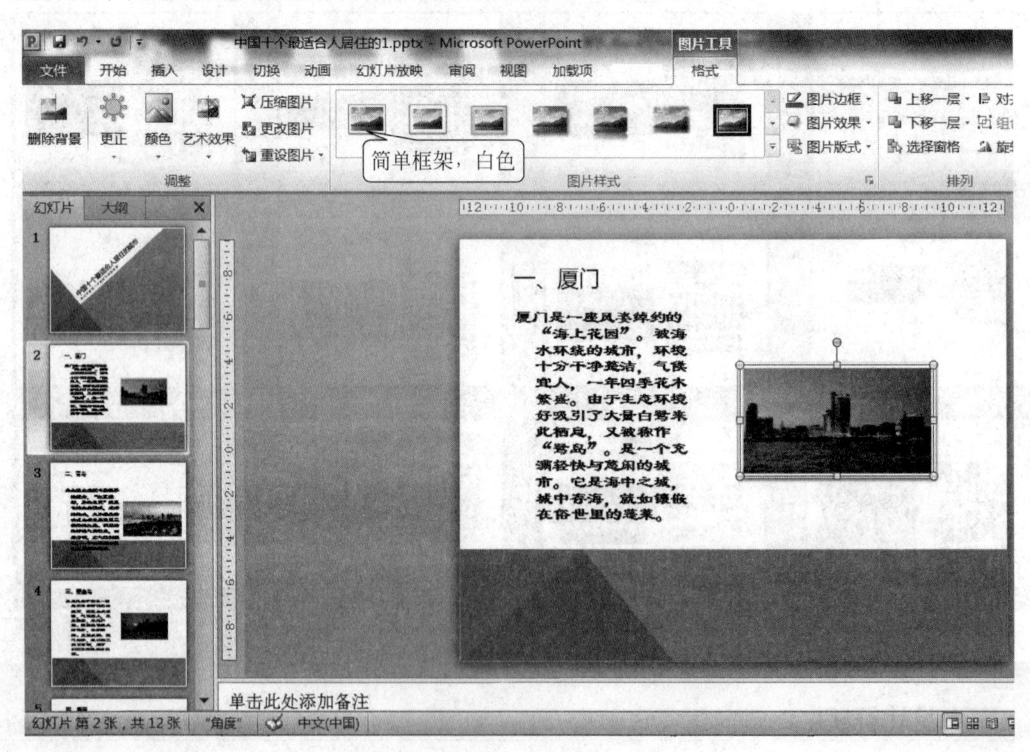

图 5-13　应用图片样式

(4) 同样，为第 3～11 页的幻灯片中的图片加上框架效果。

(5) 编辑结尾幻灯片。

① 选中第 12 页幻灯片，在“插入”→“文本”组中单击“艺术字”按钮下方的下拉按钮，在打开的下拉列表中，选择 6 行 3 列的艺术字效果。

② 在“请在此放置您的文字”占位符中单击，输入结束语“谢谢观赏”。同样方法，插入另一行艺术字“作者林茂盛”，如图 5-14 所示。

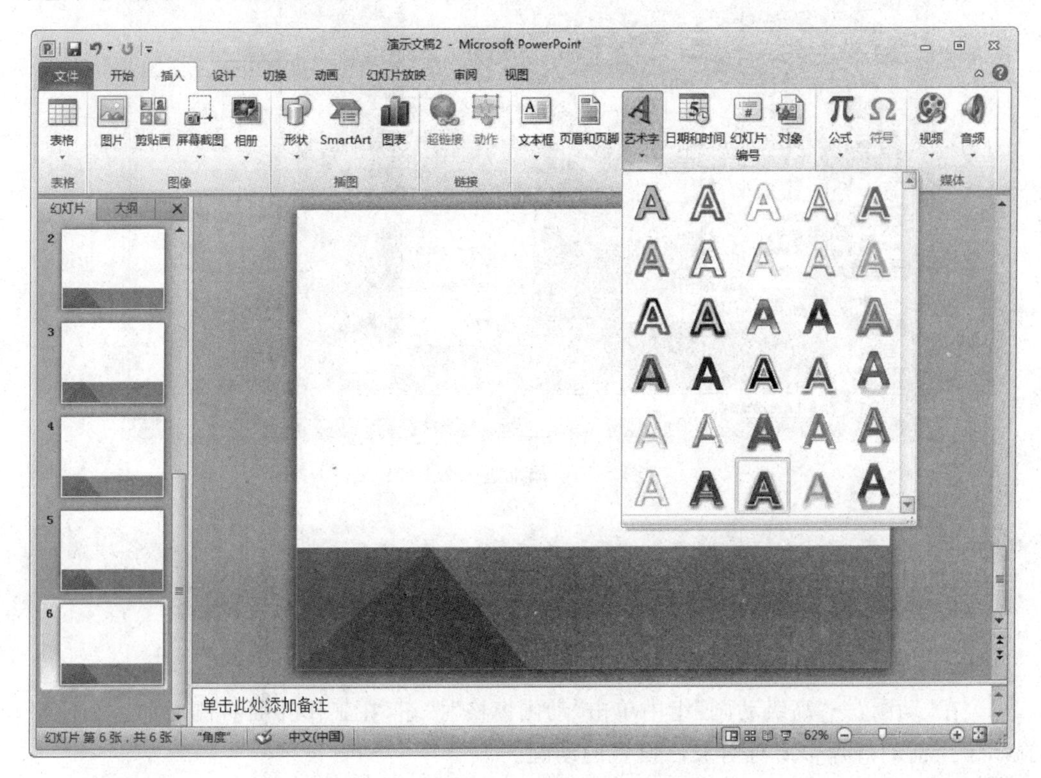

图 5-14　编辑结尾幻灯片

（四）设置动画效果

步骤一：为对象加入动画

为幻灯片中的各对象设置动画能够很大程度地提升演示文稿的效果，下面将为第一张幻灯片中的各对象设置动画。

具体要求为：为标题设置“浮入”动画，为副标题设置“基本缩放”动画，设置效果为“从屏幕底部缩小”，然后为副标题再添加一个“对象颜色”强调动画，修改其效果选项为“红色”，并修改新增加动画的开始方式、持续时间和延迟时间，最后将标题动画的顺序调整到最后并设置播放该动画时有“电压”声音，操作步骤如下。

(1) 选择第 1 张幻灯片的标题，在“动画”→“动画”组中，在其列表框中选择“浮入”动画效果。

(2) 选择副标题，在“动画”→“高级动画”组中，单击“添加动画”→“更多进入效果”→“添加进入效果”→“基本缩放”命令。

(3) 单击“效果选项”→“从屏幕底部缩小”→“确定”，如图 5-15 所示。

(4) 为副标题增加强调效果。选择副标题，在“动画”→“高级动画”组中，单击“添加动画”按钮，在打开的下拉列表中选择“强调”栏的“对象颜色”选项，单击“效果选项”按钮，选择“红色”。

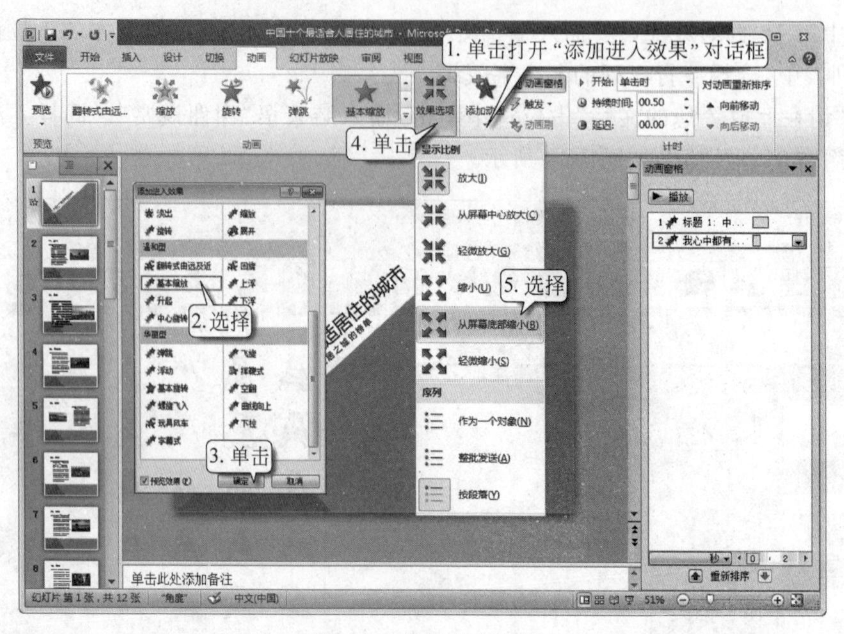

图 5-15　添加进入效果

提示：这一步为副标题再增加一个“对象颜色”动画，用户可根据需要为一个对象设置多个动画。设置动画后，在对象前方将显示一个数字，它表示动画的播放顺序。

步骤二：设置动画计时

(1) 在“动画”→“高级动画”组中单击“动画窗格”按钮，在工作界面右侧增加一个窗格，其中显示了当前幻灯片中所有对象已设置的动画。

(2) 选定第三项动画，在“动画”→“计时”组中，在“开始”下拉列表框中选择“上一动画之后”选项，在“持续时间”数值框中输入“01. 00”，在“延迟”数值框中输入“00. 50”，如图 5-16 所示。

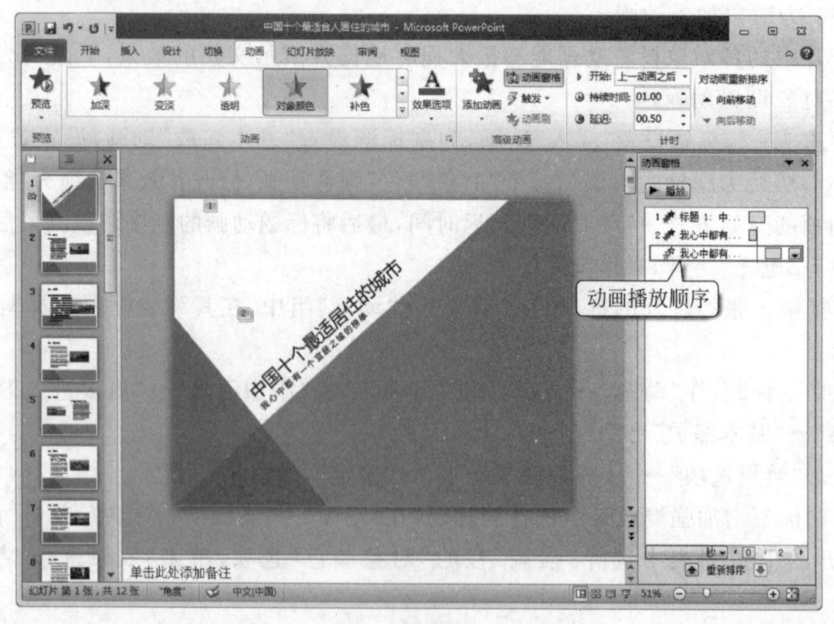

图 5-16　动画计时

(3) 选择动画窗格中的第一个动画选项“标题 1”，按住鼠标左键，将其拖动到最后，调整动画播放顺序。

(4) 调整后，最后一个动画是“标题 1”，选择最后一个动画，右击，在弹出的快捷菜单中选择“效果选项”命令，打开“上浮”对话框，选择“声音”→“电压”选项，单击 按钮，在打开的列表中拖动滑块，调整音量大小，单击“确定”按钮，如图 5-17 所示。

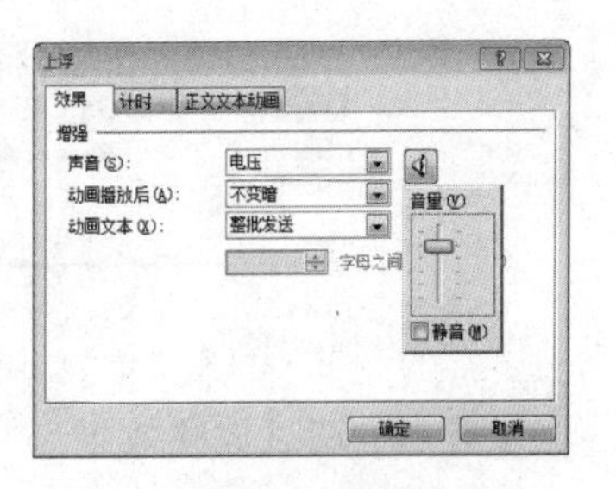

图 5-17 设置动画计时调整音量

提示：选择“动画”→“计时”组，在“开始”下拉列表框中各选项的含义如下：“单击时”表示单击鼠标时开始播放动画；“与上一动画同时”表示播放前一动画的同时播放该动画；“上一动画之后”表示前一动画播放完之后，在约定的时间自动播放该动画。

（五）设置放映效果

步骤一：设置幻灯片切换效果

在幻灯片放映时，上一张幻灯片与下一张幻灯片之间可以设置切换动画效果，下面将为所有幻灯片设置“擦除”切换效果，然后设其切换声音为“照相机”。

(1) 在“幻灯片”浏览窗格中按 Ctrl＋A 组合键，选择演示文稿中所有的幻灯片。

(2) 选择“切换”→“切换到此张幻灯片”组，在中间的列表框中，选择“擦除”选项，单击“效果选项”下拉按钮，在下拉列表中选择“自左侧”，如图 5-18 所示。

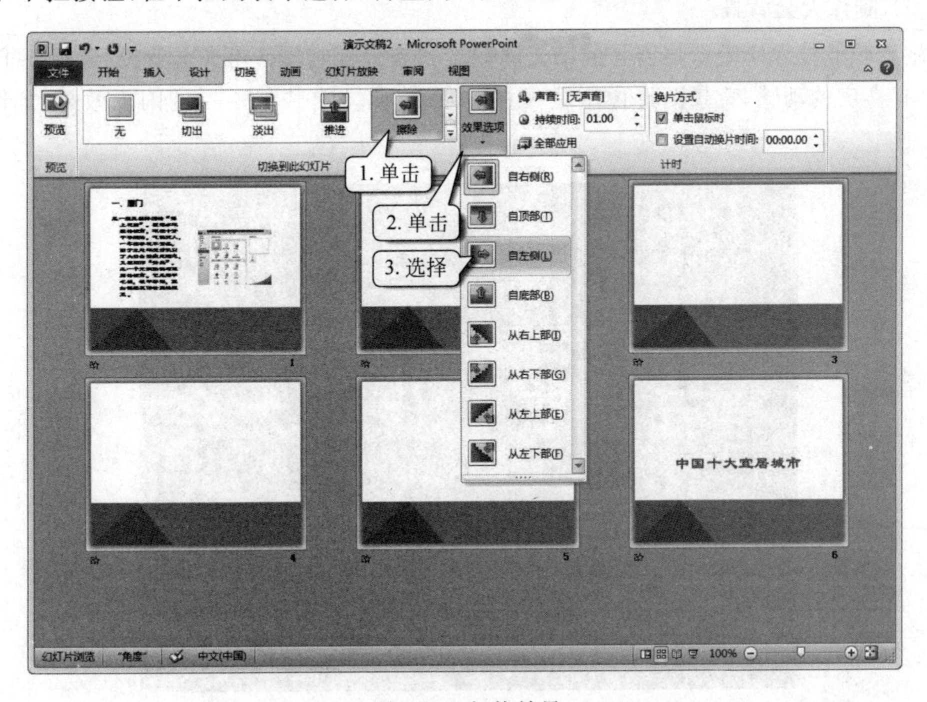

图 5-18 切换效果

(3) 选择“切换”→“计时”组，在“声音”下拉列表框中选择“照片机”选项，将设置应用到所有幻灯片中，默认换片方式为“单击鼠标时”，如图 5-19 所示。

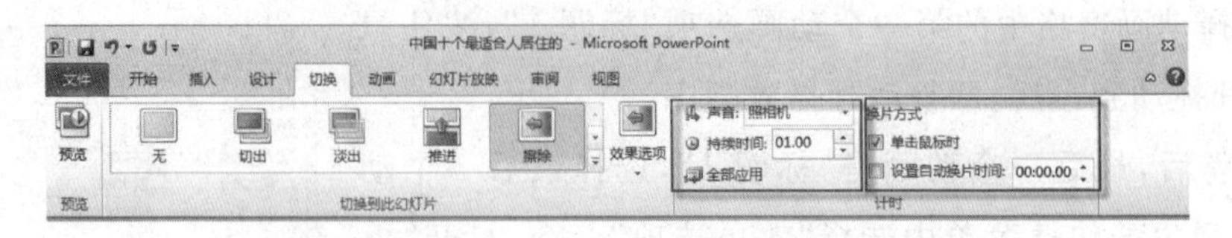

图 5-19　换片方式

步骤二：调试放映效果

在幻灯片放映时，一边放映一边修改，发现问题后，及时切换到相应幻灯片进行修改，修改后继续放映。

(1) 在“幻灯片放映”→“开始放映幻灯片”中，按住 Ctrl 键的同时单击“从当前幻灯片开始”按钮，如图 5-20 所示。

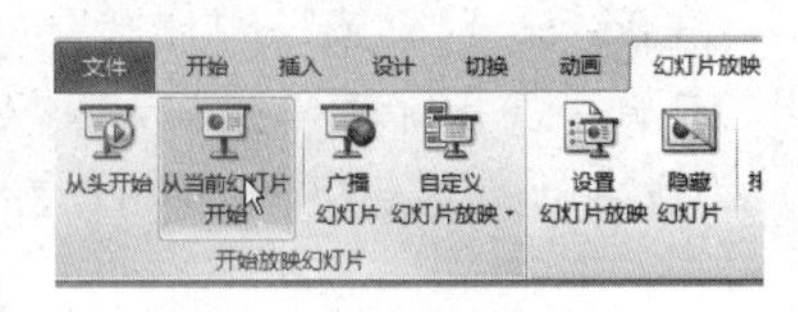

图 5-20　放映幻灯片

(2) 此时，演示文稿便开始在桌面的左上角放映，如果发现某张幻灯片有问题或播放效果不理想，直接单击切换到“普通”视图进行编辑。

提示：按 F5 键，可快速将演示文稿从头开始播放。

E 技能提升

(一) 制作大会背投

为旅游职业技术学院即将召开的第五届职工代表大会制作一份大会背投，背投要求美观、大方，具有喜庆的动感，背景图形像星星一样明暗不同，具有快慢不一的闪烁效果，如图 5-21 所示。

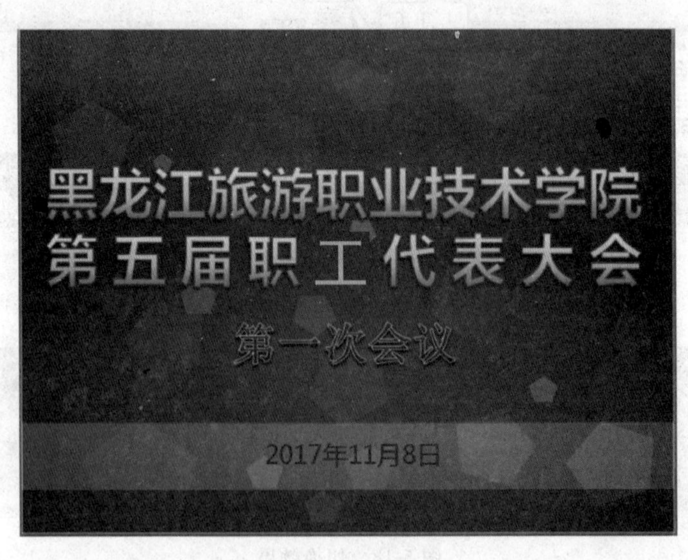

图 5-21　大会背投

操作提示：

(1) 背景颜色为红色渐变填充，绘制背景图形为正五边形，正五边形设置不同程度的白色透明度，并设置“淡入”进入效果和“淡出”退出效果。

(2) 背投的动态效果，关键在于控制各个正五边形的动画持续与延迟时间。可以先设置所有动画为“与上一动画同时”开始，并调出动画窗格，在时间轴上调整时间块的长度和位置以达到所想要的动画效果。

(3) 合理使用动画刷可以快速复制动画效果。

(4) 当幻灯片中包含大量对象时，可选择“窗格显示”→“隐藏一部分对象”，有利于编辑其余对象。

(二) 尝试制作气球向上飘的动画效果

用绘图工具绘制出三个气球，然后设置气球向上飘动的效果。

任务2　制作年度总结报告

A 任务展示

岁末年初，每个单位、部门或个人都少不了年度总结和计划。如今的年度总结汇报，已不仅满足于口头讲述或 Word 文稿，应用演示文稿进行图文并茂的总结，其效果将增色不少。

李密接到了一个任务就是根据院长的年度工作总结文档，制作大会报告所用的演示文稿。为了很好地完成任务，李密查阅资料，收集图片素材，提炼文字，最后圆满地完成任务并收到良好的效果，最终成果如图 5-22 所示。

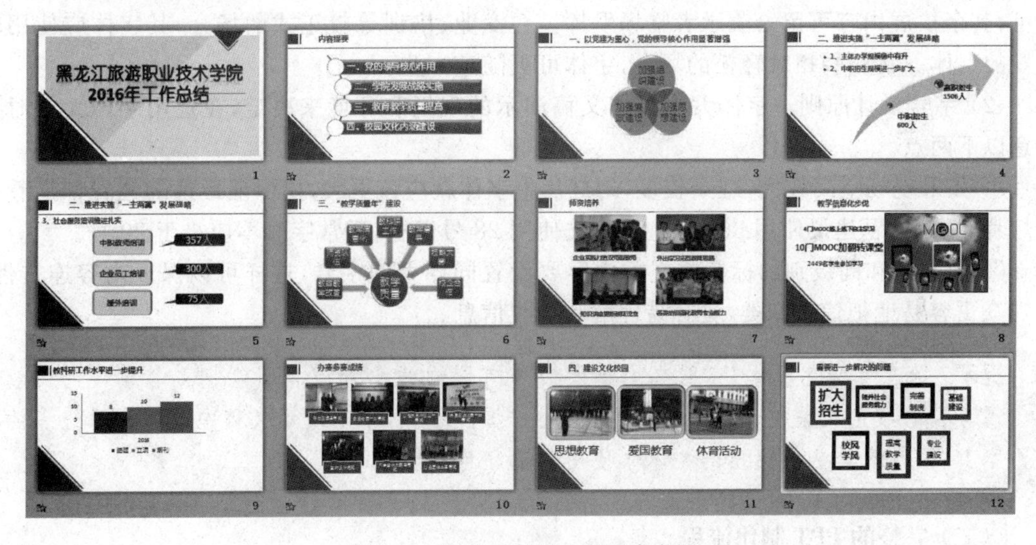

图 5-22　年度总结报告效果参考图

B 教学目标

(一) 技能目标

(1) 分析听众，进行整体与逻辑设计，合理选用版式。

(2) 合理选取 SmartArt 类别图形，创建能够准确表达意图的各类图形。

(3) 创建图表清晰表达内容。

(4) 灵活应用文本框，在幻灯片任意位置添加文本。

(5) 熟练使用图片格式工具,对图片进行编辑。

(6) 熟练使用绘图格式工具,对图形进行编辑。

(7) 对演示文稿进行结构和色彩的调整,达到美化效果。

(8) 合理设置动画效果。

(二) 知识目标

(1) 了解幻灯片文本设计原则。

(2) 了解母版及其分类。

(3) 掌握完整的 PPT 制作流程。

(4) 认识幻灯片动画。

C 知识储备

(一) 幻灯片文本设计原则

文本是制作演示文稿最重要的元素之一。文本不仅要求设计美观,更重要的是符合演示文稿的需求,如根据演示文稿的类型设置文本的字体,为了方便观众查看设置相对较大的字号。

(1) 字体设计原则。幻灯片标题字体最好选用更容易阅读的较粗的字体,正文使用标题更细的字体以区分主次。在搭配字体时,标题和正文尽量选用常用的字体而且要考虑标题字体和正文字体的搭配效果。配合演讲的幻灯片正文内容不宜过多,正文中只列出重点的标题即可,其余扩展内容可留给演示者临场发挥。在商业、培训等较正式的场合,其字体应使用较正规的字体。在一些相对轻松的场合,字体可更随意一些。

(2) 字号设计原则。字体大小根据文稿演示的现场和环境来决定,在选用字体大小时要注意以下两点。

① 如果现场空间较大,观众较多,幻灯片中字体就应该更大,要保证最远的位置都能看清幻灯片文字,标题建议使用 36 号以上,正文使用 28 号以上,通常字号不应小于 20 号。

② 同类型和同级别的标题或文本内容要设置同样大的字号,这样可以保证内容连贯性,让观众更容易地把信息归类,更容易理解和接收信息。

提示:除了字体字号之外,对文本显示内容有影响的元素还有颜色。文本的颜色一般使用与背景颜色反差较大的颜色,从而方便查看。另外,一个演示文稿中最好使用统一的文本颜色,只有需重点突出的文本才使用其他颜色。

(二) 完整的 PPT 制作流程

(1) 整体设计,确定本次要宣讲的主题。

(2) 构思逻辑,画出提纲或逻辑结构图,将构思好的提纲转换成封面、目录、标题页。

(3) 组织素材,查找资料,随时根据新资料调整逻辑框架,将找到的素材分类复制堆积到对应的 PPT,在 PPT 模板库找出和表达主题最匹配的图表。

(4) 系统排版,统一排版和美化页面,适当增加动画效果。

(5) 持续优化,检查错字和动画,并复查。

(三) 认识幻灯片动画

在 PowerPoint 2010 中,幻灯片动画有两种类型:一种是幻灯片切换动画,另一种是幻灯片对象动画，这两种动画都是在幻灯片放映时才能看到并生效的。

幻灯片切换动画，是指放映幻灯片时幻灯片进入以及离开屏幕时的动画效果；幻灯片对象动画，是指为幻灯片中添加的各种对象设置动画效果，多种不同的对象动画组合在一起，可形成复杂而自然的动画效果。在 PowerPoint 中幻灯片切换动画种类比较简单，对象动画相对较复杂，其类别主要有 4 种。

(1) 进入动画。进入动画是指对象从幻灯片显示范围之外进入到幻灯片内部的动画效果。例如，对象从左上角飞入幻灯片中指定的位置，对象在指定位置以翻转效果由远及近地显示出来等。

(2) 强调动画。强调动画是指对象本身已显示在幻灯片之中，然后对其进行突出显示，从而起到强调作用，例如，将已存在的图片放大显示或旋转等。

(3) 退出动画。退出动画指对象本身已显示在幻灯片之中，然后以指定的动画效果离开幻灯片。例如，对象从显示位置左侧飞出幻灯片，对象从显示位置以弹跳方式离开幻灯片等。

(4) 路径动画。路径动画指对象按用户自己绘制的或系统预设的路径进行移动的动画。例如，对象按圆形路径进行移动等。

(四) 认识幻灯片视图

为方便用户创建、编辑、浏览、打印和放映演示文稿的需要，Microsoft PowerPoint 2010 提供了多种视图方式，有普通视图、幻灯片浏览视图、阅读视图、幻灯片放映视图(包括演示者视图)、备注页视图、母版视图(包括幻灯片母版、讲义母版和备注母版)。各种视图间的切换有以下两种方式。

在"视图"→"演示文稿视图"中，或在"视图"→"母版视图"中，单击相应的视图按钮，可以任意切换，如图 5-23 所示；在窗口底部栏中，提供了各个主要视图，例如普通视图、幻灯片浏览视图、阅读视图和幻灯片放映视图之间的切换，如图 5-24 所示。

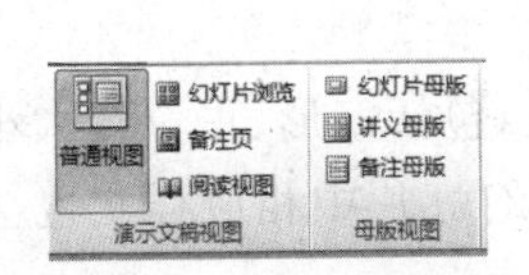

图 5-23 演示文稿视图

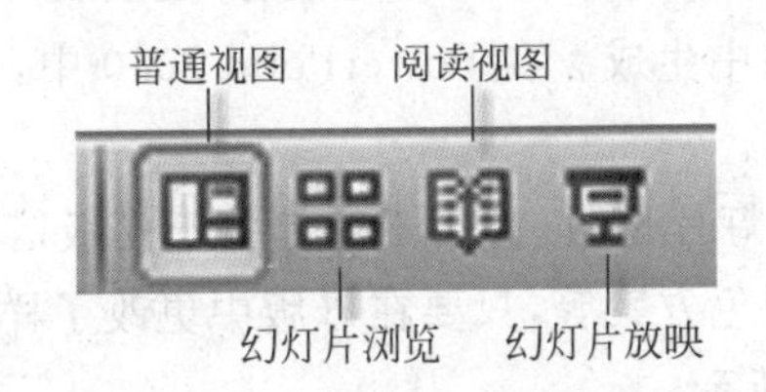

图 5-24 按钮切换视图

在 PowerPoint 2010 中有许多视图，可帮助用户创建出具有专业水准的演示文稿。例如，用于编辑演示文稿的视图有普通视图、幻灯片浏览视图、备注页视图以及母版视图。

普通视图是主要的编辑视图，可用于撰写和设计演示文稿。普通视图有 4 个工作区域：幻灯片选项卡、大纲选项卡、幻灯片窗格以及备注窗格，如图 5-25 所示。

(1) 幻灯片选项卡：在编辑时以缩略图大小的图像在演示文稿中观看幻灯片。使用缩略图能方便地浏览所有演示文稿，并观看任何设计更改的效果，可以轻松地重新排列、添加或删除幻灯片。

(2) 大纲选项卡：以大纲形式显示幻灯片文本，是开始撰写内容的理想场所，可计划如何表述它们，并能移动幻灯片和文本。

(3) 幻灯片窗格：显示当前幻灯片的大视图，可以添加文本，插入图片、表格、SmartArt 图形、图表、图形对象、文本框、电影、声音、超链接和动画。

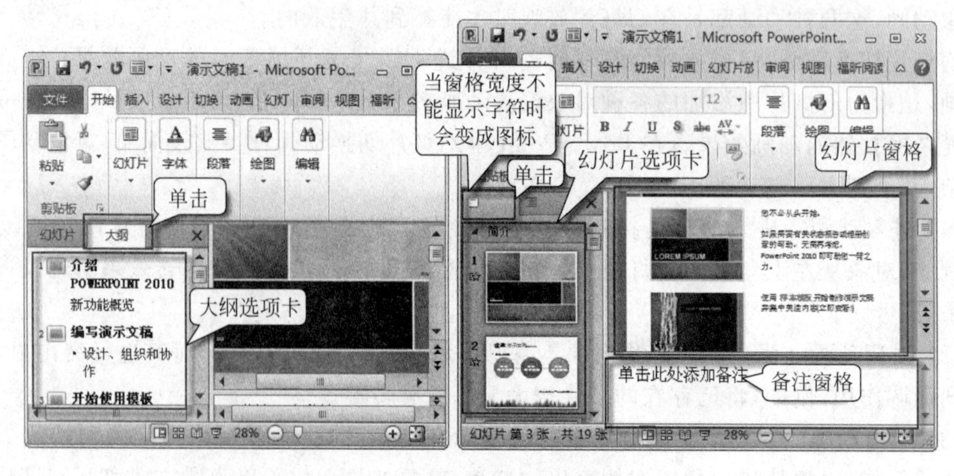

图 5-25 普遍视图区域组成

(4) 备注窗格：可以输入要应用于当前幻灯片的备注，可以将备注打印出来并在放映演示文稿时进行参考，还可以将打印好的备注分发给受众，或者将备注包括在发送给受众或发布在网页上的演示文稿中。

提示：放映演示文稿可以使用幻灯片放映视图、演示者视图以及阅读视图。另外，为了节省纸张和油墨，在打印前，可以通过"打印预览"指定打印内容(幻灯片、讲义或备注页)和打印方式(彩色打印、灰度打印、黑白打印、带有框架等)。

(五) 认识母版

母版是演示文稿中的特有概念，通过设计制作母版，可以快速将设置内容在多张幻灯片、讲义或备注中生成。在 PowerPoint 2010 中，有三种母版：幻灯片母版、讲义母版与备注母版，其作用如下。

(1) 幻灯片母版，是用于存储关于模板信息的设计模板，包括字形、占位符大小和位置、背景设计和配色方案等，只要在母版中更改了样式，则对应的幻灯片中相应样式也会随之改变，如图 5-26 所示。

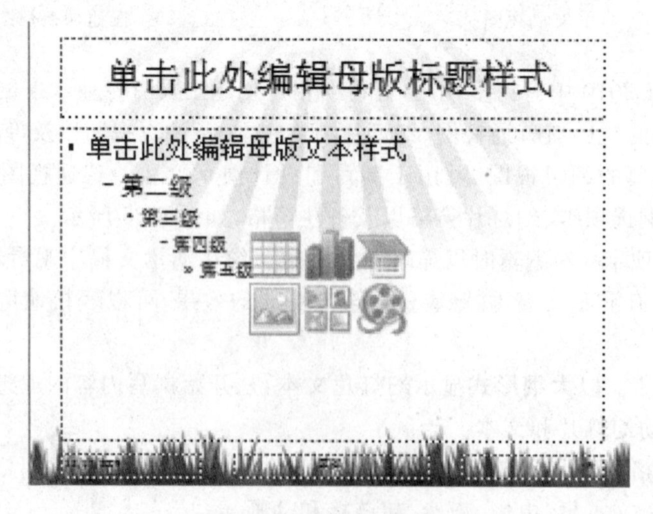

图 5-26 幻灯片母版

（2）讲义母版，是指演讲者在讲解演示文稿时使用的纸稿，纸稿中显示了每张幻灯片的大致内容、要点等，设置该内容在纸稿中的显示方式。制作讲义母版主要包括设置每页纸张上显示的幻灯片数量、排列方式以及页面和页脚的信息等，供打印使用，如图5-27所示。

（3）备注母版，指演讲者在幻灯片下方输入内容，根据需要可将这些内容打印出来。要想使这些备注信息显示在打印的纸张上，就要对备注母版进行设置，如图5-28所示。

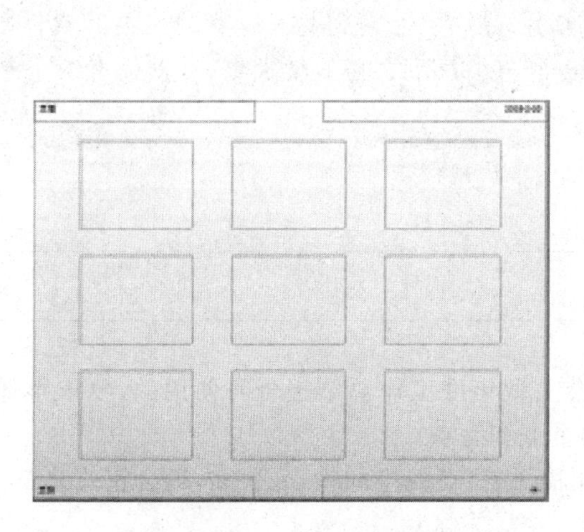

图5-27 讲义母版

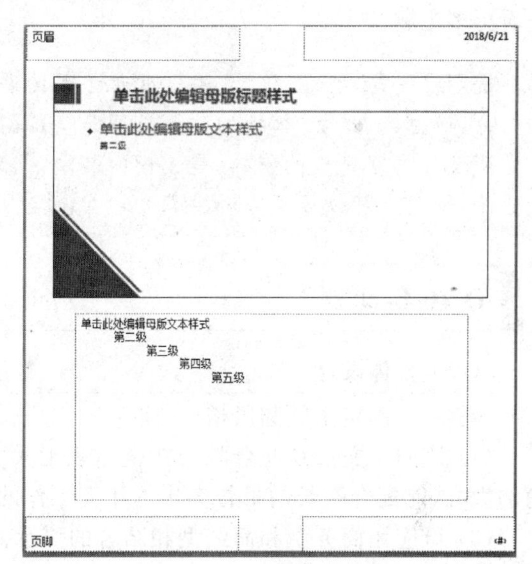

图5-28 备注母版

提示：幻灯片母版用于统一所有幻灯片的外观风格；讲义母版只在将幻灯片内容按讲义形式打印时才起作用；备注母版通常也在打印时才起作用，但它所设置的打印内容为备注窗格里的内容而非幻灯片里的内容。

（六）使用模板创建演示文稿

模板包含精心编排的元素颜色、字体、效果、样式、主题效果等版式，可以从PowerPoint提供的内置模板、自己创建并保存到计算机中的模板、从Microsoft Office.com或第三方网站下载的模板来获得。

大多数模板包括：主题特定的内容，例如毕业证书、足球和足球图像；背景格式，例如图片、纹理、渐变或纯色填充色和透明度；颜色、字体、效果（三维、线条、填充、阴影等）和主题设计元素。例如，“足球”字样中的颜色和渐变效果；占位符中的文本，提示人们输入具体信息，例如运动员姓名、教练姓名、演示日期和任何变量，例如年份。

使用模板创建演示文稿，在“文件”→“新建”中，从“可用的模板和主题”窗格中，单击“最近打开的模板”或使用内置模板，单击“样本模板”；在模板提供的幻灯片中，根据提示重新输入需要的新内容。

（七）认识主题

使用主题可以简化演示文稿的创建过程，不仅可以在PowerPoint中使用主题颜色、主题字体和主题效果，而且可以在Excel、Word和Outlook中使用它们，这样可以保证演示文稿、文档、工作表和电子邮件具有统一的风格。

PowerPoint 提供了多种设计主题，包含协调配色方案、背景、字体样式和占位符位置，使用预先设计的主题，可以轻松快捷地更改演示文稿的整体外观。默认情况下，将普通 Office 主题应用于新的空演示文稿，也可以通过应用不同的主题来轻松地更改演示文稿的外观。

在一个演示文稿中，要想应用不同主题，可在"设计"→"主题"中单击要应用的文档主题。要预览应用了特定主题的当前幻灯片外观，可将指针停留在该主题缩略图上，单击"更多"按钮查看更多主题。

提示：版式、主题、母版、模板四者之间的联系与区别：版式的作用范围为当前一张幻灯片，而主题、母版、模板的作用范围是全部幻灯片；版式、主题是构成母版的主要元素；母版又是构建模板的基础，是模板的其中一部分；一个演示文稿的模板中，可以拥有多个母版，母版中可以设置多种主题和版式。

D 任务实现

（一）整体设计

步骤一：确定主题和风格

(1) 该演示文稿是配合院长在全体职工大会上做年度工作总结报告时使用的，要求整体简洁大方，能配合院长的报告突出本年度工作的重点和亮点。

(2) 可应用商务型和简约型相结合的演示文稿风格，会场空间大，人数多，场合正式。

步骤二：选择配色和模板

查找学院网站，收集学院 LOGO，确定本演示文稿的主色调为蓝、白、红三种颜色。根据这样的配色，可以选择直接应用 PowerPoint 2010 系统自带的主题模板，也可以到搜索网站或专门的 PPT 网站如锐普 PPT 搜索并下载这类模板，借鉴应用或直接套用。此处应用在线模板库中的模板，具体操作如下。

(1) 选择"设计"→"在线模板"→"模板库"，出现"背景模板"对话框，在"全部背景模板"列表中选择"扁平化"类型，如图 5-29(a)、图 5-29(b)所示。

(2) 选择"背景模板"图表列表中的一行三列模板，出现预览窗口，单击右下角的按钮，套用此模板，如图 5-29(c)所示。

(3) 选择"设计"→"页面设置"，在"页面设置"对话框中，在"幻灯片大小"下拉列表中，选择"全屏显示(16∶10)"，如图 5-30 所示。

提示：如果没有在线模板，可直接应用系统自带的主题模板"聚合"。也可以通过母版视图，对其进行修改设计。

（二）构思逻辑，搭建基本框架

(1) 根据年度工作总结报告文字内容，分析报告内容整理出纲目结构，画出基本结构图，如图 5-31 所示。

(2) 搭建 PPT 基本框架。

① 将光标定位到工作区左侧幻灯片缩略图中标题幻灯片的下方，按 Enter 键插入新的幻灯片，先插入 7 张，用来存放一级模块的标题，并在标题页"单击此处添加标题"处单击，输入标题。

② 在目录和正文页"单击此处添加标题"处单击输入各一级模块标题。

③ 搭建好框架的幻灯片浏览视图，如图 5-32 所示。

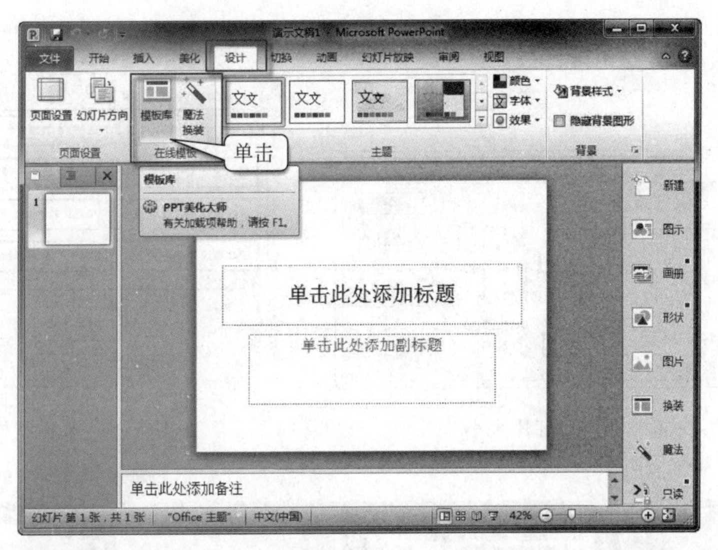
演示文稿1 - Microsoft PowerPoint
文件
开始
插入
美化
设计
切换
动画
幻灯片放映
审阅
视图
页面设置
幻灯片方向
模板库
魔法换装
背景样式
隐藏背景图形
页面设置
在线模板
主题
背景
单击
模板库
PPT美化大师
有关加载项帮助，请按 F1。
单击此处添加标题
单击此处添加副标题
单击此处添加备注
新建
图示
画册
形状
图片
换装
魔法
只读

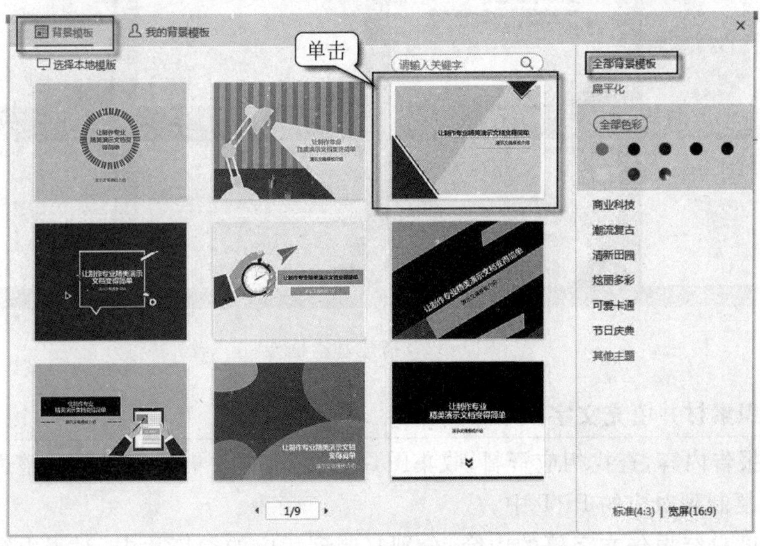
背景模板
我的背景模板
选择本地模板
单击
请输入关键字
全部背景模板
扁平化
全部色彩
商业科技
潮流复古
清新田园
炫丽多彩
可爱卡通
节日庆典
其他主题
1/9
标准(4:3) | 宽屏(16:9)

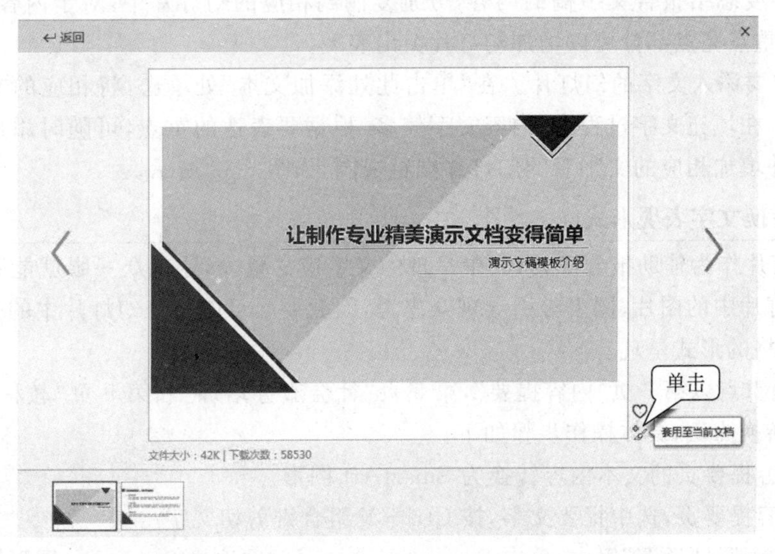
返回
让制作专业精美演示文档变得简单
演示文稿模板介绍
单击
套用至当前文档
文件大小：42K | 下载次数：58530

图 5-29　套用在线模板

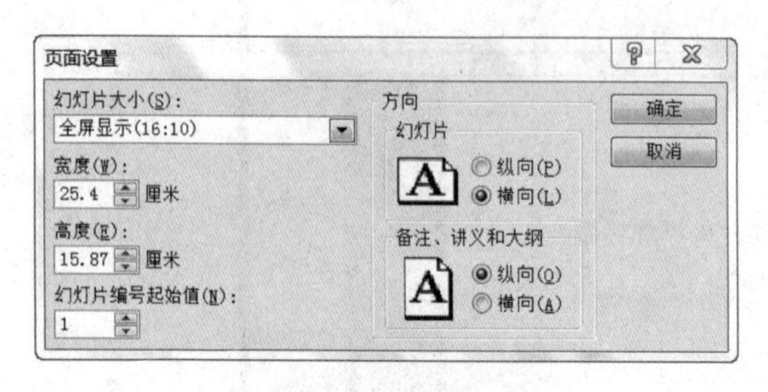

图 5-30 设置幻灯片大小

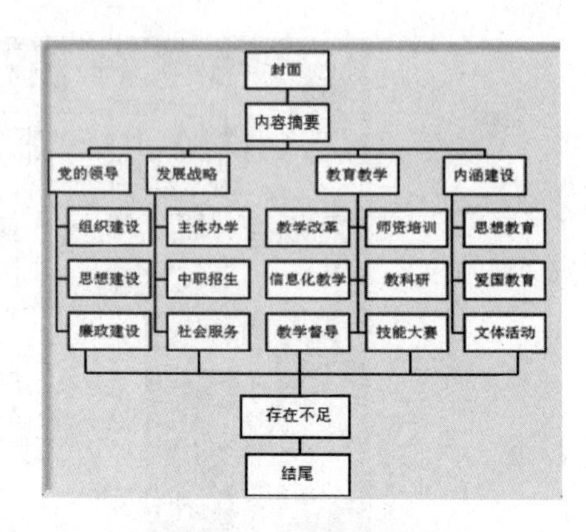

图 5-31 基本结构图

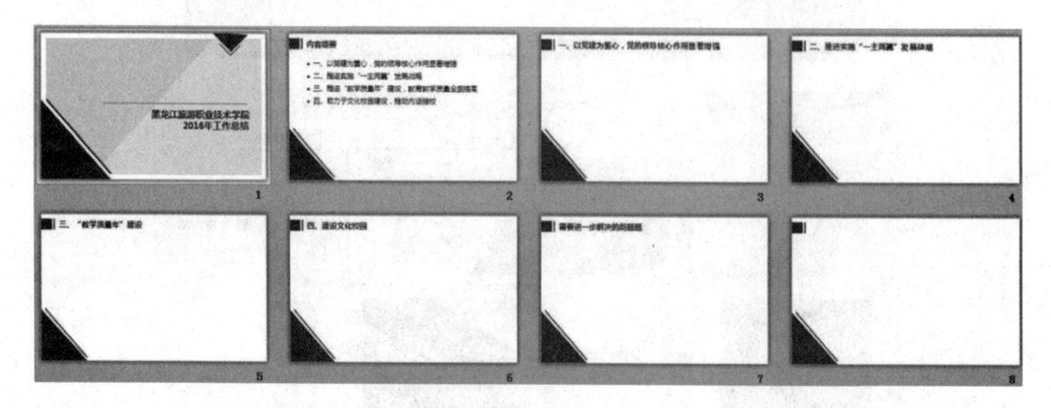

图 5-32 搭建基本框架

（三）组织素材并填充文字

(1) 根据报告内容，查找相应资料，收集图片素材，根据收集到的资料调整逻辑框架，将找到的素材分类复制到对应的 PPT 中。

(2) 将年度总结报告文字稿的内容，分别复制到相应的幻灯片中，对于内容多的，可以归纳提炼，对于重点亮点部分可以增加幻灯片突出表现。

(3) 确定要添入文字的幻灯片。在“单击此处添加文本”处单击，将相应的文字复制到各张幻灯片中。在填充文字过程中，内容文字较多，根据要表达的重点，可随时添加幻灯片。经过整理归纳并填加相应的文字后的幻灯片浏览视图，如图 5-33 所示。

（四）转换文字表现形式

(1) 幻灯片作为辅助报告工具，其中呈现的文字应尽量少，让观众一眼就能看到重点。并期望通过幻灯片中的图片、图表等引导观众思考，因此要尽可能地将幻灯片中的文字转换成图片、图表或表格的形式呈现。

(2) 下面重点以第 2 页“内容提要”，第 5 页“社会服务培训”和第 9 页“教科研工作”等幻灯片文字的转换为例，具体操作步骤如下。

① 将内容提要页的文本内容转换为 SmartArt 图形。

② 在内容提要页，选中提要文字，按 Ctrl+X 组合键剪切文字。

③ 在“插入”→“插图”组中，单击 SmartArt 命令，打开“选择 SmartArt 图形”对话框。

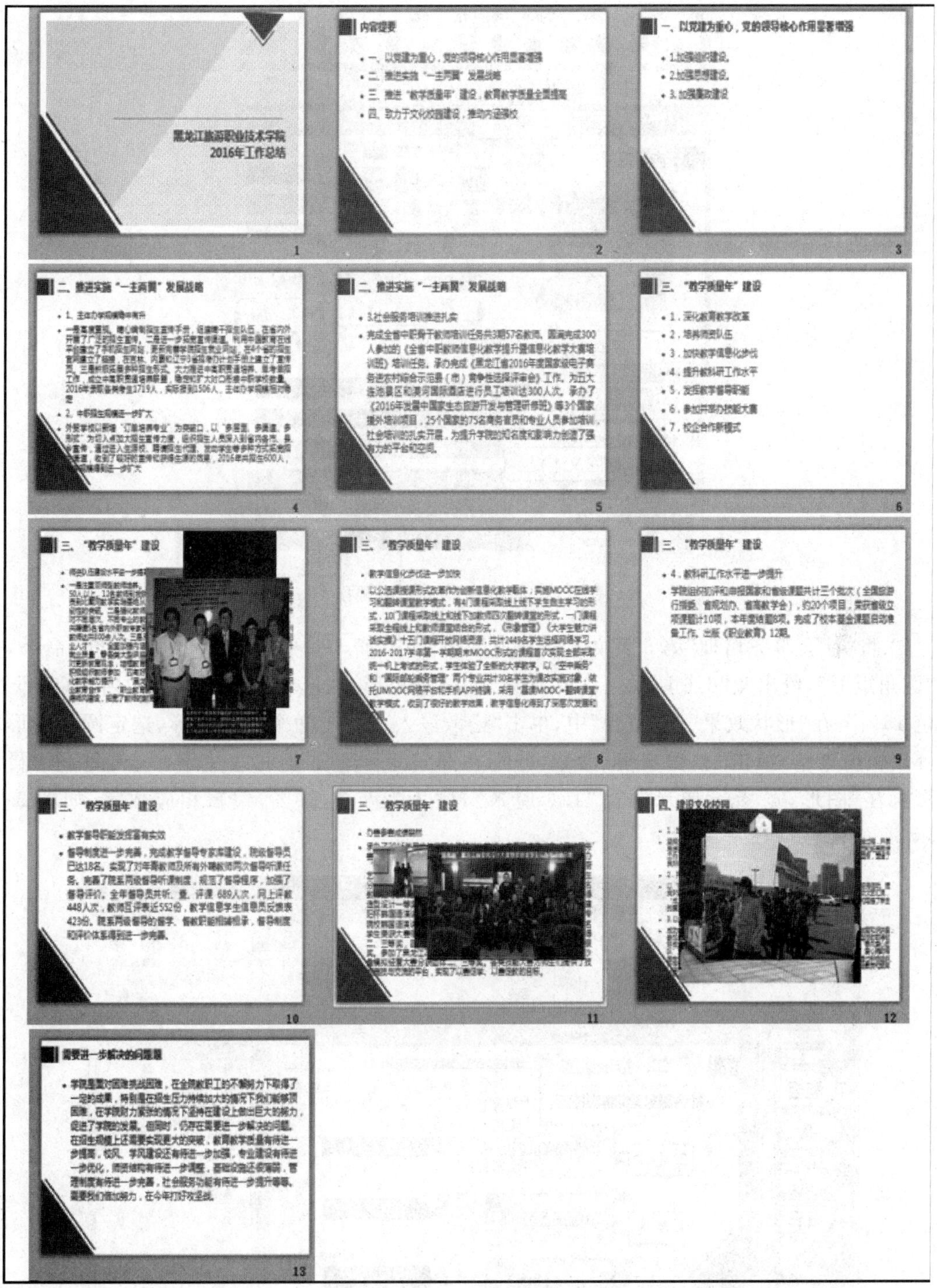

图 5-33　填充文字

④ 选择“列表”类型中的“垂直曲形列表”样式，单击“确定”按钮。

⑤ 在文字框中按 Ctrl＋V 组合键粘贴提要文字，将文字颜色设置为白色，并删除多余的“文本”提示，如图 5-34 所示。

⑥ 选中图形，在“SmartArt 工具”→“设计”→“SmartArt 样式”组中，为其应用“优雅”样式。

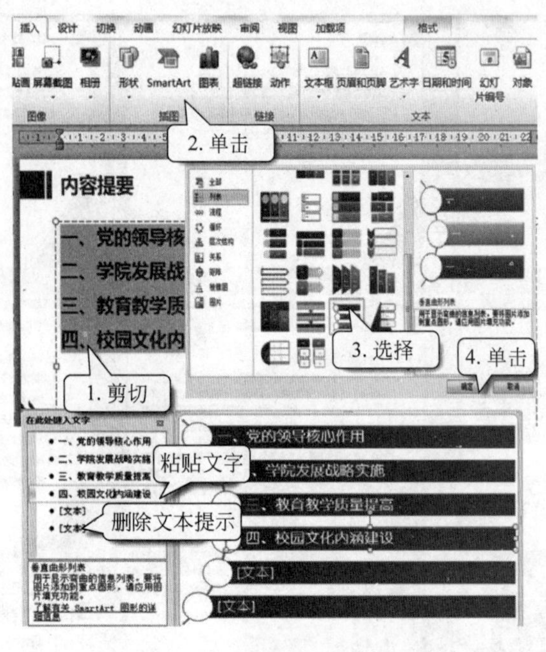

图 5-34　内容提要页文字转换

⑦ 将“社会服务培训”第 5 页文字转换成图形。在“插入”→“插图”中单击“形状”命令，选择“圆角矩形”，绘出宽“6.6 厘米”、高“3 厘米”的圆角矩形。“形状填充”颜色为“白色，背景 2，深色 15%”，在“形状效果”→“棱台”中，单击“松散嵌入”，复制两个圆角矩形，选定圆角矩形右击弹出快捷菜单，单击“编辑文字”命令，分别在圆角矩形上加上相应文字。绘制一个“圆角矩形标注”图形，宽“5.6 厘米”，高“1.6 厘米”，颜色为灰色 80%，编辑相应数字，如图 5-35 所示。

图 5-35　“社会服务培训”页文字转换、绘制图形

⑧ 将“教科研工作”第 9 页文字转换为图表。在第 9 张幻灯片上，选择“插入”→“插图”→“图表”→“柱形图”→“簇状柱形图”→“确定”，在弹出的数据表中输入数据，如图 5-36 所示。

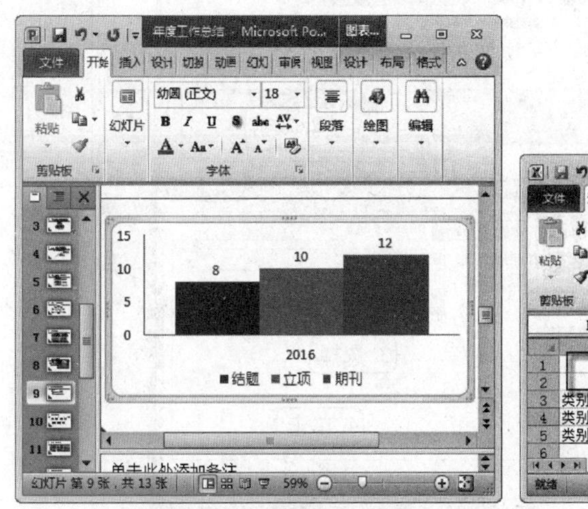
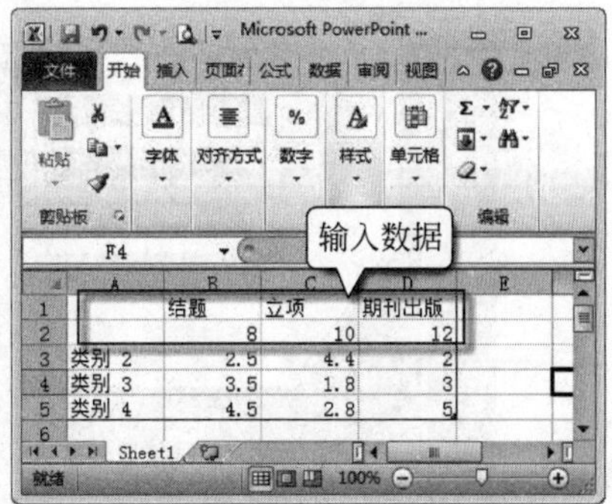

图 5-36 “教科研工作”页文字转换图表

⑨ 关闭图表窗口，在幻灯片窗口中选中图表，单击“图表工具”→“设计”→“图表布局”组，应用布局样式 4。

（五）制作并测试动画

为幻灯片中需要突出或强调的对象设置动画效果，以第 2 页“内容提要”、第 5 页“社会服务培训”和第 9 页“教科研工作”为例。

步骤一：为第 2 页“内容提要”添加动画

(1) 选择第 2 页中的 SmartArt 图形，在“动画”→“高级动画”组中，单击“更多进入效果”命令，选择“华丽型”动画“曲线向上”，单击“确定”按钮，如图 5-37 所示。

图 5-37 内容提要页动画

(2) 打开动画窗格，双击刚刚添加的动画，在“SmartArt 动画”选项卡，选择组合图形为“逐个”，单击“确定”按钮，如图 5-38 所示。

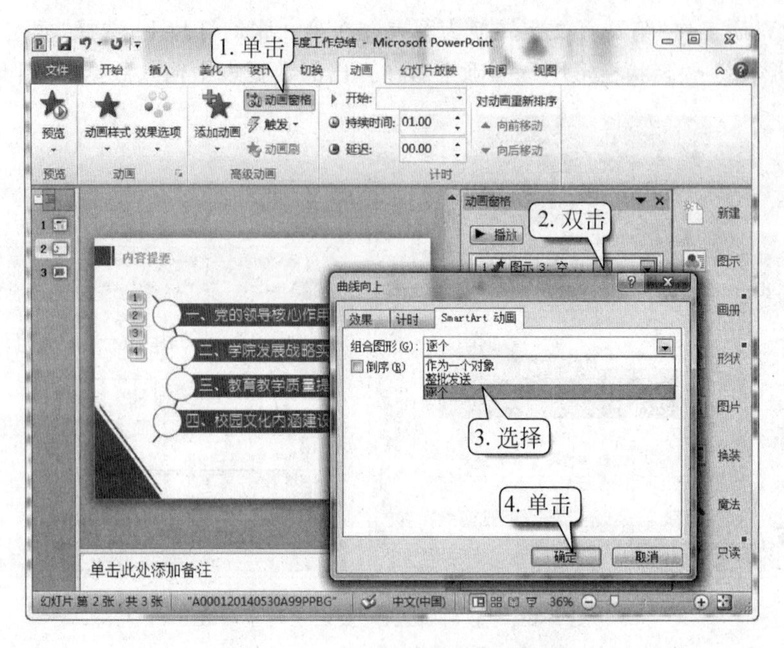

图 5-38　动画效果选项设置

(3) 设置全部动画“与上一动画同时”开始，单击动画下方的“单击展开内容”按钮，展开显示组动画，拖动时间块位置调整动画播放顺序，选中第一个动画(即弧线的动画)，在“动画”组中，修改动画效果为“淡出”，如图 5-39 所示。

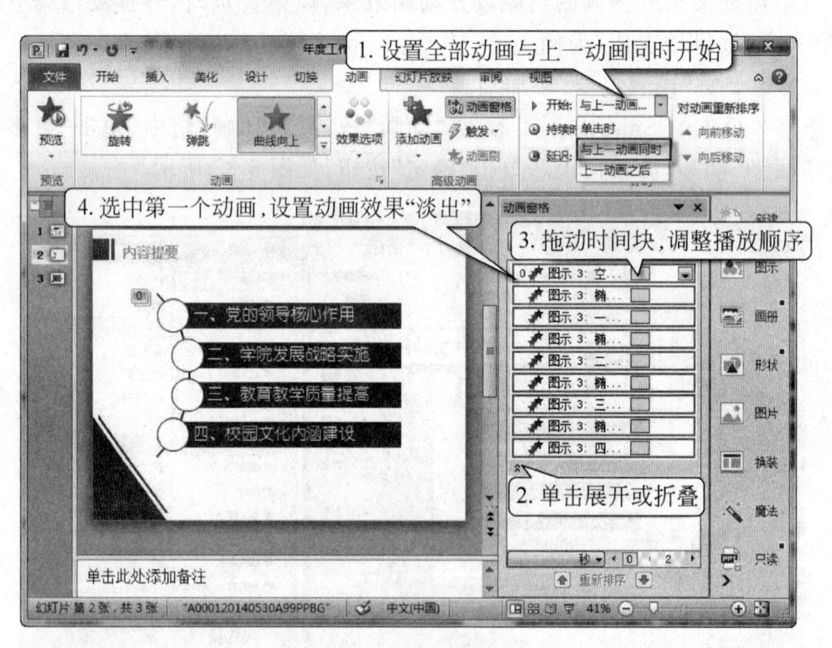

图 5-39　动画计时设置

步骤二：为第 5 页添加动画

选择第 5 页的第一个圆角矩形，设置动画效果为“浮入”，单击第一个圆角矩形，双击“动画刷”按钮，光标变成带刷子的箭头，按照设计的播放顺序逐个刷其他的图形，复制刚才设置的动画效果，如图 5-40 所示。

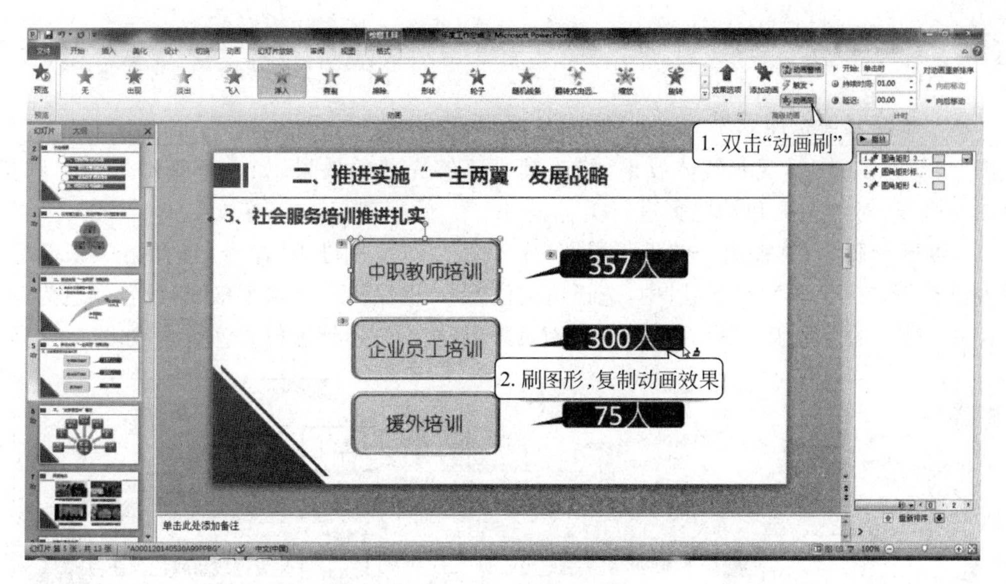

图 5-40　复制动画效果

提示：在没有选定已设置完动画效果的对象之前，“动画刷”按钮是不可用的灰色显示状态。在选定要复制动画效果的对象后，“动画刷”才可用。“动画刷”单击一次只能更改一次动画设置，而双击“动画刷”，就可以一直更改下去，需要退出时，按 Esc 键或单击页面空白处均可。

步骤三：为第 9 页“教科研工作”添加动画

(1) 设置标题动画效果为从右侧“飞入”。

(2) 选择第 9 页的图表，为图表添加“擦除”动画，双击打开“效果选项”对话框，设置图表动画为“按系列中的元素”，单击“确定”按钮，如图 5-41 所示。

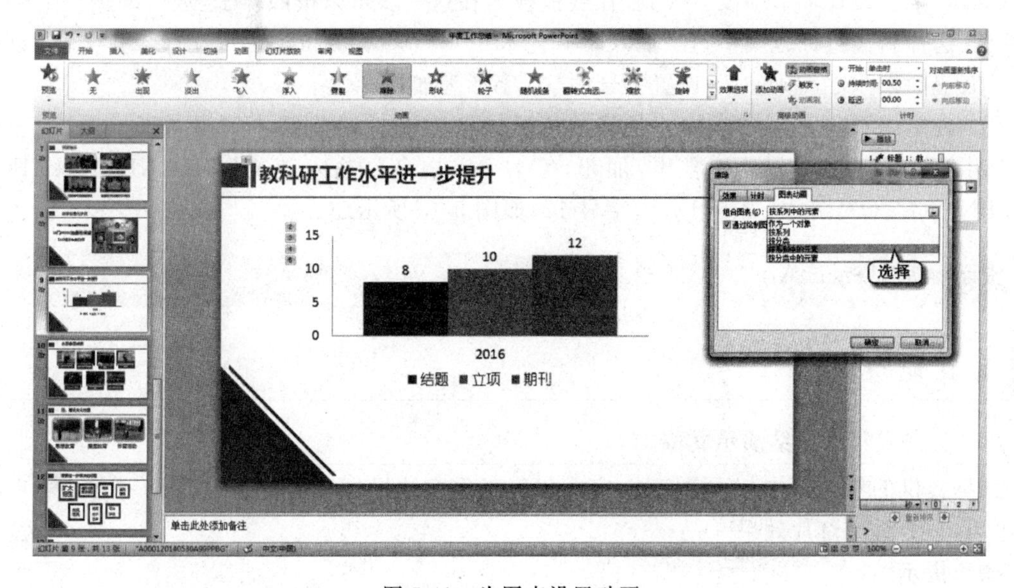

图 5-41　为图表设置动画

提示：使用动画刷功能，可将第 2 页曲线向上动画效果复制到其他幻灯片中的各个对象。

（六）修改完善整体效果

按 F5 键从头放映，观看整体效果，修改其中不够完善的效果，如为每张幻灯片标题位置下边加一横线，对封面页和结尾页进行美化设计。

(1) 编辑母版。在“视图”→“母版视图”中，单击“幻灯片母版”命令，选择第一张母版，在标题占位符下，在“插入”→“形状”中，选择/，按住 Shift 键画出一条水平横线，设置颜色为蓝色，粗细为 1.5 磅。关闭母版视图，可见除了封面页外，每张幻灯片都出现蓝色横线，如图 5-42 所示。

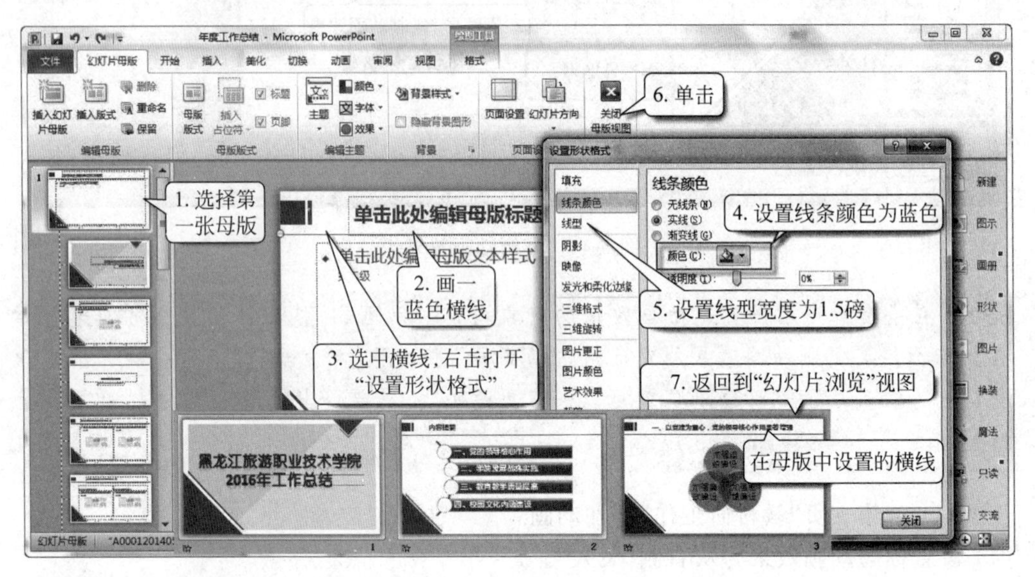

图 5-42　编辑母版

(2) 如果在设计环节中没有找到“在线模板”，在这一步可以按照样子，进行编辑。

(3) 选择封面页标题文字，在“插入”→“艺术字”→“艺术字样式”中，选择 4 排 5 列“渐变填充—靛蓝，强调文字颜色 4”，设置字号为 54，字形为加粗。

(4) 在结尾页，画出一个高 5.7 厘米的矩形，填充颜色为浅蓝色，插入文本框，在文本框内输入“谢谢聆听”，字体：微软雅黑，加粗，字号 40，白色。输入英文“THANK YOU FOR LISTENING TO”，字体：Broadway，字号 12，如图 5-43 所示。

提示：所有 SmartArt 图形，都选用优雅型。

E 技能提升

（一）完成年度总结演示文稿

根据提供的年度工作总结文字稿，完成年度工作总结报告演示文稿的第 2～4 页、第 6～8 页、第 10～12 页幻灯片效果。

操作提示：

(1) 本演示文稿中多次用到 SmartArt 图形。

(2) 第 3 页“党的领导”应用的是“基本维恩图”。

图 5-43 结尾页

(3) 第 4 页“发展战略—主体办学”应用的是“向上箭头”。

(4) 第 6 页“教学质量年建设”应用的是“聚合射线”。

(5) 第 10 页“办赛参赛成绩”应用的是“蛇形图片题注列表”。

(6) 第 12 页“内涵建设”应用的是水平图片列表,来表现相关内容要点。

(二) 完成工作计划和目标演示文稿

完成“2017 年工作计划和目标”演示文稿,根据提供的“2017 年工作计划和目标”文稿,请为汇报人制作一份汇报用的演示文稿,要求主题突出,报告思路明晰、严密;用图、表、文字的形式表达,尽量少用文字,注意选择适当的模板和字体;文字简洁、色彩搭配协调、动画效果生动合理。

操作提示:

(1) 在 PPT 演示文稿中,需要想尽办法将文字简化。

(2) 删除不必要的文字,留下必不可少的文字。

(3) 尽可能地将文字转换为图片、图形、图表、表格等,实在不能转换的文字则尽量地将其设计得规整、美观。

任务 3 制作学院形象宣传片

A 任务展示

为了更好地宣传学院,树立形象,学院领导决定在大屏幕上动态展示学院信息。李林接受了这个任务,计划用 PPT 制作一份质量高且成本低的学院形象宣传演示文稿。

利用 PPT 制作学院或公司形象宣传演示文稿,可以很好地弥补静态平面画册缺乏动感和投资成本极高的视频宣传片缺乏互动的不足,既可以自动播放展示,也可以根据内容进行讲解,可以逐页介绍,也可以选择性介绍,还可以很好地与观众互动。下面是完成后的静态画面,如图 5-44 所示。

图 5-44　学院形象宣传片静态画面

B 教学目标

（一）技能目标

（1）能够设置幻灯片目录页、合理应用幻灯片母版对幻灯片进行整体设计。

（2）能够设置组合动画以及背景音乐。

（3）能够设置幻灯片的放映方式。

（二）知识目标

（1）了解演示文稿的切换方式。

（2）知道在演示文稿播放时如何选择鼠标指针的效果，以及什么是切换幻灯片。

（3）掌握幻灯片输出格式。

C 知识储备

（一）幻灯片放映方式

演示文稿设计和制作完成后，还需要选择合适的放映方式，添加一些特殊的播放效果，并控制好放映时间，才能得到满意的放映效果。

根据演示文稿性质的不同，放映方式的设置也可以不同，设置放映方式可以设置放映类型、放映幻灯片的范围以及换片方式。

设置放映方式的方法是，在“幻灯片放映”→“设置”中，单击“设置幻灯片放映”按钮，打开“设置放映方式”对话框，如图 5-45 所示。

（1）选择放映类型。在 PowerPoint 2010 中，提供了三种放映类型：演讲者放映（全屏幕），观众自行浏览（窗口）和在展台浏览（全屏幕）。

① 演讲者放映（全屏幕）：以全屏幕的状态放映文稿，在放映过程中，演讲者具有完全的控制权，可手动切换幻灯片和动画效果，也可暂停或添加会议细节等，还可以在放映过程中录下旁白。

② 观众自行浏览（窗口）：以小窗口形式放映文稿，在放映过程中可利用滚动条、Page Down 键、Page Up 键对放映的幻灯片进行切换，但不能通过单击放映，可以对幻灯片进行统

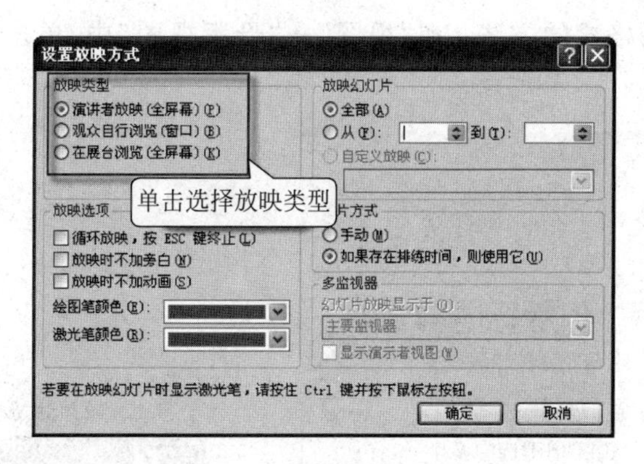

图 5-45 “设置放映方式”对话框

一操作，例如移动、复制、编辑和打印幻灯片。

③ 在展台浏览(全屏幕)：是放映类型中最简单的一种，不需要人为控制，系统将自动全屏循环放映演示文稿。这种放映方式可以通过单击幻灯片中的超链接和动作按钮进行切换幻灯片，不可以单击切换，按 Esc 键结束放映。一般在展示产品时使用这种方式，适用于展览会议或会场。

(2) 设置放映范围。幻灯片放映时可以只播放部分幻灯片，当设置完范围后，会按照设定的范围播放。PPT 提供了三种范围：“全部”，“从…到…”和“自定义放映”。

(3) 设置放映选项。选中“循环放映，按 Esc 键终止”复选框则在放映完最后一张幻灯片后，会再次从第一张幻灯片开始放映，要终止按 Esc 键；选中“放映时不加旁白”复选框则放映时不播放旁白，但并不删除旁白；选中“放映时不加动画”复选框则放映时不播放对象所加的动画效果，但并不删除动画效果；“绘图笔颜色”是指放映幻灯片书写文字时笔的颜色。

提示：启动放映的方法：①在“幻灯片放映”→“开始放映幻灯片”中，单击“从头开始”或“从当前幻灯片开始”按钮；②按 F5 键；③按快捷键 Shift＋F5；④单击“幻灯片放映”按钮。

（二）在幻灯片中添加页眉和页脚

添加页眉和页脚的方法：①在“插入”→“文本”中，单击“页眉和页脚”；②在“插入”→“文本”中，单击“插入幻灯片编号”；③在“插入”→“文本”中，单击“日期和时间”。具体设置如图 5-46 所示。

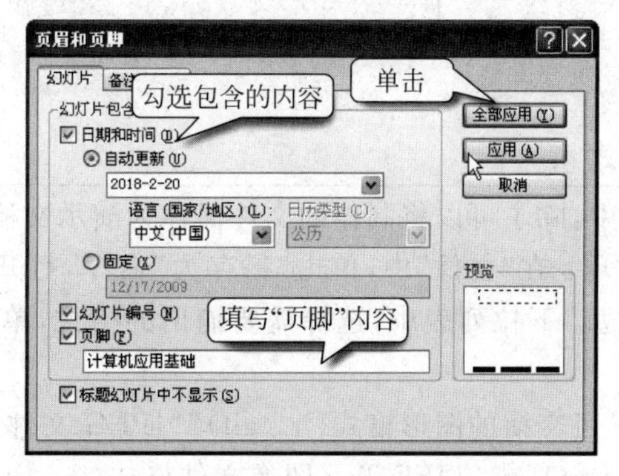

图 5-46 “页眉和页脚”对话框

设置页眉和页脚的格式的方法：在“视图”→“母版视图”中，单击“幻灯片母版”，切换至“幻灯片母版”视图，如图 5-47 所示。

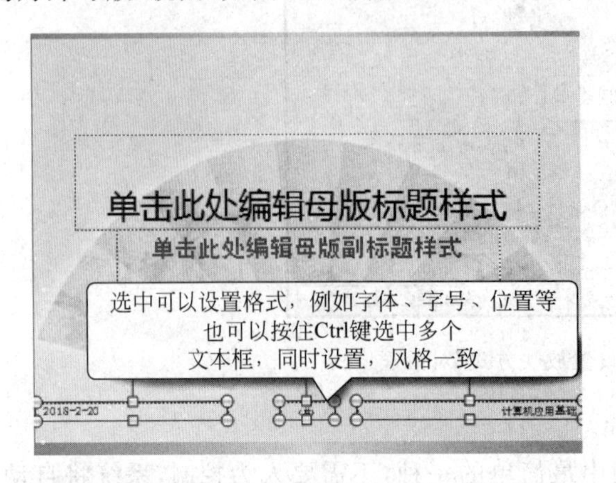

图 5-47　使用幻灯片母版设置页眉和页脚格式

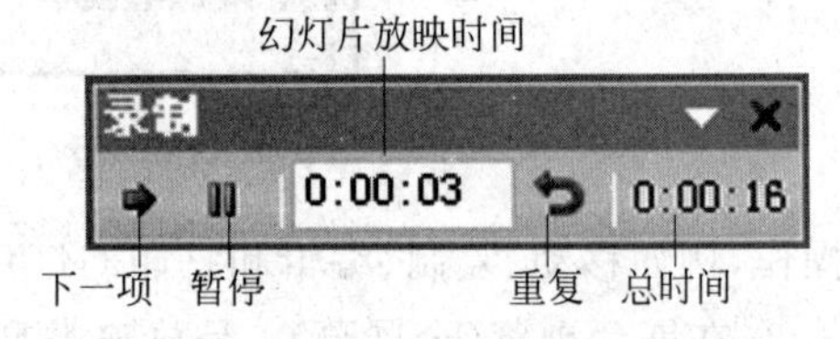

图 5-48　录制工具

（三）排练计时

在每张幻灯片上所有的时间将被记录下来，可以保存这些计时，以后将用于自动运行放映。设置排练计时方法：在“幻灯片放映”→“设置”中，单击“排练计时”，弹出“录制”工具栏，如图 5-48 所示。

反复单击“下一项”按钮，放映下一个动画或换片。

（四）创建超级链接

在 PowerPoint 中，超链接可以是从一张幻灯片到同一演示文稿中另一张幻灯片的链接，也可以是从一张幻灯片到不同演示文稿中另一张幻灯片、到电子邮件地址、网页或文件的链接。

创建超链接，可以将文本或图片、图形、形状或艺术字等对象作为超链接。下面以同一演示文稿中的幻灯片为例，操作步骤如下。

(1) 在“普通”视图中，选择要用作超链接的文本或对象，在“插入”→“链接”中，单击“超链接”，在“链接到”下，单击“本文档中的位置”。

(2) 链接到当前演示文稿中的幻灯片，在“请选择文档中的位置”下，单击要用作超链接目标的幻灯片。

提示：如果想链接到当前演示文稿中的自定义放映，在“请选择文档中的位置”下，单击要用作超链接目标的自定义放映，选中“放映后返回”复选框。

（五）幻灯片输出格式

在 PowerPoint 2010 中，除了可以将制作的文件保存为演示文稿，还可以将其输出成其他多种格式。操作方法很简单：在“文件”中，单击“另存为”命令，打开“另存为”对话框，选择文件的保存位置，在“保存类型”下拉列表中，选择需要输出的格式，单击“保存”按钮。下面是 4 种常见的输出格式。

(1) 图片。选择“GIF 可交换的图形格式(＊.gif)”“JPEG 文件交换格式(＊.jpg)”“PNG 可移植网络图形格式(＊.png)”或“TIFF Tag 图像文件格式(＊.tif)”选项，单击“保存”按钮，根据提示进行相应操作,可将当前演示文稿中的幻灯片保存为一张对应格式的图片。如果要在其他软件中使用,还可以将这些图片插入到对应的软件中。

(2) 视频。选择“Windows Media 视频(*.wmv)”选项,将演示文稿保存为视频,如果将演示文稿进行了排练计时,则保存的视频将自动播放这些动画,保存为视频文件后,文件播放的随意性更强,不受字体、PowerPoint 版本的限制,只要计算机中安装了视频播放软件,就可以播放,这对于一些需要自动展示演示文稿的场合非常实用。

(3) 自动放映的演示文稿。选择“PowerPoint 放映(*.ppsx)”选项,将演示文稿保存为自动放映的演示文稿,以后双击该演示文稿将不再打开 PowerPoint 2010 工作界面,可以直接启动放映模式,开始放映幻灯片。

(4) 大纲文件。选择“大纲/RTF 文件(*.rtf)”选项,可将演示文稿中的幻灯片保存为大纲文件,生成的大纲 RTF 文件中将不再包含幻灯片中的图形、图片以及插入到幻灯片文本框中的内容。

(六) 页面设置

页面设置:在“设计”→“页面设置”中单击“页面设置”,打开“页面设置”对话框,如图 5-49 所示。

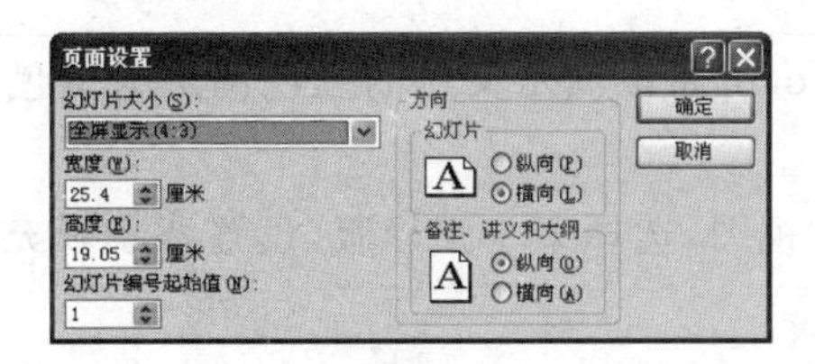

图 5-49 幻灯片页面设置

在“页面设置”对话框中,可以设置幻灯片大小、自定义宽度和高度、起始编号、方向等。

(七) 打包与打印

对演示文稿打包,可以避免遗漏超链接的文件或者本机安装的特殊字体,打包演示文稿的方法:在“文件”→“保存并发送”→“将演示文稿打包成 CD”中,单击“打包成 CD”按钮,弹出“打包成 CD”对话框,如图 5-50 所示,在“打包成 CD”对话框中,单击“复制到文件夹”按钮,出现“复制到文件夹”对话框,如图 5-51 所示。

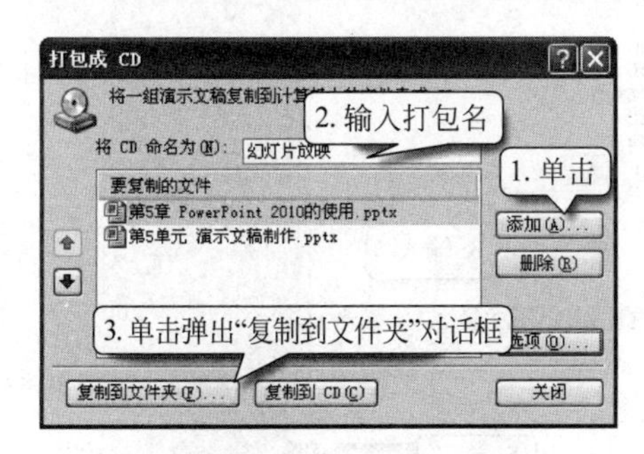

图 5-50 “打包成 CD”对话框

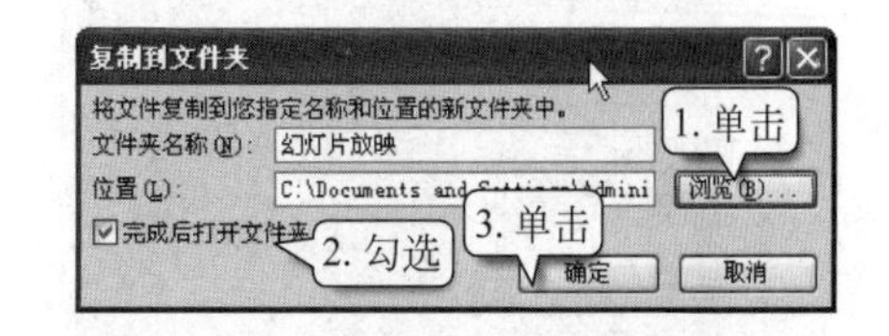

图 5-51 “复制到文件夹”对话框

在弹出的“复制到文件夹”对话框中,单击“浏览”按钮,选择存储位置,勾选“完成后打开文件夹”复选框,单击“确定”按钮,开始打包,完成后以备播放。要想将已经打包的演示文稿安装在其他计算机上进行播放，首先要将打包好的文件夹复制到计算机中，运行文件夹中的 PowerPoint 播放器文件 pptview. exe，然后选择需要播放的文件。打印幻灯片的方法是在“文件”中，单击“打印”，打开打印窗口，左窗格可以设置打印份数、打印范围、打印机属性，也可以编辑页眉和页脚，右窗格可以预览演示文稿的效果，单击“打印”按钮，实现演示文稿中幻灯片的打印输出。

D 任务实现

（一）设计分析

（1）页面设置，一般情况下显示屏幕为宽屏，演示文稿页面大小设置为 16∶9 的长宽比例时显示效果最佳，可在“页面设置”对话框中设置。

（2）企业形象宣传演示文稿，代表着一个企业的实力、品牌和文化，要与企业 Logo、主题色、主题字、画册、网页等保持一致，要求制作精美、细致。企业的理念、历史、业绩、发展规划等都较抽象，需要综合应用图片、图表和动画等手段，实现可视化、直观化和形象化的表达效果。

（3）结合企业简介，收集素材。

（二）设置幻灯片母版

（1）根据提供的学院 Logo，将该演示文稿的主色调定为蓝色和红色，背景用蓝色渐变填充，在左上角放置学院 Logo。

（2）进入“幻灯片母版”视图，选择第一张母版，设置背景填充效果为默认的浅蓝色渐变，角度为“225°”。

（3）在左上角合适位置插入学院 Logo 标志，调整至合适大小，在“图片工具”→“格式”→“调整”中单击“颜色”命令，在下拉列表中单击“设置透明色”工具，设置背景色为透明，如图 5-52 所示。

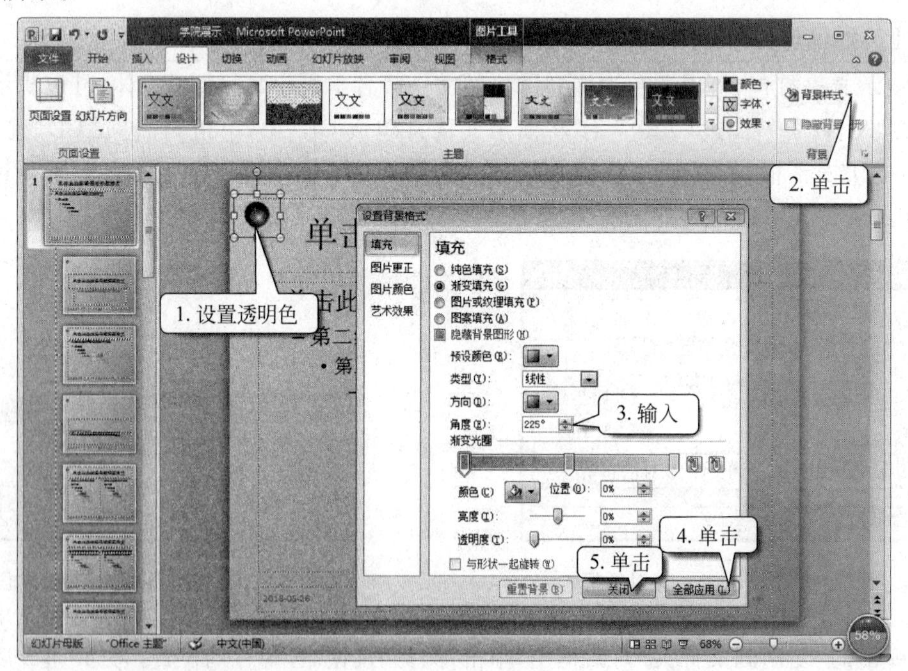

图 5-52 设置母版

(4) 关闭母版视图。

(三) 制作幻灯片首页

在普通视图下，插入学院大门图片，设置图片颜色为“茶色背景颜色 2，浅色”，置于底层，在标题占位符中输入文字“旅游职业技术学院”，文字设置如下：66 号、华文行楷、加粗，文本填充深蓝色，文本轮廓红色、粗细 3 磅。副标题占位符上输入拼音“lvyouzhiyejishuxueyuan”，文本轮廓为白色。插入 Logo 标志到合适位置，为各对象设置动画，如表 5-1 所示。

表 5-1 各对象的动画效果

播放顺序	对象	动画	效果选项	动画窗格
1		飞入(进入)	自左侧	0 图片 3 图片 6 标题 1: ... luyouzhiy... 图片 3 图片 6 标题 1: ... 1 标题 1: ... 图片 3 图片 6 标题 1: ... luyouzhiy... 图片 4
2		飞入(进入)	自右侧	
3	标题文字	飞入(进入)	自顶部	
4	拼音	飞入(进入)	自底部	
5		透明(强调)		
6		透明(强调)		
7	标题文字	脉冲(强调)		
8	拼音	脉冲(强调)		
9		消失(退出)		
10		消失(退出)		
11	标题文字	消失(退出)		
12	拼音	消失(退出)		

提示： 自动播放中所有动画的开始方式都不能单击，每个对象动画都要进行“与上一动画同时”或“上一动画之后”设置。

(四) 制作目录页

(1) 在首页后插入空白页，将默认的“标题和内容”版式更改为“空白”。

(2) 绘制一个长条矩形，填充为白色，透明度 60%，按住 Ctrl 键的同时拖动，复制一个，调整大小和位置，拼成一个▟形状。

(3) 插入图片，设置相同的 1.5 磅白色边框，调整成合适大小，利用“对齐”工具，将 4 张图片排列整齐。

(4) 利用单独的文本框插入 4 个标题，设置项目符号，另一个文本框插入 8 个燕尾形形状。

(5) 设置半透明矩形淡出的同时，4 张图片从 4 个角落以不同速度从一边飞入，再依次淡出。

(6) 设置燕尾形图标的动画为自左侧切入、到右侧切出、自左侧切入、重复闪烁两次，相应的标题动画为自左侧切入、重复闪烁两次，在上述动画后同时播放。

(7) 应用动画刷工具，设置其余的燕尾形图标和相应标题的动画，拖动时间块设置播放时间。

(8) 设置 4 张图片顺着进入的方向一边飞出，一边基本缩放(缩小)，同时半透明的矩形淡出，4 个标题到左侧切出，整体效果如图 5-53 所示。

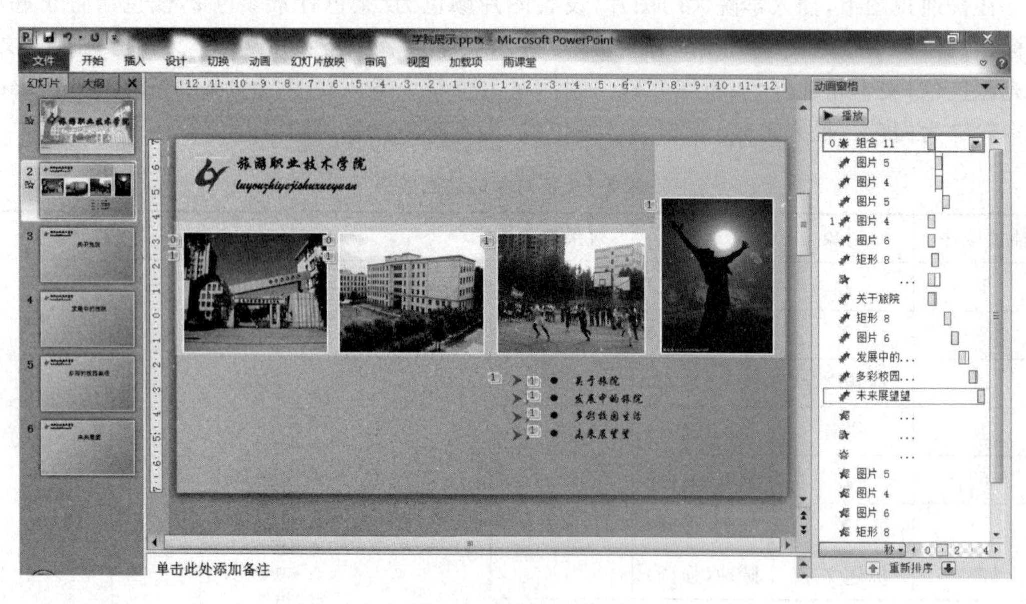

图 5-53　制作目录页

提示：该张幻灯片上可设置动画效果的对象有白色背景条、4 张图片、燕尾符和文本块，每个对象都进行进入、强调、退出三个部分的组合动画效果设置。通过计时，对每个动画的开始时间、持续时间、结束时间进行合理设置。

(五) 制作"关于旅院"页

将"关于旅游职业技术学院的概况"制作成形象直观的动画，完成的效果如图 5-54 所示。

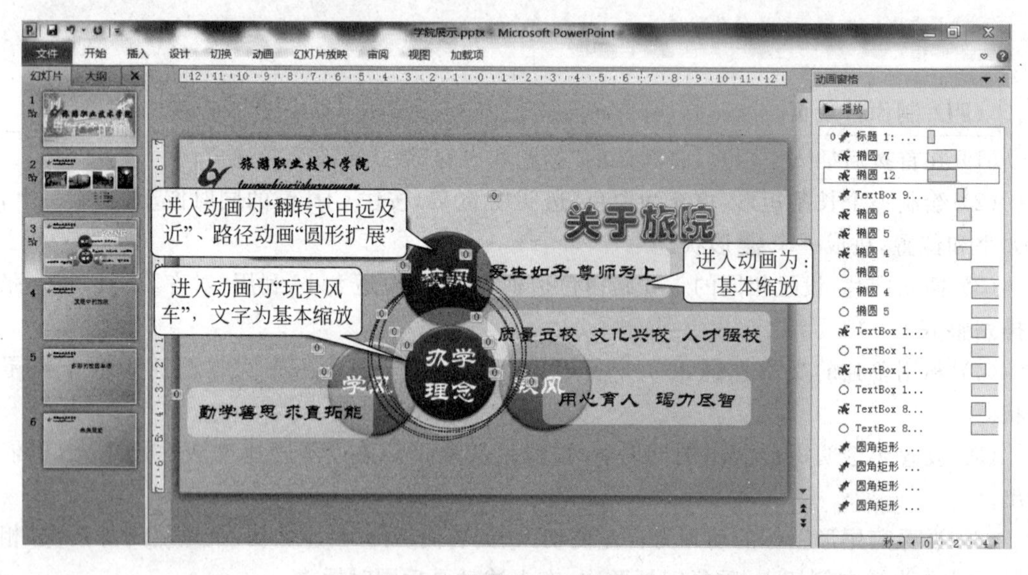

图 5-54　制作"关于旅院"页

具体操作步骤如下。

(1) 插入一空白页，在右上角位置绘制一个矩形，设置白色半透明渐变填充，如图 5-55 所示。

图 5-55　设置半透明渐变

(2) 在矩形上方插入包含标题的文本框，标题字体为“华文琥珀”，艺术字效果为“填充红色，强调文字颜色 2，粗糙棱台”。

(3) 选择椭圆形状工具，按住 Shift 键绘制一个圆形，设置形状样式为“强烈效果—红色，强调颜色 2”。在形状中编辑文字，输入所需文字。

(4) 按住 Ctrl 键拖动设置好的圆形，复制三个圆形，放置到合适位置，修改形状样式和其中文字。由于中间圆上的文字需要设置不同的动画，需用另外的文本框插入。

(5) 类似地绘制一个圆形，设置白色半透明填充，调整图形层次，置于中间圆形的下方，其余圆形的上方。

(6) 为中间半透明圆和中间蓝色圆设置进入动画为玩具风车，“旅游学院”为基本缩放(从屏幕中心放大)。

(7) 为“校风”圆先设置进入动画“翻转式由远及近”，再设置路径动画“圆形扩展”，圆形路径应尽量调整为正圆形，然后应用动画刷工具为“教风”圆和“学风”圆设置一样的动画效果。

(8) 调整“教风”圆和“学风”圆的圆形路径重合，并调整起始位置，边观看边修改直至满意。

(9) 选中 5 个圆及中间的文字，一起设置向左运动的直线路径，使对象一起移动到左侧。

(10) 绘制一个圆角矩形，设置半透明填充，输入文字，复制三个，修改文字，调整位置。

(11) 设置 4 个圆角矩形均从移动后的中间蓝色圆中心位置放大、淡出并移动到所在位置，调整动画时间。

(六) 制作“技能培养”页

(1) 拖动第 3 页幻灯片时按住 Ctrl 键，复制该页幻灯片，修改标题文字，若文本框不够大，可适当拉大，注意文本的整体右对齐。

(2) 删除正文对象，插入两张实训室的图片，并列排序，大小尺寸调整成一致。为图片应用样式“简单框架—白色”。

(3) 在第1张图片下方插入文本框，填充颜色为浅蓝色，“渐变线性向右”。在文本框内输入与照片对应的文字“茶艺实训室”，文字设置为“华文隶书”，36号。

(4) 复制文本框，放在第2张图片下，修改其内容与照片相对应。

(5) 为第1张图片设置飞入动画效果，计时设置为“与上一动画同时”。持续时间为2.75。

(6) 用动画刷工具，对另一张图片和文本框设置一样的动画。调整时间，第2张图片与文本框持续时间为2.25，延迟为0.75，如图5-56所示。

图5-56 制作“技能培养”页

(7) 为第1张图片和文本框设置“飞出”退出动画效果，计时为“上一动画之后”。为第2张图片与文本框设置“飞出”，计时为“与上一动画同时”。

(8) 插入第3张与第4张图片，分别覆盖在第1、2张图片之上，应用“简单框架”样式。复制两个文本框，修改成与图片相对应的文字。

(9) 为第3张图片与文本框，设置飞入动画效果，计时设置为“上一动画之后”，第4张图片与文本框计时设置为“与上一动画同时”，延迟为0.5。

(七) 制作“多彩校园”页

(1) 复制第4页幻灯片，修改右上角的标题文字。

(2) 删除正文中的全部内容，绘制一个矩形，高5.8厘米，宽7.2厘米。设置内部右下角的阴影效果，复制两个。再绘制一个矩形，高4厘米，宽7.2厘米。同样设置上一个矩形，再复制两个。将6个矩形使用对齐工具整齐排列。

(3) 应用“绘图工具”→“形状填充”→“图片”工具，分别为矩形填充“篮球赛”“跳绳”等活动图片。

(4) 调节幻灯片显示比例为33%左右，同时选中6个矩形，按住Ctrl键将它们一起拖动并复制到幻灯片外围，调整位置使其排列错落有致，如图5-57所示。

(5) 设置幻灯片外的6个矩形均为基本缩放(缩小到屏幕中心)退出。

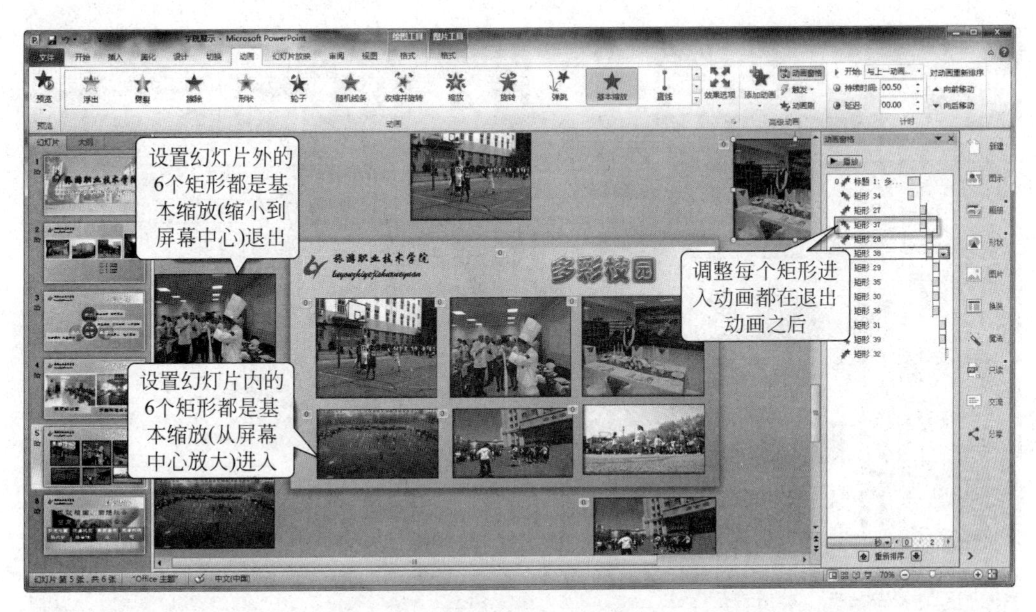

图 5-57　制作“多彩校园”页

(6) 设置幻灯片内的 6 个矩形均为基本缩放(从屏幕中心放大)进入。

(7) 调整每个矩形进入动画均在退出动画之后,动画开始时间和持续时间错落有致。

(八) 制作“未来展望”页

(1) 将显示比例调整回 80%左右,新建一张空白幻灯片,复制前面幻灯片中的标题文本框和半透明矩形框,修改标题文字。

(2) 绘制一个矩形块,设置形状样式,输入文字内容,复制形状,修改文字和样式颜色。

(3) 插入图片,设置柔化边缘 5 磅,调整图片大小和位置,将图片“置于底层”。

(4) 插入一个文本框,输入如图 5-58 所示的文字,设置字体字号、段落格式和艺术字样式。

(5) 设置文本框基本缩放(从屏幕底部缩小)进入,在效果选项中设置动画文本为“按字/词”。

(6) 设置图片进入动画为淡出、基本缩放(从屏幕中心放大),强调动画为放大/缩小(120%)。

(7) 设置 4 个矩形依次基本缩放(从屏幕底部缩小)进入,之后按直线路径向底部移动,如图 5-58 所示。

(九) 添加背景音乐和切换效果

(1) 选中首页,切换到“插入”→“媒体”组,单击“音频”命令,选择“文件中的音频”,选择背景音乐文件,单击“插入”按钮。

(2) 确认选中音乐图标,在“音频工具”→“播放”→“音频选项”中,选择“跨幻灯片播放”,勾选“放映时隐藏”和“循环播放,直到停止”复选框,如图 5-59 所示。

(3) 上移背景音乐到第 1 位,设置音乐播放开始时间为“与上一动画同时”,并拖动时间块到 0.0s 开始。同时选中第 3～6 页幻灯片,设置切换到此幻灯片的效果为“轨道”,并勾选“设置自动换片时间”复选框,设置时间为“00:06.00”即 6s;类似地,设置第 1～2 页幻灯片自动换片,时间为 0s,即动画播放结束即切换到下一页,如图 5-60 所示。

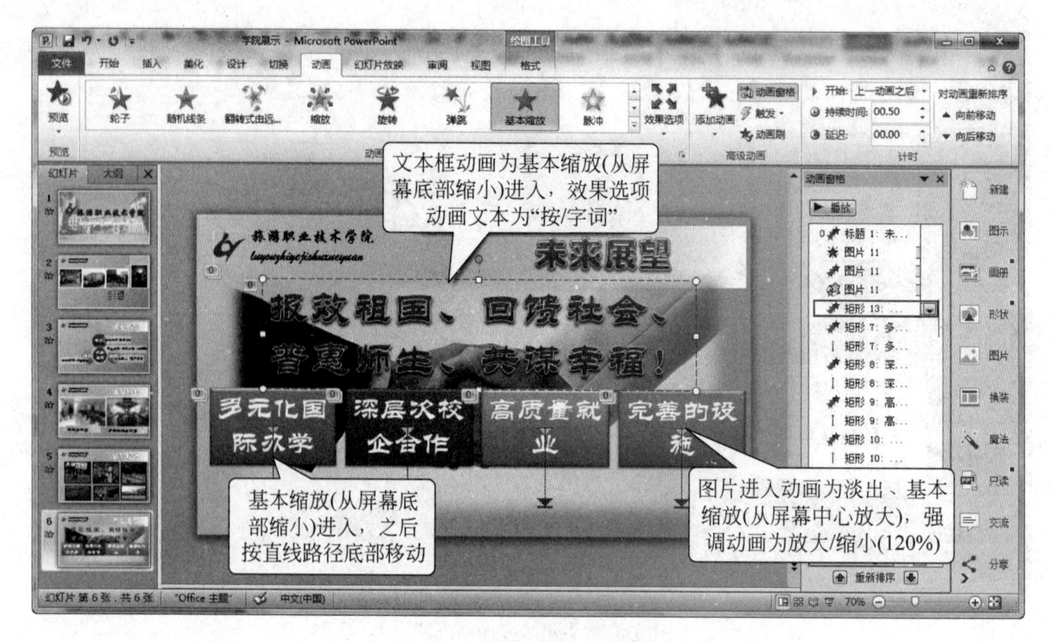

图 5-58　制作“未来展望”页

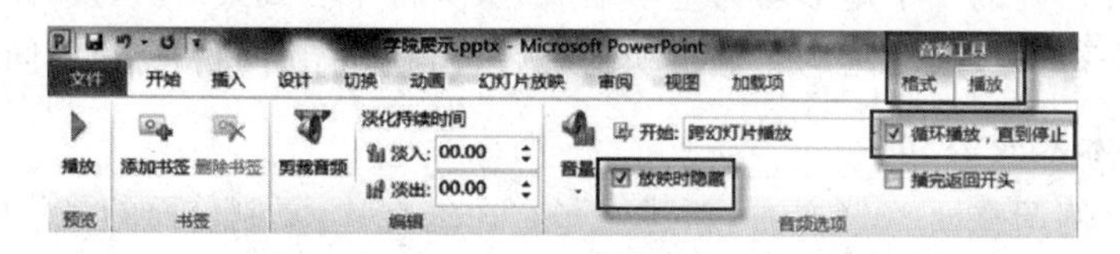

图 5-59　音频选项设置

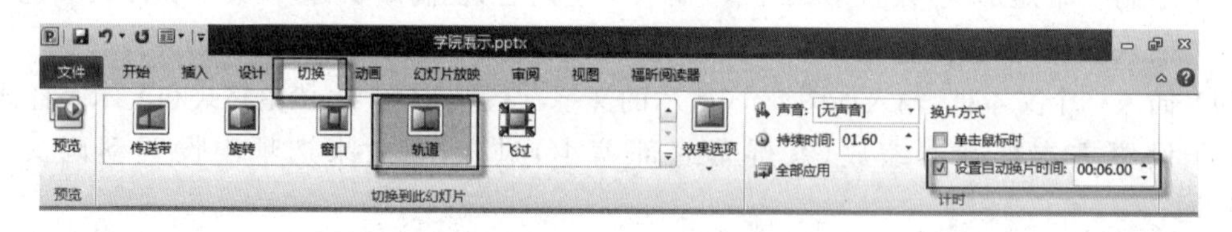

图 5-60　切换幻灯片效果设置

（十）设置放映方式

设置学院形象宣传演示文稿循环播放，并将其另存为放映模式，可直接进入放映视图。

(1) 单击“幻灯片放映”→“设置”→“设置幻灯片放映”，勾选放映选项“循环放映，按 Esc 键终止”复选框，单击“确定”按钮，如图 5-61 所示。

(2) 单击“文件”→“选项”→“保存”，勾选“将字体嵌入文件”复选框，选择“仅嵌入演示文稿中使用的字符(适于减小文件大小)”，单击“确定”按钮，如图 5-62 所示。

(3) 单击“文件”→“另存为”命令，在保存选项中选择“PowerPoint 放映(*. ppsx)”，确认文件路径和名称，单击“保存”按钮，生成演示文稿放映文件，双击打开即进入放映视图中。

E 技能提升

（一）制作宣传单位形象的演示文稿

搜集所在学校相关素材，制作宣传学校形象的演示文稿。要求有首页动画，内容完整，结

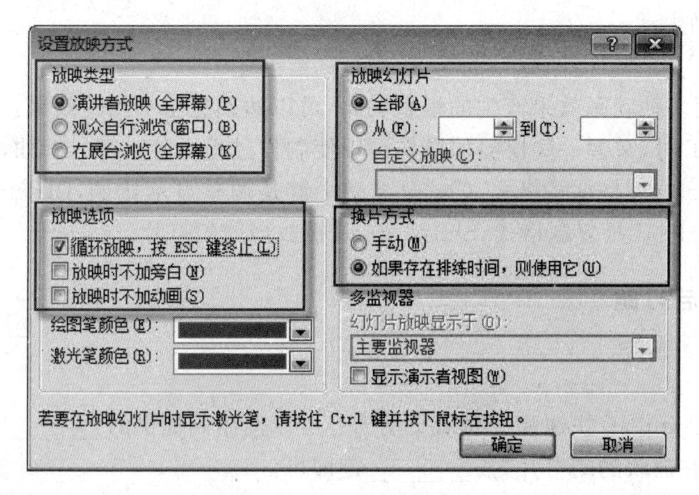

图 5-61　设置放映方式

图 5-62　设置字体嵌入方式

构清晰，动画精美。

操作提示：

(1) 制作学校形象宣传演示文稿重在设计、创意和动画。

(2) 配色与首页动画均可从学校 Logo 入手。

(3) 排版可参考学校招生简章、网站等。

(二) 制作宣传产品的演示文稿

为某公司制作一个专门宣传产品的演示文稿。基本要求为主题突出，配色协调，版面美观，结构完整，动画生动。

操作提示：

(1) 综合应用多种动画效果产生的组合动画，可以达到意想不到的效果。

(2) 制作PPT时，掌握一些快捷的操作可以使制作过程更胜一筹。例如，Ctrl＋拖动是复制对象，Shift＋Ctrl＋V是粘贴格式，Ctrl＋滚动中键是调整显示比例，Ctrl＋Alt＋V是选择性粘贴，Shift＋Ctrl＋C是复制格式，Shift＋F5是播放当前幻灯片。

课后习题

一、填空题

1. 在PowerPoint中，快速建立演示文稿内容可以使用其提供的________。

2. 要停止正在放映的幻灯片，按________键即可。

3. 若为幻灯片中的对象设置动画，可使用预设动画或________命令。

4. 若想向幻灯片中插入影片，应选择________功能区________命令组________命令。

5. 若想更改幻灯片的布局，可以在“开始”→“幻灯片”中，选择________命令。

6. 在PowerPoint的“设置背景格式”对话框中，其设置对背景的填充包括：纯色填充、渐变填充、图片或纹理填充、________填充，以及隐藏背景图形等操作。

7. 可以修改幻灯片颜色外观的方法有：背景样式和________。

8. 幻灯片层次结构中的顶层幻灯片称为________，用于存储有关演示文稿的主题和幻灯片版式的信息，包括背景、颜色、字体、效果、占位符大小和位置等。

9. 演示文稿分为演示文稿视图和________视图两类。

10. 对演示文稿中相同的动画进行设置，简单快捷的方法是使用________复制操作。

二、选择题

1. 选取文本占位符后，以下不属于“绘图工具格式”菜单的命令组为(　　)。

　A. 形状样式　　B. 段落　　C. 排列　　D. 艺术字样式

2. 幻灯片中占位符的作用是(　　)。

　A. 表示文本长度　　B. 限制插入对象的数量

　C. 表示图形大小　　D. 为文本、图形预留位置

3. 幻灯片中可以插入(　　)多媒体信息。

　A. 声音、音乐和图片　　B. 声音和影片

　C. 声音和动画　　D. 动画、图片、声音和影片

4. 在PowerPoint 2010演示文稿中，想要更改某张幻灯片的版式为“垂直排列文本”，应选的选项卡是(　　)。

　A. 开始　　B. 插入　　C. 视图　　D. 幻灯片放映

5. 在(　　)模式下，不能使用“视图”功能区中的“演讲者备注”选项添加备注。

　A. 大纲视图　　B. 幻灯片视图

　C. 幻灯片浏览视图　　D. 备注页视图

6. 在幻灯片编辑状态下，(　　)不能重新更改幻灯片版式。

　A. 选择“开始”→“编辑”命令

　B. 选择“开始”→“幻灯片”→“幻灯片版式”命令

C. 选择“视图”→“母版视图”→“幻灯片母版”命令

D. 右击,从弹出的快捷菜单中选择“版式”命令

7. 对幻灯片中的文本进行段落格式设置,设置类型不包括(　　)。

A. 对齐方式　　B. 项目符号　　C. 行距调整　　D. 字距调整

8. 若编辑幻灯片中的图片对象,应选择(　　)。

A. 普通视图　　B. 幻灯片浏览视图

C. 备注页视图　　D. 阅读视图

9. 在幻灯片中,需要按鼠标左键和(　　)键来同时选中多个对象进行组合。

A. Ctrl　　B. Insert　　C. Alt　　D. Shift

10. 在 PowerPoint 中,选取图表后可以更改图表整体布局的命令为(　　)。

A. 背景　　B. 幻灯片版式

C. 快速布局　　D. 设置放映方式

11. 设置幻灯片背景时,(　　)可以自定义主题颜色。

A. “设计”→“背景样式”→“设计背景格式”

B. “设计”→“颜色”→“新建主题颜色”

C. “设计”→“背景样式”→“重置幻灯片背景”

D. 以上都不能

12. 可删除幻灯片的操作是(　　)。

A. 在幻灯片视图中选择幻灯片,再单击“剪切”按钮

B. 在幻灯片视图中选择幻灯片,按 Del 键

C. 在幻灯片浏览视图中,选择幻灯片,再按 Del 键

D. 按 Esc 键

13. 不可删除幻灯片的操作是(　　)。

A. 在幻灯片浏览视图中,选择幻灯片,再按 Del 键

B. 在幻灯片浏览视图下,可删除幻灯片中的某一对象

C. 用鼠标拖曳幻灯片,可改变幻灯片在演示文稿中的位置

D. 在幻灯片浏览视图下,可隐藏幻灯片

14. 下述有关在幻灯片浏览视图下的操作,不正确的是(　　)。

A. 采用“Shift+鼠标左键”的方式,选中多张幻灯片

B. 在幻灯片浏览视图下,可删除幻灯片中的某一对象

C. 用鼠标拖曳幻灯片,可改变幻灯片在演示文稿中的位置

D. 在幻灯片浏览视图下,可隐藏幻灯片

15. 幻灯片主题是应用于整个演示文稿的各种样式的集合,包括(　　)三大类。

A. 颜色、字体和效果　　B. 颜色、字体和动画

C. 效果、字体和媒体　　D. 其他幻灯片

16. PowerPoint 2010 允许使用 5 种类型的内容作为幻灯片或母版背景,内置背景样式是由(　　)组合的。

A. 12 种渐变颜色　　B. 24 种渐变颜色

C. 6 种渐变颜色　　D. 4 种渐变颜色

17. 为幻灯片添加编号,应使用(　　)命令。

A. “视图”→“讲义母版”　　B. “设计”→“页面设置”
C. “插入”→“页眉和页脚”　　D. “插入”→“文本框”

18. 在幻灯片放映时，从一张幻灯片过渡到下一张幻灯片，称为(　　)。
A. 动作设置　　B. 过渡
C. 幻灯片切换　　D. 幻灯片放映

19. 如果要从最后一张幻灯片返回到第一张幻灯片，应使用“幻灯片放映”中的(　　)。
A. 动作设置　　B. 预设动画　　C. 自定义动画　　D. 幻灯片切换

20. 演示文稿的输出不包括(　　)。
A. 打包　　B. 打印　　C. 打印预览　　D. 幻灯片投影

三、判断题

1. 在幻灯片浏览视图中，可以一次选中多张幻灯片进行删除、复制、移动等操作。(　　)
2. 幻灯片设置动画时，对象出场或离场的声音只能从提供的各种声音效果中选择。(　　)
3. 通过幻灯片浏览视图，可以改变幻灯片之间的切换效果。(　　)
4. 在 PowerPoint 中，直接双击数据图表即可进入图表编辑状态。(　　)
5. 在制作幻灯片时，可以插入旁白。(　　)
6. 幻灯片中的一个对象只能设置一种动画效果。(　　)
7. 幻灯片播放时可以显示占位符。(　　)
8. 演示文稿在放映过程中不能改变播放顺序。(　　)
9. 在幻灯片放映时，观众也能看到备注内容。(　　)
10. 应用设计模板选定以后，每张幻灯片的背景都相同，软件不具备改变其中某一张幻灯片背景的功能。(　　)

四、简答题

1. 简述为段落设置图片项目符号的操作步骤。
2. 如何为幻灯片设置切换效果？
3. 母版有几种类型？幻灯片母版和标题母版的作用分别是什么？
4. 试述 PowerPoint 2010 中幻灯片有哪些种放映方式？分别适合什么情况？

五、上机操作题

1. 按照下列要求制作一个 jzxy. pptx 演示文稿，并保存在桌面上。

(1) 新建演示文稿，在“设计”→“主题”中，选择“活力”。

(2) 在标题幻灯片中，主标题处输入“八庙风景名胜区介绍”，设置字体为“楷体”“加粗”，在副标题中输入“承德避暑山庄”。

(3) 新建一张版式为“两栏内容”的幻灯片，删除标题占位符，插入一个样式为最后一种样式的艺术字，输入“皇家园林”，并移动到幻灯片的标题位置。

(4) 在左侧文本占位符中输入两段文字，分别是“宫殿布局严谨，建筑朴素”“苑景充分利用丰富多彩的自然地形，运用我国传统造园手法，集中了古代南北园林艺术之精华”。

(5) 设置标题幻灯片的标题“动画”为“弹跳”，“开始方式”为“单击时”，“声音”为“爆炸”；再设置标题“动画”为“画笔颜色”，“开始方式”为“上一动画之后”，“持续时间”为“02. 00”，“延迟”为“00. 50”。

(6) 设置所有幻灯片的切换动画为“旋转”,声音为“照相机”。

2. 以个人自传、旅游景点介绍、中餐服务、西餐服务、饮食文化、汽车销售等内容为题材,综合运用 PowerPoint 的各种功能,制作一个不少于 15 个幻灯片的演示文稿。要求演示文稿内容丰富、图文并茂、配色合理、放映效果好,运用动画和超链接,插入声音或旁白,最好使用母版统一版面风格。

项目6　多媒体应用

多媒体应用能充分展示信息、交流思想和抒发情感。多媒体信息的处理主要表现在三个方面，即获取素材、编辑加工、发布信息。本项目使用适当的工具采集必要的图像、音频、视频等多媒体素材，综合运用多媒体软件对原始素材进行初步的编辑、加工，最终使学生经历多媒体制作的比较完整的过程。

如今的多媒体处理软件异彩纷呈，本项目精选使用频率高、实用性强的多媒体软件，每个软件处理对象构成较为复杂，每种媒体对象都有特定的属性、大量的专业术语，每一特定属性设置以面板的形式完成操作，由处理图像、处理音频与视频以及转换多媒体格式组成。Snagit方便截图和捕获屏幕，ACDSee可快速批量浏览图片，GoldWave能够编辑声音并处理多种音效，“爱剪辑”可编辑视频制作小短片，WinRAR对素材“瘦身”打包，“格式工厂”可对声音、视频格式进行转换。通过对这些多媒体软件的学习，掌握其使用方法、特点与技巧，广泛获取多媒体素材，对素材进行管理与处理、加工与编辑，发布处理好的作品，通过作品的创作，提高学生的创新意识和能力。

工作任务

任务1　处理图像

任务2　处理音频与视频

任务3　转换多媒体格式

学习目标

目标1　截图，浏览图形图像，调整图形尺寸、格式、效果。

目标2　编辑声音文件，进行声音特效处理。

目标3　编辑视频，对视频文件进行编辑处理。

目标4　素材打包压缩、发布。

目标5　对视频、声音、图片格式进行转换。

任务1　处理图像

A 任务展示

在办公软件的使用过程中，经常会涉及一些照片、图片、图像的获取和处理。图像是由扫描仪、数码相机、智能手机等输入设备拍摄实际画面产生的数字图像，数字图像中像素点的强度、颜色、分辨率和灰度是影响图像显示的主要参数。计算机中的图像从处理方式上可以分为位图和矢量图。图像的获取除了从网络下载、绘图软件自行绘制、扫描仪扫入、手机或数码相机拍摄外，还可以使用抓图软件获取，例如，Snagit 就是一款优秀的抓图软件，ACDSee 是一款浏览、修改图像的优秀软件。

本任务使用 Snagit 软件获取图像并保存成图片，使用 ACDSee 看图软件浏览图片、修复图片、添加图片效果、批量调整图片大小。下面展示 Snagit 软件界面、ACDSee 看图软件界面，如图 6-1 和图 6-2 所示。

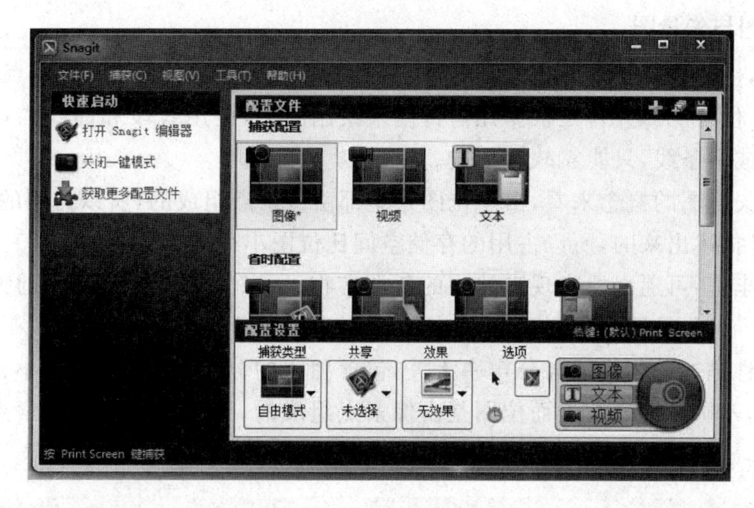

图 6-1　Snagit 软件界面

图 6-2　ACDSee 看图软件界面

B 教学目标

（一）技能目标

（1）能够熟练使用 Snagit 进行抓取窗口、屏幕截图等操作。

（2）能够利用 ACDSee 软件简单处理图形图像。

（二）知识目标

（1）理解位图与矢量图的区别，图像文件的常用格式。

（2）了解图像处理的相关术语。

（3）了解 Snagit 截屏软件的使用方法。

（4）了解 ACDSee 看图软件的菜单、功能及使用方法。

C 知识储备

（一）位图与矢量图

位图图像，也称为点阵图像或绘制图像，是由若干个像素点组成的，每个点对应存储图像文件中位图的“位”。矢量图，是根据几何特性来绘制图形，是用线段和曲线描述图像，矢量图可以是一个点或一条线，只能靠软件生成。

从位图与矢量图的概念来看，由于位图是全部由像素点组成的，所以占用的存储空间非常大，而矢量图是描述出来的，所以占用的存储空间比位图小很多。

位图颜色丰富，可逼真地表现自然中的各类实物，所以为表现丰富颜色的人物照片，通常采用位图存储。而矢量图形色彩不丰富，标识图标、Logo 可使用矢量图。

用几何特性描述的矢量图与分辨率无关，包含独立的分离图像，任意缩小、放大或旋转图像都不会失真，不影响清晰度。而位图是由像素点组成的，当图像放大时像素点也随之放大，缩放后会失真，出现马赛克。

提示：使用 Adobe Illustrator 等软件可以很轻松地将矢量图转换成位图，而位图要想转换成矢量图必须经过复杂而庞大的数据处理，且生成的矢量图质量会受影响。使用 Photoshop 等软件可以方便地将位图转换成矢量图。

（二）了解图像处理的相关术语

（1）亮度：图像画面的明暗程度。

（2）对比度：白色与黑色亮度的比值，对比度越高、画面层次感越鲜明。

（3）色相：即色调，用于表示颜色的差别。

（4）饱和度：即颜色的纯度，用于表示颜色的深浅程度。

（5）色阶：图像色彩的丰满度和精细度，用于表示图像的明暗关系。

（6）清晰度：图像边缘的对比度，清晰度越高，图像的边缘越清晰。

（7）色偏：图像的色调发生变化称为色偏，数码相机拍摄的照片通常存在色偏现象，需要进行修正。

（8）羽化：柔化图像边缘使之融合到背景中。

（9）曝光：数码相机的传感器接触光线的时间。曝光过度，图像会损失细节；曝光不足，图像会出现噪点。

（三）了解 Snagit 截屏软件

Snagit 是一个优秀的屏幕、文本和视频捕获、编辑软件，可以捕捉、编辑屏幕上的内容。

Snagit 不仅可以捕捉静止的图像，而且可以获得动态的图像和声音，另外还可以在选中的范围内只获取文本。捕捉时可以选择整个屏幕，或者活动窗口，也可以按住鼠标拖动出任意范围捕捉内容。另外，Snagit 还有图形处理功能，可以对图形进行简单处理。

Snagit 在捕捉到屏幕图像之后，还可以用自带的编辑器进行编辑处理，也可以通过 Windows 剪贴板，粘贴到图像处理软件中处理，比如复制到 Photoshop 中。

Snagit 具有的图像功能如表 6-1 所示。

表 6-1 Snagit 图像功能列表

操作方法	实现功能	操作方法	实现功能
切除	去掉一个垂直或水平的画布选择范围	裁切	只保留需要的区域
修剪	从捕获的边缘剪切未改变的纯色区域	调整大小	改变图像的大小
旋转	向左旋转、向右旋转、垂直或水平翻转画布	效果	添加阴影、透视特效
边界	添加、更改、选择画布四周边界的宽度或颜色	边缘	添加边缘特效
画面颜色	选择用于捕获背景的颜色	模糊	进行模糊处理
色彩特效	添加、修改颜色	灰度	将画布变成黑白模式
滤镜	添加特定的视觉特效	水印	添加水印图片
聚光和放大	放大画布选定区域，或模糊未被选定的区域		

捕捉图像后，Snagit 会自动打开编辑器，有文件、工具、图像、共享、库等菜单，如图 6-3 所示。

提示：Snagit 软件版本不同，打开的编辑器菜单是有区别的。

图 6-3 Snagit 编辑器图像功能界面

在 Snagit 编辑器中，单击“工具”菜单，打开 Snagit 编辑器的绘制功能，如图 6-4 所示。

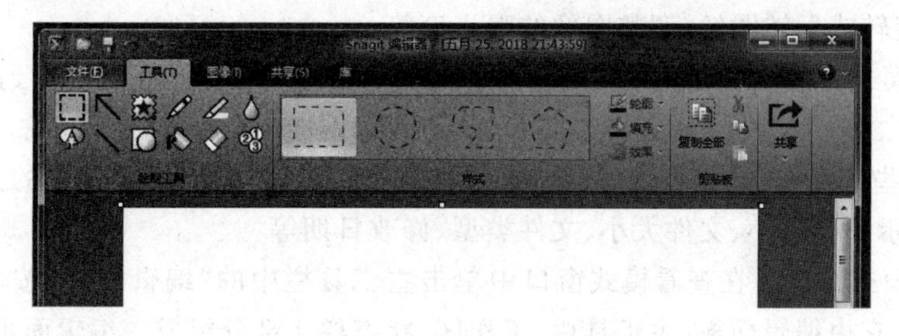

图 6-4 Snagit 编辑器绘制功能界面

Snagit 编辑器具有的绘制功能如表 6-2 所示。

表 6-2 Snagit 绘制功能列表

绘制方法	实现功能
选择	选择一个要移动、复制或剪贴的区域
标注	添加一个包含文字的标注，如矩形、圆角矩形等
箭头	添加箭头来指示信息
印章	插入一个小图来添加重点或重要说明
钢笔	在画布上绘线
高亮区域	绘制一个高亮矩形区域
缩放	左击放大，右击缩小
文字	添加文字说明
线	绘制线条
绘制图形	绘制矩形、圆形及多边形等
填充	使用颜色填充一个密闭区域
抹除	类似于橡皮擦，可以擦除画布上的内容

（四）认识 ACDSee 看图软件功能

ACDSee 是 ACD Systems 开发的一款看图工具软件，可以浏览、查看、编辑及管理图像与其他媒体文件，提供良好的操作界面，具有简单人性化的操作方式，能打开包括 ICO、PNG、XBM 在内的二十多种图像格式，具有特别强大的图形文件管理功能。

ACDSee 有三种不同的模式窗口："浏览模式"窗口、"查看模式"窗口及"编辑模式"窗口，可快速浏览大多数的影像格式，全屏幕浏览图像，可以将图形转成 BMP、JPG、PCX 等格式，支持快速设置桌面背景。

(1) 在浏览模式窗口中，可以完成的工作如下。

① 浏览并管理文件。可以用多种方式浏览图像文件，并且可以对其排序，综合使用不同的工具与窗格进行复杂的搜索和过滤操作。

② 从外部设备获取图像。在工具栏中单击"获取相片"，可以方便地从扫描仪、手机、读卡器、数码相机等设备中获取图像。

③ 创建并发布文件。单击"创建"菜单，可以将图像文件刻录到光盘中，将一组图像文件作为屏保、PDF、PPT 等类型的电子幻灯片文件，还可以制作 VCD 光盘或视频文件。

④ 批量处理图像。单击"工具"菜单，可以对一组文件进行成批处理修改，例如重命名、修改图像大小、旋转或翻转图像、调整图像的曝光度等。

(2) 查看模式窗口。在浏览模式窗口中双击某一图像文件，就可以切换到"查看模式"窗口，它由主菜单、主工具栏、编辑任务工具栏、状态栏和图像浏览区 5 部分组成。主工具栏主要完成图像的一些基本操作，如放大、缩小等；编辑任务工具栏可以完成基本的图像处理任务；状态栏可以显示图像大小、文件大小、文件类型、修改日期等。

(3) 编辑模式窗口。在查看模式窗口中单击主工具栏中的"编辑图像"按钮，可以切换到编辑模式窗口，它由编辑面板、主工具栏、工作区、状态栏 4 部分组成。编辑面板中部分图像编辑工具的名称和主要功能，如表 6-3 所示。

表 6-3 “编辑”面板部分工具的名称、主要功能、相关操作或说明

工具名称	主要功能	相关操作或说明
选择范围	包含自由套索、魔术棒、选取框三种选择工具，可以选取某一区域	利用“选择范围”创建一个选区，魔术棒用来选择相似颜色的区域，自由套索选择一个不规则的区域，选取框选择矩形或椭圆形区域
调整大小	按像素或百分比调整图像大小	设置宽度像素，高度可以按比例随宽度变化
红眼消除	可以消除照片中的红眼	红眼是照片中瞳孔位置表现为红色的现象，闪光灯闪亮瞬间造成
相片修复	克隆或修复图像	消除各种瑕疵如皮肤斑点、镜头刮痕、雨水等，修复画笔用于处理复杂纹理的图像，克隆画笔用于处理简单纹理或统一颜色图像
添加文本	在图像中添加文本内容	单击此命令，在打开的添加文本窗口中，可以输入文本，设置文本格式、阴影效果
阴影/高光	调整图像的色调	用鼠标拖动滑块或直接用鼠标单击图像，可以修改图像的测光点
清晰度	锐化或模糊图像	“清晰度”面板有“清晰度”“模糊蒙板”和“模糊”三个选项卡。清晰度对图像模糊和锐化处理；模糊蒙板可以增强中等与高对比度边缘之间的对比，从而锐化图像；模糊类型有高斯、线性、辐射、散布、缩放，可以设置模糊强度和模糊方向参数
曝光	调整图像的整体或局部的亮度	有“曝光”“色阶”“自动色阶”和“曲线”4 个选项卡。曝光调整图像的曝光量、对比度和亮度；色阶拖动滑块可以调整图像的阴影、中间调和高光或个别颜色通道；自动色阶可以将图像中最暗的像素变黑、最亮的像素变白，调整缺乏明显对比度的图像；曲线可以调整曲线上 14 个点设定图像色调范围
颜色	调整图像的色调	有 HSL、RGB、“色偏”和“自动颜色”4 个选项卡。HSL 可以调整图像的色调、饱和度和亮度；RGB 分别调整红绿蓝三个颜色值，从而改变图像色调；色偏可以调整图像的白平衡，从而消除色偏；自动颜色调整滑块位置，可在不改变图像亮度的情况下调整色阶
效果	为图像添加预置的效果滤镜	内置了三十多种图像效果滤镜，如百叶窗、浮雕、刮风、波纹、错位等，恰当利用这些效果可以使照片更加美观，在“效果”面板中可以选择效果的类别
裁剪	根据需要裁剪图像大小	在裁剪过程中，可以限制纵横比例为原始比例
杂点	消除或添加杂点	消除杂点可以完成消除中间值的杂点
旋转	翻转或旋转图像	翻转可以执行水平或垂直翻转，旋转可以保留调正的图像

ACDSee 支持的常用图片格式如表 6-4 所示。

表 6-4 ACDSee 支持的常用文件格式

文件类型	文件类型说明	文件类型	文件类型说明
ANI	动画光标文件	ICO	Windows 图标文件
BMP	是 Windows 中的标准图像文件格式	JPG	JPEG 压缩图片格式
CUR	Windows 光标文件	PNG	可移植的网络图像文件
PSD	Adobe Photoshop 文件格式	EMF	增强型元文件格式
GIF	可交换的图像文件格式，单页和动画	WMF	Windows 元文件格式

D 任务实现

（一）利用 Snagit 屏幕截图并处理

屏幕简单截图可以用系统自带的功能进行操作，按 PrtScn 键截屏到剪贴板，再配合画图软件粘贴操作。但是如果追求较为个性化的效果，就需要使用专业一些的 Snagit 软件。

（1）双击 Snagit 11 图标，启动 Snagit 11 软件，在悬浮窗上单击“其他选项和帮助”按钮，如图 6-5 所示。

（2）在弹出的级联子窗口中，将光标置于上方的设置截图热键的文本框里，按键盘上想要设置的键位，添加截图热键，如图 6-6 所示。

图 6-5 Snagit 悬浮窗

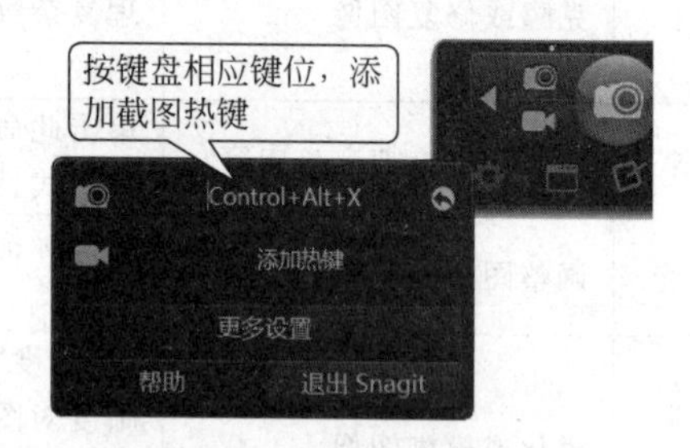

图 6-6 Snagit 设置截屏热键

（3）打开浏览器窗口，在地址栏中输入“www. baidu. com”网址，当网页加载完成后，按设置的截图热键(例如 Ctrl＋Alt＋X)，单击，拖动已选择区域，释放鼠标左键，完成截图，如图 6-7 和图 6-8 所示。

图 6-7 利用 Snagit 拖动截取屏幕

（4）在 Snagit 编辑器中对所截图片做进一步处理。用鼠标单击工具栏的绘制工具下方的下推按钮，在弹出的级联子工具栏中，单击“模糊”按钮，之后在百度的徽标 Logo 图上按住鼠标左键拖动，释放鼠标，完成局部模糊处理的操作，如图 6-9 和图 6-10 所示。

图 6-8 截取的内容被自动加载到 Snagit 编辑器

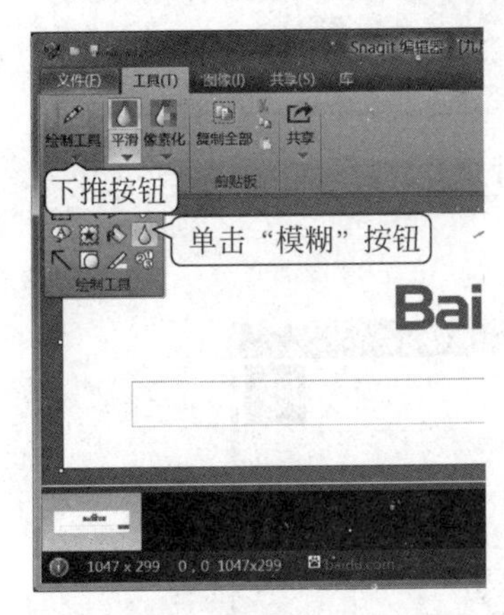

图 6-9 单击绘制工具中“模糊”按钮

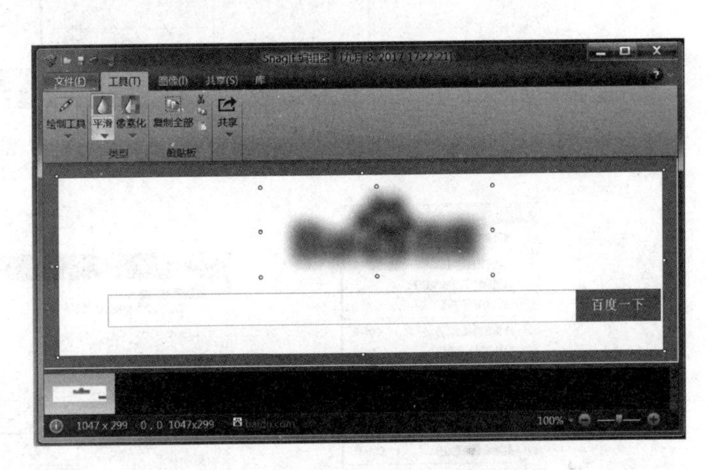

图 6-10 拖动选择范围进行模糊处理

(5) 将图片保存在桌面上，命名为“截图. png”，完成截图操作。

提示：在此页面也可以设置屏幕录制热键，Snagit 不仅可以截图，也可以录制屏幕操作并保存成视频文件。

(二) 利用 ACDSee 调整图像

(1) 启动桌面上的 ACDSee 10 软件，在文件夹导航窗口中，选定桌面文件夹，在窗口中央的图片列表区选定“截图. png”文件，单击“工具”菜单，选择“调整图像大小”，如图 6-11 和图 6-12 所示。

提示：可以直接单击工具栏上的“批量调整图像大小”按钮进行操作，其操作和利用“工具”菜单下“调整图像大小”菜单项的方法异曲同工。

(2) 在“批量调整图像大小”对话框中，根据需要选择调整图像大小的方式和调整具体的数值参数，修改后单击“开始调整大小”按钮，完成图像大小的调整操作，如图 6-13～图 6-15 所示。

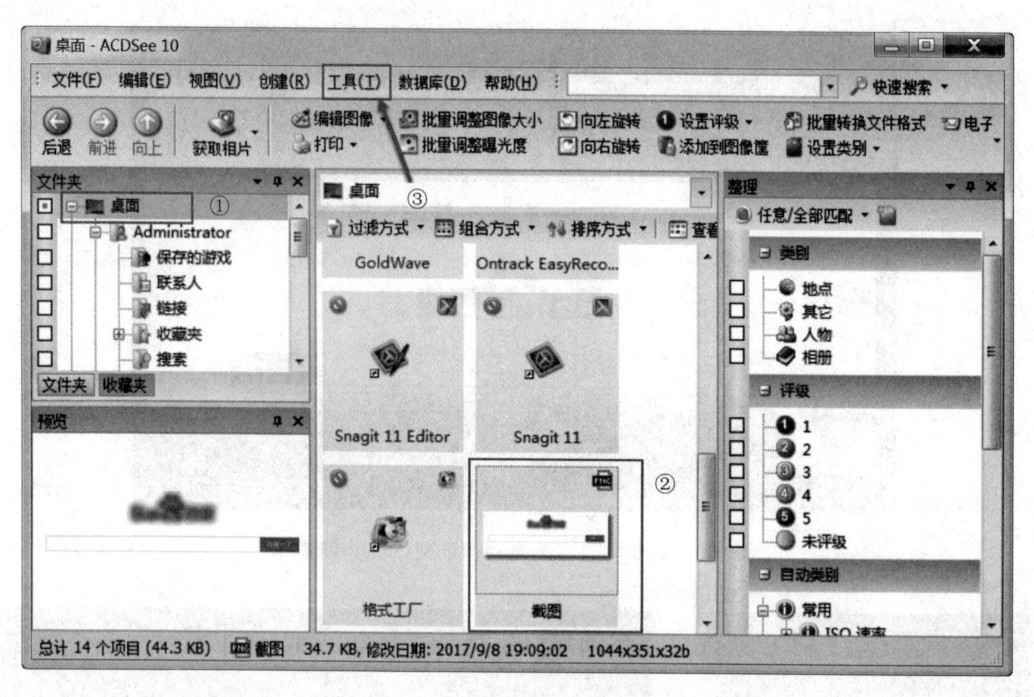

图 6-11　利用 ACDSee 浏览选择图片

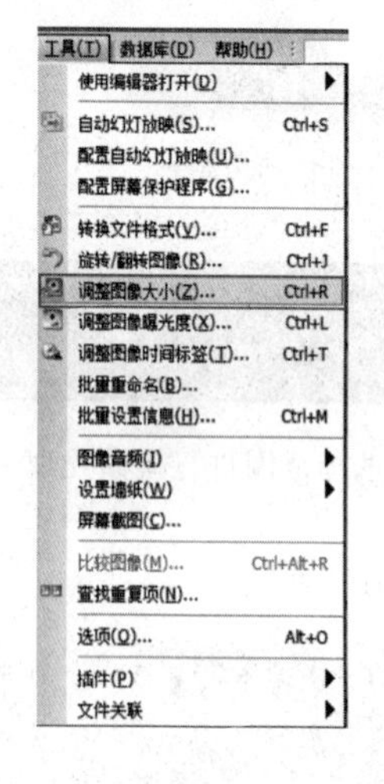

图 6-12　ACDSee“工具”菜单

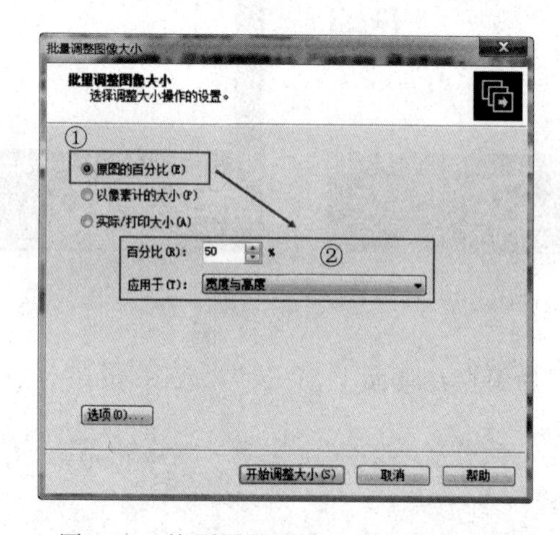

图 6-13　按原图的百分比改变图像大小

提示：如果想对图像进一步增强效果，可以利用“工具”菜单项中的“转换文件格式”“旋转/翻转图像”“调整图像曝光度”“批量重命名”等选项进行图像的多方位调整。

E 技能提升

（一）使用 Snagit 捕获屏幕视频

Snagit 不仅可以捕捉屏幕图像，还可以录制屏幕操作，保存成视频文件，如图 6-16 和图 6-17 所示。

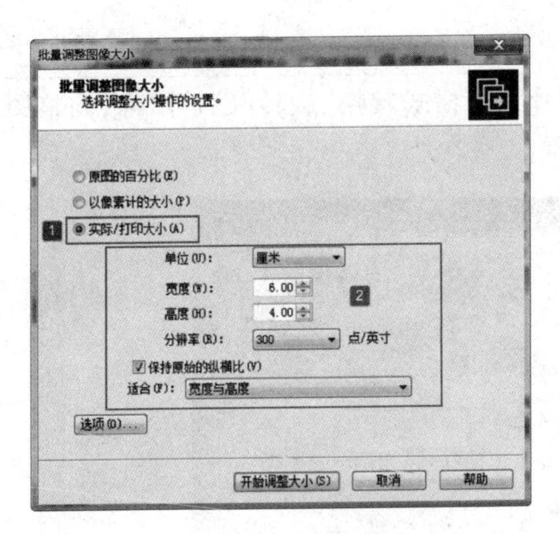

图 6-14　按尺寸改变图像大小

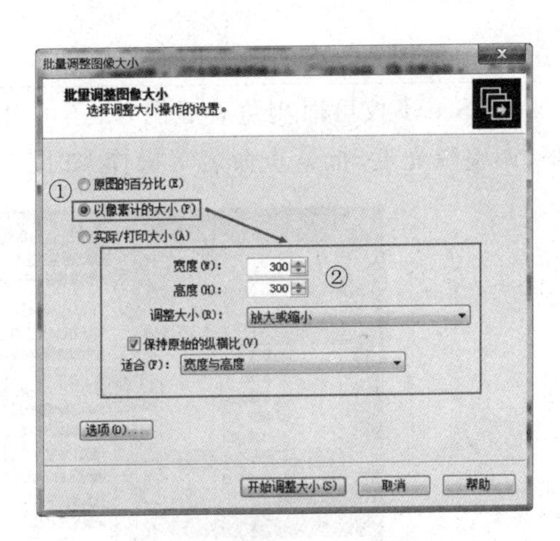

图 6-15　按像素改变图像大小

图 6-16　利用 Snagit 录制屏幕

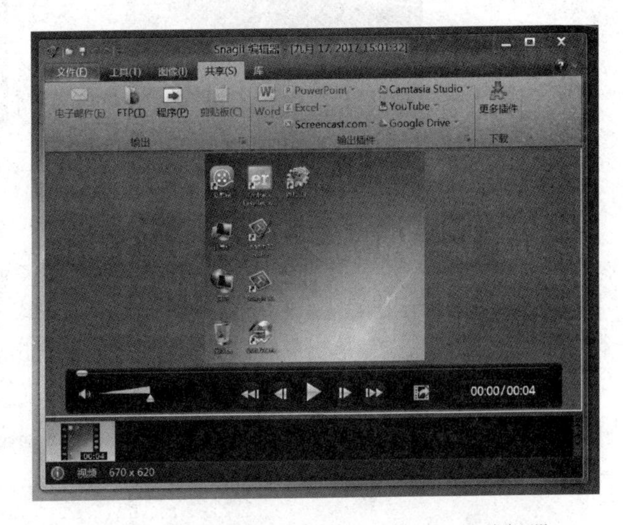

图 6-17　录制的文件自动加载到 Snagit 编辑器

操作提示：

(1) 打开 Snagit 软件，在悬浮窗口上单击“视频捕获”按钮，再单击“捕获：录制视频”按钮。

(2) 将鼠标移动到要捕捉范围的左上角，按住鼠标左键拖动，选择要捕捉的范围，释放鼠标。

(3) 在弹出的如图 6-16 所示的界面上，单击控制面板上的 rec 按钮，3s 倒计时之后开始录制。

(4) 在捕捉范围内进行要录制的操作，让 Snagit 捕获屏幕。

(5) 要结束时，单击控制面板上的■按钮或者按 Shift+F10 组合键，结束录制，弹出如图 6-17 所示窗口。

提示：①可以先为“视频捕获”按钮设置一个热键，再按热键启动录制视频；②录制之前，默认麦克风音频和系统音频是打开状态，可以根据需要，单击控制面板上的对应按钮进行关闭或打开操作。

（二）使用 ACDSee 多方位调整图像

ACDSee 不仅可以浏览查看图片，还可以对图片进行格式转换、旋转/翻转图像、调整图像大小、调整曝光度、批量重命名等操作，如图 6-18 所示。

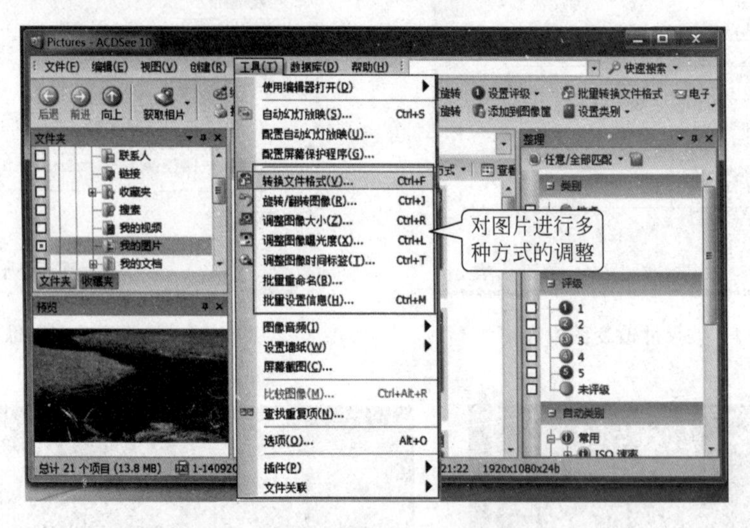

图 6-18　ACDSee“工具”菜单中调整选项

操作提示：

（1）转换图片格式：启动 ACDSee，选定教师指定的一幅或者多幅图片，单击“工具”菜单上的“转换文件格式”选项，弹出“批量转换文件格式”对话框，如图 6-19 所示。在对话框中选择要转换的目标格式，单击“下一步”按钮，设置输出选项，单击“下一步”按钮，再设置多页选项，单击“开始转换”按钮，完成格式转换操作。

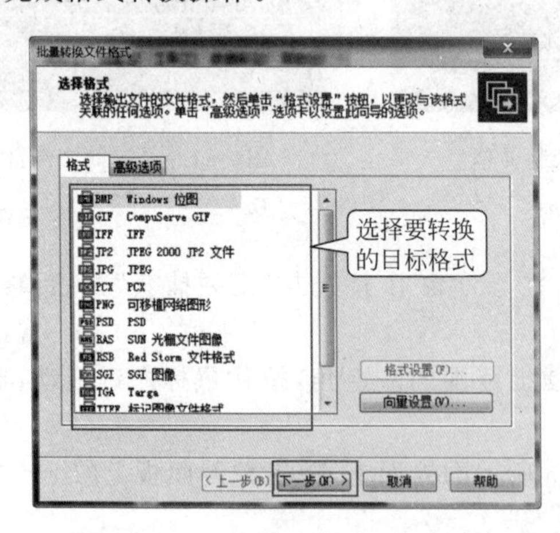

图 6-19　“选择格式”窗口

（2）旋转/翻转图像：启动 ACDSee，选定教师指定的一幅或多幅图片，单击工具菜单上的“旋转/翻转图像”选项，弹出“批量旋转/翻转图像”对话框，如图 6-20 所示，在对话框中选择想要旋转或翻转的对应按钮，单击“开始旋转”按钮，完成旋转/翻转操作。

（3）调整图像效果：启动 ACDSee，选定教师指定的一幅或多幅图片，单击“工具”菜单上的“调整图像曝光度”选项，弹出“批量调整曝光度”对话框，在对话框中分别单击“曝光”“色阶”“自动色阶”“曲线”等选项卡标签，在对应的列表框里进行详细调整，单击“过滤所有图像”按

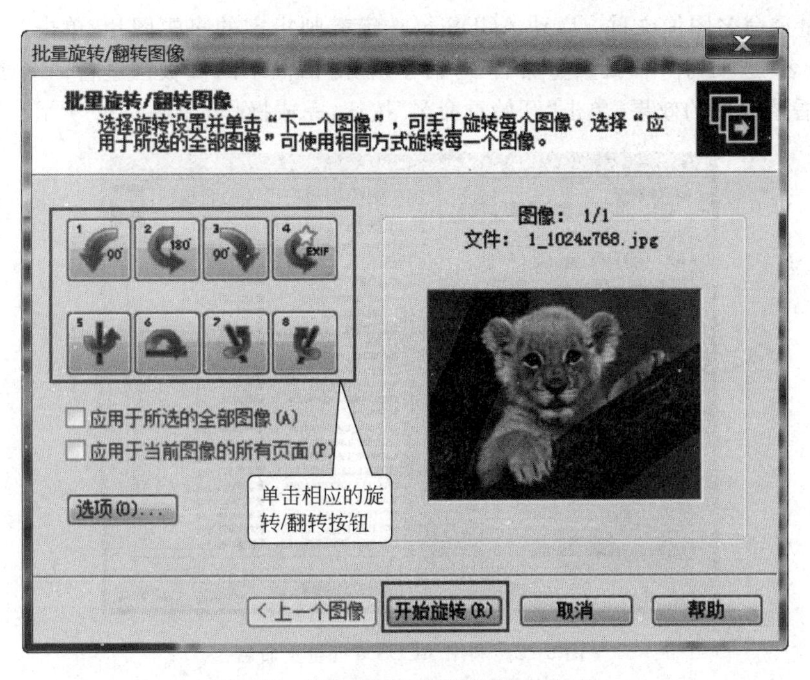

图 6-20 “批量旋转/翻转图像”对话框

钮，完成操作，如图 6-21 所示。

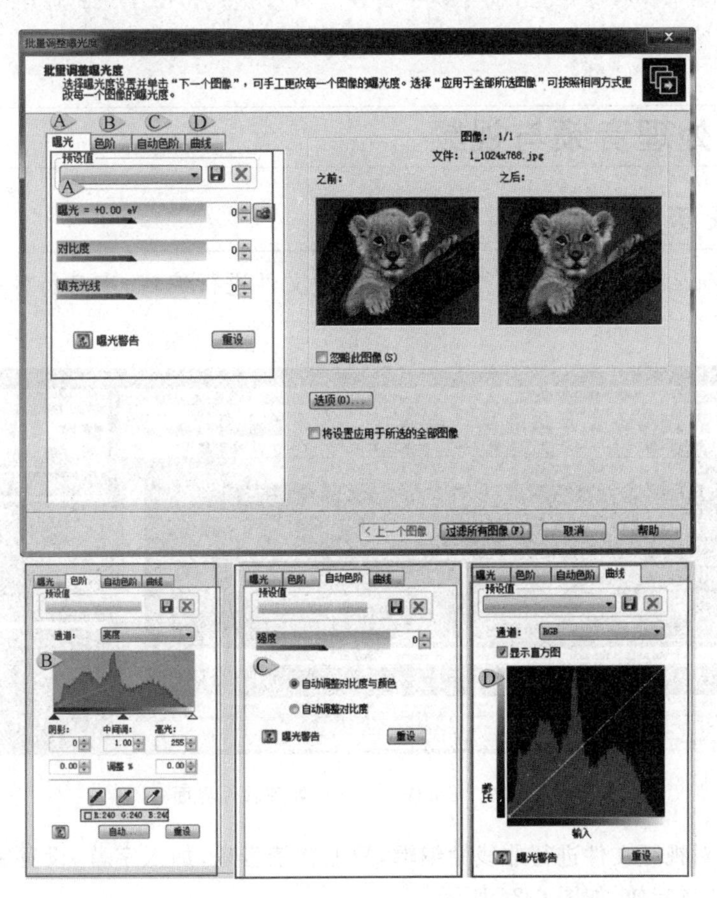

图 6-21 利用 ACDSee 调整曝光度

(4) 批量重命名图像文件：启动 ACDSee，选定教师指定的多幅图片，单击“工具”菜单上的“批量重命名”选项，弹出“批量重命名”对话框，在对话框中的模板区进行命名规则设置，通过预览区查看修改后的效果，单击“开始重命名”按钮，完成操作，如图 6-22 所示。

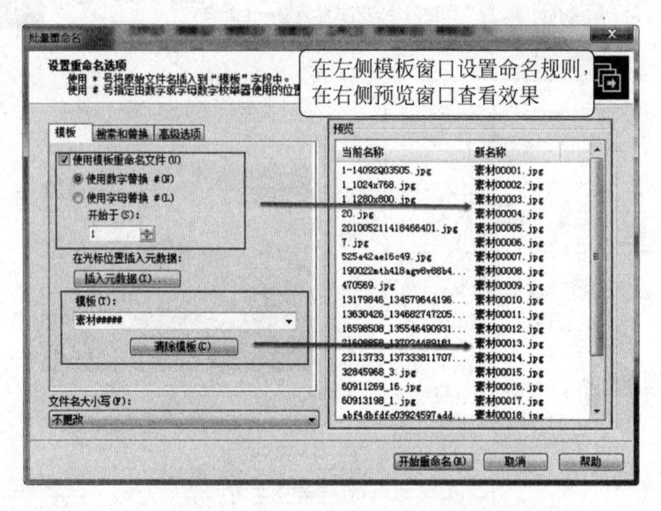

图 6-22　利用 ACDSee 批量重命名

提示：①ACDSee 可以每次对一个或者多个图像进行操作；②在 ACDSee 中可以直接将图片配置到屏幕保护程序里，也可以一键设置成壁纸；③ACDSee 也具有类似 Snagit 一样的屏幕截图功能。

任务 2　处理音频与视频

A 任务展示

使用 GoldWave 对声音文件进行裁剪，同时对文件进行编辑、声音特效处理，如图 6-23 所示。

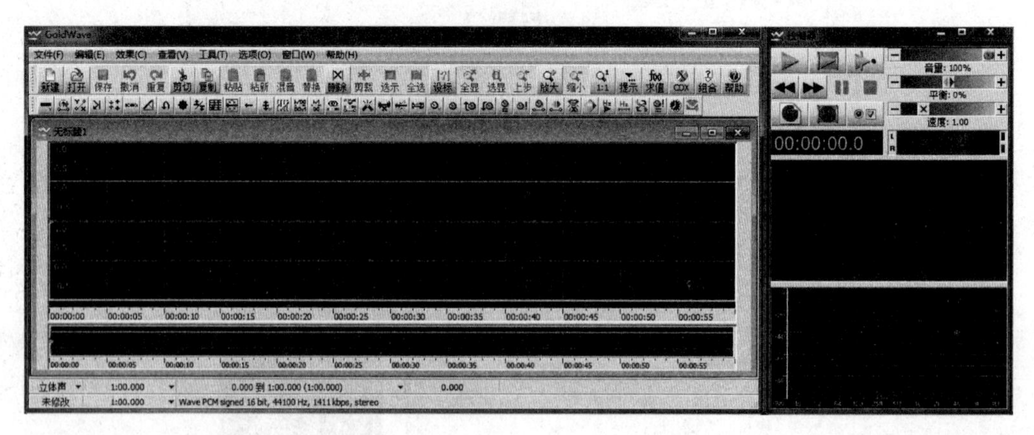

图 6-23　GoldWave 声音处理软件界面

利用爱剪辑对视频文件进行非线性编辑，配上背景音乐，加入字幕，设置字幕出现、停留、消失效果，增加转场特效，如图 6-24 所示。

图 6-24 爱剪辑视频处理软件界面

B 教学目标

(一) 技能目标

(1) 使用 GoldWave 编辑声音文件,进行剪辑、特效处理。

(2) 利用爱剪辑软件进行视频、音频导入处理,制作字幕,添加转场特效。

(二) 知识目标

(1) 了解音频和视频常用的文件格式。

(2) 了解音频编辑软件 GoldWave 的菜单、特点、功能。

(3) 了解视频编辑软件爱剪辑的菜单、特点、功能。

C 知识储备

(一) 音频与视频

音频是通过一定介质(如空气、水等)传播的一种连续的波,在物理学中称为声波,包括噪声。声音都是不规则波形。声音有音调、音色、音强三要素,音调代表了声音的高低,音色即特色的声音,音强指声音的强度,也称声音的响度。

计算机存储声音的方法是把声波以间隔相等的时间片进行“采样”后存储,采样与采样位数和采样频率有关,采样位数越大,解析度越高,采样频率越高,声音越真实,然后将采样值在幅度上再进行离散化处理,即量化,最后将量化后的离散值进行编码,不同的音频文件格式与编码有关,以下是常见音频文件格式,如表 6-5 所示。

表 6-5 常见音频文件格式

文 件 格 式	文件扩展名	特 点
WAV 波形音频格式	.wav	用来保存一些没有压缩的音频,经过 PCM 编码后的音频,称为波形文件,按照声音的波形进行存储,占用较大的存储空间,优点是易于生成和编辑,缺点是压缩比不够,不适于网络播放

续表

文件格式	文件扩展名	特　点
MP3/MP3 Pro	.mp3	压缩比高,能够在音质丢失很小的情况下把文件压缩到更小的程度,非常好地保持了原有的音质,适于网络播放
MIDI 数字化乐器接口	.mid	MIDI 文件比 WAV 文件存储的空间要小得多,易于编辑节奏和音符等音乐元素,但整体效果不好
Audio	.au	是一种经过压缩的数字文件格式,主要在网络上使用
WMA	.wma	减少数据流量但保持音质的方法来达到更高压缩率,其压缩率一般可达到 1∶18,生成的文件大小只有相应 MP3 的一半

视频就是利用人的视觉暂留特性产生动感的可视媒体。当一张张画面在人的眼睛前以每秒25 幅的速度变化时,就会感觉到这些画面动了起来,电影正是利用这个特性制成的,所以电影、电视属于视频。网络上的"电影"也是视频的一种,构成它的文件称为视频文件。视频的特点如下。

(1) 表现能力强。视频具有时间连续性,非常适合表示事件的演化过程,比静态图像更强、更生动、更具有自然表现力。

(2) 数据量大。由于视频数据量大,必须采用有效的压缩方法才能使之在计算机中使用。

(3) 相关性。相关性是视频动画连续动作的基础,也是进行数据压缩的基本条件。

(4) 实时性。视频对实时性要求很高,必须在规定的时间内完成更换画面播放的过程。这要求计算机的处理速度、显示速度以及数据的读取速度都应该达到一定的要求。

视频素材的获取方式有以下几种。

(1) 从网络下载数字视频电影文件。

(2) 从光盘的视频文件中截取视频素材。

(3) 用视频捕捉卡配合相应的软件来采集录像带上的素材。

(4) 利用计算机生成的视频。

视频软件是用来编辑或播放视频的,视频文件一般比其他多媒体文件要大一些,占用存储空间比较大,常见的视频文件格式,如表 6-6 所示。

表 6-6　常见视频文件格式

文件格式	文件扩展名	特　点
AVI	.avi	Microsoft 公司开发的一种数字视频格式,比较常用,允许视频和音频同步播放,由于 AVI 没有限定压缩标准,播放时须使用相应的解压缩算法,文件体积大
MPEG	.mpeg	MPEG 是运动图像压缩算法的国际标准,它能在保证影像质量的基础上,采用有损算法减少运动图像中的冗余信息,压缩效率较高、质量好,它有 MPEG-1、MPEG-2 和 MPEG-4 等在内的多种视频格式
RM	.rm	Real 公司开发的在线播放格式,可以"边传边播",避免了用户必须下载整个文件才能观看的缺点,还有清晰且体积小的特点
ASF	.asf	Microsoft 公司开发的一种可直接在网上观看视频的文件压缩格式,采用 MPEG-4 压缩算法,压缩率和图像的质量高

提示: 音频和视频的信息量大,为了便于存取和传输,存储时可进行数据压缩,播放前解压缩还原。数据压缩分为无损压缩和有损压缩,无损压缩的压缩率低,但能够保证还原后不失真,有损压缩以损失文件中某些信息为代价来获取较高的压缩率。

（二）熟悉 GoldWave 处理音频

GoldWave 是非常不错的数字音乐编辑器，是集声音编辑、播放、录制和转换为一体的音频制作工具，支持 WAV、OGG、MP3、AVI、MOV、APE 等众多音频格式，并且内含丰富的音频处理特效，有十多种，例如回声、多普勒、压缩、混响、降噪、镶边、改变音高、均衡器、声相等，如图 6-25 所示。

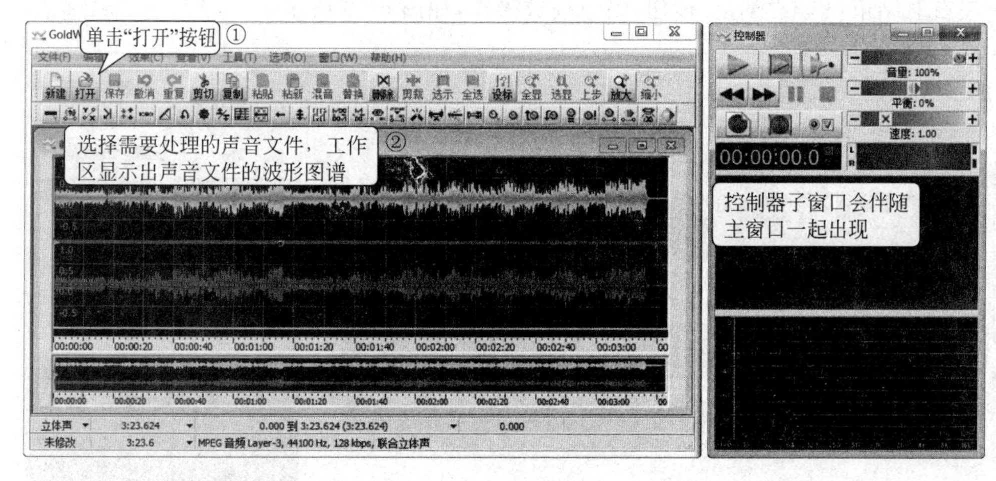

图 6-25　GoldWave 声音处理软件主界面

GoldWave 的特点如下。

(1) 用户界面直观，操作简便。

(2) 支持多种声音效果，如：倒转、回音、摇动、边缘、增强、扭曲等。

(3) 具有修复声音文件功能。

(4) 可以提取 CD 音乐，并存储为声音文件。

GoldWave 体积小巧，直接单击就可以运行。整个主界面被分为三个大部分，最上面是菜单命令和快捷工具栏，中间是波形显示区域，下面是文件属性的状态栏。如果是立体声文件则波形分为上下两个声道，可以分别或统一对它们进行操作。

GoldWave 提供了播放声音文件、复制或裁剪波形段等简单操作，制作回声等音效、格式转换等功能。

（三）熟悉爱剪辑编辑影视

爱剪辑是一款易用、强大的视频剪辑软件，也是国内首款全能的免费视频剪辑软件。它操作简单，具有更多人性化的创新亮点，更少的复杂交互，一切都所见即所得的界面设计。其功能非常强大，支持众多视频与音频格式，并且自带好莱坞文字特效，软件包含上百种风格滤镜，包括各种动态或静态特效技术以及画面修复与调整方案。包含众多转场特效，除了许多运用于多种场合的通用切换特效外，还包含大量高质量 3D 和其他专业的高级切换特效，还有加相框、加贴图以及去水印功能。

D 任务实现

（一）GoldWave 编辑处理声音文件

编辑声音文件，有时需要从一个声音文件中裁剪部分音频，下面讲解如何使用 GoldWave

处理声音文件。

(1) 使用浏览器从网络上下载歌名为“教师之歌”的 MP3 文件,保存到本地磁盘上(或由教师提供)。打开 GoldWave 声音处理软件,单击工具栏上的“打开”按钮,在打开的对话框中浏览选择“教师之歌”MP3 文件,加载完成的界面,如图 6-26 所示。

(2) 先单击控制器子窗口上的“播放”按钮进行播放,同时监听声音状况,发现前奏音乐到 17.6s 左右时结束,单击“停止”按钮,终止播放操作,如图 6-26 所示。

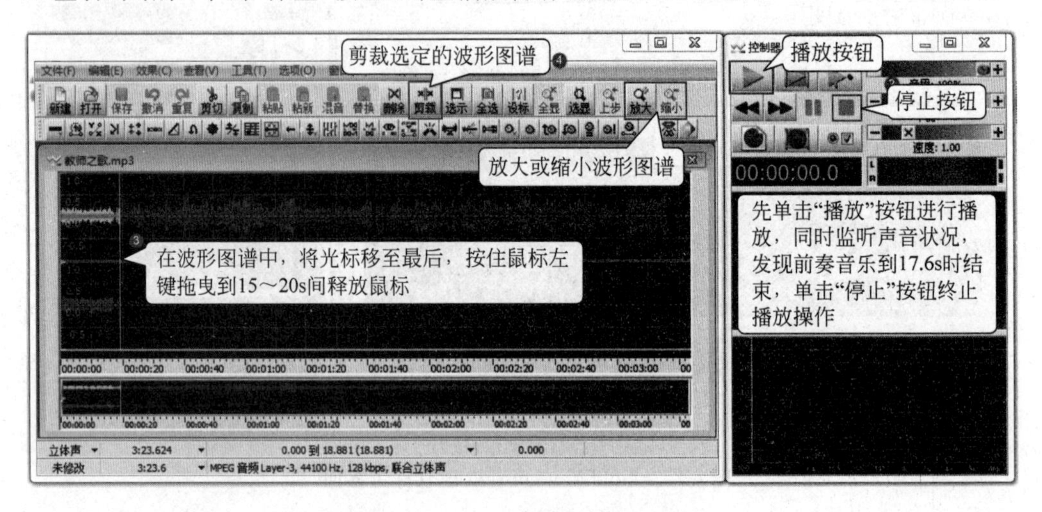

图 6-26 利用 GoldWave 裁剪声音片段

(3) 在波形图谱中,将光标移至最后,按住鼠标左键,拖曳到 15～20s 释放鼠标,单击工具栏上的“剪裁”按钮,对音频进行截取。为了更便于操作,可以通过工具栏上的“放大”和“缩小”按钮调整视图大小。通过以上操作大致截取了声音片段,之后按照此步骤多次重复操作,直至截取点精准满意为止。

提示:在选定操作时,也可以选择想要删除的部分,然后单击工具栏上的“删除”按钮,其操作结果和剪裁的方法一致。另外,工具栏上的操作按钮在菜单栏里有相应的菜单项,用菜单操作也可以实现。

(4) 单击“文件”菜单栏,在打开的菜单里选择“另存为”菜单项,在“另存为”对话框中选择保存文件的路径,命名文件名称,设定文件类型,单击“保存”按钮进行保存,如图 6-27 和图 6-28 所示。

(二) 利用爱剪辑软件制作小视频

办公软件中也经常需要用到小视频,比如在 PPT 中插入产品介绍视频等,编辑视频的软件很多,例如 Adobe 公司的 Premiere、Canopus 公司的 Edius、Sony 公司的 Vegas 等,这些软件相对专业一些,普通用户可以选择上手快、简单易学的软件,比如爱剪辑、会声会影等。下面利用爱剪辑软件制作小视频。

步骤一:添加视频

(1) 准备三段短视频素材(可以由教师提供),打开爱剪辑软件出现主窗口的同时,会弹出“新建”对话框,填选片名、制作者和视频大小,这几项为必选项设置。如果想快速生成视频转场特效,可以勾选“为视频自动加入随机转场特效”选项,如图 6-29 所示。

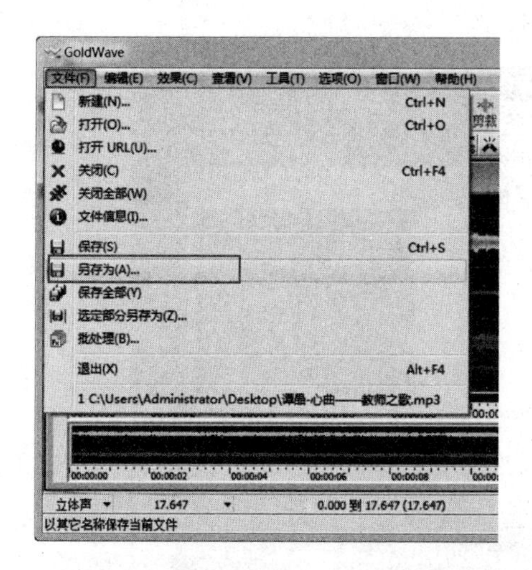

图 6-27 “文件”菜单中“另存为”选项

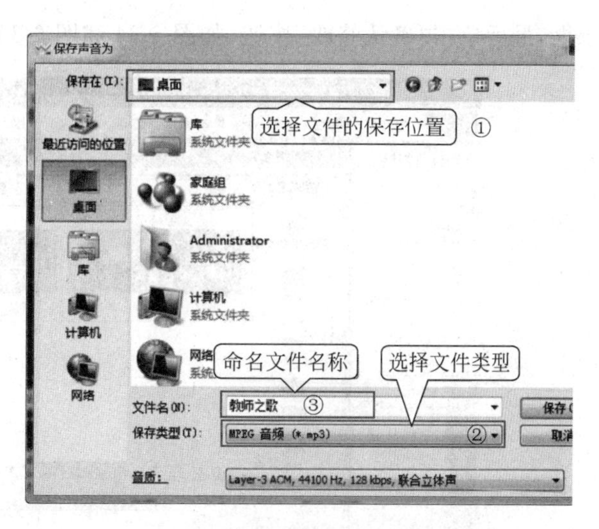

图 6-28 命名保存声音文件

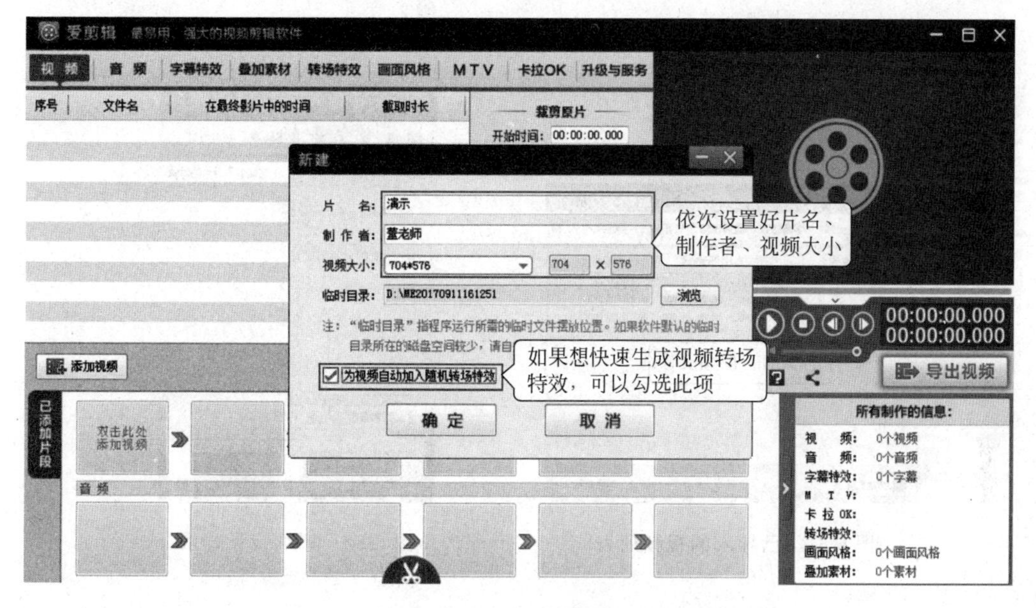

图 6-29 爱剪辑软件中新建项目文件

(2) 单击界面上的“添加视频”按钮，弹出“请选择视频”对话框，在“查找范围”下拉列表框中找到视频文件的存放位置，用鼠标在列表框里选择需要载入的视频，单击“打开”按钮，如图 6-30 和图 6-31 所示。

步骤二：添加音频

(1) 单击界面上的“添加音频”按钮，在下拉列表中选择“添加背景音乐”，弹出“请选择一个背景音乐”对话框，用鼠标在列表框里选择需要载入的音频文件，单击“打开”按钮，如图 6-32 和图 6-33 所示。

(2) 本例中添加的音频长于所有视频的总长度，需要修剪掉一部分。单击“视频”标签，在视频片段列表中选中最后一个视频文件，查看“在最终影片中的时间”，接着单击“音频”标签，在窗口中部的“裁剪原音频”处，修改开始时间和结束时间，通过单击“预览/截取”按钮查看效果，最后单击“确认修改”按钮，如图 6-34 和图 6-35 所示。

图 6-30　导入视频文件

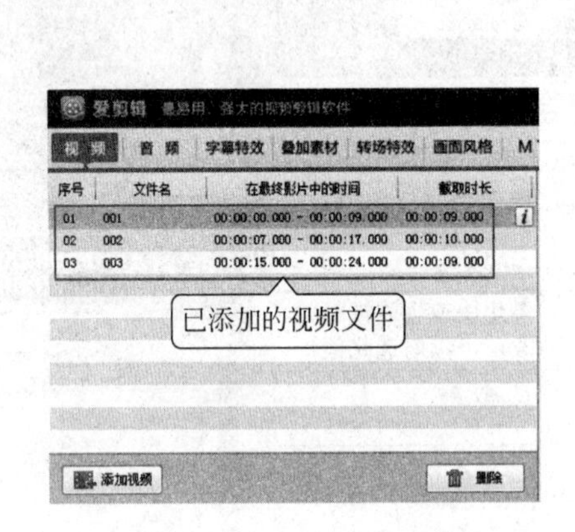

图 6-31　已导入的视频列表

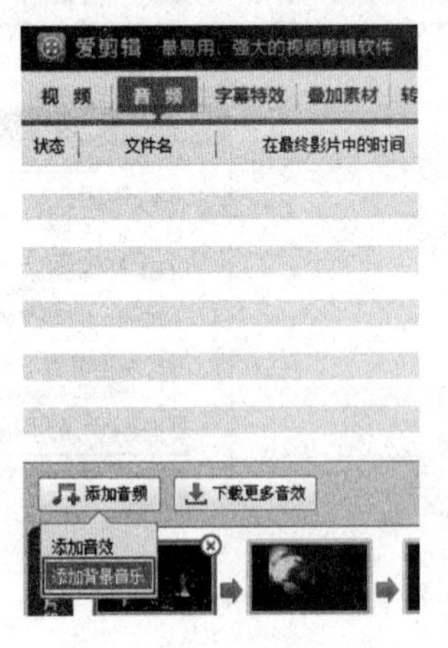

图 6-32　添加背景音乐

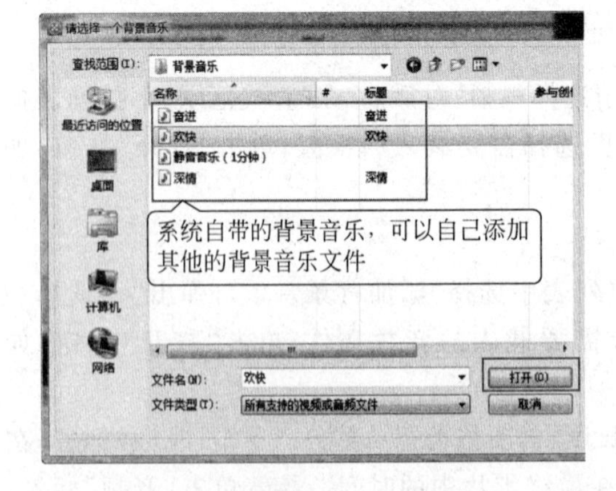

图 6-33　选择欲添加的音乐文件

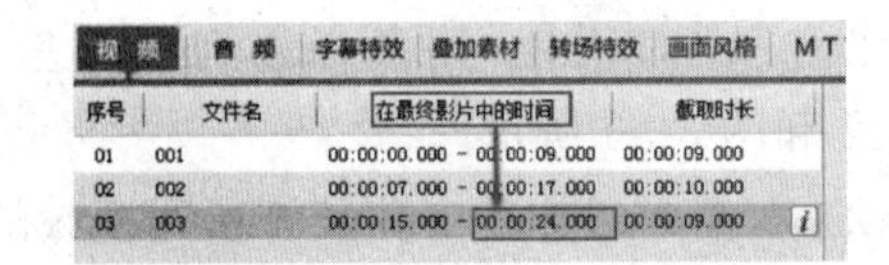

图 6-34　在视频文件列表中查看媒体总时间长度

步骤三：添加字幕

（1）单击“字幕特效”标签，在右侧的效果预览区域里，用鼠标拖动播放进度条上的圆点，找到合适的插入字幕点，双击视频预览区，弹出“输入文字”对话框，输入想要设置的字幕文字，单击“确定”按钮。接着在“字体设置”选项区设置字体、字体大小、颜色等参数，如果想进一步设置，可以在“特效参数”选项区进行设置，如图 6-36 所示。

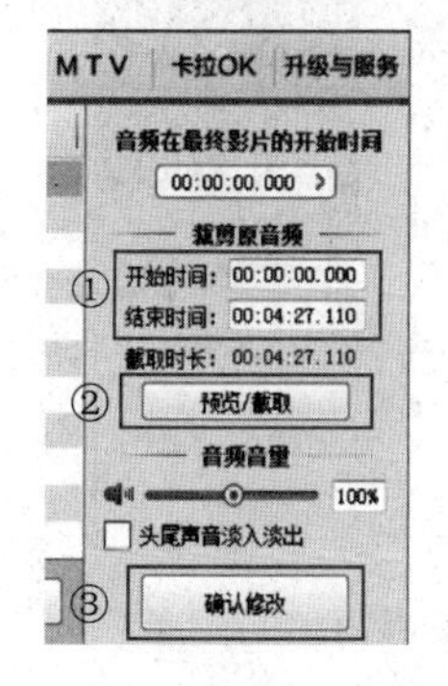

图 6-35　截取音频文件

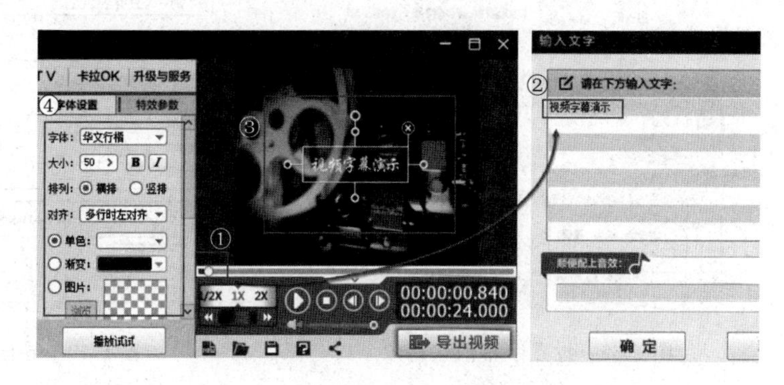

图 6-36　在项目文件合适位置添加字幕

（2）在左侧的“字幕出现、停留和消失”三种特效列表中分别选择适当的特效效果，单击“播放试试”查看效果，调整到满意为止，如图 6-37～图 6-39 所示。

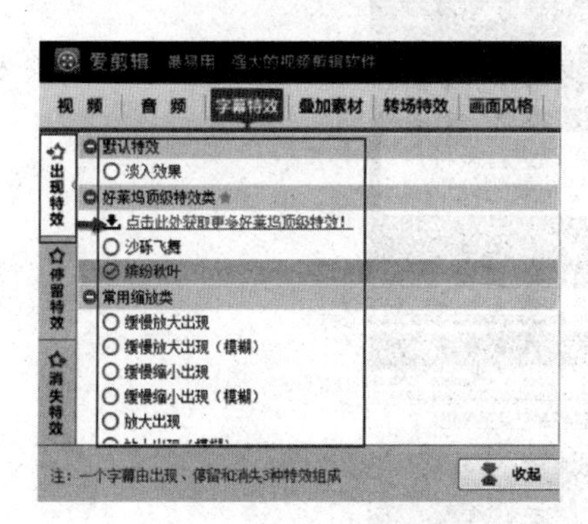

图 6-37　设置字幕出现特效

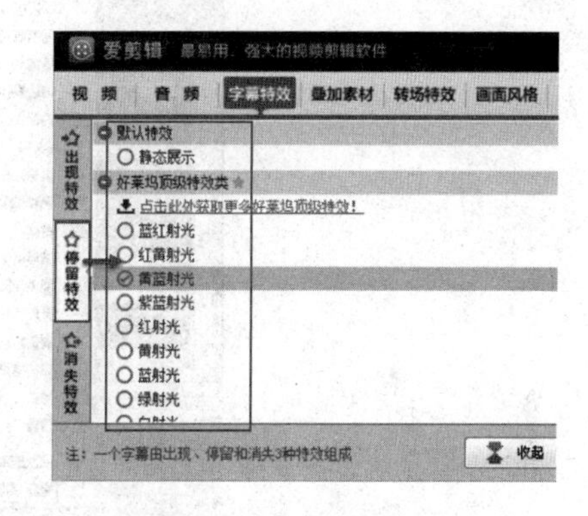

图 6-38　设置字幕停留特效

提示：为了丰富字幕特效种类，可以登录爱剪辑官方网站下载增强的特效效果。

步骤四：导出视频

单击界面上的“导出视频”按钮，在弹出的“导出设置”对话框中，根据需要设置“导出设置”“参数设置”，选择合适的导出路径，单击“导出”按钮，生成最终的视频作品，如图 6-40 所示。

E 技能提升

（一）GoldWave 进行声音效果高级处理

GoldWave 软件可以对声音文件进行删改、多普勒、回声、滤波、倒转、音调调整、混响、立体声、音量调整等十多种特效处理。声音特效处理功能十分强大，现挑选部分功能进行音效高级处理，如图 6-41 所示。

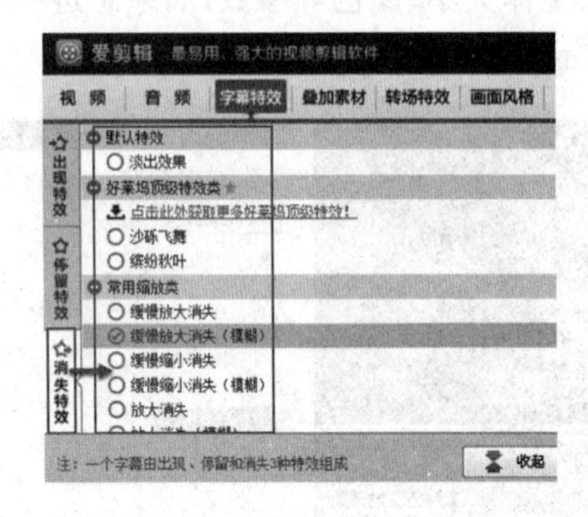

图 6-39　设置字幕消失特效

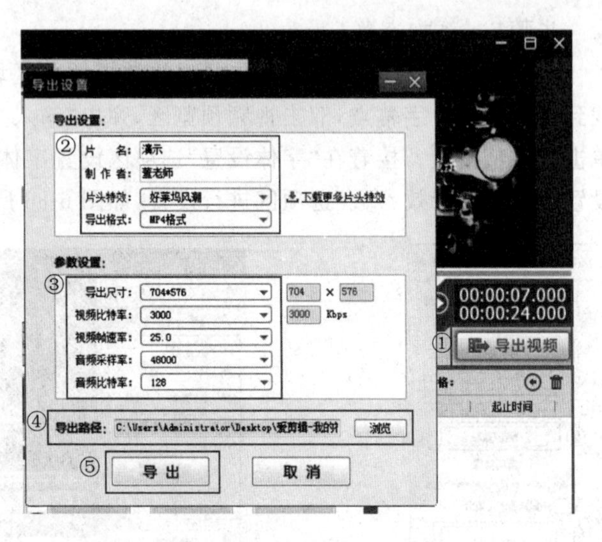

图 6-40　导出视频的设置界面

图 6-41　“效果”菜单中声音特效选项

操作提示：

（1）添加回声：打开 GoldWave 声音处理软件，单击工具栏上的“打开”按钮，在打开的对话框中浏览选择“教师之歌”MP3 文件（或者教师指定的其他 MP3 文件），在文件波形图谱两侧利用按住左键拖动的方法，选择部分声音片段或整个声音文件，单击“效果”菜单下的“回声”菜单项，在打开的“回声”对话框中，按住左键拖动对应项目滚动条上的滑块，调整回声、延迟、音量等信息，还可以单击“预置”下拉列表框，直接选择一种预置效果，设置完成后，单击“确定”按钮完成操作，如图 6-42 所示。

（2）调整音调：按步骤 1 操作方法打开 GoldWave 和声音文件，单击“效果”→“音调”菜单项，在打开的“音调”对话框中，调整音阶系数或半音来改变音调，同时可以勾选“保持速度”，调整参数。也可以直接单击“预置”下拉列表框，选择一种预置效果，设置完成后，单击“确定”按钮完成操作，如图 6-43 所示。

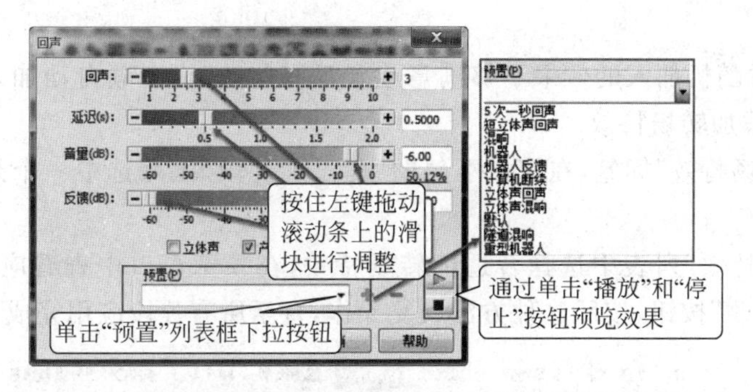

图 6-42　利用 GoldWave 添加回声

图 6-43　利用 GoldWave 调整音调

(3) 消除人声：按步骤 1 操作方法打开 GoldWave 和声音文件，单击“效果”→“立体声”菜单项，在级联子菜单中选择“消除人声”菜单项，在弹出的“消除人声”对话框中，调整“声道消去音量”的大小，再调整“带阻滤波音量和范围”，也可以直接单击“预置”下拉列表框，选择一种预置效果，设置完成后，单击“确定”按钮完成操作，如图 6-44 所示。

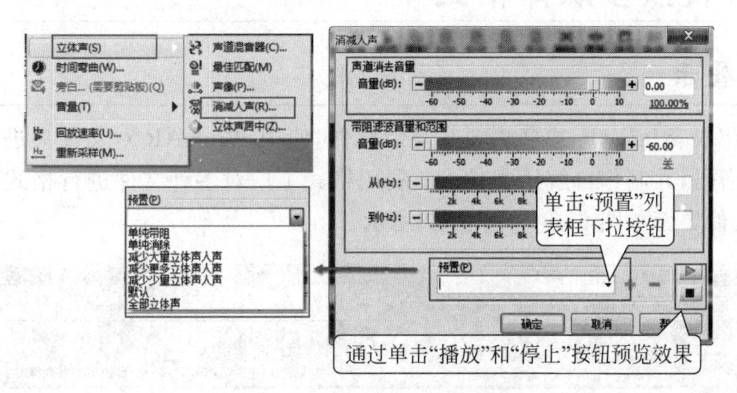

图 6-44　利用 GoldWave 消除人声

提示：在设置声音效果时，调整参数后，可以通过对话框中的“播放”和“停止”按钮控制声音播放，预览调整的效果，直到满意时，再单击“确定”按钮进行应用。

（二）为视频作品添加转场特效

使用爱剪辑软件为在本任务“任务实现”环节中生成的视频作品，添加转场特效。

操作提示：

(1) 如果感觉随机加入的效果不够满意或者没有勾选"为视频自动加入随机转场特效"，可以重新设置和添加转场特效。

(2) 单击"转场特效"标签，在窗口下部的"已添加片段"区域选中一个想添加转场效果的视频片段。

(3) 在"转场特效"列表中选择合适的转场特效，在预览窗口中查看应用的效果，如果满意，单击"应用/修改"按钮，按照这种方法反复操作，直至所有片段应用完成，如图 6-45 所示。

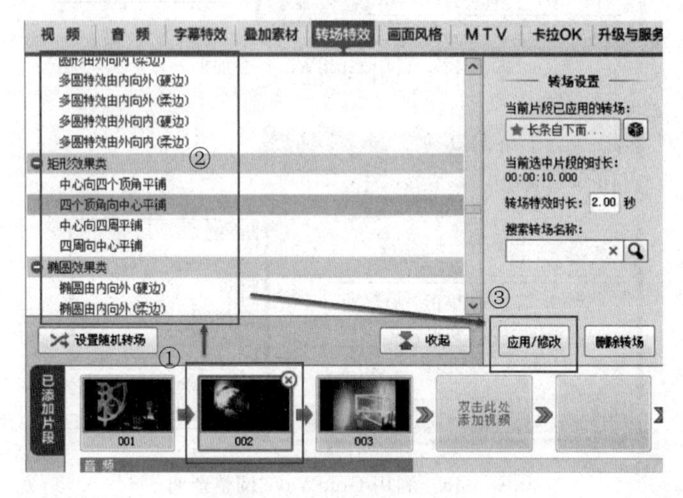

图 6-45 设置转场特效

提示：应用一种特效时，可以在"转场设置"区域设置转场特效时长。

任务 3 转换多媒体格式

A 任务展示

从网络上获取 WinRAR 共享软件并安装软件，使用 WinRAR 对文件夹进行压缩打包，设置分卷压缩和密码，并制作自解压文件包；利用格式工厂对多种文件进行格式转换，转换的同时调整参数，软件界面如图 6-46 和图 6-47 所示。

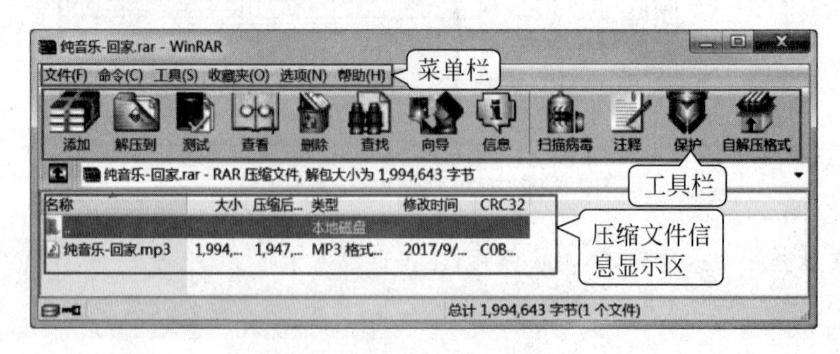

图 6-46 WinRAR 压缩/解压软件界面

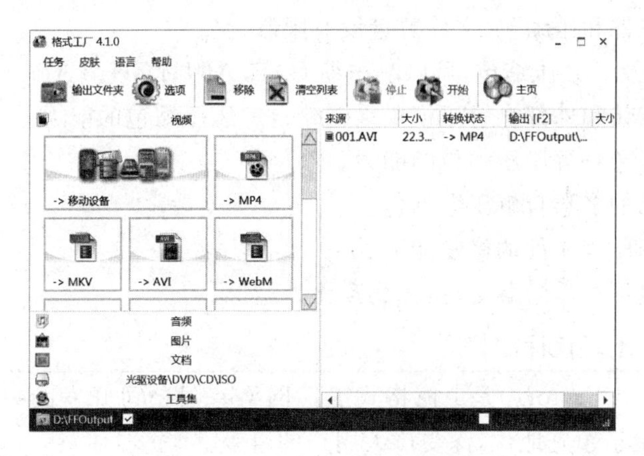

图 6-47　格式工厂软件界面

B 教学目标

（一）技能目标

（1）能够利用 WinRAR 熟练打包压缩素材文件，设置分卷，添加密码，并制作发布自解压文件。

（2）能够使用格式工厂进行视频、音频格式转换。

（3）能够使用格式工厂保存适合手机的自定义视频文件。

（二）知识目标

（1）认识 WinRAR 压缩软件、格式工厂软件的功能。

（2）掌握 WinRAR 压缩打包、格式工厂转换格式的方法。

（3）熟练运用 WinRAR 压缩打包文件、格式工厂转换媒体格式。

C 知识储备

（一）压缩与解压缩

有时候搜集了一些图片、声音、视频文件，为了便于放置在 U 盘上存储携带，或者发送邮件，往往需要将文件体积变小，这样就需要将体积大的文件进行打包压缩。

压缩是将一个或多个文件转换成压缩格式的文件，以减少文件大小，从而方便存储或传输，解压缩是指将压缩格式的文件还原为正常文件。常用的压缩与解压缩软件有 WinZip、WinRAR、7-Zip 等。目前应用最广的压缩/解压缩软件是 WinRAR，压缩率高，支持多种压缩文件格式。

（二）认识 WinRAR

WinRAR 是一个强大的压缩文件管理工具，是 Windows 版本的 RAR 压缩文件管理器。内置程序可以解开 CAB、ARJ、TAR、GZ、ACE、BZ2、JAR、ISO 和 7Z 等多种类型的档案文件，使用新的压缩和加密算法，压缩率进一步提高，而资源占用相对较少，能压缩备份数据，减少 E-mail 电子邮件附件大小，快速制作 ZIP 和 RAR 的自释放档案文件，便于发布。该软件具有的特点如下。

（1）采用独创的压缩算法，拥有更高的压缩率。

(2) 支持超大文件和压缩包,文件数量没有限制。

(3) 支持 RAR 及 ZIP 压缩包,可以解压缩 CAB、ARJ、LZH、TAR、GZ、ACE 等压缩包。

(4) 具备使用默认和外部自解压模块来创建自解压压缩包的能力。

(5) 具备创建多卷自解压压缩包的能力。

(6) 支持带密码的多卷自解压数据包。

(7) 极强的受损压缩文件的修复能力。

(8) 通过压缩包可以看隐藏文件,让病毒无处遁形。

(三) 了解格式工厂软件

格式工厂(Format Factory)是上海格式工厂网络有限公司开发的一款格式转换类软件。这款软件在行业内位于领先地位,深受广大用户的喜爱。

软件可以进行视频、音频和图片格式的转换,支持市面上的绝大多数文件格式,还可以合并各种文件。

(1) 视频支持的格式: MP4、3GP、AVI、MKV、WMV、MPG、VOB、FLV、SWF、MOV、RMVB(RMVB 需要安装 RealPlayer 或相关的译码器)、xv(迅雷独有的文件格式)。

(2) 音频支持的格式: MP3、WMA、FLAC、AAC、MMF、AMR、M4A、M4R、OGG、MP2、WAV。

(3) 图片支持的格式: JPG、PNG、ICO、BMP、GIF、TIF、PCX、TGA。

转换时可以设置文件输出配置:

(1) 视频的屏幕大小,每秒帧数,比特率,视频编码。

(2) 音频的采样率,比特率。

(3) 字幕的字体与大小。

(4) 进行“视频合并”与查看“多媒体文件信息”。

(5) 转换过程中修复某些损坏的视频。

D 任务实现

(一) 获取并安装 WinRAR 软件

(1) 在百度上,输入关键词“WinRAR 下载”,找到“下载”按钮,单击后,指定下载位置后从网络上下载 WinRAR 安装文件。

提示: WinRAR 是共享文件,可在测试时间内使用,如果测试之后仍想继续使用,则必须付一定费用注册后使用。

(2) 获得安装文件后,双击打开文件,找到 Setup. exe 文件,按提示单击“下一步”按钮,直到单击“完成”按钮。注意有些复选框根据需要选择是否勾选。

提示: 不同软件的安装向导内容和步骤可能不同,常见的安装向导有接受许可协议、输入用户信息、输入产品密钥、选择安装位置、选择安装组件等,安装软件之前还要检查安装的磁盘剩余空间是否够用。

(3) 安装完成后,在桌面上出现图标,双击该图标,即可启动 WinRAR 软件。

（二）利用 WinRAR 打包压缩

（1）在需要打包的“素材”文件夹上右击，在弹出的右键关联菜单中，选择“添加到‘素材.rar’”，即可以快速生成打包文件，如图 6-48 所示。

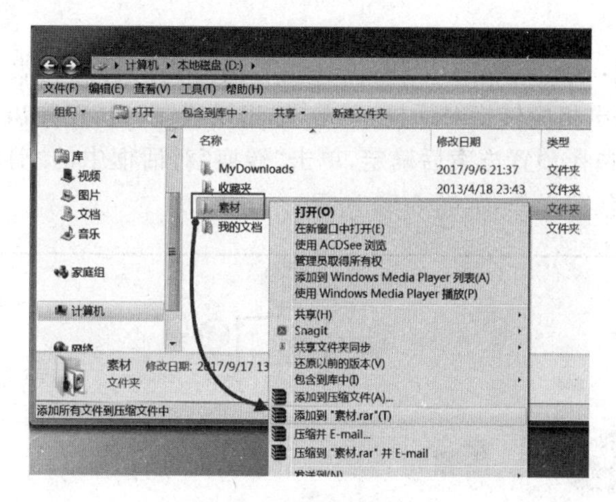

图 6-48 快速打包压缩文件

（2）要想对压缩进行自定义设置，可以在上述步骤中选择“添加到压缩文件”，在弹出的“压缩文件名和参数”对话框中，设置压缩文件名称，选择压缩文件的格式，还可以设定压缩的方式，有时候需要把压缩包文件分割成特定大小的多个部分，可以在“切分为分卷，大小”下拉列表框中进行切分，如图 6-49 所示。

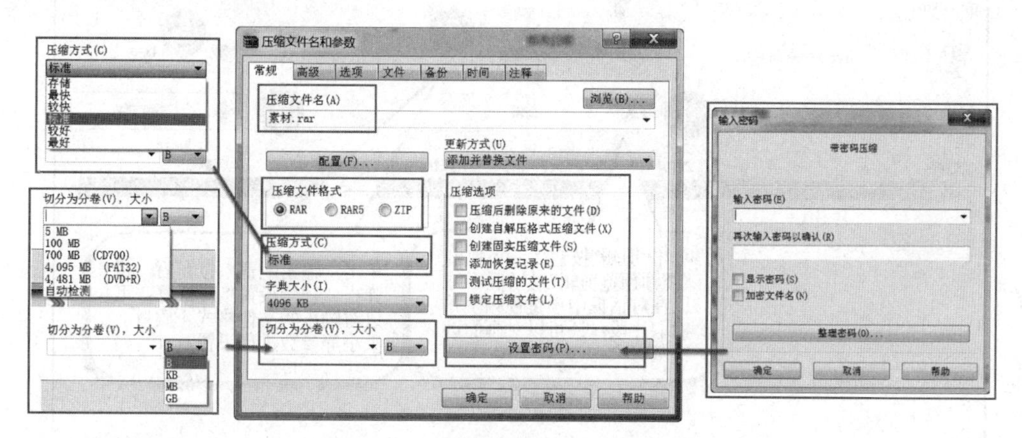

图 6-49 设置压缩文件名和参数

（3）在压缩时为了保护数据，还可以设置密码，这样在解压时只有输入正确的压缩密码才能够解压成功，单击“设置密码”，弹出“输入密码”对话框，填写两遍密码，完成密码的设置。

提示：①根据需要可以设置“压缩选项”，例如勾选“压缩后删除原来的文件”；②在设置密码时，可以勾选“显示密码”，这样输入密码时可以直接校对密码是否正确，不用输入两遍密码，缺点是容易造成密码泄密；③常用的压缩格式是 RAR 和 ZIP；④分卷大小系统有一些推荐的压缩尺寸，可自行输入数值进行定义。

（三）格式工厂转换多媒体文件格式

使用格式工厂转换文件类型是最常用的方式，它支持几乎所有类型的多媒体格式，并且可以修复损坏的视频文件，转换时可以为多媒体文件“减肥”，不但支持音频、视频转换，还支持图片格式转换。

(1) 转换视频格式：打开格式工厂软件，在主界面左侧的视频列表中单击一种转换类型(例如转换到MP4)，弹出相应转换对话框，单击“输出设置”按钮，在弹出的“视频设置”对话框中，调整具体的参数或选择预置方案后确定，单击“转换”对话框中的“剪辑”按钮，在弹出的对话框中，可对视频进行裁剪操作，如图6-50所示。

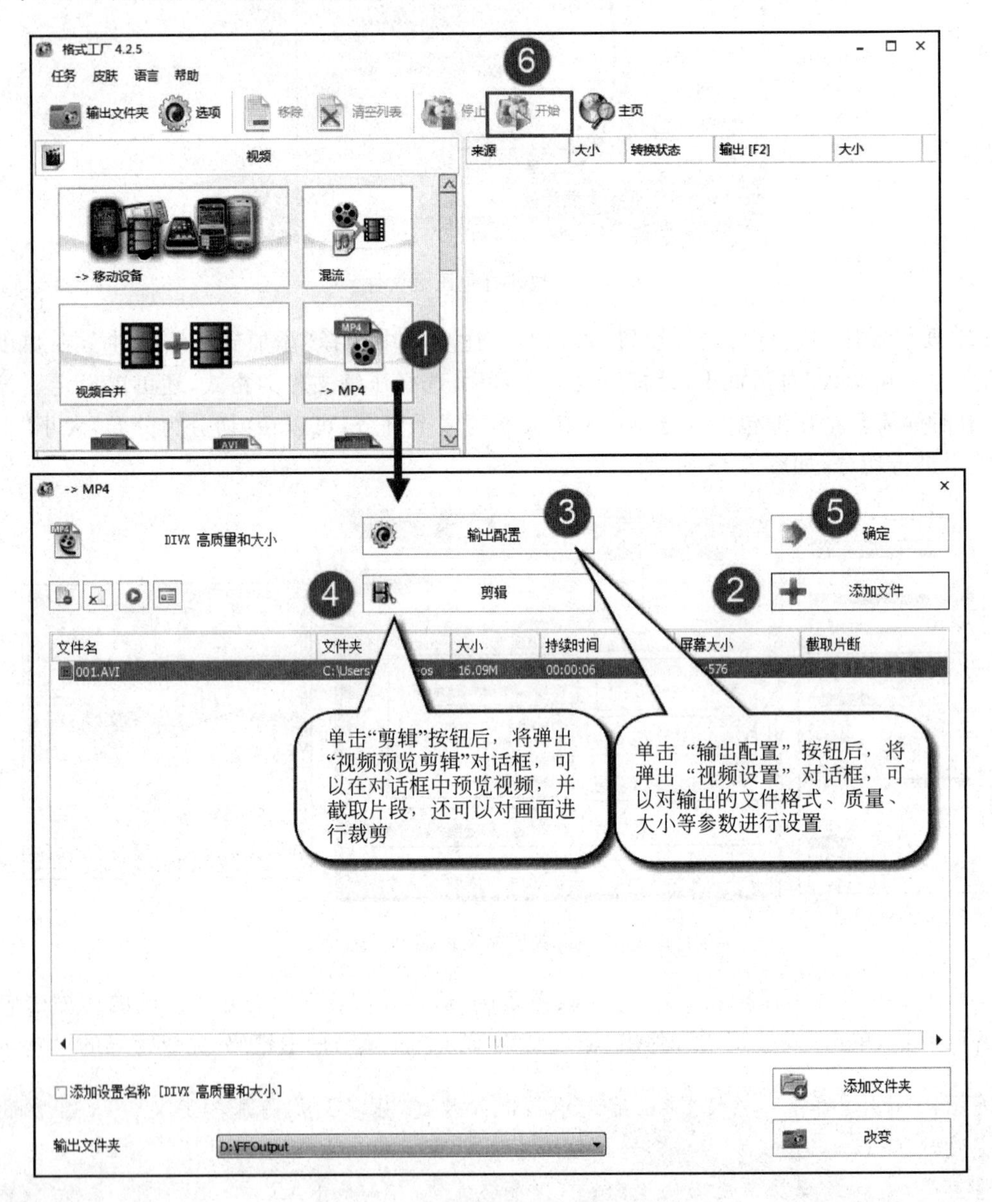

图 6-50 利用格式工厂转换视频文件

(2) 在“转换”对话框中，单击“确定”按钮之后回到主界面，单击工具栏“开始”按钮进行转换操作。

(3) 转换音频格式：转换音频格式的方法和转换视频格式的方法类似，打开格式工厂软件，在主界面左侧的音频列表中单击一种转换类型(例如转换到 WMV)，弹出相应的“转换”对话框。单击“输出设置”按钮，在弹出的“音频设置”对话框中，调整具体的参数或选择预置方案后确定，如图 6-51 所示。

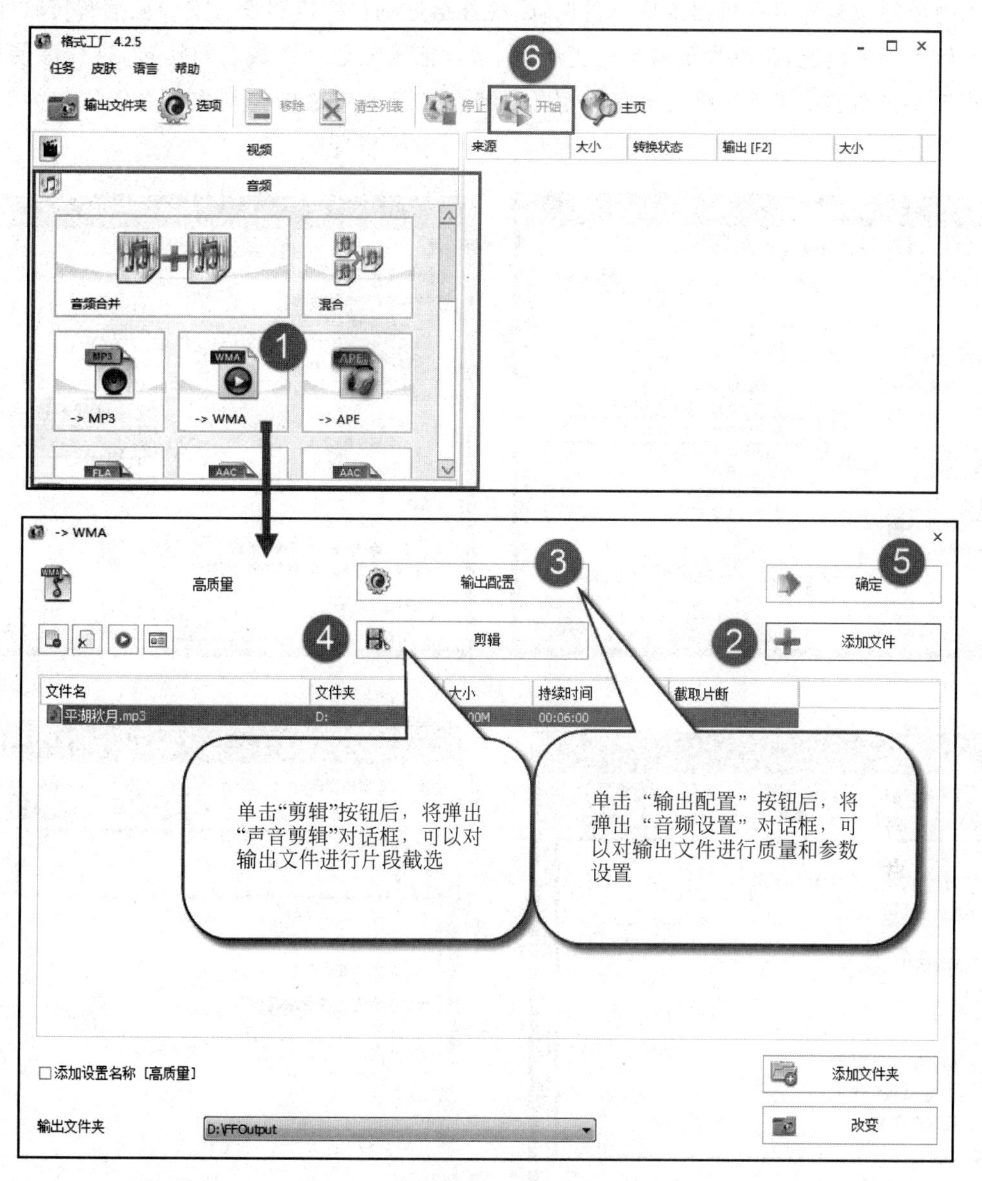

图 6-51 利用格式工厂转换音频文件

(4) 单击“转换”对话框中的“截取片段”按钮，在弹出的对话框中，对音频进行裁剪，在“转换”对话框中单击“确定”按钮之后回到主界面，单击工具栏“开始”按钮进行转换操作。

提示：①在转换之前可以在“转换”对话框中设置输出文件夹；②调整视频设置时，推荐按照软件设定的方案进行选用，避免调整过当；③可以将自己配置好的设置方案另存，以备下次使用。

E 技能提升

（一）使用 WinRAR 发布自解压作品

当把压缩包拿到目标机器上应用的时候，往往会遇到目标机器没有安装压缩解压软件，无法正常解压缩的情况，所以为了避免这类问题，常常把压缩包制作成自解压包，这样即使机器中未安装解压软件，也可以顺利地完成解压任务。以把素材文件夹制作成自解压包为例，如图 6-52 所示。

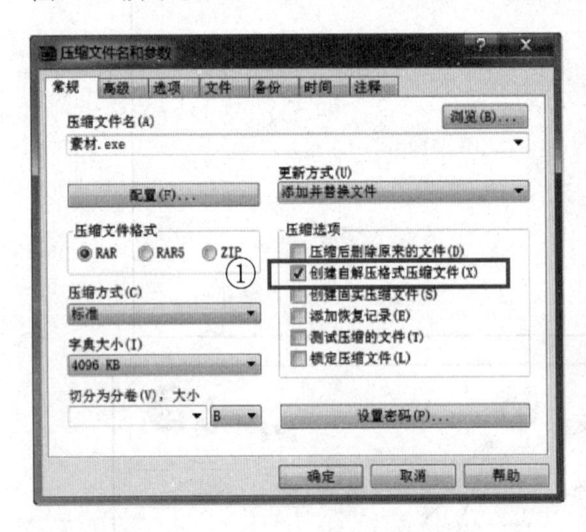

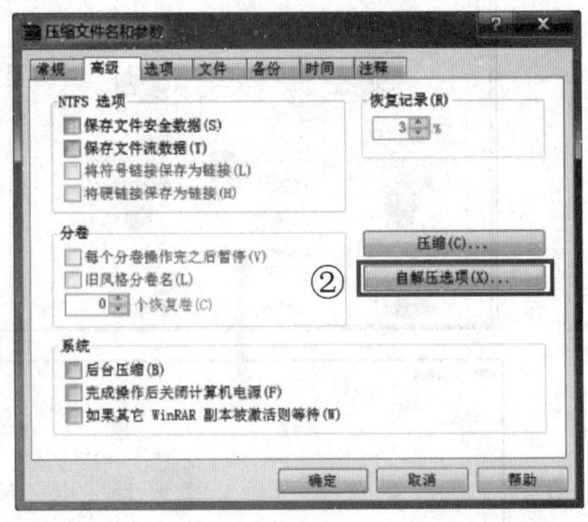

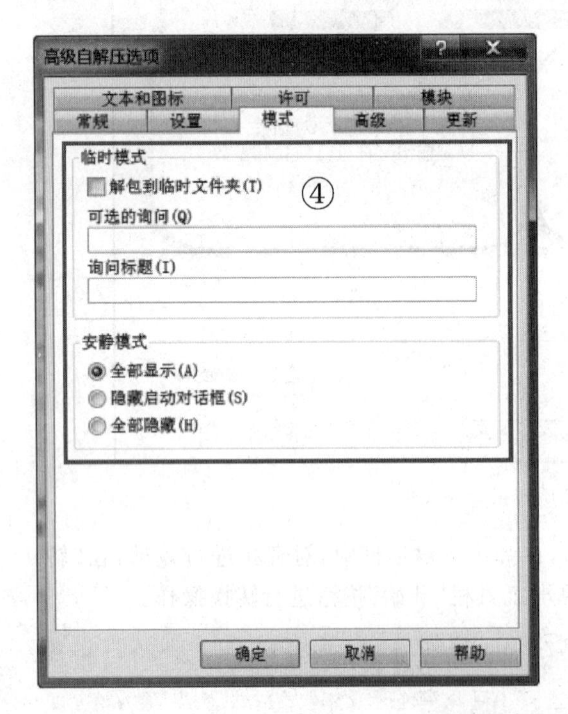

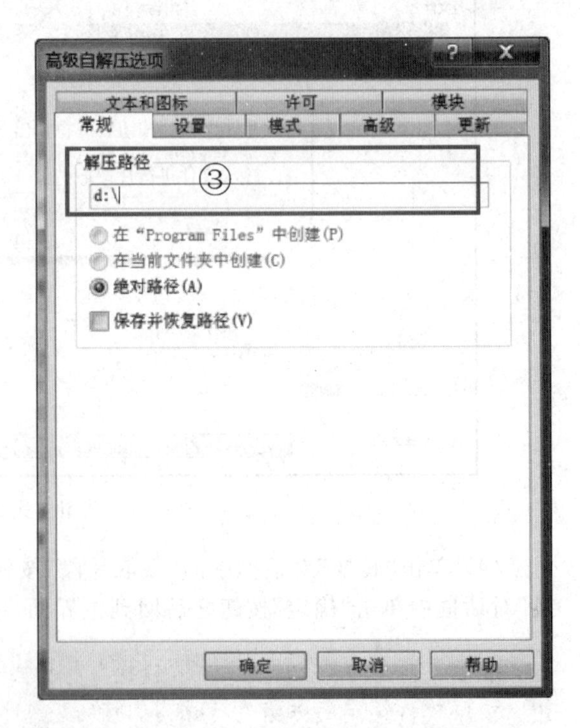

图 6-52　设置高级自解压选项

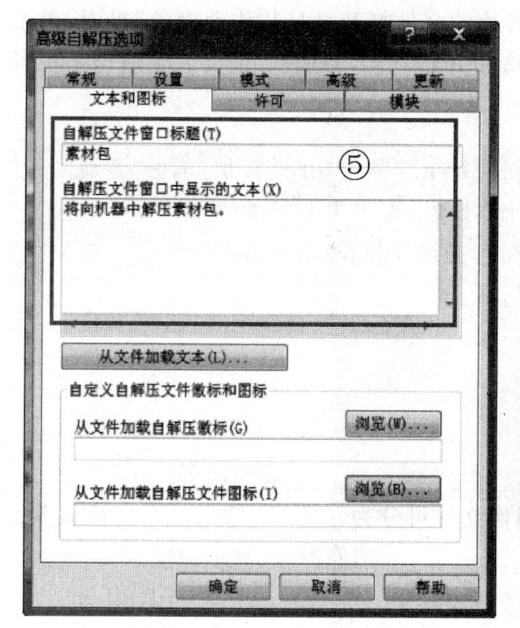

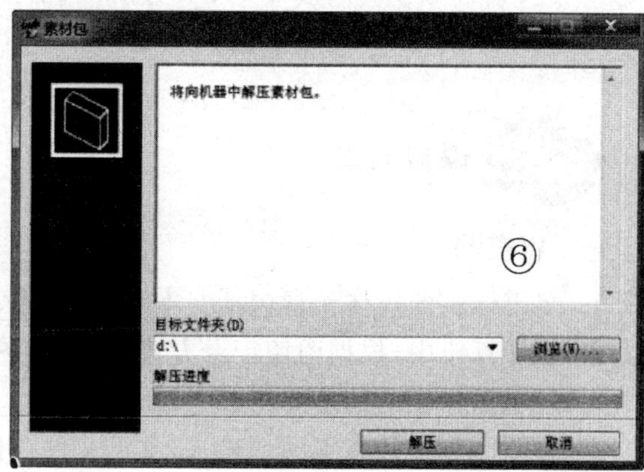

图 6-52 （续）

操作提示：

(1) 在需要压缩的“素材”文件夹上右击，在弹出的右键关联菜单中，选择“添加到压缩文件”，在弹出的“压缩文件名称和参数”对话框中，勾选“创建自解压格式压缩文件”。

(2) 单击“高级”标签，单击“自解压选项”按钮。

(3) 在弹出的“高级自解压选项”对话框中，单击“常规”标签，在“解压路径”文本框中设置解压缩的文件路径；单击“模式”标签，根据情况设置临时模式和安静模式；单击“文本和图标”标签，设置“自解压文件窗口标题”“自解压文件窗口中显示的文本”，同时还可以设定解压文件的徽标和图标，设置完成后单击“确定”按钮。

(4) 双击执行生成的自解压文件，弹出运行窗口，可以执行测试是否成功。

提示：①在高级自解压选项中，还可以进行模块、许可、设置程序等选项的操作；②自解压徽标文件默认为 BMP 格式，自解压图标文件默认为 ICO 格式，可以事先下载或制作出相应文件，再加载应用。

（二）格式工厂自定义视频文件

格式工厂可以将不同的文件格式相互转换，保存适合手机自定义的视频文件，对转换后的视频文件有不同的要求，如视频的大小、分辨率、给视频加上水印等，来满足不同手机对视频格式的要求。

操作提示：

(1) 在百度上输入关键词“格式工厂下载”，单击“搜索”，下载格式工厂软件，并安装。

(2) 在桌面上双击“格式工厂”图标，启动软件，进入软件主界面，单击“所有转到移动设备”。

(3) 在“更多设备界面”右边设置需要的参数，例如输入“高清 MP4 视频”，在“预设配置”中输入分辨率为“720”，设置屏幕大小、字幕、水印等。

(4) 设置好后，单击“添加文件”按钮，找到要转换的文件打开，回到“移动设备”界面，单击“确定”按钮，返回“格式工厂”主界面，单击“开始”按钮开始转换，完成后，能够看到适合手机保存要求的视频文件。

提示： 利用格式工厂制作gif动画，单击视频组中的gif，弹出gif对话框，单击“添加文件”可以添加很多视频格式文件，例如mp4、avi、rmvb等，选定要打开的视频文件，单击“打开”，再单击“确定”按钮返回主界面，单击“开始”，开始转换成gif动画。

课后习题

一、填空题

1. 多媒体中的媒体元素包括文本、图形图像、________、________和动画等。

2. 在计算机中，根据图像记录方式的不同，图像文件可分为________和________两大类。

3. 影响图像显示的重要指标主要有________、________、图像深度、显示深度。

4. 位图图像文件有不同的格式，常见文件存储格式有________、________、tif、gif等。

5. ACDSee 10共有三种视图模式，分别是________、________、________。

6. GoldWave整个主界面分为三部分，最上面是菜单命令和快捷工具栏，中间是________区域，下面是文件属性的状态栏。

7. 图形是指从点、线、面到三维空间的黑白或彩色几何图，也称________。图像则是由一组排成行列的点(像素)组成的，通常称为________或称________。

8. 表示颜色纯度的称为________。

9. 色相用于表示________。

10. 使用WinRAR压缩文件时，在“压缩文件名和参数”对话框中，________选项卡可以为压缩文件设置密码。

二、选择题

1. 扩展名为.WAV的文件是(　　)。

   A. 动画文件　　B. 视频文件　　C. 矢量图形文件　　D. 波形文件

2. 位图图像的基本组成单位是(　　)。

   A. 像素　　B. 线条　　C. 色块　　D. 像点

3. 下列文件格式中，(　　)是无损压缩。

   A. GIF　　B. MPEG　　C. JPEG　　D. BMP

4. 下列不属于声音文件格式的是(　　)。

   A. MID　　B. WAV　　C. JPG　　D. MP3

5. 位图和矢量图比较，可以看出(　　)。

   A. 位图比矢量图占用空间更少

   B. 位图与矢量图占用空间相同

   C. 对于复杂图形，位图比矢量图画对象更慢

   D. 对于复杂图形，位图比矢量图画对象更快

6. 一般来说，要求声音的质量越高，则(　　)。

   A. 分辨率越低和采样频率越低

B. 分辨率越高和采样频率越低

C. 分辨率越低和采样频率越高

D. 分辨率越高和采样频率越高

7. 在 ACDSee 10 中,(　　)命令可以对图像的对比度进行自动调整。

A. 颜色　　B. 锐化　　C. 阴影/加亮　　D. 曝光

三、判断题

1. 颜色具有三个特征:色调、亮度、透明度。(　　)

2. 矢量图形适合表现色彩丰富、有明暗变化和大量细节的人物风景画。(　　)

3. 在显示速度上,矢量图文件的显示速度比位图文件慢一些。(　　)

4. 图像的颜色差别就是色调。(　　)

5. 图像的对比度越高则图像越清晰。(　　)

6. 位图可以用画图程序获得、在屏幕上直接抓取、用扫描仪或视频图像抓取、从照片抓取、购买现成的图片库。(　　)

7. 在多媒体计算机图像处理中,扫描仪是一种图像输入设备。(　　)

8. 位图与矢量图在存储容量、存储格式、处理方法与显示速度上都有区别。(　　)

9. 在 ACDSee 10 中,利用"文件格式""曝光度""时间戳"以及"图像大小"都可以批量调整图像。(　　)

10. 在 ACDSee 10 中,可以绘制图形。(　　)

四、简答题

1. 说出图像显示的几个重要指标。

2. 简述使用 Snagit 捕获屏幕视频的步骤。

3. 如何将视频制作成屏保程序?

4. 简述使用 WinRAR 进行文件分卷压缩的操作步骤。

五、上机操作题

1. 下载 FLV 视频(提示:FLV 视频就是土豆网、YouTube 等视频网站播放的流媒体,最简单的方法就是使用临时文件夹,具体为:在线播放一遍,单击 IE→"工具"→"Internet 选项"→"设置"→"查看文件",在文件列表中,调整"文件大小""时间""文件类型",后缀为 FLV 的文件就是视频文件了,把这些文件复制到自己的文件夹中,并改名为 xxx.flv,即可下载并本地播放)。

2. 使用 ACDSee 10 导入自己的一组数码相片,并完成操作:①对所有文件批量重命名;②对相片排序;③调整有倾斜的相片;④根据需要调整相片的饱和度;⑤根据需要调整相片的曝光度;⑥为相片添加合适的边框、文字、效果;⑦处理完成创建自己的相册。

3. 使用爱剪辑视频制作影片,捕获视频或图像,插入视频,使用素材库,编辑素材,选择样式模板,设置背景音乐,调整字幕特效,输出影片。

项目 7 Internet 应用

计算机网络是计算机科学技术与通信技术结合的产物，是计算机应用中的一个重要领域，它的应用改变着人们的学习、工作和生活方式。

要应用计算机网络，首先要求大家能将独立的计算机连接成网络，或者将已有的计算机加入网络，充分利用门户网站以及搜索引擎，提升学生获取信息、甄别信息、应用信息的能力，而不是在网海中漫无边际地浏览。电子邮件能够满足全球范围内人与人之间通信沟通的需求，交换的信息很丰富，可以是文字、图像、声音等各种数据形式。

本项目由三个任务组成，分别是：组建与管理局域网、获取网络信息以及收发电子邮件。

工作任务

任务 1　组建与管理局域网

任务 2　获取网络信息

任务 3　收发电子邮件

学习目标

目标 1　能够对简单局域网进行组建与管理。

目标 2　能够对 IE 浏览器熟练操作。

目标 3　能够使用搜索引擎进行信息搜索。

目标 4　能够申请和使用电子邮件(E-mail)。

目标 5　能够操作一些常用的网络应用软件。

任务1　组建与管理局域网

A 任务展示

创建局域网的基本目的就是实现资源共享，通过组建局域网可以构建娱乐平台，实现内部统一化管理，共享打印机、文件等软硬件资源，相互协作共同完成一个任务，来满足内部交流和互动，既节省了网费又提高了资源利用率。建议有网络实验设备的学校做这个任务，如图7-1所示。

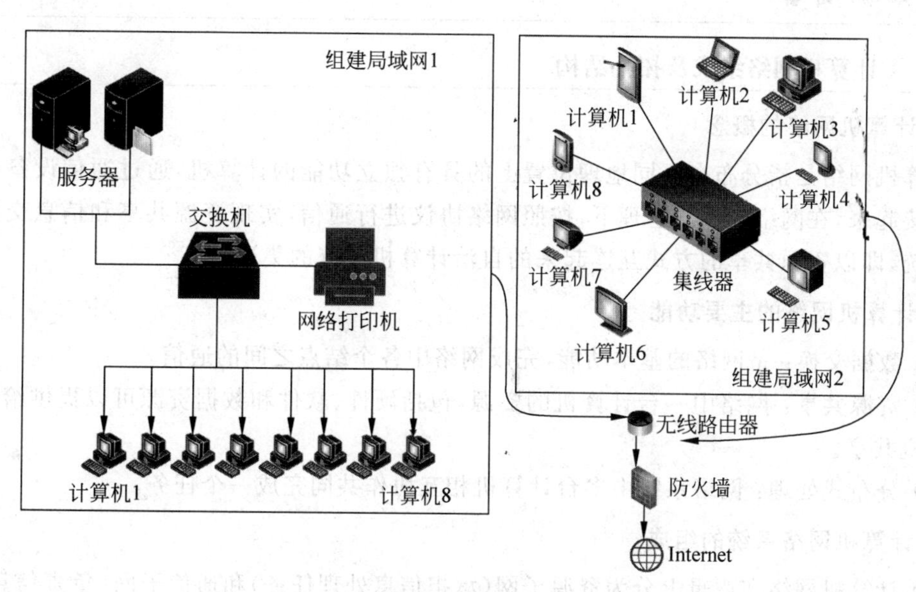

图7-1　组建局域网并接入互联网

组建局域网1：在机柜的合适位置安装一台24口交换机(锐捷)，通过网线将8台计算机、服务器、网络打印机连接到交换机上，即将双绞线的一端插在计算机的网卡上，另一端插在交换机的LAN端口上，设置网络参数，包括IP地址、子网掩码等，测试局域网的连通性。

组建局域网2：在机柜的合适位置安装一台HUB集线器(共享式D-Link)，通过网线将8台计算机连接到HUB集线器上，即将双绞线的一端插在计算机的网卡上，另一端插在HUB集线器的LAN端口上，设置网络参数，包括IP地址、子网掩码等，测试局域网的连通性。

将局域网接入到互联网：将组建完成的局域网1、局域网2通过无线路由器连接到互联网上，必须正确设置网络参数，包括IP地址、子网掩码、默认网关、DNS。

提示： 局域网不需要设置网关和DNS，访问互联网，必须正确设置网关和DNS参数。

B 教学目标

(一) 技能目标

(1) 能够根据局域网需求选择不同型号的网络设备、设计拓扑结构、规划交换机端口功能、规划网络地址。

(2) 能够熟练制作双绞线。

(3) 能够安装网络设备,连接线缆,调试设备。

(二) 知识目标

(1) 认识计算机网络、网络类别、网络拓扑结构。

(2) 了解网络中的硬件设备。

(3) 了解网络操作系统与网络通信协议。

(4) 了解无线局域网。

C 知识储备

(一) 计算机网络组成及拓扑结构

1. 计算机网络的概念

计算机网络是指分布在不同地理位置上的具有独立功能的计算机,通过通信设备和通信线路连接起来,在网络软件的管理下,按照网络协议进行通信,实现资源共享和信息交换的计算机系统,即以资源共享的方式互连起来的自治计算机系统的集合。

2. 计算机网络的主要功能

(1) 数据交换:是网络的基本功能,完成网络中各个结点之间的通信。

(2) 资源共享:网络中一台计算机的资源,包括硬件、软件和数据资源可以提供给全网其他计算机共享。

(3) 分布式处理:网络系统中多台计算机相互协作共同完成一个任务。

3. 计算机网络系统的组成

(1) 计算机网络在逻辑上分为资源子网(承担信息处理任务)和通信子网(负责信息传递)两大部分。

(2) 资源子网,位于网络的外围,提供各种网络资源和网络服务。资源子网主要由主机(Host)、终端(Terminal)等硬件和网络数据库、应用程序等构成。

(3) 通信子网,主要由通信控制处理机 CCP 及通信线路组成的传输网络,位于网络内层,负责网络数据传输、转发等通信处理任务。

4. 计算机网络的分类

计算机网络根据网络覆盖的地理范围来分,有局域网、城域网及广域网。

(1) 局域网(Local Area Network,LAN),是指覆盖范围在几百米到几千米内的计算机网络。例如,把一个实验室、一座楼、一个大院、一个单位或部门的多台计算机连接成一个计算机网络。局域网有较高传输速率,较低误码率。

(2) 城域网(Metropolitan Area Network,MAN),指在一个城市范围内建立起来的计算机通信网络,它将位于同一个城市的主机、各种服务器及局域网等互连起来。

(3) 广域网(Wide Area Network,WAN),又称远程网,将位于不同城市的 LAN 或 MAN 互联组成的网络,地理范围通常在几十千米到几千千米不等,如 Internet 就是典型的广域网。由于距离相对较远,所以数据传输率较低,转输误码率也较高。

提示:按传输介质又可分为有线网络和无线网络两种。

5. 计算机网络的拓扑结构

计算机网络的拓扑结构是指网络中各个结点相互连接的形式，在局域网中确切地讲就是服务器、工作站和电缆等的连接形式。拓扑结构有多种，常见的有星状、总线型、环状、树状、网状，如图 7-2 所示。

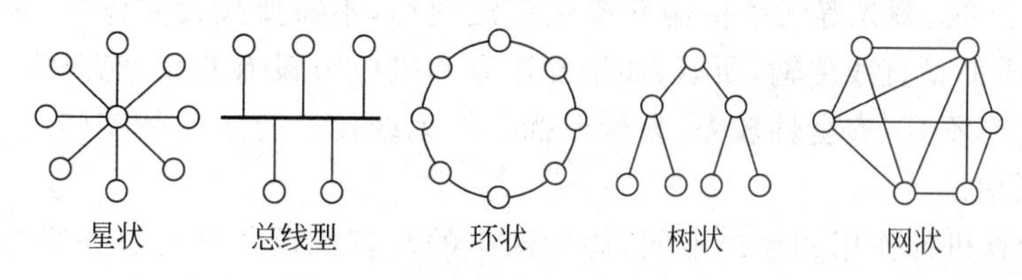

图 7-2　网络拓扑结构的连接形式

(1) 星状结构，以中央结点为中心，网络中其他任何一个结点都只与中央结点直接相连，任何两个端点间的通信都通过中央结点控制，中央结点的可靠性、吞吐能力直接影响到全网运行，是全网通信瓶颈。

(2) 总线型结构，采用单一的信道作为传输介质，所有的站点通过专门的连接器连到这个公共的信道(总线)上，信息在总线上传输并能被任何一个结点所接收，总线成了所有结点的公共通道。

(3) 环状结构，系统通过公共传输线路组成闭环连接，信息在环路中单向传送。优点是网上每个结点地位平等，每个结点能获得平行控制权，容易实现高速及长距离传送；缺点是由于通信线路的自我闭合，扩充不方便，一旦环中某处出了故障，就会导致整个网络不能工作。

(4) 树状结构，是星状结构演变而来的，它具有与星状结构相似的特点，这种结构管理比较简单，管理软件也易于实现，是一种集中分层次的管理形式，但各结点间信息难以流通，资源共享能力差。

(5) 网状结构，网络中每一个结点都有多条路径与网络相连，即使一条线路出现故障，网络仍能正常工作，但必须进行路由选择，这种结构可靠性高，但网络控制和路由选择较复杂，一般用于广域网。

(二) 计算机网络硬件设备

网络硬件设备包括传输介质、计算机设备、网络连接设备三部分。

(1) 传输介质，是连接网络中各结点的物理通道，常用的网络传输介质有双绞线、同轴电缆、光纤与无线电波，如图 7-3 所示。

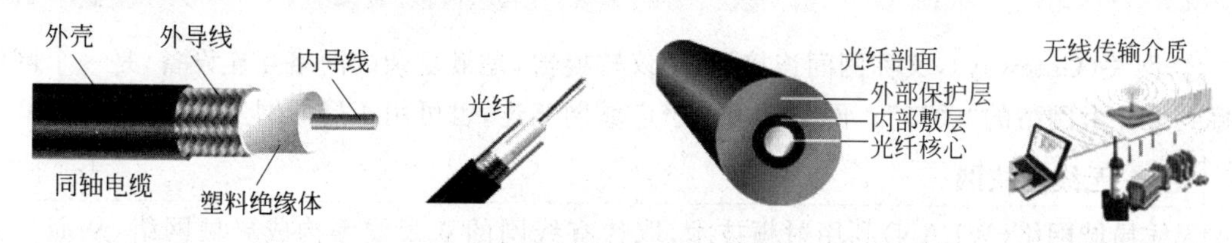

图 7-3　常用的网络传输介质

① 双绞线是把两条互相绝缘的铜导线纽绞起来组成一条通信线路，是局域网中主流的网络传输介质。

② 同轴电缆中心是一根内导线，内导线外有一层起绝缘作用的塑料绝缘体，再包上一层金属编织的外导线，最外层是保护外壳。同轴电缆的抗干扰性比双绞线强，但价格比双绞

线高。

③ 光纤是光导纤维的简称。光纤的芯线是光导纤维，它传输光脉冲数字信号，纤芯外面是一层保护镀层，将射入纤芯的光信号，经镀层界面反射，使光信号在纤芯中传播。在发送端要先将电信号转换成光信号，接收端再用光检测器将光信号还原成电信号。

④ 微波、红外线、激光等无线传输介质被广泛使用，不需要架设实体线，是通过大气传输的，无线传输介质都是直线传输，所以，如果发送方和接收方没有直线通路，则需要中转设备。无线传输介质速率不高，安全性较差，易受干扰。但无线传输介质不受实体线牵制，能实现立体通信和移动通信。

(2) 根据计算机的作用和地位不同，局域网中的计算机设备分为服务器和工作站两种类型。服务器通常指定一台专用计算机或高档 PC 担任，运行网络操作系统，存储和管理网络中的共享资源；工作站由 PC 担任，向服务器请求、访问共享资源，也具有独立的处理能力。

(3) 网络连接设备有网卡、中继器、交换机、路由器、网关等，如图 7-4 所示。

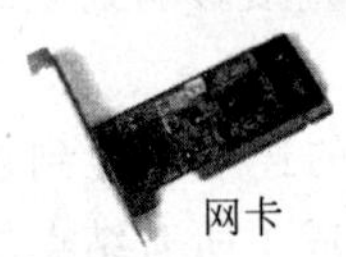

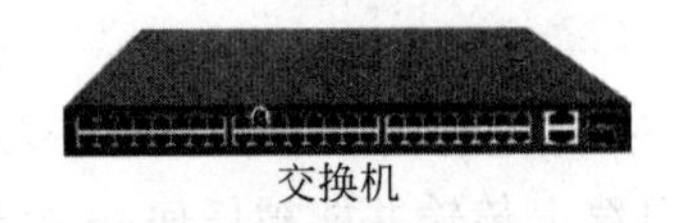

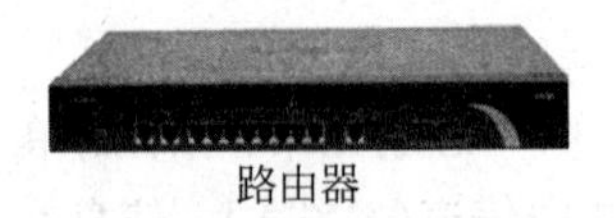

图 7-4　常用的网络连接设备

① 网卡是网络接口卡(NIC)的简称，又称网络适配器，它是计算机网络必不可少的连接设备，是局域网的基本组成元素之一，通常插在主板扩展槽中，也有 USB 接口的外置网卡，通过传输介质把计算机与局域网连接起来，一般分为有线网卡和无线网卡两种。

② 交换机(Switch)又称交换式集线器，是一种用于电信号转发的网络设备，为接入的交换机任意两个网络结点提供独享通路，支持端口连接结点之间的多个并发连接，增加网络带宽，改善局域网性能。交换机的主要功能包括物理编址、网络拓扑结构、错误校验、帧序列以及流控等。

③ 路由器(Router)是各局域网、广域网连接因特网的设备，它会根据信道的情况自动选择和设定路由，以最佳路径，按前后顺序发送信号。选择最佳路径策略是路由器的关键所在，在路由器中保存着各种传输路径的相关数据——路径表，供路由器选择时使用。

提示： 路径表可以由系统管理员固定设置，也可以由系统动态修改，可以由路由器自动调整，也可以由主机控制。

④ 网关(Gateway)，又称网间连接器、协议转换器，是最复杂的网络互连设备，是一个网络连接到另一个网络的“关口”。网关既可用于广域网互连，也可用于局域网互连。

(三) 无线局域网

无线局域网络(WLAN)利用射频技术，取代有线网的双绞线等构成局域网络，从而达到“信息随身化、便利走天下”的理想境界。无线局域网中要有无线接入点(AP)，每台计算机要有无线网卡，通过无线 AP，计算机之间就可以进行通信了，如今的手机、笔记本等都有 Wi-Fi 标志，Wi-Fi 是一种可以将个人计算机、手持设备(如 PAD、手机)等终端以无线方式互相连接的技术，它的传输速率较高，覆盖范围较大。

无线 AP，也称无线接入点，把它接入有线网络后，它可以把有线信息转为无线网络信息，使装有无线网卡的计算机可以连接到有线网络中。除了单纯的无线接入点，无线路由器等设备也统称无线 AP，具有路由、网管的功能，如图 7-5 所示。

图 7-5　无线 AP

无线网与有线网最大的不同在于传输介质不同，利用无线电技术取代网线，无线网最大的优势就是网络中的设备可以随意移动，灵活方便，同时无线网无须布线，易于维护，在成本方面也占有优势。无线网的传输质量和速度不如使用双绞线或光纤的有线网，信号也会受到墙壁拐角等影响。由于信号是发散的，也容易被监听，造成数据泄漏。

（四）计算机网络软件系统

计算机网络软件系统，是指网络操作系统、网络通信协议、网络软件等。

（1）网络操作系统，是网络的心脏和灵魂，使计算机操作系统增加了网络操作功能，是向网络提供服务的特殊操作系统，一般具有单机操作和网络管理双重功能。它具有高效可靠传输数据、协调用户使用、文件和设备共享、信息发布、安全故障管理、性能管理等功能。常用的网络操作系统有 Windows 2003 Server、Netware、UNIX、Linux 等。

（2）网络通信协议，是通信双方都必须遵守的通信规则的集合，是一套关于信息传输的顺序、格式、内容的规则、约定和标准，这些规则使得不同操作系统和不同体系结构的网络得以相互通信，是一种网络通用语言，如 NetBEUI 协议、IPX/SPX 兼容协议和 TCP/IP 协议等。网络协议至少要包含语法、语义、时序三个要素。

① 语法，用来说明通信双方应当“怎么做”，规定信息的结构与格式。

② 语义，用来说明通信双方应当“做什么”，定义了用于协调同步和差错处理等控制信息。

③ 时序，也叫同步，用来说明通信双方“做的次序”，定义了速度匹配和排序等。

（3）网络软件，还有建立在网络操作系统之上的网络数据库系统，对网络资源进行管理和维护的网络管理软件，网络通信软件、网络浏览器、网络下载软件等工具软件，针对某一实际应用开发的网络应用软件等。

（五）双绞线两种线序标准

双绞线是最常用的连接介质，有直通线和交叉线两种连接方式。直通线用于不同设备连接，例如网络设备与计算机相连；交叉线用于相同设备连接，例如网络设备与网络设备相连。目前很多网络设备已支持直通线连接，在实际应用中，除计算机与计算机相连使用交叉线外，通常使用直通线连接。

双绞线一般由 8 根细铜线组成，铜线外面包有绝缘塑料层，以减少信号受干扰程度，每种颜色的两根线绞合在一起为一组，故称为双绞线，有橙白、橙、绿白、绿、蓝白、蓝、棕白、棕，线两端打上 RJ-45 水晶头，如图 7-6 所示。

在制作网线时，8 根线要按一定顺序排列，有 T568A 和 T568B 两种线序标准。直通线是指双绞线两端采用相同的线序标准，交叉线是指双绞线两端采不用的线序标准，如表 7-1 所示。

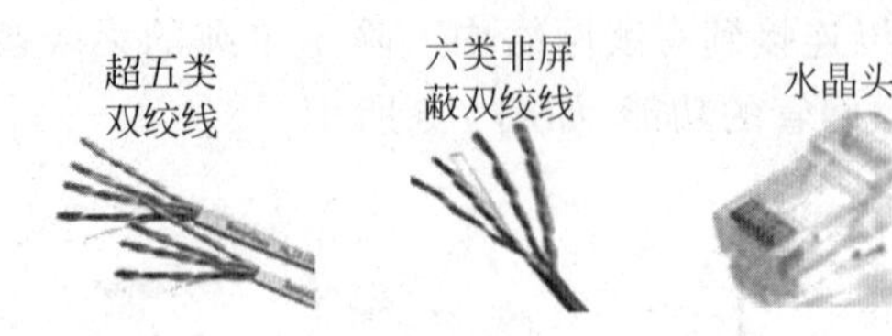

图 7-6　双绞线与水晶头

表 7-1　T568A 和 T568B 线序标准

标准	口　诀	线　序
T568A	绿蓝橙棕,三五互换	绿白-1、绿-2、橙白-3、蓝-4、蓝白-5、橙-6、棕白-7、棕-8
T568B	橙蓝绿棕,三五互换	橙白-1、橙-2、绿白-3、蓝-4、蓝白-5、绿-6、棕白-7、棕-8

交叉线一端采用 T568A,另一端采用 T568B,直通线两端可以采用 T568A 或 T568B。在实际应用中,T568B 比 T568A 抗干扰好,所以制作直通线时,一般采用 T568B。

D 任务实现

(一) 制作网线

根据物理位置和距离情况,制作若干根连接好 RJ-45 水晶头的双绞线,并且通过测试,保证双绞线连通。按 T568B 标准制作直通线,适用于不同网络设备之间的互相连接。也可以根据局域网的总体规划需要制作几根交叉线,适用于相同设备之间的设备互相连接。测试正常的网线可以连接到计算机和集线器上。

提示:现在大部分网络设备都能识别直通线和交叉线。

(二) 连接主机与集线器

假定所有的主机、计算机安装好网卡,并安装好网卡驱动程序,网卡能够正常使用。用制作好的直通线将主机与集线器(或交换机)相连,一端插入主机网卡的 RJ-45 端口,另一端插入路由器的 LAN 端口,接通集线器的电源及启动所有主机。如果各 LAN 端口对应的指示灯亮,说明连接正确,否则连接可能有误。

提示:如果要接入 Internet,入户那根宽带网线,直接插到路由器的 WAN 端口上面。

(三) 设置网络属性

(1) 配置工作组和计算机名称,进入系统桌面,在桌面计算机处,右击,在弹出菜单中选择“属性”,选择“高级系统设置”,在“系统属性”对话框中,选择“计算机名”选项卡,弹出“计算机名/域更改”对话框,输入计算机名“zwy”,使用本机默认工作组 WORKGROUP,单击“确定”按钮后,重新启动计算机才能应用这些更改。具体操作步骤如图 7-7 所示。

提示:局域网中各台计算机的工作组名应该是一样的,这样在网络中才能看到局域网的计算机,如果要更改工作组名,选择“更改”项,输入要更改的工作组名称。

(2) 配置 TCP/IP 就是配置 TCP/IP 地址、子网掩码、网关、DNS 服务器 4 项内容,具体配

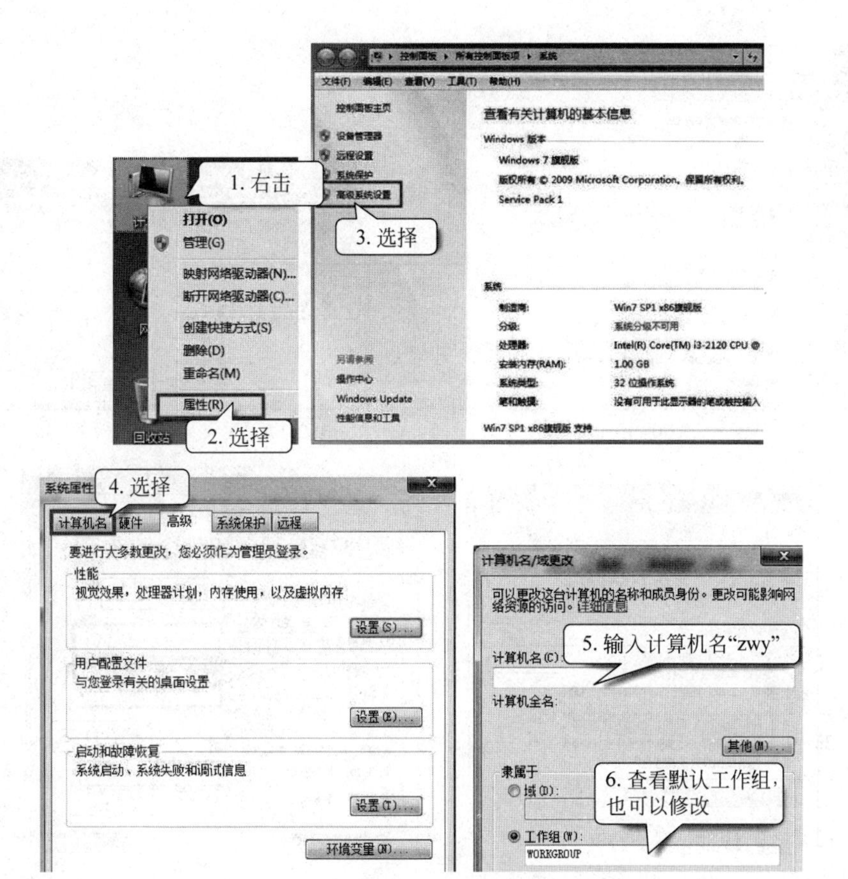

图 7-7　配置工作组和计算机名称的步骤

置过程如下。

① 单击“开始”按钮，从弹出的菜单中选择“控制面板”命令。

② 在打开窗口中单击“网络和 Internet”下的“查看网络状态和任务”项，在打开的“网络共享中心”窗口中单击左侧窗格的“更改适配器设置”项，如图 7-8(a)所示。

③ 在打开的“网络连接”窗口中，双击“本地连接”，选择“属性”项，打开“本地连接属性”对话框，如图 7-8(b)所示。

④ 在“本地连接属性”对话框中，选择“Internet 协议版本 4(TCP/IPv4)”项，单击“属性”按钮，在弹出的“Internet 协议版本 4(TCP/IPv4)”对话框中，设置 IP 地址，单击“确定”按钮完成，如图 7-8(c)、图 7-8(d)所示。

提示：如果不知道本省和市首选的 DNS 地址，可以参考国内各省市首选 DNS 地址，在网络中查找或下载。

（四）使用 ipconfig 命令查看配置信息

ipconfig 命令用于查看 IP 协议的具体配置信息，显示网卡的物理地址、主机 IP 地址、默认网关、DNS 服务器网址、主机名等，操作步骤如下。

(1)在“运行”对话框中输入“cmd”命令，按 Enter 键或单击“确定”按钮，进入 DOS 状态下。

(2) 输入命令“ipconfig /?”可显示帮助信息。

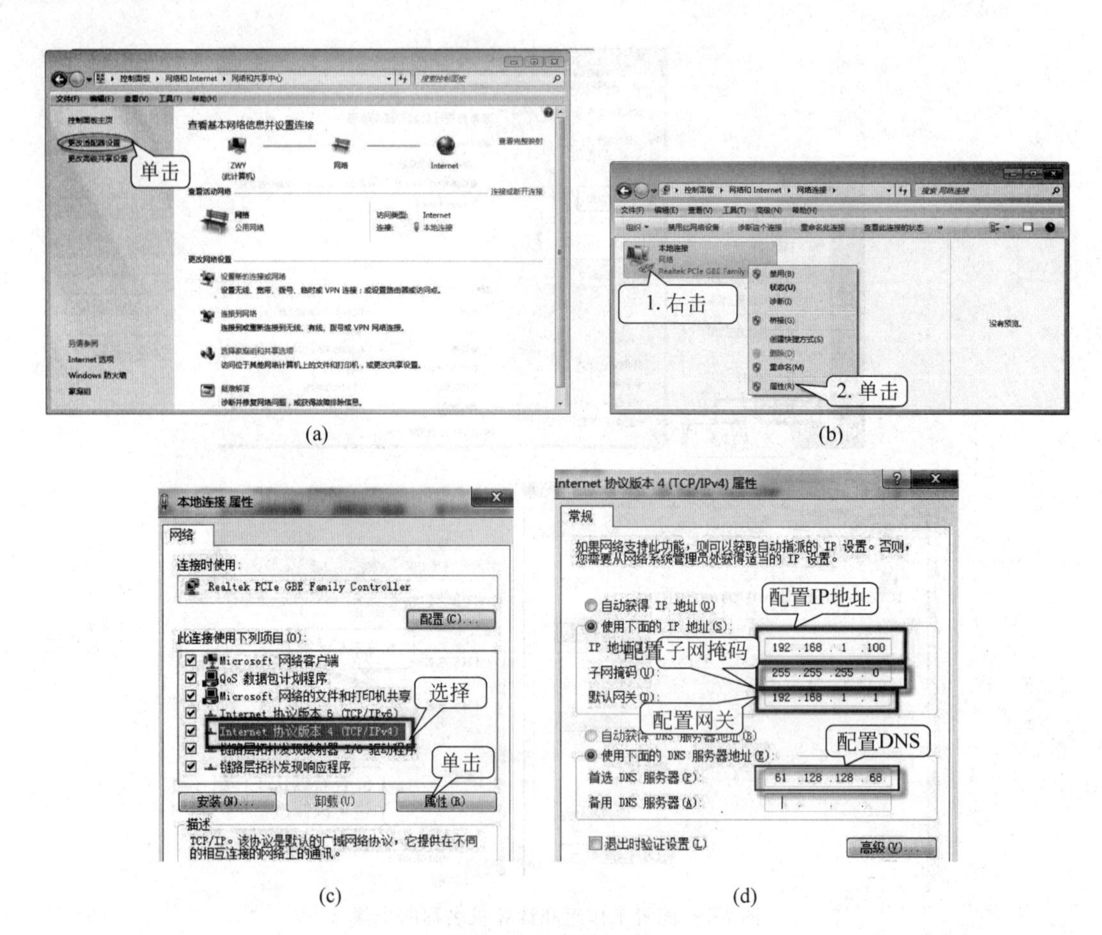

(a) (b)

(c) (d)

图 7-8 配置 TCP/IP

(3) 输入命令“ipconfig /all”执行后显示各种信息，如图 7-9 所示。

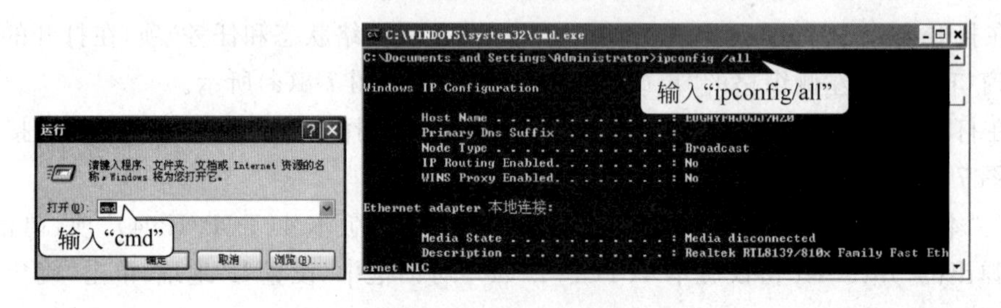

图 7-9 使用 ipconfig 命令查看配置

（五）使用 ping 命令测试网络连通性

ping 命令是网络上利用“回响”功能测试对方主机是否能应答的测试工具，这个命令的基本格式为：

ping IP 地址或域名

下面按照这个格式，执行两次，测试网络的连通性。

(1) 在“运行”对话框中输入“cmd”命令，按 Enter 键或单击“确定”按钮，进入 DOS 状态下。

(2) 按域名方式输入命令“ping www. baidu. com”，按 Enter 键，弹出提示信息，从给出的信息可以看出与对方主机是连通的。

(3) 按 IP 地址输入命令“ping 192.168.0.1”,按 Enter 键,弹出提示信息,从提示信息可以看出,对方主机没有应答,从 ping 命令执行统计看,请求 4 次连接,没有接收到对方应答,丢失 4 次请求,如图 7-10 所示。

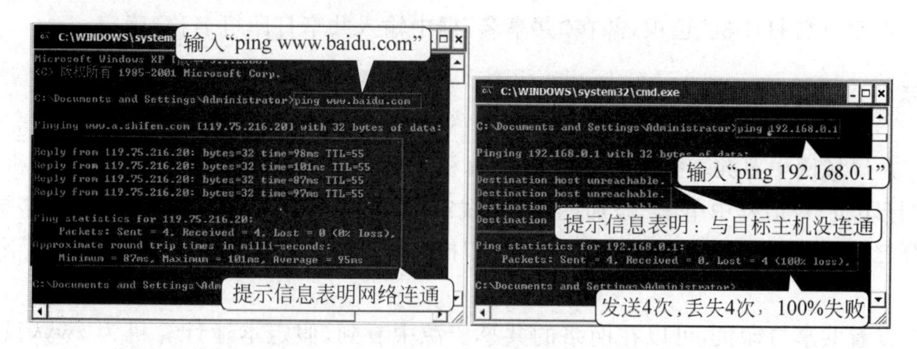

图 7-10 使用 ping 命令测试网络连通性

(六) 路由器设置

局域网 1 通过服务器连接到无线路由器上,局域网 2 通过集线器连接到无线路由器上,连接到 Internet 上。下面以 TP-Link 无线路由器配置为例说明路由器的设置方法,用计算机设置无线路由器时,并不需要上网,只要用网线将计算机与路由器 LAN 端口连接好,就可以设置路由器。

(1) 打开浏览器,在地址栏中输入“http://192.168.0.1”,弹出登录窗口,在用户名框中输入“admin”,密码为“admin”,单击“登录”按钮,进入一键设置页面。

提示:设置路由器的网址、用户名、密码由路由器说明书提供,不同厂家生产的无线路由器有些区别,这一点一定要注意。

(2) 基础设置:无线开关,启用;网络标识符:给无线网络指定一个名称,例如“zwy”;加密方式:即无线上网是否需要密码,选择一种加密方式,如 WPA2-PSK,密钥(密码),自行定义;单击“应用”按钮。

(3) 将 DHCP 服务器选择“启用”。

提示:每台上网的计算机都要有一个 IP 地址,IP 地址可以由网络管理员人工分配,容易造成 IP 地址冲突,且工作量大。IP 地址也可以由一台称为 DHCP 服务器的主机来进行动态自动分配,这样每次自动分配给每一台用户主机的 IP 地址可能是不一样的。

E 技能提升

(一) 共享打印机和文件

共享打印机是一种很常见的小型办公环境下使用的打印办法,那么在一个局域网中如何设置才能达到共享打印机、共享文件资料呢?

操作提示：

步骤一：设置网络打印机

(1) 在安装打印机的计算机上进行下列操作：单击“开始”→“设备和打印机”命令，打开“设备和打印机”窗口→右击要共享的打印机，弹出“打印机属性”对话框，单击“共享”选项卡标签，勾选“共享这台打印机”选项，并在“共享名”框中输入共享打印机名称，确定。

提示：共享打印机的前提是打印机已正确连接，驱动程序已正确安装。

(2) 在局域网中要共享打印机的其他计算机上进行下列操作：单击“添加打印机”按钮，在“添加打印机”对话框中单击“添加网络、无线或 Bluetooth 打印机”按钮→在“打印机名称”框中选择已共享的打印机→“下一步”，在“打印机名称”框中输入名称(可以默认)→“下一步”，完成。

(3) 查看共享打印机，可以在网络的共享资源中看到，假定本地计算机为 zwy，只需要输入网址\\zwy 即可看到共享打印机，这样就可以用网络打印机打印资料了。

步骤二：实现文件资料共享

(1) 在桌面上找到“网络”，双击启动，进入“网络”后上方出现一个提示，右击提示，从菜单中选择“启用网络发现和文件共享”，再选择“是，启用所有公用网络的网络发现和文件共享”。

(2) 返回 Windows 7 系统桌面，找到“计算机”右击，从打开菜单中选择“管理”项。

(3) 在打开的“计算机管理”窗口中，依次单击左侧窗格“系统工具”→“本地用户组”→“用户”，再在右侧窗格中双击 Guest 用户，取消勾选“账户已禁用”并确定。

(4) 返回到 Windows 7 系统桌面，建立一个新的文件夹，将打算共享的资料复制到该文件夹中，然后将该文件夹设置为共享。

(5) 在局域网的其他计算机中查看或访问共享资源，假定共享资料的计算机为 zwy，只需要输入网址\\zwy，即可访问共享资料了。

提示：从客户端访问局域网中其他计算机共享文件夹有三种方法：通过网上邻居访问(双击“网上邻居”图标→查看工作组计算机→双击要访问的计算机名→显示共享文件夹)；通过 IP 地址访问(依次单击“开始”→“运行”→输入要访问计算机的 IP 地址→显示共享文件夹)；通过计算机名访问(打开“我的电脑”→在地址栏中输入计算机名→按 Enter 键→显示共享文件夹)。

(二) 制作双绞线

制作 RJ-45 网线插头是组建局域网的基础技能，实质上就是把双绞线的 4 对 8 芯网线按一定的规则制作到 RJ-45 插头中，所需材料为若干米双绞线、若干个 RJ-45 水晶头，专用网线钳，要求制作常用的直通线(遵循 T568B 标准)，并测试连通性。

操作提示：

遵循 T568B 线序标准，制作双绞线按照剥线→分线→排线→切线→插线→压线→测线进行，如图 7-11 所示。

(1) 剥线，利用网线钳将双绞线一端剥去 2～3cm 外层护套。先把一端剪齐，再插入到网线钳缺口，顶住网线钳后面的挡位，稍微握紧网线钳慢慢旋转一圈，让刀口划开双绞线的外层护套，剥除外皮。

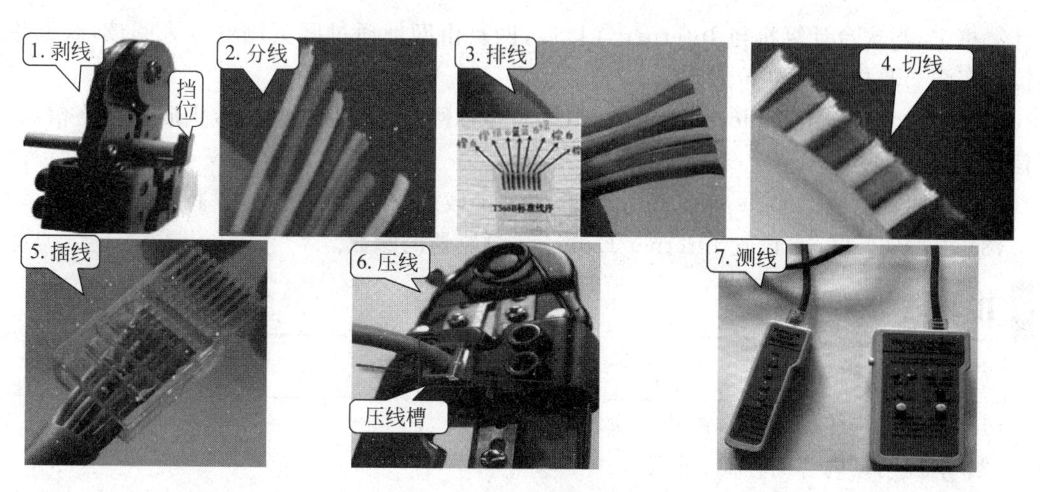

图 7-11　制作双绞线步骤

提示：网线钳挡位离剥线刀口长度通常恰好为水晶头长度，可以有效避免剥线过长或过短，过长会使得水晶头松动，过短会接触不到插针。

(2) 分线，将双绞线的 4 对线按颜色分开，以便下一步排线。

(3) 排线，把每对相互缠绕在一起的线缆逐一解开，解开后按 T568B 标准，把 8 根线依次按橙白、橙、绿白、蓝、蓝白、绿、棕白、棕一字排列。

提示：排列时尽量避免线路缠绕和重叠，还要把线尽量捋直。

(4) 切线，维持线缆的顺序和平整性，用网线钳的剪刀将线头剪齐，保证不绞合的线缆长度最大为 1.2cm。

(5) 插线，使 RJ-45 插头的弹簧卡朝下，然后将正确排列的双绞线插入水晶头中，插入时一定插到底，让双绞线与插针紧密接触。

(6) 压线，将水晶头插入网线钳压线槽中，用力压下网线钳，使 RJ-45 插针都能接触到双绞线的芯线，用同样方法制作网线的另一端。

(7) 测线，制作完成双绞线后，建议使用网线测试仪对网线进行测试，将双绞线两端分别插入测试仪的 RJ-45 接口，接通测试仪电源，如果 8 个绿色指示灯都顺利闪过，说明制作成功。

提示：在使用测试仪时，如果某个指示灯未闪烁说明插头中存在断路或接触不良现象，用网线钳再用力压一次水晶头，如果依然不能通过测试，只能重新制作。

任务 2　获取网络信息

A 任务展示

本任务是掌握使用浏览器软件浏览网页、获取信息的方法，熟练使用 IE 浏览器浏览网页，使用百度网站搜索下载网上资源。

网站是根据一定规则将特定内容的相关网页进行集合，是一种通信工具。网页是网站的基本信息单位，一般由文字、图片、声音、动画等多种媒体形式构成。网页也是一个文件，存放在计算机中，当这台计算机与 Internet 连接后，网页由网址通过网页浏览器来阅读，获取想要的信息资源。具体要求如下。

(1) 使用 Internet Explorer 浏览器，浏览与保存网页，整理收藏夹，鉴别欣赏网络信息，提高信息素养。

(2) 使用百度或 Google 等搜索引擎，搜索并下载想要查找的信息，提高搜索信息效率。

(3) 根据实际需要，设置 Internet Explorer 浏览器的参数。

B 教学目标

(一) 技能目标

(1) 能够熟练使用浏览器浏览网页。

(2) 掌握网页内容的存储、下载。

(3) 熟练使用搜索引擎。

(4) 配置浏览器的常用参数。

(二) 知识目标

(1) 了解 Internet 的起源与发展。

(2) 了解 TCP/IP。

(3) 了解 IP 地址和域名。

(4) 了解 HTTP、网页保存类型、万维网、URL 等概念。

C 知识储备

(一) Internet 的起源与发展

1969 年，出于军事的需要，美国国防部高级研究计划署资助建立了阿帕网(ARPAnet)，把分散在不同地区 4 个站点的计算机主机连接起来，这是 Internet 的雏形。

目前，Internet 通过全球信息资源和覆盖一百六十多个国家的数百万个站点，将全球范围内的网站连在一起，形成一个资源十分丰富的信息库，在人们的工作、生活和社会活动中，可以提供数据、电话、广播、出版、软件分发、商业交易、视频会议以及视频节目点播等服务，提供了极为丰富的信息资源。

(二) TCP/IP 与 HTTP

TCP/IP 是一种网络通信协议，又称为传输控制协议/网际协议，它规范了网络上的所有通信设备，尤其是一个主机与另一个主机之间的数据传送格式以及传送方式。对 Internet 用户来说，并不需要了解该网络通信协议的整个结构，仅需了解 IP 地址格式，即可与世界各地进行网络通信。

HTTP 是 HyperText Transfer Protocol 的缩写，浏览网页时在浏览器地址栏中输入的 URL 前面都是以“http://”开始的，这个协议定义了信息如何被格式化、如何被传输，以及在各种命令下服务器和浏览器所采取的响应。

网址也称为 URL(Uniform Resource Locator，统一资源定位符)，通常由三部分组成：所使用的传输协议、主机域名、访问资源的路径和名称，例如 http://www.ljlyzy.org.cn/news/fp.html，其中，http://表示超文本传输协议；www.ljlyzy.org.cn 表示主机域名；news 表示文件所在的路径；fp.html 表示文件名。

输入的网址大部分以“www”开头，WWW 是 World Wide Web 的缩写，简称为 Web，中文名为万维网，它是当前 Internet 上最受欢迎、最为流行、最新的信息检索服务系统，也是 Internet 提供的主要服务之一，它把 Internet 上现有资源都整合起来，使用户能在 Internet 上访问已经建立了 WWW 服务器的所有站点，获取超文本媒体资源。

提示：URL 不仅局限于 HTTP，还有 FTP 协议、Gopher 及新闻 URL 等。

（三）IP 地址

IP 地址是 IP 协议中所使用的一种统一格式的地址，由它来唯一标识网络中的每一个设备。常用的 IP 地址有两类：IPv4 和 IPv6。目前常说的 IP 地址指的是 IPv4 地址，即 IP 地址的第 4 版本。

IPv4 地址由 32 位二进制数组成，每 8 位为一组，转换成一个十进制数，用“.”隔开，即用“点分十进制”来表示。一个 IP 地址分成网络号和主机号两部分，通过 IP 地址可以标识出是哪个网络的哪台主机，如表 7-2 所示。

表 7-2　IP 地址的适用范围

分类	IP 地址范围	可支持的最大网络数	每个网络可支持的最大主机数
A	1. x. y. z～126. x. y. z	126	16 777 214（大规模）
B	128. x. y. z～191. x. y. z	16 382	65 534（中规模）
C	192. x. y. z～223. x. y. z	2 097 150	254（小规模）

IP 地址根据网络规模的大小分成 5 类：A 类、B 类、C 类、D 类、E 类。A、B、C 三类 IP 地址在全球范围内统一分配，D 类和 E 类为特殊地址。A 类地址的首位是 0，网络号占 7 位，主机号占 24 位，地址范围为 0.0.0.0～127.255.255.255，但是网络号 0 和 127 有特殊含义，因此，A 类地址实际上只有 126 个网络号，主机号不能全为 0 或 1，因此 A 类网络可以接入的主机数为 16 777 214 个，A 类地址适用于大规模网络。

提示：IPv6 有很多新特征，最重要的是它的地址长度由 IPv4 的 32 位增加到了 128 位，彻底解决了地址耗尽问题。

（四）域名系统

对于计算机来说，数字格式的 IP 地址很方便，但对于用户来说，这些数字非常不容易记忆。TCP/IP 引入了一种字符型的主机命名机制，即域名系统（DNS）。

顶级域名可分为组织机构域名和地理模式域名两类。组织机构域名一般代表建立网络的部门、机构类型；地理模式域名一般表示网络所属国家或地区，如表 7-3 所示。

因为 Internet 诞生于美国，所以美国的国家域名 us 可以省略，它的顶级域名是组织机构域名，其他国家的主机顶级域名是本国的域名代码，然后是组织机构域名，如表 7-4 所示。

域名系统是为了方便用户记忆才建立的，要想访问 Internet 上的资源地址，还得通过 IP 地址来实现，域名解析就是将域名重新转换为 IP 地址的过程，需要由专门的域名解析服务器（DNS 服务器）来完成，用户要访问一个域名，计算机将请求信息发送给 DNS 服务器，DNS 服务器将域名转换成对应的 IP 地址，然后在应答信息中将 IP 地址返回给用户，用户计算机再根据返回的 IP 地址在 Internet 上访问所需的信息服务器。

表 7-3　常用组织机构域名代码及机构类型

域名代码	机构类型	域名代码	机构类型
com	商业组织	info	信息服务
edu	教育机构	ac	科研机构
gov	政府部门	int	国际组织
mil	军事部门	arts	文化娱乐
net	网络机构	org	非盈利组织

表 7-4　部分国家或地区域名代码及机构类型

域名代码	机构类型	域名代码	机构类型
cn	中国	fr	法国
br	巴西	uk	英国
au	澳大利亚	jp	日本
ca	加拿大	us	美国
de	德国	in	印度

（五）IE 浏览器窗口组成

IE 窗口包含标题栏、地址栏、搜索框、菜单栏、收藏夹栏、命令栏、主窗口、状态栏，如图 7-12 所示。

图 7-12　IE 浏览器窗口组成

（1）标题栏：显示当前浏览的网页名称，右边是控制按钮："最小化""关闭""还原"或"最大化"。

（2）菜单栏：集合了对 IE 浏览器窗口及窗口内各对象的所有操作命令，有"文件""编辑""查看""收藏夹""工具"及"帮助"菜单项。

（3）地址栏：输入和显示网页的地址。

（4）搜索栏：输入要查找的内容，按 Enter 键或单击"搜索"按钮，搜索相关内容。

(5) 收藏夹栏：收藏用户常用或喜欢的网页地址。无须输入网址，直接单击该栏中收藏的网址，即可快速打开网页。

(6) 命令栏：包含“主页”“源”“阅读邮件”“打印”“页面”“安全”“工具”“帮助”。

(7) 状态栏：显示当前网页的下载进度和当前网页的相关信息。

(8) 主窗口：显示当前网页的信息。

提示：窗口中的菜单栏、收藏夹栏、命令栏、状态栏可以设置为显示或隐藏。在菜单栏中，选择“查看”→“工具栏”命令，可以在弹出的子菜单中设置；也可以在命令栏中，选择“工具”→“工具栏”命令，在弹出的子菜单中进行设置。

D 任务实现

(一) 浏览网页

网页浏览工具 IE(Internet Explorer)作为 Windows 操作系统集成的浏览器，拥有浏览网页、保存网页、收藏网页等多种功能。下面以使用 IE 浏览器打开搜狐网，进入“美食”专题频道，浏览感兴趣的“某条新闻”内容为例。

(1) 在 Windows 系统桌面上，双击 Internet Explorer 图标，启动 IE 浏览器，在浏览器界面的地址栏中输入网址，例如“www. soho. com”，按 Enter 键，打开搜狐首页，如图 7-13 所示。

(2) 在网站首页中，列出了导航专题频道目录，将光标移动到相应位置，例如“美食”位置，此时光标变为，单击超链接，打开“美食”网页。如果右击超链接，在快捷菜单中选择“在新选项卡中打开”，则会在原窗口中打开一个新的选项卡，如图 7-14 所示。

图 7-13　打开搜狐首页

图 7-14　在原窗口中打开一个新选项卡

(3) 进入“美食”网页后，可以看到有很多超链接的文字、图片、动画等，单击某个超链接就可以在新窗口中打开网页。

提示：浏览网页时，可以利用 主页 、、、、 等按钮切换页面。

（二）保存网页

IE 浏览器提供了信息保存功能，当浏览到的网页需要长期保存到本地计算机硬盘时，可以使用保存功能。

(1) 保存网页。打开要保存的网页，选择“文件”→“另存为”命令，弹出“保存网页”对话框，输入文件名，选择保存位置、类型，单击“保存”按钮，完成网页的保存。

(2) 保存图片。打开图片所在网页，找到要保存的图片，右击图片，在快捷菜单中选择“图片另存为”命令，弹出“保存图片”对话框，输入文件名，选择保存位置、类型，单击“保存”按钮，完成图片的保存。

(3) 保存超链接视频。打开网页，找到要保存的视频超链接，右击超链接，在快捷菜单中选择“目标另存为”，弹出“另存为”对话框，输入文件名，选择保存位置、类型，单击“保存”按钮，完成视频的保存。

(4) 保存文本。在打开的网页中，选定要保存的文字，右击选定的文字，在快捷菜单中选择“复制”命令，在需要保存文字的文档编辑区（例如记事本或 Word 软件等）定位插入点并右击，在快捷菜单中选择“粘贴”命令，也可以在保存网页时，网页文件的保存类型选择“文本文件(*.txt)”，将网页中的信息保存成文本。

提示：常用的网页文件保存类型有：“网页，全部(*.htm，*.html)”按原始格式保存显示网页时所需的所有文件，包括图片、框架和样式表，保存后即使计算机没有连接互联网也可以看到联网时的效果，保存下来的文件包括一个主文档和一个同名的图片文件夹；“Web 档案，单个文件(*.mht)”将网页信息、超链接等压缩成.mht 文件，其中有些图片、超链接等只是一个定向，要想看到完整效果还需要联网；“网页，仅 HTML(*.htm，*.html)”只保存.htm 或.html 静态页面，可以看到基本的框架、文本等，但不包括图片、Flash、声音和其他文件。

（三）搜索下载信息

在 Internet 上有一类专门用来帮助用户查找信息的网站，称为搜索引擎，可以帮助用户在浩瀚的 Internet 信息海洋中找到所需信息，目前较有名气的搜索引擎有百度(www.baidu.com)、Google(www.google.cn)、搜狗(www.sogou.com)、雅虎(cn.yahoo.com)、新浪的爱问(iask.com)和网易的有道(so.163.com)等。下面以使用百度搜索引擎为例，搜索“搜狗输入法”并下载软件，介绍搜索引擎的使用方法。

(1) 在 IE 浏览器的地址栏中输入“http://www.baidu.com”，按 Enter 键，打开百度搜索引擎首页。

(2) 在文本框中输入要搜索的内容“搜狗输入法”，按 Enter 键，或单击“百度一下”按钮，页面中列出很多包含要搜索信息的网页条目，选择其中一项打开“搜狗输入法”搜索网页，如图 7-15 所示。

(3) 找到下载地址后，单击“高速下载”按钮，打开“文件下载-安全警告”对话框，单击“保存”按钮，如图 7-16 所示。

(4) 打开“另存为”对话框，设置文件的保存位置和文件名后，单击“保存”按钮。

图 7-15　打开搜狗输入法网页

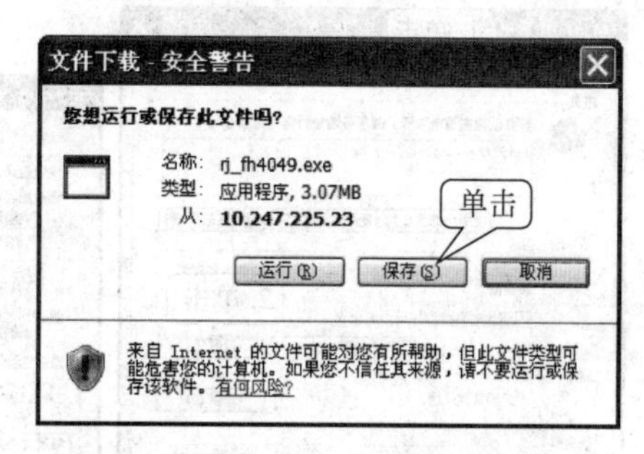

图 7-16　“文件下载-安全警告”对话框

提示：在百度中输入关键词时，给关键词加半角双引号可实现精确查找；用加号“＋”连接关键词表示查询结果要同时满足这些关键词；用减号“－”连接关键词表示查询结果中不含减号后面的关键词内容。

（四）设置浏览器

IE 浏览器的设置可以根据用户使用需要进行改变，可以将经常访问的网页设置为主页，通过设置保存历史记录，方便访问曾经浏览过的网页。

(1) 设置主页。主页就是启动 IE 浏览器时显示的页面，可根据用户需要自行设置。在浏览器窗口中，选择菜单栏中“工具”→“Internet 选项”命令，或命令栏中“工具”→“Internet 选项”命令，弹出“Internet 选项”对话框，设置主页的操作步骤如图 7-17 所示。

(2) 设置安全级别。通过浏览器设置还可以改变 IE 的安全设置，IE 浏览器在安装时默认了安全级别，但某些设置可能会影响到正常的浏览、下载等操作，因此，需要对网络安全重新设置，在“安全”选项卡中根据需要进行选择，如图 7-18 所示。

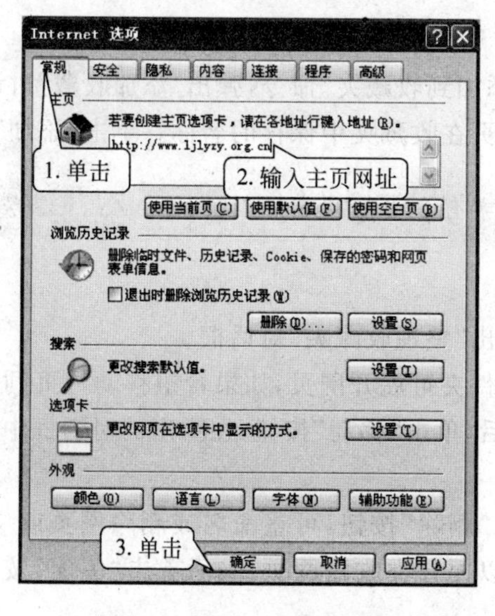

图 7-17　设置主页操作步骤

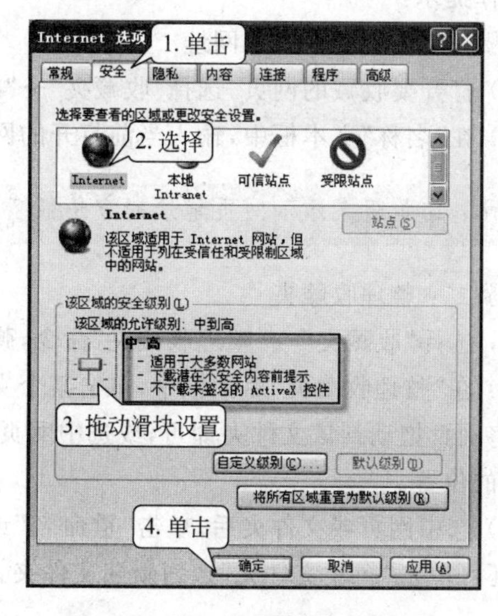

图 7-18　设置安全级别操作步骤

(3) 设置和查看历史记录。浏览器的历史记录会自动保存访问过的网页地址,保存的时间可通过设置完成,以后要再次访问时可以通过历史记录查看,如果不想保存,还可以删除全部历史记录。在浏览器窗口中设置历史记录的步骤,如图 7-19 所示。

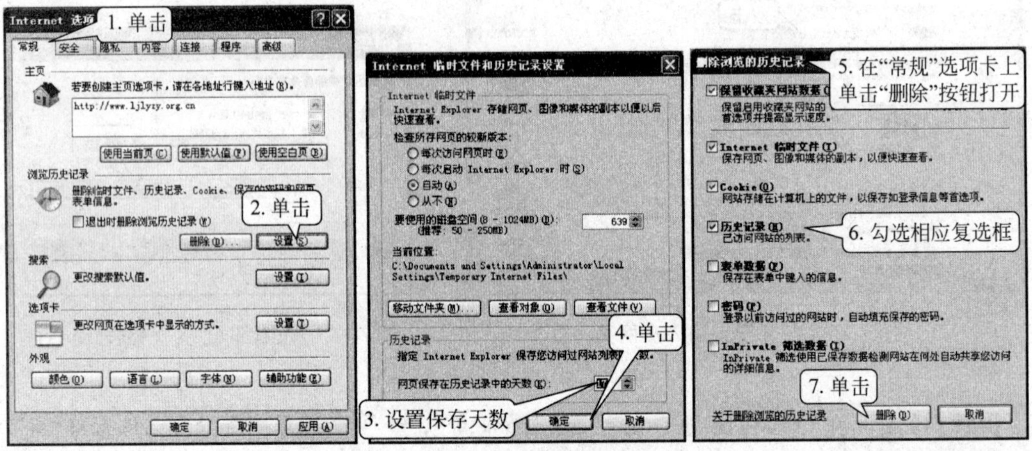

图 7-19　设置和查看历史记录操作步骤

提示:设置主页时,除了输入网址设置主页,也可以单击"使用当前页""使用默认值"和"使用空白页"设置。

E 技能提升

(一) 添加并整理收藏夹

在 IE 浏览器中,历史记录可以保存曾经访问过的记录,不必每次输入网址,就可以选择历史记录往回翻阅浏览,而收藏夹也具备同样的功能,下面以"向收藏夹添加网址"为例,收藏并整理经常访问的网页。

操作提示:

步骤一:向收藏夹添加网址

(1) 打开要收藏的网页,选择"收藏夹"→"添加到收藏夹"命令,弹出"添加收藏"对话框。

(2) 在"名称"文本框中,输入当前打开的网页在收藏夹中保存的名称。单击"添加"按钮。

提示:向收藏夹添加网页地址的方法很多,学有余力的同学可以尝试其他几种方法。

步骤二:整理收藏夹

(1) 选择"收藏夹"→"整理收藏夹"命令,弹出"整理收藏夹"对话框。

(2) 在"整理收藏夹"对话框中,单击某个文件夹可展开网页,如果希望移动网页到其他文件夹,将网页拖动到该文件夹即可,或选中网页后,单击"移动"按钮,在弹出的对话框中选择要移动到的位置。

(3) 选中网页或文件夹后,单击"重命名"或"删除"按钮,可重命名或删除网页或文件夹。此外,还可单击"新建文件夹"按钮新建文件夹,以便分类收藏网页,最后单击"关闭"按钮关闭对话框。

（二）修复 IE 浏览器

在使用 IE 浏览器时，由于操作不当或受恶意软件破坏，可能不显示视频、图片，或无法打开网页，要解决这个问题，可利用 IE 中的“重置”或“还原高级设置”功能。下面介绍修复 IE 浏览器的操作步骤。

操作提示：

(1) 打开 IE 浏览器，在菜单栏中单击“工具”→“Internet 选项”。

(2) 在“Internet 选项”窗口中，单击“高级”选项卡标签，单击“还原高级设置”按钮进行还原修复。

(3) 再单击“重置”按钮，打开“重置 Internet Explorer 设置”，勾选“删除个性化设置”，单击“重置”按钮，等待重置完成，单击“关闭”按钮，退出设置选项，弹出“提示信息”要求重启浏览器，单击“确定”按钮。

(4) 先关闭浏览器，再次打开浏览器，问题就解决了，如图 7-20 所示。

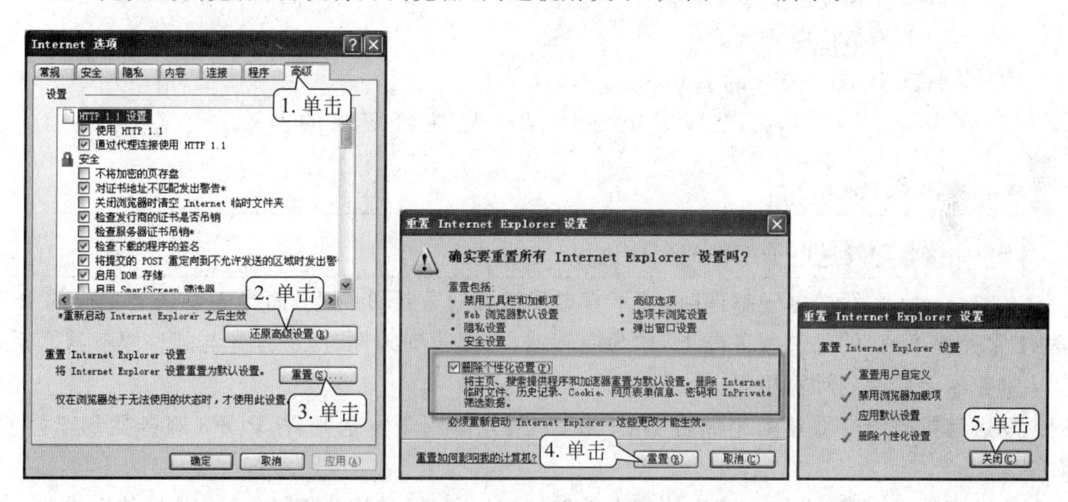

图 7-20　还原和重置 Internet 设置

提示：IE 常用快捷键：Alt＋Home，转到主页；Backspace，返回前页；Ctrl＋O，打开新网页；Ctrl＋N，打开新窗口；Shift＋Tab，切换上一页和下一页；F5，刷新当前页；F6，在地址栏、链接栏和浏览器窗口之间切换；F11，打开或关闭全屏模式。

任务 3　收发电子邮件

A 任务展示

电子邮件也称为 E-mail，是互联网上使用最为广泛的一种服务，是使用电子手段提供交换的通信方式，通过连接全球的 Internet，实现各类信号的传送、接收、存储等处理，将邮件送到世界的各个角落。E-mail 不仅局限于传递信件，还可以用来传递文件、声音、图形、图像等不同类型的信息。

E-mail 的使用方式有两种：一种是 Web 方式，一种是客户端工具软件，例如 Outlook 软件。

本任务以 Web 方式使用 E-mail 为例，介绍申请电子邮箱、登录电子邮箱、发送电子邮件、阅读电子邮件、管理电子邮件、退出电子邮箱的操作技巧，通过“技能提升”模块来实现 Outlook 收发电子邮件功能。

B 教学目标

（一）技能目标

（1）能够申请、登录和退出基于 Web 方式的 E-mail 免费电子邮箱。

（2）能够发送、阅读、管理电子邮件。

（3）能够设置 Outlook 账户。

（4）能够利用 Outlook 撰写、发送、接收、阅读、答复电子邮件。

（二）知识目标

（1）了解接收和发送电子邮件的工作过程。

（2）了解电子邮箱地址格式。

（3）了解基于 Web 方式的 E-mail。

（4）了解收件夹、草稿夹、已发送、已删除、收件人、主题、正文的含义。

C 知识储备

（一）接收和发送电子邮件的工作过程

在 Internet 上发送电子邮件时，并不直接发送到对方计算机上，而是先发送到相应的 ISP（网络服务提供商）的邮件服务器上，作为中转站，当接收到邮件时，也是先与邮件服务器联系，再从服务器上传递到计算机里。

发送和接收邮件需要两个服务器：SMTP 服务器用于发送邮件，POP3 服务器用于接收邮件。

发送邮件时，发件人使用客户端邮件软件编辑好邮件，使用 SMTP（简单邮件传送协议）将邮件提交到 SMTP 服务器，SMTP 服务器根据邮件收件人地址，把邮件传送到收件人的 POP3 服务器上，POP3 服务器把邮件存储起来，收件人使用邮件客户端软件登录到该服务器后，立即使用 POP3 协议（邮局协议版本 3）将邮件传送给收件人。

常用的邮件客户端有 Outlook Express（Windows 操作系统附带的邮件管理系统）、Outlook（Micosoft Office 组件之一）、Foxmail（腾讯旗下）等。

（二）电子邮箱地址格式

电子邮件（E-mail）也是 Internet 的一项基本服务，通过电子邮件，可以与 Internet 上的任何人交换信息，电子邮件收发速度快、效率高、使用方便且廉价，也是 Internet 上传输信息的重要手段之一。

使用电子邮件就要有一个电子邮箱，用户可以向 ISP 申请。电子邮箱实际上就是在邮件服务器上为用户分配的一块存储空间，每个电子邮箱对应着一个邮箱地址（或称邮件地址）。

邮箱地址格式由三部分组成：用户名@主机域名。

（1）用户名，是用户申请电子邮箱时与 ISP 协商的一个字母或数字的组合，由用户申请时自行填写，通常是由 a～z 和 0～9 组成，也可用下画线“-”，一般不能用中文。

（2）@，表示“at”，是电子邮件地址专用标识符，必不可少。

(3) 域名，是 ISP 邮件服务器的名称或主机名。

例如，zwy123@163. com 是一个电子邮件地址，表示在“163. com”电子邮件服务器上的名为“zwy123”的用户。在使用邮箱地址时，不要输入任何空格，不要随便使用大写字符，不要漏掉分隔主机地址各部分的圆点符号。

（三）基于 Web 方式的 E-mail

使用邮件客户端收发邮件容易受到所使用的计算机和上网地点的限制，设置也比较复杂，因此，基于 Web 的邮件系统受到广大使用者的欢迎。比较有影响的邮件系统有 163、126、263、搜狐、新浪等提供的邮件系统，国外的有 Hotmail、Yahoo 等。这些邮件系统，早期都是免费，现在已经有一部分系统开始收费。基于 Web 的邮件系统使用浏览器作为邮件收发环境，使用方便，上网就能够收发邮件，大多数系统同时提供 POP3 服务，可以通过邮件客户端程序收发邮件。

（四）关于电子邮箱的几个术语

(1) 电子邮箱界面中几个重要的文件夹作用如下。

① 收件夹：保存别人发过来的电子邮件。

② 草稿夹：保存还未完成或写完后没有发送的电子邮件，要编辑和发送草稿夹中的邮件，可单击左窗格“草稿夹”文件夹，选择邮件并单击“编辑邮件”按钮。

③ 已发送：已发送的电子邮件默认会被保存在该文件夹中。

④ 已删除：保存从“收件夹”等文件夹中删除的电子邮件。

(2) 几个术语。

① 收件人：一般是指收件人的电子邮箱地址，如果需要将一封信同时发送给多人，可输入多个收件的电子邮箱地址，用英文逗号隔开。

② 主题：是对邮件内容的概括和提炼，合适的主题能让收信方一看便知邮件的作用和主要内容，从而能区分轻重缓急，并方便对邮件进行分类和管理。

③ 正文：是邮件的具体内容，通过单击“正文”编辑框上方的相应工具按钮设置正文格式，或在邮件中插入一个表情、一幅图片等，还可以使用漂亮的信纸。

D 任务实现

（一）申请免费电子邮箱

由于 Web 方式的 E-mail 方便易用，下面以在“新浪网”上申请电子邮箱过程为例，说明申请的操作步骤。

(1) 在 IE 浏览器的地址栏中输入新浪网站的邮箱网址 mail. sina. com. cn，按 Enter 键打开，单击“注册”。

(2) 弹出注册电子信箱的网页，在“邮箱地址”编辑框中输入用户名，例如输入“zwy45888”(编者已注册了)，新浪邮箱提供了 sina. com 和 sina. cn 两个域名，用户从编辑框中选择其中一个域名，默认的域名为 sina. com。

(3) 在“登录密码”和“确认密码”编辑框中，输入密码，要求两次输入的密码一致，并牢记。

(4) 输入图片验证码。在“验证码”编辑框中，输入右侧提示的验证字符，如果看不清楚验证字符，可单击图标，刷新验证码，再输入。

(5) 输入手机号码，单击“免费获取短信验证码”，从手机上获取短信验证码，填写到“短信验证码”位置，单击“立即注册”按钮。

(6) 成功后将自动登录邮箱，进入邮箱界面，在该界面的顶部显示了登录用户的邮件地址，用户可通过各种形式将自己的邮件地址告诉要给自己写信的人，以便联系，如图 7-21 所示。

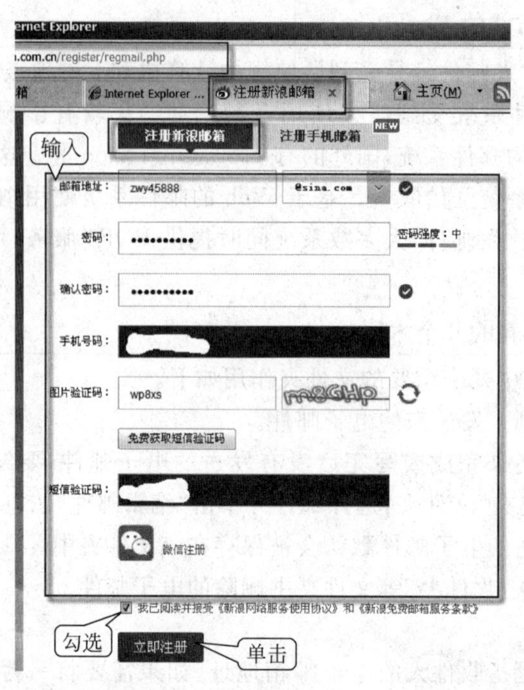

图 7-21　注册电子邮箱和自动登录界面

(二) 登录电子邮箱

要通过网页方式收发电子邮件，首先需要在申请邮箱的网站登录，用户可以在连接到 Internet 的任何一台计算机上登录到已申请的邮箱。登录电子邮箱的步骤如下。

(1) 打开新浪网邮箱首页，在“免费邮箱登录”界面上，输入用户名和密码，单击“登录”

按钮。

(2) 登录成功后,将显示电子邮箱主界面,此时便可以收发电子邮件了。

(三) 发送电子邮件

要写信和发送电子邮件,可执行以下操作步骤。

(1) 登录电子邮箱后,在邮箱页面单击“写信”按钮,打开撰写邮件的页面。

(2) 在“收件人”文本框中,输入收件人的电子邮箱地址。

(3) 在“主题”文本框中,输入邮件的主题。

(4) 在正文编辑区中,输入邮件的内容。

(5) 如果需要发送已编辑好的本地文件,应单击“添加附件”(或“上传文件”,有的系统显示不同)按钮,通过弹出的“选择要加载的文件”对话框,找到要发送的文件,双击“添加”,如果不小心上传错了文件,可单击文件名旁的“删除”按钮将其删掉。

(6) 在撰写邮件页面,单击“发送”按钮,完成邮件的发送。

提示:如果要发送的文件很多,可以放在一个文件夹里,然后使用 WinRAR、WinZip 软件进行压缩,当要发送的附件很大时,最好也要先进行压缩再发送。

(四) 阅读电子邮件

要阅读别人发送过来的电子邮件,可执行下列操作步骤。

(1) 登录电子邮箱后,在邮箱页面单击“收件箱”或“收信”按钮,显示收信界面。

(2) 打开接收邮件页面,单击要阅读的邮件,可打开该邮件并查看邮件内容。

(3) 如有附件,将显示附件的名称、大小,单击附件名称或“下载”等相关超链接,可以查看附件并下载。

(4) 对于收到的电子邮件,可单击邮件上方的“回复”按钮,给发件人回信;单击“转发”按钮,将邮件转发给别人;单击“删除”按钮,将邮件删除。

(五) 管理电子邮件

当收件夹中的邮件越来越多时,显示很乱,为了有效管理邮件,可以分类存放,或彻底删除不需要的邮件。

(1) 分类存放邮件,单击电子邮箱界面左侧的“收件箱”文件夹,然后单击邮件列表上方的“移动”按钮,从弹出的下拉列表中选择“新建分类”,弹出“修改分类”窗口,输入分类名称,单击“确定”按钮即可。

(2) 在“收件箱”文件夹或其他文件夹中勾选要移动到新建分类中的邮件,单击邮件列表上方的“移动”按钮,从弹出的下拉列表中选择刚才建好的分类。

(3) 在“收件夹”“草稿夹”“已发送”等文件夹中勾选要删除的邮件,单击“删除”按钮,执行后邮件被转移到“已删除”文件夹,依然占据着邮箱空间。要彻底腾出空间,可在“已删除”文件夹中勾选邮件,单击“彻底删除”按钮。

(六) 退出电子邮箱

如果用户是在公共计算机上登录的邮箱,在接收、阅读和发送完邮件后,为了避免个人隐私泄漏,应及时退出登录状态,在邮箱界面的右上角单击“退出”超链接即可。

E 技能提升

（一）设置 Outlook 账户

Outlook 是微软办公软件套装的组件之一，它对 Windows 自带的 Outlook Express 的功能进行了扩充，要注意 Outlook 和 Outlook Express 两款软件的区别。另外，微软还将 Hotmail 在线电子邮件服务更名为 Outlook. com，目前最新版本为 Outlook 2016。

在使用 Outlook 收发电子邮件之前，要先进行账户设置，把自己的电子邮箱添加到 Outlook 账户中。下面练习设置 Outlook 2010（考虑有的学校机房目前 Outlook 软件还是 2010 版本）。

操作提示：

(1) 单击“开始”菜单→“所有程序”→Microsoft Office→Microsoft Outlook 2010 命令，启动 Outlook 2010 软件。

(2) 单击“文件”→“信息”→“添加账户”，打开“添加新账户”对话框，选择“电子邮件账户”，单击“下一步”按钮。

(3) 选择“手动设置服务器和服务器类型”，单击“下一步”按钮。

(4) 选择“Internet 电子邮件”服务，单击“下一步”按钮。

(5) 填写完整的账号名称，POP3：pop3. 163. com；SMTP：smtp. 163. com，单击“其他设置”按钮，打开“Internet 电子邮件设置”窗口，选择“发送服务器”选项卡，选择“我的发送服务器(SMTP)要求验证”和“使用与接收邮件服务器相同的设置”，如图 7-22 所示。

(6) 在“Internet 电子邮件设置”窗口中，选择“高级”选项卡，邮件收发不需要采用 SSL 加密，接收服务器端口号为 110，发送服务器端口号为 25，想在服务器上保留备份，可根据需要选择保留天数，本例为 14 天。

(7) 返回到“添加新账户”窗口，单击“测试用户设置”，测试结果都是“已完成”状态，表明账户添加成功。

（二）撰写和发送电子邮件

Outlook 功能很多，可以用它来收发电子邮件、管理联系信息、记日记、安排日程、分配任务。下面练习利用 Outlook 撰写和发送电子邮件的操作步骤。

操作提示：

(1) 单击“开始”菜单→“所有程序”→Microsoft Office→Microsoft Outlook 2010 命令，启动 Outlook 软件。

(2) 在 Outlook 窗口中，单击“开始”选项卡→“新建”组→“新建电子邮件”，打开撰写邮件窗口，撰写新邮件。

(3) 在“收件人”文本框中填写收件人的邮件地址，有多个邮件地址时，地址之间用分号隔开。

(4) 在“抄送”文本框中填写抄送的邮件地址，有多个邮件地址时，地址之间用分号隔开。

(5) 在“主题”文本框中填写本邮件的主题。

(6) 在正文编辑区输入信件内容，如“计算机应用基础期末复习资料”，在输入邮件正文时，可以使用窗口功能区中“邮件”选项卡下的“普通文本”组的工具按钮，设置信件内容的文字格式。

(7) 添加附件，如果还要发送已经编辑好的文件，可以附件的形式一起发送。

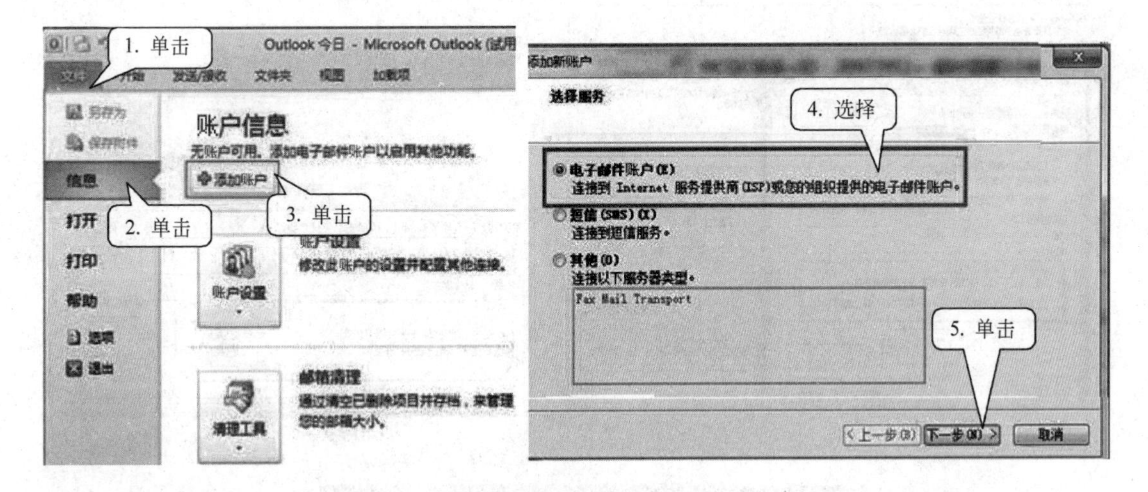

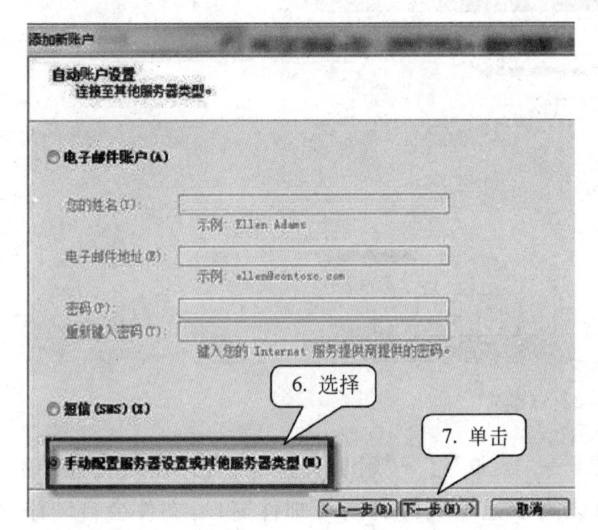

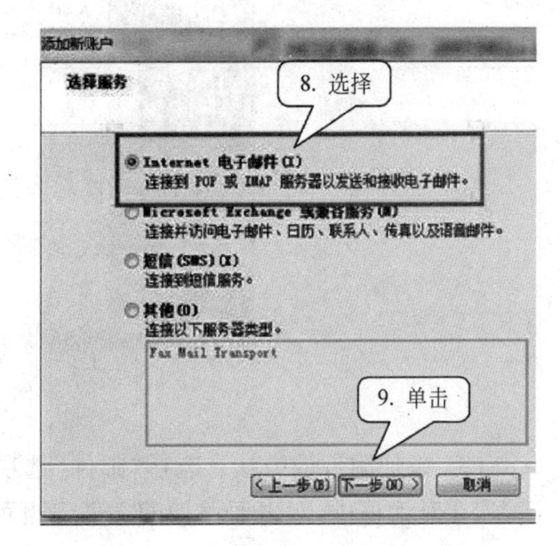

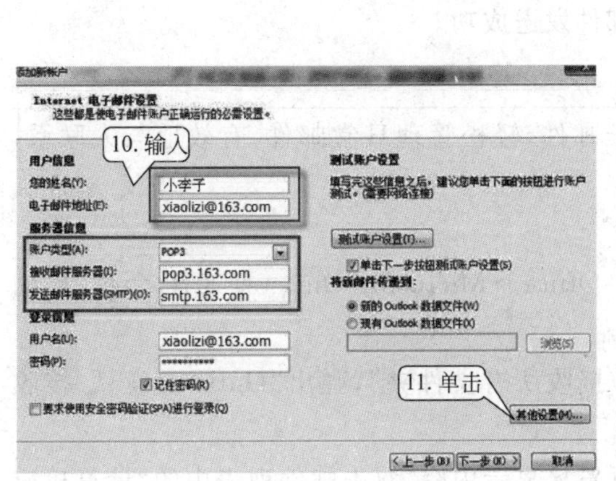

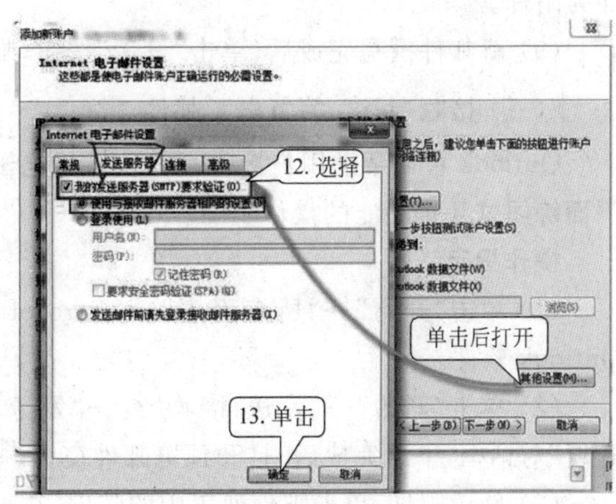

图 7-22　Outlook 2010 账户设置操作步骤

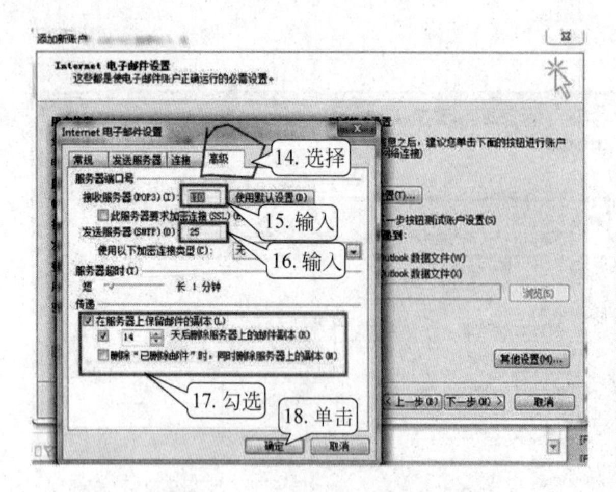

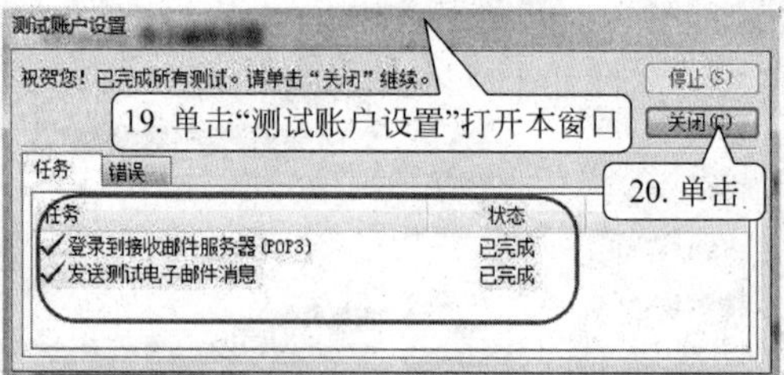

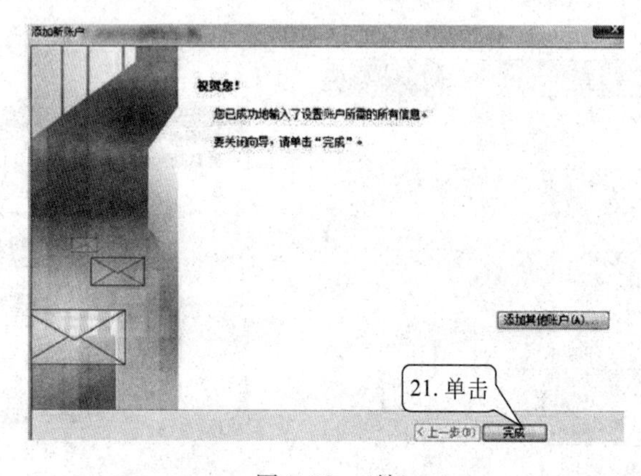

图 7-22 （续）

（8）添加附件的方法：选择"邮件"选项卡→"添加"组→"附加文件"，弹出"插入文件"对话框，在对话框中，双击要添加的文件。也可以直接拖动文件到撰写邮件窗口，文件会自动添加为附件。

（9）新邮件撰写完成后，单击"发送"按钮，邮件发送成功。

（三）接收、阅读、答复电子邮件

Outlook 可以帮助用户接收、阅读、答复电子邮件，轻松管理日常邮件，有效地与人联系，下面练习这几个功能的操作步骤。

操作提示：

（1）单击"开始"→"所有程序"→Microsoft Office→Microsoft Outlook 2010 命令，启动 Outlook 软件。

（2）单击"开始"→"发送/接收"组→"发送/接收所有文件夹"，弹出"Outlook 发送/接收进度"对话框，下载完成后，打开预览邮件窗口。

（3）阅读邮件，单击邮件列表中的邮件，在预览区显示内容，双击邮件列表中的"计算机应用基础期末复习资料"邮件，可以打开阅读邮件窗口。

（4）阅读和保存附件，如果邮件有附件，会在窗口中出现附件的名字，单击附件可以预览附件内容；双击附件可以打开附件并阅读；如果要保存附件，可以右击附件文件名字，在快捷菜单中选择“另存为”，打开“保存附件”对话框，指定保存路径，单击“保存”按钮。

(5) 答复，在阅读邮件窗口中，选择“邮件”选项卡→“响应”组→“答复”或“全部答复”，打开答复邮件窗口，收件人、主题等内容系统自动填写，邮件原文也会显示，填写回信内容后，单击“发送”按钮。

(6) 转发，对正在阅读的邮件，选择“邮件”选项卡→“响应”组→“转发”；对邮件列表中的邮件，先选中要转发的邮件，选择“开始”选项卡→“响应”组→“转发”，在打开的转发窗口中，填写收件人地址、信件内容或附件等信息，单击“发送”按钮。

提示：Outlook 2016 具有撤回发错邮件的功能。

课后习题

一、填空题

1. TCP 的中文意思是________；IP 的中文意思是________。
2. 在计算机网络中，通信双方必须共同遵守的规则或约定，称为________。
3. 在计算机局域网中，将计算机连接到网络通信介质上的物理设备是________。
4. 常用的通信介质主要有有线介质和________两大类。
5. 局域网常用的拓扑结构主要有星状、环状和________三种。
6. 目前，局域网的传输介质(媒体)主要是双绞线、________和光纤。
7. 一座办公大楼内各个办公室中的微机进行联网，这个网络属于________。
8. 局域网主要具有覆盖范围小、数据传输率高和________ 3 个特点。
9. 局域网必须具备的基本硬件是网络服务器、用户计算机终端、________和传输介质。
10. 为了使一台计算机能在 Internet 中工作，必须标识________地址或域名。

二、选择题

1. 计算机网络最突出的优点是(　　)。
   A. 资源共享　B. 运算速度快　C. 运算精度高　D. 存储容量大
2. 为网络提供资源并对这些资源进行管理的计算机称为(　　)。
   A. 工作站　B. 服务器　C. 网卡　D. 交换机
3. (　　)不是组建局域网的设备。
   A. 网卡　B. 声卡　C. 交换机　D. 网线
4. E-mail 的中文含义是(　　)。
   A. 电子邮件　B. 文件传输　C. 远程登录　D. 页面浏览
5. 下列数字中，正确的 IP 地址是(　　)。
   A. 202.2.2.2.1　B. 202.261.2.1
   C. 202.118.2.3　D. 202.202.202
6. HTTP 是一种(　　)。
   A. 高级程序设计语言　B. 域名
   C. 超文本传输协议　D. 网址超文本传输协议
7. 根据域名代码规定，域名为 xiaokatong.com.cn 表示的网站类别是(　　)。
   A. 教育机构　B. 军事部门　C. 国际组织　D. 商业组织

8. 某工作站无法访问域名为 ww. ljyzy. org. cn 的服务器，此时使用 ping 命令按照该服务器的 IP 地址进行测试，发现响应正常。但是按照服务器域名进行测试，发现超时，此时可能出现的问题是(　　)。

A. 线路故障　　B. 路由故障　　C. 域名解析故障　　D. 服务器网卡故障

9. 当网络连接出现故障时，一般应首先检查(　　)。

A. 系统病毒　　B. 路由配置　　C. 物理连通性　　D. 主机故障

10. Outlook Express 是一个(　　)处理程序。

A. 文字　　B. 表格　　C. 电子邮件　　D. 幻灯片

11. 在 Outlook Express 的服务器设置中，POP 服务器是指(　　)。

A. 邮件接收服务器　　B. 邮件发送服务器

C. 域名服务器　　D. WWW 服务器

12. 域名服务器 DNS 的作用是(　　)。

A. 实现域名地址与 IP 地址的转换　　B. 接受用户的域名注册

C. 确定域名与服务器的对应关系　　D. 解释 URL

三、判断题

1. 在计算机局域网中，只能共享软件资源，而不能共享硬件资源。(　　)

2. 在计算机网络中，表征数据传输有效性的指标是误码率。(　　)

3. 双绞线的数据传输速率高于光纤。(　　)

4. E-mail 是用户或用户之间通过计算机网络收发信息的服务。(　　)

5. E-mail 是指利用计算机网络的特定对象传送文字、声音、图像或图形的一种通信方式。(　　)

四、简答题

1. 什么是计算机网络？计算机网络的主要功能是什么？

2. 计算机网络硬件主要包括什么？其主要作用分别是什么？

3. 常用的网络拓扑结构有哪几种？

4. 简述将网页中的图片保存到本地机上的步骤。

五、上机操作题

1. 使用 ping 命令查看本人计算机的 IP 地址。

2. 打开网易首页 http://www.163.com，浏览“旅游新闻”，并将网页保存到文档中，文件名为“旅游 1. htm”，创建并添加到收藏夹“旅游”文件夹，将 IE 主页更改为网易首页。

3. 浏览网页 http://www.163.com，申请一个免费邮箱，利用 Microsoft Outlook 2010 给同学发送一封邮件。